装备科技译著出版基金

超临界二氧化碳（sCO_2）动力循环的基本原理及应用

Fundamentals and Applications of Supercritical Carbon Dioxide (sCO_2) Based Power Cycles

Klaus Brun　Peter Friedman　Richard Dennis　著
夏庚磊　张元东　李　韧　译
彭敏俊　审校

国防工业出版社
·北京·

著作权合同登记　图字：01-2022-4701

图书在版编目（CIP）数据

超临界二氧化碳（sCO$_2$）动力循环的基本原理及应用/（美）克劳斯·布伦，（美）彼得·弗里德曼，（美）理查德·丹尼斯著；夏庚磊，张元东，李韧译. —北京：国防工业出版社，2023.3

书名原文：Fundamentals and Applications of Supercritical Carbon Dioxide (sCO$_2$) Based Power Cycles

ISBN 978-7-118-12664-8

Ⅰ. ①超⋯　Ⅱ. ①克⋯ ②彼⋯ ③理⋯ ④夏⋯ ⑤张⋯ ⑥李⋯　Ⅲ. ①超临界—二氧化碳—联合循环发电—研究　Ⅳ. ①TM611.3

中国版本图书馆 CIP 数据核字（2022）第 196748 号

※

国防工业出版社出版发行

（北京市海淀区紫竹院南路 23 号　邮政编码 100048）
北京虎彩文化传播有限公司印刷
新华书店经销

*

开本 710×1000　1/16　印张 23½　字数 415 千字
2023 年 3 月第 1 版第 1 次印刷　印数 1—1200 册　定价 188.00 元

（本书如有印装错误，我社负责调换）

国防书店：（010）88540777　　书店传真：（010）88540776
发行业务：（010）88540717　　发行传真：（010）88540762

前　言

在蒸汽朗肯循环诞生后的 100 年里，由于其可用性以及其特殊的适宜性（包括饱和温度和高液体密度），蒸汽朗肯循环在发电行业内占主导地位。给水加热器的使用（通常为 7~10 级）将平均朗肯循环效率从 28%提高到了 35%，高温材料和控制系统的改进使电厂效率不断提高。近年来，低成本天然气的使用以及燃气轮机技术的进步使得联合循环电厂的部署越来越多，这些联合发电厂充分利用了空气布雷顿循环可以接收高温热量的能力和蒸汽朗肯循环可以在较低工作温度下排放热量的能力。对于在核能中的应用，在高温气冷反应堆中采用闭式布雷顿循环代替蒸汽朗肯循环的形式正在获得不断发展。

尽管在可预见的未来，蒸汽和空气循环将继续主导发电行业，但近年来高温材料和紧凑型换热器设计的发展，使人们对超临界二氧化碳（sCO$_2$）作为替代选择产生了兴趣。闭式布雷顿循环 sCO$_2$ 装置结合了朗肯循环的许多优点，包括降低泵送/压缩功率、在低温下排出热量的能力，以及布雷顿循环对高温热输入的适用性。此外，sCO$_2$ 装置比典型的蒸汽朗肯或联合循环装置要简单得多，并可提供的功率密度更大。随着燃气轮机排气温度的不断升高，在联合循环应用中使用 sCO$_2$ 底循环变得越来越有利。虽然在商业化部署二氧化碳电厂之前必须进一步推进该技术进步，但其结构简单和占地面积小的特性可能会带来经济优势，而且 sCO$_2$ 系统对干式冷却的适用性可能会使该技术在水资源有限的地区具有更大优势。概念设计表明，sCO$_2$ 循环有着广泛的应用前景，包括化石燃料工厂（有或没有碳捕获和封存）、核能、废热回收和集中太阳能。

本书的目标读者既有刚刚接触 sCO$_2$ 领域的工程师（提供了足够的背景材料），也有行业专家（包括了深入的参考材料）。本书的每一章都提供了足够的背景材料以供单独阅读，但已尽量避免了各章节内容的重复。本书主要分为 4 个部分：第 1 部分介绍基本概念，包括 sCO$_2$ 的性质，sCO$_2$ 循环，热力学分析，正在使用或正在开发的高温材料，sCO$_2$ 循环的建模，以及经济方面的考虑；第 2 部分介绍设备和部件，包括涡轮机械、换热器和辅助设备，并强调了二氧化碳应用所需的特殊注意事项；第 3 部分介绍 sCO$_2$ 循环的应用，包括废热回收循环、聚光太阳能、直接和间接加热的化石燃料循环以及核能应用；第 4 部分总结了推动该技术商业化的研究活动和研究要求。

我们这些编辑，很感激各位作者。他们都是根据其对各自领域的贡献从科学界挑选出来的学科专家。他们代表了渊博的专业知识和多样化的学术背景。

Klaus Brun
Peter Friedman
Richard Dennis

特约作者（*表示该章负责人）：
Timothy C. Allison（第7*章）
Robin Ames（第12章）
Mark Anderson（第3章）
Jeffrey A. Bennett（第5*章）
Robert Brese（第4章）
Klaus Brun（第2和第15章）
Pablo Bueno（第11章）
Matt Carlson（综述）
Lalit Chordia（第8章）
Eric Clementoni（第14*章）
Richard A. Dennis（综述*，第12和第15章）
Bugra Ertas（第7章）
Darryn Fleming（综述）
Patrick Fourspring（第8章）
Peter Friedman（第3*章）
Timothy Held（第14章）
Seth Lawson（第12章）
Anton Moisseytsev（第5和第13章）
Jeffrey Moore（第7，第9*和第14章）
Grant Musgrove（综述，第1*、第2*和第8*章）
James Pasch（综述和第14章）
Robert Pelton（第7章）
Bruce Pint（第4*和第15章）
Melissa Poerner（第10*章）
Brandon Ridens（第2章）
Aaron Rimpel（第10章）
Gary Rochau（综述）
William Scammell（第6章）

Dereje Shiferaw（第 8 章）
James J. Sienicki（第 5 和第 13*章）
Joseph Stekli（第 11 章）
Pete Strakey（第 12 章）
Shaun Sullivan（第 8 章）
David Thimsen（第 15*章）
Craig Turchi（第 11*章）
Nathan Weiland（第 12*章）
Jason Wilkes（第 7 章）
Steven Wright（第 1 和第 6*章）

编写者名单

T.C. Allison Southwest Research Institute, San Antonio, TX, United States

R. Ames National Energy Technology Laboratory, Morgantown, WV, United States

M. Anderson University of Wisconsin, Madison, WI, United States

J.A. Bennett Southwest Research Institute, San Antonio, TX, United States

R.G. Brese University of Tennessee, Knoxville, TN, United States

K. Brun Southwest Research Institute, San Antonio, TX, United States

P.C. Bueno Southwest Research Institute, San Antonio, TX, United States

M. Carlson Sandia National Laboratories, Albuquerque, NM, United States

L. Chordia Thar Energy, LLC, Pittsburgh, PA, United States

E.M. Clementoni Naval Nuclear Laboratory, West Mifflin, PA, United States

R.A. Dennis National Energy Technology Laboratory, Morgantown, WV, United States

B. Ertas GE Global Research, Niskayuna, NY, United States

D. Fleming Sandia National Laboratories, Albuquerque, NM, United States

P. Fourspring Naval Nuclear Laboratory, Niskayuna, NY, United States

P. Friedman Newport News Shipbuilding, Newport News, VA, United States

T. Held Echogen Power Systems (DE), Inc., Akron, OH, United States

S. Lawson National Energy Technology Laboratory, Morgantown, WV, United States

A. Moisseytsev Argonne National Laboratory, Argonne, IL, United States

J. Moore Southwest Research Institute, San Antonio, TX, United States

G. Musgrove Southwest Research Institute, San Antonio, TX, United States

J. Pasch Sandia National Laboratories, Albuquerque, NM, United States

R. Pelton Hanwha Techwin, Houston, TX, United States

B.A. Pint Oak Ridge National Laboratory, Oak Ridge, TN, United States

M. Poerner Southwest Research Institute, San Antonio, TX, United States

B. Ridens Southwest Research Institute, San Antonio, TX, United States

A. Rimpel Southwest Research Institute, San Antonio, TX, United States

G. Rochau Sandia National Laboratories, Albuquerque, NM, United States

W. Scammell SuperCritical Technologies, Inc., Bremerton, WA, United States

D. Shiferaw Heatric Division of Meggitt (UK) Ltd, Poole, United Kingdom

J.J. Sienicki Argonne National Laboratory, Argonne, IL, United States

J. Stekli U.S. DOE Office of Solar Energy Technologies, Washington, DC, United States

P. Strakey National Energy Technology Laboratory, Morgantown, WV, United States

S. Sullivan Brayton Energy, Hampton, NH, United States

D. Thimsen Electric Power Research Institute, St. Paul, MN, United States

C.S. Turchi National Renewable Energy Laboratory, Golden, CO, United States

N.T. Weiland National Energy Technology Laboratory, Pittsburgh, PA, United States

J. Wilkes Southwest Research Institute, San Antonio, TX, United States

S. Wright SuperCritical Technologies, Inc., Bremerton, WA, United States

作者简介

Klaus Brun 博士，西南研究所

Klaus Brun 博士是西南研究所机械项目部主任。在此职位上，他领导着一个由 60 多名工程师和科学家组成的机构，专注于能源系统、旋转机械和管道技术的研究和开发。Brun 博士的经历还包括在索拉透平、通用电气和阿尔斯通的工程及项目中担任管理职务。Brun 博士拥有 7 项专利，撰写了 250 多篇技术论文，并与他人合著了两本关于燃气涡轮机的教科书。Brun 博士于 2007 年以半主动阀发明荣获 R&D 100 奖，并于 1998 年、2000 年、2005 年、2009 年、2010 年、2012 年、2014 年和 2016 年获得 ASME 石油和天然气委员会最佳论文/教程奖。他被圣安东尼奥商业杂志评选为"40 岁以下最优秀的 40 人"。他是 ASME 超临界二氧化碳电厂委员会的现任主席，而且是 ASME-IGTI 董事会成员和 ASME 石油和天然气应用委员会的前任主席。他也是全球动力与推进协会执行委员会、API SOME、亚洲涡轮机械研讨会、风扇会议咨询委员会和超临界二氧化碳研讨会咨询委员会的成员。Brun 博士是 *Turbomachinery International Magazine* 的执行通讯员，*ASME Journal of Gas turbine for Power* 的副主编。

Peter Friedman 博士，纽波特纽斯造船公司

Peter Friedman 博士是纽波特纽斯造船公司（亨廷顿英格尔斯工业的一个部门）的机械和核工程师。在美国海军的 20 年职业生涯中，Friedman 博士担任潜艇军官，他的任职经历包括核潜艇的工程部主管、海曼·里科弗号和美国海军学院机械工程教授。从海军退役后，Friedman 博士进入马萨诸塞大学达特茅斯学院，并当选为机械工程系主任。他被美国机械工程师学会选为立法学者，就能源和国防政策问题为国会议员 Mike Simpson 提供建议。他在乔治亚理工学院获得机械工程学士和硕士学位，并在约翰霍普金斯大学获得博士学位。他在弗吉尼亚州和马萨诸塞州注册成为一名注册专业工程师。

Richard A. Dennis 先生，美国能源部国家能源技术实验室

Richard A.Dennis 先生目前是美国能源部国家能源技术实验室（National Energy Technology Laboratory，NETL）先进涡轮和超临界二氧化碳动力循环项目的技术经理。这些项目涉及每年为美国能源部化石能源办公室管理的数百万美元的研发活动，主要用于支持大学、工业和美国国家实验室的研究、开发和示范项目。Dennis 先生拥有西弗吉尼亚大学的机械工程学士和硕士学位。1983—1992 年，Dennis 先生在 NETL 的现场研究小组工作，在那里他进行了与加压流化床燃烧、气化和先进煤炭发电的气体流微粒清理相关的研究。1993—2000 年，Dennis 先生管理能源部化石能源办公室，从事先进化石燃料发电方面的合同研究工作，包括煤燃烧、气化、燃料电池和燃气涡轮机。2002 年，Dennis 先生担任涡轮机技术经理。2014—2015 年，Dennis 担任 DOE FE 先进燃烧系统技术领域的技术经理。目前，Dennis 先生担任 NETL 高级涡轮机和超临界二氧化碳动力循环项目的技术经理。

致谢

我们要感谢 Dorothea Martinez 在编写本书时所做的不懈努力和付出。还有许多人提供了宝贵的意见，使这本书顺利出版，一并表示感谢。

目　　录

绪论 ··· 1
 0.1 简介 ··· 1
 0.2 以 sCO_2 为工质的布雷顿循环 ·· 1
 0.3 再压缩间接加热布雷顿循环 ··· 2
 0.4 sCO_2 再压缩布雷顿循环与朗肯循环的对比 ······························· 4
 0.5 半闭式直接加热氧燃料布雷顿循环 ··· 5
 0.6 基于其他超临界流体的布雷顿循环 ··· 5
 0.7 sCO_2 布雷顿循环综述及应用领域 ··· 6
 参考文献 ··· 8

第 1 章　简介与背景 ··· 10
 1.1 简介 ··· 10
 1.2 sCO_2 动力循环基础概述 ·· 13
  1.2.1 循环机械与电厂平衡 ·· 14
 1.3 sCO_2 循环的应用 ·· 21
  1.3.1 余热回收 ·· 22
  1.3.2 聚光太阳能 ·· 23
  1.3.3 化石燃料发电厂 ·· 23
  1.3.4 核电站 ·· 26
  1.3.5 大容量储能、地热 sCO_2 电厂和生物燃料电厂 ········· 26
 1.4 小结 ··· 27
 参考文献 ·· 27

第 2 章　物理特性 ··· 30
 2.1 简介 ··· 30
 2.2 sCO_2 的性质 ··· 30
 2.3 sCO_2 状态方程 ··· 31
  2.3.1 状态方程的分类 ·· 31
  2.3.2 可用软件 ·· 32
  2.3.3 软件中常用的状态方程 ·· 32
  2.3.4 sCO_2 状态方程的使用问题 ·· 33

2.3.5　sCO$_2$物性实验数据 ·············· 35
2.4　热力学性质研究发展概述 ·············· 35
2.5　CO$_2$混合物中的杂质 ·············· 39
2.6　小结 ·············· 42
参考文献 ·············· 43

第3章　热力学 ·············· 45
3.1　简介 ·············· 45
3.2　控制关系 ·············· 49
　　3.2.1　质量和能量守恒 ·············· 49
　　3.2.2　熵和热力学第二定律 ·············· 51
　　3.2.3　㶲和不可逆性 ·············· 52
3.3　分析 ·············· 54
　　3.3.1　涡轮机械 ·············· 54
　　3.3.2　管道 ·············· 55
　　3.3.3　换热器 ·············· 56
3.4　应用示例 ·············· 60
　　3.4.1　简单回热循环 ·············· 60
　　3.4.2　再压缩循环 ·············· 63
3.5　小结 ·············· 64
参考文献 ·············· 64

第4章　高温材料 ·············· 66
4.1　简介 ·············· 66
　　4.1.1　合金蠕变极限 ·············· 67
　　4.1.2　薄壁设备的蠕变 ·············· 70
　　4.1.3　高温氧化 ·············· 71
4.2　氧化的热力学分析 ·············· 74
4.3　对环境和亚临界压力下CO$_2$的高温腐蚀研究 ·············· 76
4.4　sCO$_2$腐蚀速率与反应产物的实验研究 ·············· 79
　　4.4.1　爱达荷国家实验室 ·············· 80
　　4.4.2　日本原子能机构 ·············· 81
　　4.4.3　原子研究中心 ·············· 82
　　4.4.4　麻省理工学院 ·············· 82
　　4.4.5　威斯康星大学 ·············· 82
　　4.4.6　卡尔顿大学/加拿大自然资源部 ·············· 84

  4.4.7 桑迪亚国家实验室 ·· 84
  4.4.8 韩国科学技术院 ·· 84
  4.4.9 橡树岭国家实验室 ·· 85
  4.4.10 联邦科学与工业研究组织 ·· 87
  4.4.11 杂质对 sCO_2 腐蚀速率的影响 ··································· 88
 4.5 CO_2 对力学性能的影响 ··· 89
 4.6 研究现状以及进行中的关于 sCO_2 的研究工作 ························· 90
 4.7 未来发展方向 ··· 90
 4.8 小结 ··· 93
 参考文献 ·· 93

第5章　建模和循环优化 ·· 101

 5.1 sCO_2 循环建模简介 ·· 101
 5.2 循环建模基础 ··· 103
  5.2.1 流体性质 ·· 103
  5.2.2 冷却器和加热器 ·· 103
  5.2.3 回热器 ·· 103
  5.2.4 涡轮机械 ·· 104
  5.2.5 管道和阀门 ·· 104
 5.3 设计工况分析 ··· 105
  5.3.1 循环的比较 ·· 106
  5.3.2 循环温度的影响 ·· 106
 5.4 非设计工况建模的注意事项 ··· 108
  5.4.1 涡轮机械 ·· 109
  5.4.2 回热器 ·· 109
  5.4.3 阀门 ·· 110
 5.5 稳态建模的注意事项 ··· 110
 5.6 循环优化 ··· 112
 5.7 瞬态程序要求 ··· 112
  5.7.1 系统规模的影响 ·· 116
  5.7.2 瞬态分析代码示例 ·· 116
 5.8 小结 ··· 117
 参考文献 ·· 117

第6章　经济性 ·· 119

 6.1 简介（潜在市场的优势和劣势） ······································· 119

6.2 潜在市场 120
 6.2.1 工业余热回收 120
 6.2.2 聚光式太阳能 121
 6.2.3 化石燃料发电厂 121
 6.2.4 核电厂 123
 6.2.5 大容量储能和地热 sCO_2 发电厂 123

6.3 关于 sCO_2 发电厂的经济性介绍 124
 6.3.1 平准发电成本 124
 6.3.2 内部收益率 127
 6.3.3 净现值 128

6.4 项目成本基础 129
 6.4.1 换热器 130
 6.4.2 sCO_2 气体冷却器 130
 6.4.3 余热回收设备 131
 6.4.4 涡轮机械与 BOP 成本 131
 6.4.5 燃气轮机成本 131
 6.4.6 sCO_2 底部循环成本估算 131

6.5 总结以及 sCO_2 循环系统经济性结论 134

参考文献 134

第 7 章 透平机械 136

7.1 简介 136

7.2 机械结构 138
 7.2.1 径流式/轴流式结构 138
 7.2.2 发电机连接和传动结构 140
 7.2.3 双轴或单轴 141

7.3 现有的 sCO_2 涡轮机械设计 142
 7.3.1 现有原型 142
 7.3.2 文献中的涡轮机械 151

7.4 通用部件设计特征 162
 7.4.1 轴承 162
 7.4.2 转子动力学 164
 7.4.3 轴端密封 175
 7.4.4 压力壳体 178
 7.4.5 启动 180

7.4.6　与负载控制集成 ·················· 181
　7.5　sCO$_2$压缩机和泵的设计注意事项 ············ 181
　　　7.5.1　叶轮机械设计 ·················· 181
　　　7.5.2　空气动力学性能 ················· 182
　　　7.5.3　喘振控制 ···················· 185
　7.6　sCO$_2$透平设计注意事项 ················· 186
　　　7.6.1　超速风险 ···················· 186
　　　7.6.2　热管理 ····················· 186
　　　7.6.3　压力壳体的热瞬态效应 ·············· 187
　　　7.6.4　透平转子/叶片机械设计 ············· 187
　　　7.6.5　透平空气动力学性能 ··············· 188
　7.7　小结 ·························· 188
　参考文献 ·························· 189

第8章　换热器 ······················· 194
　8.1　简介 ·························· 194
　8.2　sCO$_2$循环中的应用 ··················· 195
　　　8.2.1　加热器 ····················· 195
　　　8.2.2　回热器 ····················· 196
　　　8.2.3　冷却器 ····················· 197
　8.3　换热器候选结构 ····················· 197
　　　8.3.1　管壳式换热器 ·················· 197
　　　8.3.2　微型管式换热器 ················· 198
　　　8.3.3　印制电路板换热器 ················ 198
　　　8.3.4　板翅式换热器 ·················· 199
　　　8.3.5　创新设计 ···················· 202
　8.4　运行工况和要求 ····················· 202
　　　8.4.1　运行温度 ···················· 202
　　　8.4.2　运行压力 ···················· 202
　　　8.4.3　瞬态运行 ···················· 203
　　　8.4.4　紧急关闭工况 ·················· 203
　8.5　设计考虑 ························ 203
　　　8.5.1　寿期和耐久性 ·················· 204
　　　8.5.2　设备维护 ···················· 204
　　　8.5.3　成本 ······················ 205

	8.5.4 换热器设计基础	205
8.6	设计验证	209
	8.6.1 热工水力性能	210
	8.6.2 强度试验	212
	8.6.3 蠕变试验	212
	8.6.4 疲劳试验	213
8.7	小结	215
参考文献		216

第9章 辅助设备 217

9.1	CO_2 供应和库存控制系统	217
9.2	过滤系统	219
9.3	干气密封供气和排气系统	220
9.4	仪表	223
9.5	小结	224
参考文献		224

第10章 废热回收 225

10.1	简介	225
10.2	废热回收概述	225
	10.2.1 热品质和系统效率	226
	10.2.2 热量和势能	227
	10.2.3 废热温度	227
10.3	废热回收应用	228
	10.3.1 玻璃制造	229
	10.3.2 钢铁制造	229
	10.3.3 水泥制造	230
	10.3.4 燃气轮机发动机	230
	10.3.5 往复式发动机	230
10.4	废热换热器设计	231
10.5	经济性和竞争性评估	232
10.6	技术发展需求	234
参考文献		234

第11章 聚光太阳能发电 235

11.1	sCO₂ 应用于聚光太阳能系统的目的	235

11.1.1　聚光太阳能发电在未来可再生能源中的作用 ……………… 236
11.1.2　聚光太阳能发电的特征和 sCO$_2$ 聚光太阳能发电的
应用优势 ………………………………………………………… 236
11.2　聚光太阳能技术介绍 ……………………………………………………… 238
11.2.1　抛物线槽和线性菲涅耳系统 ……………………………… 238
11.2.2　电力塔系统 …………………………………………………… 239
11.2.3　聚光太阳能动力模块 ……………………………………… 241
11.2.4　热能储存 ……………………………………………………… 242
11.2.5　全球部署状态 ……………………………………………… 242
11.3　sCO$_2$ 与聚光太阳能结合的考虑因素 ………………………………… 243
11.3.1　透平入口温度 ……………………………………………… 243
11.3.2　传热流体 ……………………………………………………… 244
11.3.3　热量存储与透平 ΔT …………………………………… 245
11.3.4　干式冷却 ……………………………………………………… 246
11.3.5　间歇运行和循环控制 ……………………………………… 246
11.3.6　系统产能 ……………………………………………………… 247
11.3.7　用于聚光太阳能发电的 sCO$_2$ 循环设计 ……………… 248
11.4　潜在的系统设计和当前研究 …………………………………………… 250
11.4.1　太阳盐熔盐发电塔 ………………………………………… 250
11.4.2　直接储热高温塔 …………………………………………… 250
11.4.3　间接储热高温塔 …………………………………………… 251
11.4.4　采用相变材料的高温塔 …………………………………… 251
11.4.5　小型模块化塔 ……………………………………………… 251
11.5　小结 …………………………………………………………………………… 252
参考文献 ………………………………………………………………………………… 253

第 12 章　化石能源 …………………………………………………………………… 255
12.1　简介 …………………………………………………………………………… 255
12.2　sCO$_2$ 间接循环 …………………………………………………………… 257
12.2.1　化石能源中的 sCO$_2$ 间接循环布置形式 ……………… 258
12.2.2　电厂规模和运行要求 ……………………………………… 262
12.2.3　热源 …………………………………………………………… 262
12.2.4　低品位热量的回收 ………………………………………… 267
12.2.5　设备挑战 ……………………………………………………… 272
12.2.6　电厂整体性能和成本 ……………………………………… 276

12.3 sCO$_2$ 直接循环 278
    12.3.1 循环布置形式 278
    12.3.2 工质 281
    12.3.3 设备挑战 283
    12.3.4 循环性能、成本和前景 286
12.4 小结 288
参考文献 289

第 13 章 核能 294

13.1 sCO$_2$ 循环在核电应用的优势 294
13.2 sCO$_2$ 循环的弊端 297
13.3 sCO$_2$ 循环发展史 298
13.4 在特定反应堆中的应用 301
    13.4.1 钠冷快堆：sCO$_2$ 布雷顿循环与反应堆非常匹配 301
    13.4.2 铅冷快堆：sCO$_2$ 布雷顿循环与反应堆条件非常匹配 302
    13.4.3 高温气冷堆：需要级联循环或膨胀至亚临界压力（部分冷却循环） 302
13.5 用于钠冷快堆的 sCO$_2$ 循环实例 307
13.6 sCO$_2$ 循环瞬态分析 316
13.7 控制策略开发 321
13.8 钠冷却快堆核电厂瞬态示例 322
13.9 小结 327
参考文献 328

第 14 章 试验装置 335

14.1 简介 335
14.2 桑迪亚国家实验室再压缩回路 335
    14.2.1 系统描述 335
    14.2.2 关键试验结果和结论 339
14.3 海军核实验室综合系统试验 340
    14.3.1 系统描述 340
    14.3.2 关键试验结果和结论 343
14.4 Echogen EPS100 344
    14.4.1 系统描述 344
    14.4.2 关键测试结果和结论 346

14.5　SWRI SunShot 循环试验回路 ……………………………………… 349
14.6　其他试验装置 ……………………………………………………… 350
14.7　小结 ………………………………………………………………… 351
参考文献 …………………………………………………………………… 351

第 15 章　研究与发展：要点、工作和未来趋势 …………………………… 352
15.1　简介：研发目标 …………………………………………………… 352
15.2　整体动力循环设计 ………………………………………………… 353
15.3　工质品质 …………………………………………………………… 353
15.4　压缩机 ……………………………………………………………… 354
15.5　透平 ………………………………………………………………… 354
15.6　换热器 ……………………………………………………………… 355
　　15.6.1　主加热器 ………………………………………………… 355
　　15.6.2　回热器 …………………………………………………… 355
　　15.6.3　直燃式氧/燃油燃烧器 …………………………………… 356
　　15.6.4　压缩机入口/中间冷却器 ………………………………… 356
　　15.6.5　换热器研究需求总结 …………………………………… 356
15.7　电站设计平衡 ……………………………………………………… 356
15.8　材料 ………………………………………………………………… 356
15.9　小结 ………………………………………………………………… 357

绪 论

R.A. Dennis [1], G. Musgrove [2], G. Rochau [3], D. Fleming [3], M. Carlson [3], J. Pasch [3]

[1] 国家能源技术实验室，摩根敦，西弗吉尼亚洲，美国；[2] 西南研究院，圣安东尼奥，得克萨斯州，美国；[3] 桑迪亚国家实验室，阿尔伯克基，新墨西哥州，美国

概述：本章介绍以超临界二氧化碳（supercritical CO_2，sCO_2）为工质的间接布雷顿循环系统，并与其他工质相比较以说明该循环的效率优势。此外，本章简述了采用 sCO_2 发电时常选择带回热的再压缩循环的原因，并对循环的多种变化形式进行了回顾。

关键词：布雷顿循环；再压缩；回热；sCO_2 循环

0.1 简介

绝大多数电网发电都是通过耦合热源和热力循环来完成的。如果热力循环的性质和结构具有经济性，则可提供高效的电力生产。大多数商用热力循环为直接燃烧的开式布雷顿循环（燃气轮机）或采用水工质的间接燃烧闭式朗肯循环（燃煤发电厂和核电站），每种循环类型都有许多尺寸和复杂性各不相同的构造。对于任何一种应用，最佳热力循环都由其应用和热源的具体特性决定。

除了这些常规的热力循环，还可以考虑基于其他工质的循环。特别是以 sCO_2 为工质的布雷顿循环，这是一种将热能转化为电能的新技术。大量研究表明，sCO_2 循环与传统的蒸汽朗肯循环相比，甚至与最先进的超超临界（Ultrasupercritical，USC）蒸汽朗肯循环相比，都具有显著的循环效率提高潜力（Subbaraman 等，2011；Kacludis 等，2012；Shelton 等，2016）。更高的循环效率自然使得燃料费用更低，耗水量更少，在使用化石燃料的应用中温室气体（Greenhouse Gas，GHG）的排放更少。此外，由于整个 sCO_2 循环过程都在高压下运行，工质具有较高的密度，从而使得设备尺寸更小、占地面积更少，投资成本降低。

0.2 以 sCO_2 为工质的布雷顿循环

sCO_2 循环与发电相关的配置方式主要有以下两种：①适用于先进化石燃料、核能和太阳能应用的间接加热闭式布雷顿循环；②应用于 CO_2 捕获的化石燃料富氧燃烧的半闭式直接加热富氧燃料布雷顿循环。下面将对这些循环进行更加详细

地描述。

0.3 再压缩间接加热布雷顿循环

对于间接加热布雷顿循环，工质（可能是纯物质或者混合物）在压缩机和透平之间循环。在进入透平前热能传递给工质，膨胀后的工质通过冷却器将温度降低到压缩机所需的进口温度。在透平乏气和压缩机排气间设置换热器，通过减少CO_2冷却器的热损失量，增加回热来提高循环效率。但这种循环形式会使在最大循环效率下的压比明显低于简单的间接加热布雷顿循环。

需要注意的是，CO_2布雷顿循环的效率在很大程度上取决于循环中的最小压力。将循环最小压力调节到CO_2临界点附近可以提高循环效率，但会降低回热器的效率。在临界点附近，CO_2的热容会显著增加，导致回热器低压侧的热CO_2热容低于高压侧。CO_2的这一特性限制了回热器高压侧的冷CO_2可升高的最高温度，降低了循环效率。而对循环进行再压缩是一种能够减轻该影响的有效方法。图0.1为再压缩间接加热布雷顿循环示意图，图0.2为其相应的压焓图。

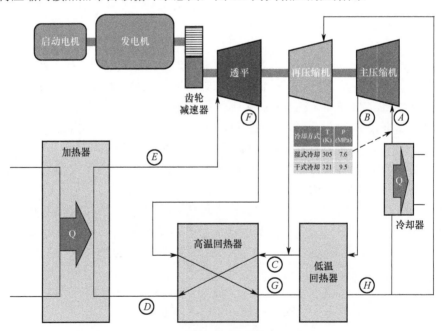

图0.1 再压缩闭式布雷顿循环

注：由桑迪亚国家实验室提供（Pasch 和 Sandia，2013）。

图0.2中的$A \sim H$对应于再压缩布雷顿循环中的状态点，也在图0.1中进行了描述。图0.2所示的曲线对应的是透平进口温度600℃、循环压降为700 kPa的sCO₂再压缩布雷顿循环。图0.1中的点$C \sim H$与回热布雷顿循环（Recuperated

Braytoncycle，RB）相同。与 RB 不同的是，一部分离开回热器的低压 CO_2 会绕过冷却器，在再压缩机中被压缩至最大循环压力。此外，该流体会绕过回热器的低温部分。整体热效应给回热器的冷热侧提供了更好的热容匹配特性，并且提高了回热器的整体效率。该配置的缺点是循环更为复杂，需要额外的压缩机。虽然在这种配置下，压缩 CO_2 所需的总功率实际上增加了，但净循环效率得到提高。需要注意的是，在图 0.1 中状态点 A 给出了两种不同的温度和压力值，分别对应于两种不同的冷却情况：使用水作为冷却工质的湿式冷却和使用空气为冷却工质的干式冷却。干式冷却比湿式冷却的效率低，但是可以通过增加循环最小压力来减少效率的降低。

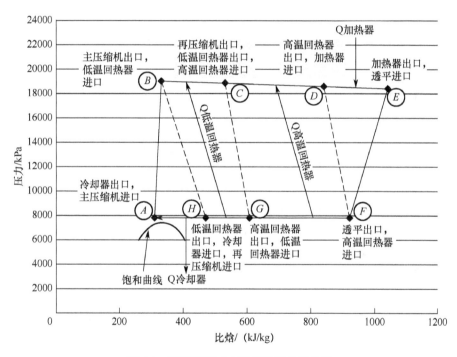

图 0.2　再压缩闭式布雷顿循环的压焓图

注：由桑迪亚国家实验室提供（Pasch 和 Sandia，2013）。

图 0.3 比较了透平进口温度为 700℃时，CO_2 再压缩布雷顿循环（Recompression CO_2 Brayton Cycle，RCBC）与 CO_2RB 的循环效率。图中还给出了 N_2 和 He 的 RB 效率曲线作为参考。对于 N_2 和 He，由于在冷却器出口的工质不处于临界点附近，因此再压缩循环没有任何优势。对于 CO_2，在最大循环效率的压比下，再压缩循环的效率比 RB 高 5%以上。

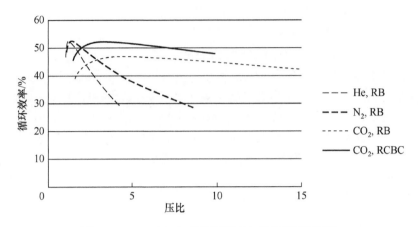

图 0.3 RCBC 与 RB 的循环效率与压比关系的对比

注：NETL；引自 White, C., 2016. "Analysis of Brayton Cycles Utilizing Supercritical Carbon Dioxide - Revision 1", DOE/NETL-4001/070114 (in preparation). 或 https://www.netl.doe.gov/energyanalyses/temp/AnalysisofBraytonCyclesUtilizingSupercriticalCarbonDioxide_070114.pdf.

0.4 sCO_2 再压缩布雷顿循环与朗肯循环的对比

因为朗肯循环已经是一项成熟的技术，并且经历了一个世纪的发展和完善，因此很难将常规朗肯循环与 RCBC 进行直接比较。当今最先进的朗肯循环是超超临界循环，其主蒸汽压力为 25~29MPa，温度为 600℃，再热温度为 620℃。由于没有基于 RCBC 的商用发电厂，因此任何比较都必须基于对运行点的假设。

虽然这两个循环的性质不同，但随着透平进口温度的升高，它们的循环效率都不断增大。由于两个循环效率增加的幅度不同，因此每个循环都将具有对应的透平进口温度范围，在该温度范围内其循环效率高于另一个循环。文献中对这两种循环的性能进行了比较（White, 2016; Fleming, 2013），并一致表明在透平进口温度较高时 RCBC 具有更高的循环效率。RCBC 能够获得更高效率的透平进口温度的确切值取决于所选的循环结构与参数配置。

图 0.4 给出了 RCBC 与具有单次再热的朗肯循环的效率对比。分析该图可知两个循环所使用的涡轮机械的效率相等。结果表明，当透平进口温度超过约 425℃ 时，RCBC 比朗肯循环具有更高的效率。

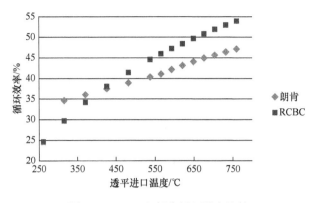

图 0.4 RCBC 和朗肯循环效率比较

注：NETL；引自 White, C., 2016. "Analysis of Brayton Cycles Utilizing Supercritical Carbon Dioxide - Revision 1", DOE/NETL-4001/070114 (in preparation). 或 https://www.netl.doe.gov/energyanalyses/temp/AnalysisofBraytonCyclesUtilizingSupercriticalCarbonDioxide_070114.pdf.

0.5 半闭式直接加热氧燃料布雷顿循环

除了前文描述的间接加热循环外，目前人们正在积极研究使用 CO_2 作为工质的直接加热布雷顿循环在化石能源领域的应用。该循环中的热源被加压氧燃烧器所取代，因此参与循环的工质不再是高纯度 CO_2。由于 sCO$_2$ 循环的大部分性能优势源自 sCO$_2$ 的物理特性，因此该循环的效率将随着 CO_2 纯度的降低而减小，所以有必要使用相对纯净且接近化学计量的氧气流。而作为碳捕获和存储过程的一部分，这也有利于捕集燃烧过程中产生的 CO_2。该系统的燃料可以是由煤气炉产生的合成气（EPRI, 2014），或天然气（EPRI, 2015；Power Engineering Web Site, 2016）。

与间接加热循环类似，工质通过回热实现热量再循环，但必须在再循环之前从工质中去除其中的一些燃烧产物。可以通过冷却过程以冷凝并除去其中的水，并清洗部分工质以去除燃烧引入的物质，包括产生的 CO_2、过量氧气和来自氧化剂或燃烧器的其他污染物。由于在直接加热循环中可以实现更高的透平进口温度，因此半闭式直接加热氧燃料布雷顿循环具有比间接循环更高循环效率的可能性。该技术也有望拥有比间接燃烧循环更高的功率密度，并且由于不需要再压缩机，循环配置将更加简单。

0.6 基于其他超临界流体的布雷顿循环

超临界 RCBC 也可选择使用 CO_2 以外的流体。但是，有几个因素限制了实际过程中可选工质的数量。为了在整个压缩过程保持高流体密度以获得高循环效率，冷却器必须运行在流体的临界点附近。由于循环效率会随着冷却器温度的降低而增加，因此具有临界温度的流体（如常温水）将更具优势。从这个角度来说，sCO$_2$（临界温度 31℃）非常有优势。此外，临界压力必须远低于循环中的最大压力，这一条件进一步减少了候选工质的数量。如果同时将安全性、热稳定性、腐蚀和成本等其他因素考虑在内，那么候选工质的数量将非常少。尽管学者们已经进行了大量的分析（Invernizzi，2013），但尚未发现其他可能的工质比 CO$_2$ 更适合于超临界 RCBC。

0.7 sCO$_2$ 布雷顿循环综述及应用领域

绪论描述了一些使用 sCO$_2$ 的布雷顿循环系统结构及其性能特点。与常规蒸汽朗肯循环、非超临界布雷顿循环或其他循环相比，sCO$_2$ 布雷顿循环具有明显的优势。其高循环效率主要是通过合理的循环运行状态设计来减少压缩工质所需的功率，以及使用高效回热来实现的。

sCO$_2$ 间接布雷顿循环的潜在应用范围很广，因其基本上可用于目前使用朗肯循环的任何应用。通常，sCO$_2$ 再压缩布雷顿循环达到最高效率的运行点需要大量的回热，这种循环方式减少了冷却器中的热量损失，并允许热源加热最多的工质，从而产生最大的功率输出。这种高度回热的潜在缺点是热源中 CO$_2$ 的温升相对较低。如果热源在很宽的温度范围内运行，那么将会给该系统在保持高循环效率的同时又不失去大量可用热源带来挑战。sCO$_2$ 间接布雷顿循环的许多有前景的应用的热源温度范围都较窄，例如，核能、太阳能和地热能。在每一种情况下，都可以灵活配置 sCO$_2$ 布雷顿循环运行状态，从而最大程度上利用来自热源的能量。当热源温度范围较大时，通常需要对循环进行更复杂的变形。可能需要更高程度的热集成，采用更复杂的梯级循环配置以增加循环中可利用的热源能量；或者使用联合循环过程，将 sCO$_2$ 布雷顿循环用作顶循环，朗肯循环用作底循环（Kimzey，2012；Ahn，2014；Bae 等，2015）。

sCO$_2$ 布雷顿循环也可与直接加热相匹配，这增加了其潜在的应用范围。直接循环最有前景的应用领域是化石燃料源。尽管决定热力循环有效性的是整体过程的效率而不是循环效率，但对于大多数应用而言，可以直接用更高的循环效率证明更高的过程效率。这是因为可以通过动力循环从热源获取的能量部分不会随着 sCO$_2$ 布雷顿循环而减少，并且 sCO$_2$ 布雷顿循环与采用朗肯循环相比，所需的辅助功率通常不会增加。直接循环还提供了一种固有方法，即可以将燃烧过程中产生的水以液态水的形式捕获，将抵消部分水冷应用中的耗水量。基于 2015 年 8 月美国环境保护署根据《清洁空气法》第 111（b）条发布的碳污染标准，用于化石燃料应用的氧燃料直接循环还有促进 CO$_2$ 捕获的附加优势，可将新建燃煤发电厂的 CO$_2$ 排放量限制在 1400 lb CO$_2$/MWh-gross（EPA Web Site，2015）。

表 0.1 列出了 sCO$_2$ 布雷顿循环的主要应用类别、预期循环配置、峰值温度，

以及在每个应用中潜在的优势。

表 0.1 　 sCO_2 循环的潜在应用（SWRI，2013）

应用类别	循环类型	潜在优势	功率/MWe	温度/℃	压力/MPa
核能	间接循环	效率、尺寸、能减少耗水	10～300	350～700	20～35
化石燃料（PC，CFB，…）	间接循环	效率、能减少耗水	300～600	550～900	15～35
聚光太阳能	间接循环	效率、尺寸、能减少耗水	10～100	500～1000	35
船用推进	间接循环	效率、尺寸	<10～10	200～300	15～25
船用电力	间接循环	效率、尺寸	<1～10	230～650	15～35
余热回收	间接循环	效率、尺寸、简单循环	1～10	<230～650	15～35
地热能	间接循环	效率	1～50	100～300	15
化石燃料（合成气、天然气）	直接循环	效率、能减少耗水、CO_2 捕获	300～600	1100～1500	35

与朗肯循环相比，sCO_2 布雷顿循环的主要优势是具有提高循环和工艺效率的潜力。过程效率的提高还有许多其他次要好处，包括可以减少产生固定功率所需的热输入从而降低尺寸和投资成本，并且对于某些应用来说，还降低了燃料使用和运营成本。提高过程效率还可以通过减少用水量和在化石燃料应用的情况下减少温室气体排放来减少其对环境的影响。

sCO_2 布雷顿循环还有其他潜在优点，但这些优点与提高过程效率的潜力一样有待证明。由于工质的密度相对较高，因此机组运行的成本有可能更小。但是，并不是 sCO_2 布雷顿循环的所有特性都有助于减小尺寸和降低成本。例如，sCO_2 布雷顿循环比朗肯循环更复杂，sCO_2 布雷顿循环需要压缩机而不是给水泵，并且需要比热源的热负荷更大的回热器。

另一个潜在的优势是，在无法使用水冷的地区，使用空气冷却的 sCO_2 布雷顿循环也许能被证明比朗肯循环更实用（Conboy 等，2014）。这是因为 sCO_2 布雷顿循环中的冷却器比具有相同冷却负荷的朗肯循环中的风冷式冷凝器需要的空气少得多。但是，这一优势是通过降低冷却器内传热的平均驱动力来实现的，这会增加传热所需的表面积。一些研究人员已经对 sCO_2 布雷顿循环中空气冷却的实用性产生了质疑（Moisseytsev 和 Sienicki，2014）。随着进一步的分析、发展和论证，这项技术对发电厂成本和用水量的影响将变得更加清晰。

参考文献

Ahn, Y., Baea, S.J., Kima, M., Choa, S.K., Baika, S., Lee, J.I., Cha, J.E., October 30−31, 2014. Cycle layout studies of sCO$_2$ cycle for the next generation nuclear system application. Transactions of the Korean Nuclear Society Autumn Meeting, Pyeongchang, Korea.

Bae, S.J., Lee, J., Ahn, Y., Lee, J.I., 2015. Preliminary studies of compact Brayton cycle performance for small modular high temperature gas-cooled reactor system. Annals of Nuclear Energy 75. http://www.sciencedirect.com/science/article/pii/S0306454914003727.

Conboy, T.M., Carlson, M.D., Rochau, G.E., August 2014. Dry-cooled supercritical CO$_2$ power for advanced nuclear reactors. Journal of Engineering for Gas Turbines and Power 137, 012901. https://www.researchgate.net/publication/270772560_Dry-Cooled_Supercritical_CO_2_Power_for_Advanced_Nuclear_Reactors.

EPA Website, August 2015. Carbon Pollution Standards for New, Modified and Reconstructed Power Plants. https://www.epa.gov/cleanpowerplan/carbon-pollution-standards-new-modified-and-reconstructed-power-plants#rule-summary.

EPRI, December 2014. Performance and Economic Evaluation of Supercritical CO$_2$ Power Cycle Coal Gasification Plant, 3002003734. http://www.epri.com/abstracts/Pages/ProductAbstract.aspx?ProductId=000000003002003734.

EPRI, August 2015. R-SCOT: Rocket Engine-Derived High Efficiency Turbomachinery for Electric Power Generation, 3002006513. http://www.epri.com/abstracts/Pages/ProductAbstract.aspx?ProductId=000000003002006513.

Fleming, D., Conboy, T., Pasch, J., Rochau, G., Fuller, R., Holschuh, T., Wright, S., November 2013. Scaling Considerations for a Multi-Megawatt Class Supercritical CO$_2$ Brayton Cycle and Path Forward for Commercialization. SAND2013-9106. http://prod.sandia.gov/techlib/access-control.cgi/2013/139106.pdf.

Invernizzi, C.M., 2013. Closed Power Cycles − Thermodynamic Fundamentals and Applications. © Springer-Verlag, London. http://dx.doi.org/10.1007/978-1-4471-5140-1.

Kacludis, A., Lyons, S., Nadav, D., Zdankiewicz, E., December 2012. Waste heat to power (WH2P) applications using a supercritical CO$_2$-based power cycle. In: Presented at Power-Gen International 2012, Orlando, FL.

Kimzey, G., 2012. Development of a Brayton Bottoming Cycle using Supercritical Carbon Dioxide as the Working Fluid. EPRI. http://www.google.com/url?sa=t&rct=j&q=&esrc=s&source=web&cd=1&cad=rja&uact=8&ved=0ahUKEwjYp8fvmuLLAhUBKB4KHVpiCUQQFggcMAA&url=http%3A%2F%2Fwww.swri.org%2Futsr%2Fpresentations%2Fkimzey-report.pdf%26usg=AFQjCNHKJpKIw7Gw1si89Rb3hcD-kjMgxQ%26sig2=wGXhCf4_ksw9CpN9jLbXGg%26bvm=bv.117868183,d.dmo.

Moisseytsev, A., Sienicki, J.J., September 9−10, 2014. Investigation of a dry air cooling option for an s-CO$_2$ cycle. In: The 4th International Symposium − Supercritical CO$_2$ Power Cycles, Pittsburgh, Pennsylvania. http://www.swri.org/4org/d18/sco2/papers2014/systemModelingControl/44-Moisseytsev.pdf.

Pasch, J.J., Sandia, 2013.

Power Engineering Website, March 2016. http://www.power-eng.com/articles/2016/03/net-power-breaks-ground-on-zero-emission-gas-fired-demo-plant.html.

sCO$_2$ Power Cycle Roadmapping Workshop, February 2013. SwRI, San Antonio, TX.

Shelton, W.W., Weiland, N., White, C., Plunkett, J., Gray, D., March 29−31, 2016. Oxy-coal-fired circulating fluid bed combustion with a commercial utility-size supercritical CO$_2$ power cycle. In: The 5th International Symposium − Supercritical CO$_2$ Power Cycles, San Antonio, TX. http://www.swri.org/4org/d18/sco2/papers2015/104.pdf.

Subbaraman, G., Mays, J.A., Jazayeri, B., Sprouse, K.M., Eastland, A.H., Ravishankar, S., Sonwane, C.G., September 2011. Energy systems, Pratt and Whitney Rocketdyne, ZEPS plant model: a high efficiency power cycle with pressurized fluidized bed combustion process. In: 2nd Oxyfuel Combustion Conference, Queensland, Australia. http://www.ieaghg.org/docs/General_Docs/OCC2/Abstracts/Abstract/occ2Final00143.pdf.

White, C., 2016. "Analysis of Brayton Cycles Utilizing Supercritical Carbon Dioxide - Revision 1", DOE/NETL-4001/070114 (in preparation). See also: https://www.netl.doe.gov/energy-analyses/temp/AnalysisofBraytonCyclesUtilizingSupercriticalCarbonDioxide_070114.pdf.

第1章 简介与背景

G. Musgrove [1], S. Wright [2]

[1]西南研究院,圣安东尼奥,得克萨斯州,美国;[2]超临界技术公司,布雷默顿,华盛顿州,美国

概述:利用临界区域附近的流体特性,使用超临界流体运行的动力循环可以获得接近50%的超高热效率。选择CO_2作为超临界流体可以实现动力循环与一系列热源匹配,包括传统燃料、核能和可再生能源。该循环的另一个优势是,与使用空气或蒸汽的常规循环相比,高密度超临界流体允许采用小型机械。虽然超临界循环和使用CO_2有优势,但在sCO_2循环的设计中仍存在许多技术挑战和需要考虑的问题。本章概述了相关的主要考虑因素和挑战,后面会详细介绍。

关键词:辅助设备;循环控制;换热器;动力循环;应用领域;涡轮机械

1.1 简介

动力循环是从热源或动力源产生有用能量的过程和机械的集合。例如,风被认为是动力源,而燃料则被认为是热源。本书忽略了使用动力源的循环,而主要关注使用热源的动力循环。虽然有许多不同的循环形式,但最常用的大规模发电循环是布雷顿循环和朗肯循环(图1.1)。通过简单的观察可以发现,布雷顿循环完全位于单相气区域,而朗肯循环则跨越气相和液相区域。在任意一个循环中,热量在恒定的压力下输入或排出,泵或压缩机在加热之前增加压力,汽轮机(透平)减少压力并从循环中获得功。图1.1所示的简单循环结构可以通过再加热、中间冷却和再压缩等方法来提高循环效率。sCO_2的循环改进将在后面讨论。

在考虑热能转换过程时,循环冷热源之间的温差影响着循环效率。正如第3.2.2节中详细讨论的那样,循环效率上限的概念称为卡诺效率,可由式(1.1)根据冷热源温度近似计算获得,并且随着冷热源温度的比值呈线性变化,如图1.2所示。但是,对于给定的冷源温度,卡诺效率非线性地依赖于热源温度。因此,循环效率曲线的斜率随着热源温度的增加而减小。虽然卡诺效率被认为是循环热效率的上限,但循环的细节,如实际过程和机械设备等,也会影响能量转换效率。在大多数情况下,很难达到卡诺效率的50%~60%。

$$\eta_{\text{Carnot}} = 1 - \frac{T_{\text{C}}}{T_{\text{H}}} \qquad (1.1)$$

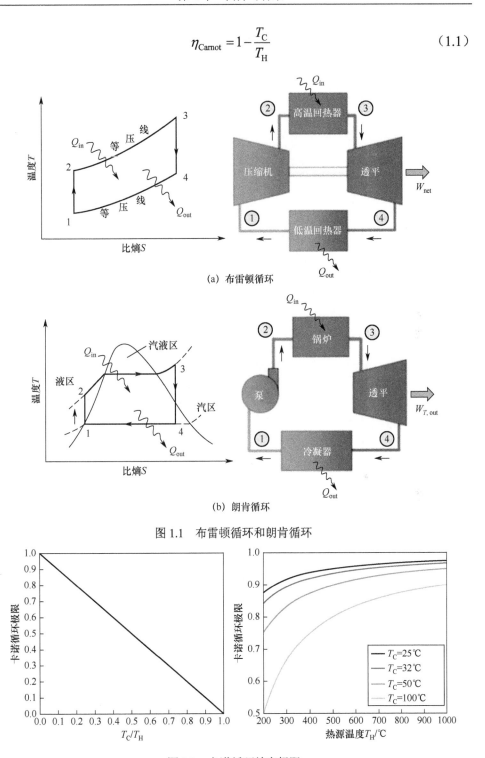

图 1.1 布雷顿循环和朗肯循环

图 1.2 卡诺循环效率极限

1968 年，Angelino（1968）和 Feher（1968）提出了 sCO$_2$ 循环的概念。Feher 将超临界循环描述为朗肯循环和布雷顿循环的替代方案，超临界循环运行于液相或超临界区域，不会运行在汽液两相区域，如图 1.3 所示。在这个概念中流体被泵加压，并在恒定压力下加热，随后在超临界状态下膨胀，并在恒压环境排出热量。需要注意的是，在回热器中进行的排热可以抵消一部分加热过程中的热量需求。Feher 还提到了进入流体两相区域的循环的另一种表述。该公式被 Feher 提出，Dekhtiarev（1962）也发表了这一公式，而且也是 Angelino 的工作（1968）的主要内容。

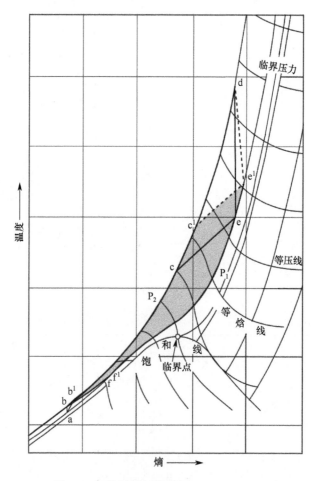

图 1.3　超临界循环概念（Feher，1968）

1.2 sCO$_2$动力循环基础概述

选择将 sCO$_2$ 用于热力循环有两个原因：一是使用超临界流体的循环可以利用临界区域附近的流体属性来提高循环效率；二是 sCO$_2$ 具有接近环境温度的临界温度（31℃），从而使 sCO$_2$ 循环可以与多种热源匹配，并且允许各类循环在接近环境条件的热沉下运行。例如，临界温度接近环境温度可以允许 sCO$_2$ 布雷顿循环在环境条件下将热量排出到空气或水中。

从 Feher 和 Angelino 的描述来看，大多数 sCO$_2$ 循环包括透平、用于向循环中添加热量和排出热量的换热器、回热器，以及用于压缩流体的泵或压缩机。Angelino 的热力学分析对比了不同循环形式的性能，结果表明，再压缩和再热的循环效率最高，如图 1.4 所示。已经过测试或设计的回路配置通常使用再热或再压缩循环布置，其中可能包含也可能不包含作为冷凝循环的泵。再压缩循环布置如图 1.5 所示。

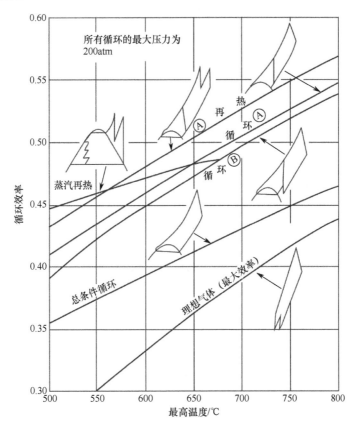

图 1.4 Angelino（1968）指出再压缩循环在 sCO$_2$ 循环的不同变体中具有最高效率

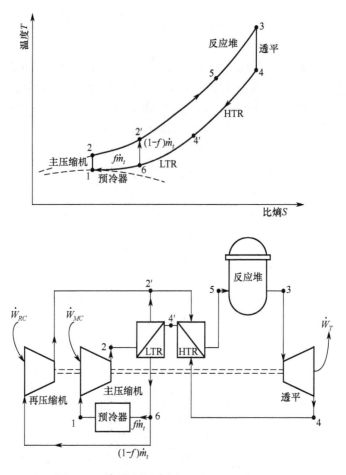

图 1.5 再压缩循环实例（Ludington，2009）

1.2.1 循环机械与电厂平衡

在 sCO_2 系统中常讨论的主要部件有压缩机（泵）、透平和换热器（包括回热器、一次换热器和余热排出换热器）。与蒸汽动力系统或燃气轮机相比，这些设备的设计和运行都是独特的，因为这些设备具有高功率密度、高运行压力、低黏度，以及当设备必须在临界点或临界点附近运行时出现的热物性快速变化的特性。这使得设备的设计具有经常挑战大多数电厂主要组件标准设计的特点，如功率密度、密封泄漏率和小尺寸。

其他设备元件或子系统对于使 sCO_2 发电厂成为一个集成运行系统也至关重要，包括涡轮机械中使用的元件和电厂辅助设备（Balance of plant，BOP）系统中使用的元件。对于涡轮机械，其相关元件主要包括轴承、密封、推力管理系统和发电机等。对于电厂辅助设备，其相关元件包括齿轮箱、电机/发电机、气体管理系统（净化、填充、清理、补充、压力管理和压力安全）、余热排出系统（风冷或水冷）、管道、启动系统、润滑油、室内空气、仪表和控制系统以及电气开关设备等。下文将对每个设备进行简要说明。

1.2.1.1 涡轮机械

与 Feher 和 Angelino 讨论的超临界冷凝循环不同，最常见的 sCO_2 动力循环主要运行在超临界区域，并使用压缩机来代替泵。压缩机和透平的尺寸可以通过循环预期功率规模来估计，即采用无量纲方式通过设计经验初步确定转速和尺寸。图 1.6 所示为涡轮机械的尺寸、转速和类型随循环功率的变化。sCO_2 的高密度使得工质在涡轮机械内的体积流量较小，进而导致涡轮机械的尺寸较小。例如，1MWe 循环系统只需使用一个涡轮直径约为 10 cm 的单级压缩机。虽然希望减小涡轮机械的尺寸，但高密度 sCO_2 还需要考虑涡轮机械的转子动力学设计、密封件和轴承。

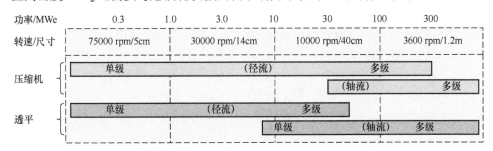

图 1.6 不同循环功率下的压缩机和透平尺寸范围

注：引自 Fleming, D.D., Conboy, T.M., Pash, J.J., Rochau, G.A., Fuller, R., Holschuh, T.V., Wright, S.A., 2013. Scaling Considerations for a Mulit-Megawatt Class Supercritical CO2 Brayton Cycle and Commercialization. Sandia National Laboratories, Albuquerque, NM.

在选择合适的设备尺寸和类型时，涡轮机械设计还受到各种配置问题的影响，主要包括：

（1）单轴或多轴配置；
（2）单级或多级叶轮；
（3）推力平衡；
（4）轴承和密封位置；
（5）轴与齿轮箱系统的耦合；
（6）使用大齿轮还是行星齿轮；
（7）与发电机的耦合。

除了上述配置问题外，还有许多其他的设计问题，例如：

（1）运行过程中的热膨胀和启动时的机械干扰；
（2）密封和轴承的温度限制；
（3）CO_2 在密封中冷凝或将轴冻结到轴承座上；
（4）腐蚀、颗粒侵蚀，以及其他高密度气体和高功率密度问题。

很明显，在整个涡轮机械设计完成之前，无法真正评估涡轮机械设计和组件选择的实际影响。应进一步注意，CO_2压缩机和泵可从石油和天然气供应商处获得。例如，Sundyne、Atlas Copco、GE oil and gas、Dresser-Rand（现在的西门子）、Man Diesel 和 Turbo 等。这些设计精良、坚固耐用的设备经常用于石油和天然气行业，并且其拥有适用于这些设备的完善的设计流程。然而在某些情况下，商用设备可能无法在循环所需的条件下运行。

由于缺乏在设计工况下的运行经验，透平的设计可能是整个sCO_2系统中风险最高的部分。有一些供应商已经实际设计、建造和测试了sCO_2透平。截至2016年，可供sCO_2循环测试的设备仍然很少。此外，sCO_2系统的功率密度与火箭发动机涡轮泵中的功率密度相当，但火箭发动机中的涡轮只能持续运行几分钟，而sCO_2系统的涡轮机械需要运行几十年。最后，因为传热、功率密度、流体密度、压力和压比都超出了基于空气或蒸汽的常见设计方法，当前设备制造商可用的设计工具不适用于sCO_2。因此，该类设备在设计和运行上极具挑战。

1.2.1.2 换热器

sCO_2循环中的换热器因其尺寸和成本而成为系统中的关键部件。一般需要三种类型的换热器。

（1）将热量从热源转移到CO_2的换热器（称为初级或中间换热器，或余热回收（Waste Heat Recovery，WHR）换热器）。这些换热器有两种类型。第一种使用基于过程加热器的技术，通常有两个部分：一个是辐射加热部分，其中含有sCO_2的管子被热燃烧气体辐射加热；一旦气体被充分冷却，就使用对流换热进一步加热管中的CO_2。第二类加热器仅使用对流加热。这些系统通常类似于用在蒸汽底循环的热回收蒸汽发生器。WHR系统通常使用翅片管，其中的燃烧气体会流过翅片管。

（2）将CO_2热量排放到环境中的换热器称为余热排出换热器、气体冷却器或预冷器，使用水或空气作为冷却流体。

（3）最后一类换热器是内热式CO_2—CO_2换热器，也称为回热器。使用回热器可提高热源的平均温度，使热量在恒定的温度下传递进入系统，循环工作更接近于理想的卡诺循环，可以产生更高的效率。

事实上，几乎所有的sCO_2发电系统都使用回热器，正是这些回热器使sCO_2发电系统能够以更接近理想卡诺循环的方式运行。然而，根据所使用的动力循环，换热器的成本可能占系统总成本的很大一部分（30%或更多，详见第8章）。由于蒸汽系统与sCO_2系统相比可以不使用回热器，因此蒸汽系统在换热器方面通常具有成本优势。同样，其他发电机，如燃气轮机和往复式发动机，也没有回热器，因此它们也具有显著的成本优势。但是由于燃气轮机的效率较低而往复式发动机的运行成本较高，可能会影响性能。减小换热器尺寸和成本对于sCO_2发电厂来说十分重要的主要原因就是这类设备增加了成本。

换热器的关键在于需要高热负荷（大传热）、高压力运行，以及在某些情况下需要同时在高温和高压下运行。对换热器的关注主要集中在换热器类型、成本、耐用性和性能之间找到折中方案。由于需要在非常高的压力和温度下使用且换热器的预期热负荷量较大,因此对设备成本和材料的选择是主要的考虑因素。因为非常高的传热负荷需要大量的表面积,为了降低材料成本并且减少换热器的总占地面积,sCO_2 循环通常使用紧凑式换热器。Shah 和 Sekulic(2003)提供了对换热器基本原理的综述,通过面密度和通道水力直径说明了不同换热器类型的紧凑性,如图 1.7 所示。水力直径和面密度的关系在对数图上呈线性关系,其中紧凑式换热器的面密度约在 $1000m^2/m^3$ 以上。

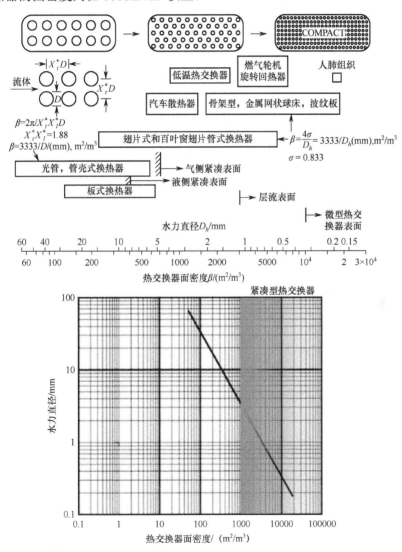

图 1.7 紧凑式换热器的面密度通常在 $1000\ m^2/m^3$ 以上

虽然大多数的 sCO₂ 系统是通过外部热源间接加热的，但研发人员正在开发不使用主换热器的直接燃烧循环（氧燃烧）。但是，氧燃烧循环也可以使用主换热器实现间接氧燃烧循环。

1.2.1.3 轴承和密封

在石油和天然气行业以及电力工业领域中，首选轴承是用于轴向载荷和推力载荷的油液动力可倾瓦轴承。这些轴承的优点是可以从各个设备制造商(Waukesha 和 John Crane)处获得，其转子动态性能稳定，能够承受高的轴向和径向载荷，并且可以在 10 MWe 功率范围内的 sCO₂ 试验系统所需的小直径轴上以高达 30000～40000 r/min 的转速运行。高推力负载能力对于 sCO₂ 电厂尤其重要，因为涡轮机械上的高压差会导致高推力负载失衡。对于 sCO₂ 研究和实验设备开发，其他轴承类型也很有用的，包括气箔轴承、磁性轴承、静压轴承和混合轴承。这些类型的轴承通过将轴承放置在多级透平之间以提供潜在优势，主要包括简化密封系统、提高运行转速和长轴。但是这些轴承可能会带来各种设计问题，如复杂的转子动力学、高风阻和需要局部冷却等。使用这些轴承的另一个障碍是电力行业使用含油轴承的历史悠久，在证明这些轴承适用于 sCO₂ 应用之前，可能会抵制这些新型的轴承系统。

1.2.1.4 电厂辅助设施

第二组设备是电厂辅助设施的一部分，包括管道和滑轨、齿轮箱、电机、发电机、换热器和控制系统。这些设备和系统会影响循环性能、成本或电厂运行能力，但一般来说该类设备与系统的可用性和稳健性能够增加电厂的可靠性。

1. 发电机、电动机和齿轮系统

发电机、电动机和齿轮箱系统可从设备制造商处获得。这些工业设备非常耐用且可靠。电机驱动和透平驱动压缩机的配置以及转轴的数量不仅会极大地影响电厂的可控性，而且还会由于齿轮、电机和更多控制器的低效率而引入损失。对于 sCO₂ 系统的早期开发，建议选择能够提供最大操作控制范围和可靠性的组件和设计配置，即使这些设计可能会降低电厂的整体性能。一旦 sCO₂ 电力系统被证明满足性能预期及可靠性要求，设计上的改进就可用于提高性能和降低成本。

对于 5～25MWe 功率范围内的 sCO₂ 试验电厂电力系统，行业标准是采用同步绕线发电机。根据尺寸、电压和运行工况的不同，效率会在 88%～97%变化。一般来说，在接近最大 kVA 额定值的情况下运行，发电机可以获得最高效率。大多数系统需要水冷，轴承需要润滑油冷却。有些系统还可以充当马达。还可以提供"直通"轴，从而允许单独的电机连接到轴，这在电机/发电机与泵或压缩机在同一轴上的启动期间会很有用。

由于压缩机和透平以接近 36000 r/min 的转速旋转，因此有必要在涡轮系统中使用减速齿轮。通常，齿轮减速比从~10/1 到~20/1 不等。通常使用两种类型的齿轮系统，其中最常见的是大齿轮系统，但也可以使用行星齿轮系统。大齿轮系统的优点是多个小齿轮可以连接到同一个大齿轮，因此可以从涡轮机驱动齿轮，或者让从动大齿轮旋转压缩机或泵，该压缩机或泵连接到不同的以与涡轮不同的速度旋转的小齿轮上。因为可以使用不同的齿轮比，也可以连接电机。一般来说，涡轮机械需要处理推力负载，但也有可能让齿轮系统接受来自压缩机或透平的推力。对于行星齿轮，其优点是发电机、齿轮箱和涡轮机械的轴线都是相同的，效率通常为96%～98%。

2. 管道和滑轨

滑轨的主要目的是提供一个支架，在系统运行时支撑 sCO_2 设备和管道，并支持组装和运输。规定独立的滑轨允许在正常运行时因热膨胀而相对移动。研究的目标是能在保持滑轨足够坚固的同时降低制造成本。

管道的主要设计挑战是根据美国机械工程师协会压力管道规范 B31.1（ASME，2012）选择所需温度和压力下的管道尺寸和壁厚。实际上，在高温系统中实现这一点是有挑战的，因为材料可能不属于 ASME 规范的一部分，或者即使在规范中，材料也可能无法以适当的形式或尺寸（管道或壁厚）完成制造。这些高温问题最有可能发生在主换热器与透平之间，以及透平出口与回热器低压热侧之间。

管道设计的次要但非常重要的部分是找到具有足够灵活的管道和组件布局，以实现所有焊件、法兰、配件和喷嘴上可接受的喷嘴负载与设计 sCO_2 动力系统可接受的压降一致。这是因为 sCO_2 系统的压力比较低，因此对压降较蒸汽更敏感。

3. 系统布局和控制问题

涡轮机械的配置和布局极大地影响了 sCO_2 发电厂的启动和控制能力。对于非设计工况运行，可以认为压缩机是调节压比（通过调节转速）的装置，而透平是一个变速喷嘴，可根据进口压力、压比和轴速来确定流量和产出功率。因此，随着压缩机和透平转速的改变，压比以及质量流量都会改变。在实际过程中会更为复杂，因为透平可能是以固定（同步）转速运行，而压缩机（或泵）是以变转速运行的，或者压缩机和透平可能是以相同速度或某些固定转速比旋转的。

图 1.8 所示为四种涡轮机械配置方案，可用于实现部分负载控制、启动和关闭。图中仅展示了涡轮机械，但可能还需要其他管道组件，如阀门和旁通或再循环流路。

图 1.8（a）为连接到单个轴上的透平、压缩机和电机/发电机的简图。这种配置使用电动机/发电机来控制压缩机和透平的转速。这种配置的主要缺点发生在发电机连接到电网时，所有涡轮机械都被迫以与电网同步的固定速度旋转，很难调节功率以满足需求。在固定转速条件下，调整负载的主要方法是将压缩机中的一些流量再循环，这些再循环流量通过阀门将压力降至压缩机进口压力，重新进入

气体冷却器。在这种方法的调节作用下，并不是所有的流量都通过透平，因此可以改变功率。但是，使用再循环方法会降低效率（Clementoni 和 Cox,2014a,b）。该系统的另一个缺点是电机功率要求相当大，特别是在使用具有不止一台压缩机的再压缩布雷顿循环时。

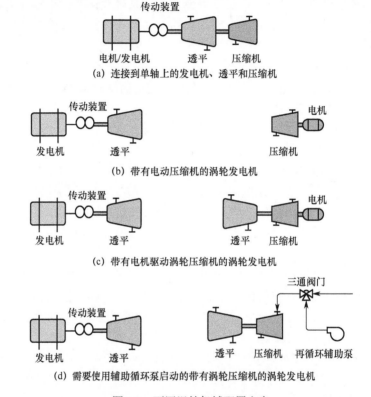

图 1.8　不同涡轮机械配置方案

图 1.8（b）所示为压缩机转速由一个单独的电机独立控制的涡轮机械布置方案。这种配置基本上与所有蒸汽发电厂使用的配置相同，但在 sCO_2 系统中，泵被压缩机所取代。电机驱动的压缩机可以以任何速度旋转，因此压比可以变化（并且大致与转速的平方成正比），系统流量大致与转速成正比。该系统的主要缺点是压缩机功率可能相当大。

图 1.8（c）所示为压缩机转速由一个电机和一个小透平控制的布置方案。选择透平尺寸以平衡设计工况下所需的压缩机功率。在这种方式中，电机被用于启动设备，并增加轴转速和流量直到满足设计工况，因此电机几乎不使用功率。或者，可以用电动机/发电机代替电动机，然后使用发电机来调节产生的净功率。但是在这种模式下，需要将产生的电力转换为电网同步电力。这是位于海军核实验室的能源部海军反应堆回路中所使用的配置（Shiferaw 等，2016）。

图 1.8（d）所示为与图 1.8（c）类似的布置方案，但在这种配置下压缩机是由透平驱动的，没有附加电机。这个方案的优点是没有出口轴，所以系统可以密封，并且可以使用气体静压气体轴承（Preuss，2016；Devitt，2016）；缺点是必须使用再循环辅助泵来启动系统，为透平提供足够的压比和热 CO_2 来驱动压缩机。涡轮压缩机的转速可以改变，并且必须通过阀门或再循环系统来控制。

上述系统的许多其他配置和组合可用于控制 sCO_2 电厂。使用再压缩布雷顿循环或其他多透平或多压缩机的系统将有其他选择，也很可能会根据热源类型和循环类型开发多种控制配置方案。

1.3 sCO_2 循环的应用

与蒸汽一样，sCO_2 系统也有多种应用场景，如图 1.9 所示，按热源分类，包括余热再利用、聚光太阳能、化石燃料燃烧、核能和地热。该图还给出了适用的温度范围，本节简要介绍每一个应用。

图 1.9 sCO_2 在各种热源中的应用

学者们正在研究超临界循环系统，因为这些系统在每个行业领域均具有独特的、甚至革命性的优势，主要包括：

（1）大幅度提高能源转换效率；

（2）使该市场在经济上可行，前提是 sCO_2 技术与热源（聚光太阳能、地热、零排放化石燃料）的充分结合；

（3）由于该技术体积小、效率高、具有颠覆性（海军推进、大容量储能），从而创造新的市场。

（4）填补了服务不足的市场（余热回收在中小型燃气轮机、生物燃料和大容量能源存储的应用）。

对于不同应用，sCO$_2$ 几乎在所有情况下都提供了一种大大提高能源利用能力或能源转换效率的能量转换系统。例如，sCO$_2$ 的应用为大多数工业余热源在很宽的温度范围提供了更小尺寸、更高效率和更少耗水量的解决方案。对于聚光太阳能，sCO$_2$ 提供了在高温下有效捕获太阳能并以市场电网价格生产高效电力的能力。对于核能，sCO$_2$ 有可能将先进的第四代反应堆的效率从 36% 提高到大于 50%。对于地热能源，sCO$_2$ 可以在不用水的情况下捕获干燥的地热场能源。使用氧燃烧直接加热的化石燃料系统能够以超过 50% 的效率燃烧化石燃料，并且实现零碳排放。很少有新技术能够提供如此多的解决方案。sCO$_2$ 循环的这种潜力令全球市场对其产生了浓厚兴趣，sCO$_2$ 循环得到快速发展。

全球都在积极建设研究相关设施和试点/示范工厂，以解决与 sCO$_2$ 系统相关的众多技术问题。私营机构已经在建造 sCO$_2$ 系统，以示范余热回收（Held，2014）和直接氧燃烧（Allam 等，2014）的应用。此外，多家受到美国能源部（DOE）支持的设备制造商以及如 EPRI 等的行业集团正在开发包括换热器和透平等在内的高温设备。此外，美国能源部也有新的计划，打算建造完整的透平进口温度达到 700℃ 的 sCO$_2$ 测试回路（DOE STEP Program，2015）。

1.3.1 余热回收

工业余热回收应用市场非常大，包括使用来自钢厂、铝厂、水泥厂的废热，以及燃气轮机甚至大型往复式发动机的底循环。这是一种巨大的、基本上尚未开发的、零排放的能源。这些市场的规模估计为 14.6GWth，其中 8.8GWth 的应用热源温度高于 232℃（Elson 等，2015）。现如今只有 766MWth 的余热被转化为电能，仅占总额的 5% 左右。余热发电在美国的 28 个州也被认为是一种可再生能源。

目前选择的技术是有机朗肯循环（Organic Rankine Cycle，ORC），使用有机流体取代朗肯循环中的蒸汽。sCO$_2$ 系统的优点是这些工业余热中的大多数都适合~10MWe 级规模的 sCO$_2$ 电厂，并且蒸汽系统不能很好地服务于这个功率规模。此外，与 ORC 相比，sCO$_2$ 无毒、不易燃、在高温下稳定，造成全球变暖的可能较小，价格低廉，并且适合干式冷却。对于水泥厂来说还有一个额外的好处，即工厂人员已经很熟悉对 CO$_2$ 的操作，因为它是石灰石分解过程的一部分。对于这些应用，sCO$_2$ 的主要缺点是该技术还相对较新，并且缺乏现有的 10 MWe 试点和示范电厂。所有工业余热回收系统都受到了同样的思想影响，即行业不愿意采用任何可能中断其产品生产的技术，因为这些产品通常是在竞争激烈的行业且利润率非常低的商品。其他的困难因素包括预期投资回报时间很短（2~3 年），以及许多此类项目需消耗大量的水，成本高昂。

工业余热回收 sCO$_2$ 电厂的另一个优势是其可以作为更具技术挑战性的富氧燃烧电厂的基础。富氧燃烧电厂最终可能允许以非常高的效率（远高于50%）零碳排放使用化石燃料。许多大型工业公司认为，开发工业余热回收应用技术为未来开发更具技术挑战性的富氧燃烧工厂提供了一条合乎逻辑的途径，并且工业余热回收的途径能够通过产生可观的收入并为分布式能源和工业 WHR 应用提供新市场来维持自身发展。

功率在 10~30MWe 范围内运行的燃气轮机发电是为 sCO$_2$ 余热回收系统制定的商业案例的最好说明。在这种功率规模下，由于蒸汽系统的复杂性和缺乏扩展到较小功率水平的能力，燃气轮机通常没有附加的蒸汽底循环。因此，sCO$_2$ 系统有机会用更小、更简单、模块化的余热回收装置来填补这一市场，将联合循环电厂的燃气轮机效率从 32%~35% 提高到 45%~47%，其投资成本估计低至 1.05 美元/We（Wright 等，2016）。联合循环发电厂的投资成本在此范围内，并且在此功率级别的规模和效率下开辟了新的颠覆性市场，并且可以在美国大部分地区以低于市场的价格生产电力。余热回收应用将在第 10 章详细讨论。

1.3.2 聚光太阳能

美国能源部能源效率和可再生能源办公室（Bauer 等，2016；Neises 和 Turchi，2013）进行了多项研究以评估电厂电力成本。他们得到的一个结论是，拥有一种能够产生 50% 或更高净功率转换效率并且具有经济吸引力的能量转换系统很有必要。此外，有必要在高温熔盐罐（或其他类似技术）和干式冷却（无水）罐中储存能量，并以接近 0.06 美元/kWhe 的平准发电成本进行发电。sCO$_2$ 电厂是一种领先的电厂概念，能够使用具有再加热和/或部分冷却循环的高效再压缩布雷顿循环来实现这一目标。聚光太阳能应用将在第 11 章详细讨论。

1.3.3 化石燃料发电厂

正如第 12 章所述，目前正在考虑三种类型的化石燃料发电厂。第一种是使用化石燃料以大约 50% 净循环效率、在涡轮机入口温度接近 700~750℃ 的情况下，产能为 150MWe 的电厂（Dash 等，2013）。动力循环可能会使用再压缩布雷顿循环，但循环形式可能会有些许变化，如使用再加热或中间冷却，如图 1.10 所示。该电厂还将使用进气预热、空气再循环或其他技术来有效利用燃烧能。该电厂的预期资金成本约为 1000 美元/kWe。大型电力公司很需要这类电厂，因为此类电厂较易适应在每年仅增长 1%~2% 的市场（在十年前的增长率为 4%）中生产大量电力的模式。在快速增长的市场中，购买大型电厂是有意义的，因为大功率规模降低了投资成本，但在增长较慢的市场（如美国），较小的电厂则比较受青睐。此外这些电厂可以以前所未有的效率燃烧天然气、石油或者煤炭。使用煤炭的能力增加了燃料市场的多样性，并且降低了燃料成本的波动。

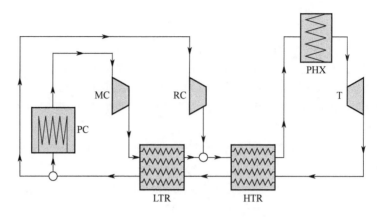

图 1.10　再压缩布雷顿循环

第二种和第三种化石燃料发电厂是直接或间接富氧燃烧发电厂。这些电厂具有革命性的意义，因为它们能够以零碳排放的方式燃烧化石燃料。

直接富氧燃烧电厂也被称为 Allam 循环，其专利属于美国北卡罗来纳州的净电公司（Net Power）（DOE STEP Program，2015）。该技术使用空气分离装置（Air Sepeoation Unit（Plant），ASU/ASP）从空气中分离氧气，这一过程将消耗 sCO$_2$ 电厂产生电力的 6%～7%。然后使用再循环 sCO$_2$ 将氧气和燃料加压到约 30 MPa 下燃烧以控制燃烧温度。因为燃烧过程中没有氮参与，所以不会形成 NO$_x$，主要的燃烧产物是 CO$_2$ 和 H$_2$O。

在直接富氧燃烧过程中，高压燃烧气体直接注入 sCO$_2$ 发电厂。燃烧产物以 sCO$_2$ 发电厂流量的 5%左右注入，从而在没有换热器情况下也能将 sCO$_2$ 循环混合物（97.5%CO$_2$，2.5%H$_2$O）加热至 1100～1200℃甚至更高，这大大降低了电厂的成本。在这些条件下，sCO$_2$ 系统效率可以超过 60%。在透平中膨胀到压比接近 3～3.5 后，8～9MPa 的 CO$_2$ 水混合物的温度低到足以冷凝 CO$_2$ 中的水，进一步在 8～9MPa 的压力下去除注入系统的 CO$_2$，可将其出售用以提高采收率（Enhanced Oil Recovery，EOR）或将 CO$_2$ 注入管道进行碳捕获和封存且无须额外压缩。sCO$_2$ 循环独有的大约 3/1 的压比使这类发电厂非常有吸引力。

直接富氧燃烧的主要经济效益是效率高、不需要高温换热器以及在燃烧化石燃料的同时实现零排放的能力。风险最高的部分是高压高温燃烧室和透平。透平中的功率密度大致相当于火箭发动机的功率密度，但它必须在更高的压力下运行更长的时间才能使系统在经济上可行。

间接循环有高压和低压两类，分别如图 1.11 和图 1.12 所示。高压型使用类似于直接循环的氧燃烧过程，但燃烧温度较低（估计在 800～1000℃）；压力也较低（10～12MPa），因为压比只需要驱动涡轮压缩机，而不需要产生动力。热高压燃烧气体用于在透平入口温度接近 700～750℃、效率为 50%的闭式回路 sCO$_2$ 电厂（没有燃烧气体注入 sCO$_2$ 发电厂）的换热器中加热 CO$_2$。由于燃烧气体的压力和密度很高,因此主换热器比典型燃烧过程中的换热器要小。离开主换热器的燃烧气体通过涡轮压缩机膨胀,该压缩机将大部分燃烧气体重新注入高压燃烧器以控制燃烧温度。只需要从透平汲取足够的能量来实现再注入。透平的出口压力可能接近 8~9MPa。可以回收这些气体中的一些余热,以降低 ASU/ASP 发电厂的电力需求。燃烧气体冷却后,除去 CO_2 中的水(冷凝),8~9MPa 的 CO_2 被出售用于提高采收率或运送到管道进行碳捕获和封存。同样,涡轮压缩机中涡轮的低压比允许水和高压 CO_2 分离,以准备好碳捕获和封存而无需重新压缩 CO_2。预计这些间接循环系统将以接近 42%~43%的净效率发电。据悉,这方面的初期工作由加拿大自然资源部(Zanganeh,2010)开展,最近由私营企业和西南研究所开展(McClung 等,2014)。

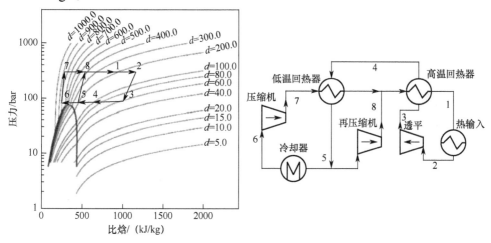

图 1.11 利用氧燃烧和 sCO_2 的闭式再压缩循环

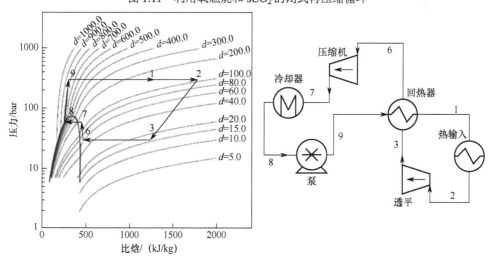

图 1.12 利用氧燃烧和 sCO_2 的闭式冷凝循环(McClung 等,2015)

富氧燃烧 sCO$_2$ 发电厂的优势在于它们提供了一种零碳排放、高效燃烧化石燃料的方法。当使用液体或气体燃料时，前面讨论的直接和间接循环的描述更形象；但使用煤粉燃烧的工艺也是可行的（Subbaraman 等，2011）。目前，净电公司与东芝、爱克斯龙公司、芝加哥桥梁钢铁公司正合作在得克萨斯州建造一座直接富氧燃烧的试验系统（NET Power，2016）。

1.3.4 核电站

当麻省理工学院为美国能源部核能办公室的第四代反应堆概念研究 sCO$_2$ 能量转换系统时，人们对 sCO$_2$ 的应用重燃兴趣（Dostal et al.，2004）。当时的想法是，一个更小、更高效的发电厂将提高整个发电厂的经济性。美国能源部资助桑迪亚实验室开展了早期 sCO$_2$ 的研究和测试回路的开发，美国能源部海军核实验室和贝蒂斯原子能实验室的海军反应堆办公室也开展了相关工作，因为较小的尺寸可以大大提高海军舰艇的紧凑性和性能（Wright 等，2010；Clementoni 和 Cox，2014a,b）。

sCO$_2$ 动力系统非常适合在钠冷快堆的出口温度（510～525℃）下运行，预计其循环效率接近 43%。此类电厂可以避免钠水相互作用，小尺寸优势又可以提供建造小型模块化钠冷反应堆的能力，并且 sCO$_2$ 具有非常大的自然循环能力，可以大大提高在无辅助电源的情况下导出紧急停堆时产生的衰变热的能力，因此可能还存在其他关于安全和运行方面的优势。此外，正在开发的运行在更高温度下的第四代先进反应堆概念，有达到或大于 50% 循环效率的潜力。这些反应堆类型包括熔盐反应堆、气冷反应堆和铅铋反应堆。美国能源部的四代堆计划仍在审查和支持 sCO$_2$ 电厂的发展。核应用将在第 13 章中详细讨论。

1.3.5 大容量储能、地热 sCO$_2$ 电厂和生物燃料电厂

sCO$_2$ 发电厂已被提议作为能够储存大量热能（如热水和冰）的装置，从而大量生产可调度的电力（Jaroslav，2011）。这些电厂不受制于场地，可以放置在一个城市街区大小的场地上。在用 sCO$_2$ 热泵进行充电循环和 sCO$_2$ 朗肯循环作为放电循环对热水箱进行充电和放电，可以在 4～6h 内产生 50～100MWe。理想情况下，往返效率可以达到 70%，在 50～100MWe 的大功率规模下，认为可以实现接近 55%～60% 的往返效率。相比之下，电池和水电储能都具有接近 70% 的往返效率。但水电存储缺乏可以实现这一目标的位置，而电池则受到成本和放电次数限制（1000 次左右）的影响。

地热热源包括湿热源和干热源。湿热源的地热库中有水，而干热源没有。幸运的是，sCO$_2$ 可以作为干燥地区地热的传热工质（Randolph 和 Saar，2011；Frank 等，2012）。为了从干燥的地热点捕获热量，必须通过一个或多个可能有几英里深

的注入井将水或 sCO_2 注入热流中。通过一个或多个注入井注入冷的 sCO_2，然后再从提取井中取出热的 CO_2 流体。由于提取井里的温度较高且密度较低，因此 CO_2 受自然循环作用力被迫向上流动并通过提取井。热的 sCO_2 随后在透平中膨胀到大约 $7.5\sim8MPa$，通过干燥冷却使 CO_2 密度增大，在重力作用下高密度的 CO_2 回流到注入井中。

流经地热热源的 CO_2 约有 2%将被留在井中，因此，这种可再生热源也需要 CO_2 资源。这个概念的优点在于它使用的是可再生地热能来发电，并且还可以提供碳捕获和封存能力。缺点是此类发电厂需要钻深井，并且依旧存在地热源性质的不确定性，同时还需得到化石燃料发电厂提供封存 CO_2 的支持。一个化石燃料发电厂极可能为多个地热点提供 CO_2。

1.4　小结

对于众多类型的发电厂应用场景，sCO_2 提供了一种可能会大幅提高使用能力和能源效率的能量转换系统。对于余热回收等可再生能源，sCO_2 的尺寸合适，能够在足够宽的温度范围内运行，从而开拓这个尚未开发的市场。对于聚光太阳能来说，有效捕获聚光太阳能并以电网价格发电的能力可能取决于 sCO_2 电厂将聚光太阳能的效率提高到 50%以上的能力。对于核电，目标是将效率提高到 50%以上，同时增加安全性和模块化。对可再生热能应用，sCO_2 还能够在不使用水的情况下有效利用干燥地热场地的地热能源，同时捕获和封存 CO_2。也许最重要的是，氧燃烧特别提供了以高于 50%的效率燃烧化石燃料且实现零排放的能力。很少有一种技术能够提供如此多的革命性解决方案。

参考文献

Allam, R.J., Fetvedt, J.E., Forrest, B.A., 2014. The Oxy-Fuel, Supercritical CO_2 Allam Cycle: New Cycle Developments to Produce Even Lower-Cost Electricity from Fossil Fuels Without Atmospheric Emissions.

Angelino, G., 1968. Carbon dioxide condensation cycles for power production. Journal of Engineering for Power 90 (3), 287−295.

ASME Standard, 2012. ASME Code for Pressure Piping, B31. ASME B31.1.

Bauer, M.L., Vijaykumar, R., Lausten, M., Stekli, J., 2016. Pathways to cost competitive concentrated solar power incorporating supercritical carbon dioxide power cycles. In: Proceedings to the 5th International Symposium − Supercritical CO_2 Power Cycles, March 28−31, 2016, San Antonio, Texas.

Clementoni, E.M., Cox, T.L., 2014a. Practical aspects of supercritical carbon dioxide Brayton system testing. In: Proceedings of the 4th International Symposium − Supercritical CO_2 Power Cycles, September 9−10, 2014, Pittsburgh, Pennsylvania.

Clementoni, E.M., Cox, T.L., 2014b. Steady-state power operation of a supercritical carbon dioxide Brayton cycle. In: Proceedings of the 4th International Symposium − Supercritical CO_2 Power Cycles, September 9−10, 2014, Pittsburgh, Pennsylvania.

Dash, D., Kwok, K., Sventurati, F., 2013. Industrial Waste Heat to Power Solutions, GE. CHP2013 & WHP2013 Conference in Houston, Texas. www.heatispower.org.

Dekhtiarev, V.L., 1962. On designing a large, highly economical carbon dioxide power installation. Elecrtichenskie Stantskii 5, 1−6.

Dostal, V., Driscoll, M.J., Hejzlar, P., March 2004. A Supercritical Carbon Dioxide Cycle for Next Generation Nuclear Reactors. MIT-ANP-TR-100.

Devitt, D., 2016. Porous externally pressurized gas bearings. In: Proceedings of the 5th International Supercritical CO_2 Power Cycles Symposium, March 29−31, 2016, San Antonio, Texas.

DOE STEP Program, December 2015. http://www.energy.gov/ne/articles/energy-department-announces-new-investments-supercritical-transformational-electric.

Elson, A., Tidball, R., Hampson, A., March 2015. Waste Heat to Power Market. Prepared by ICF International 9300 Lee Highway Fairfax, Virginia 22031 under Subcontract 4000130950, ORNL/TM-2014/620.

Feher, E.G., 1968. The supercritical thermodynamic power cycle. Energy Conversion 8, 85−90.

Frank, E.D., Sullivan, J.L., Wang, M.Q., September 13, 2012. Life Cycle Analysis of Geothermal Power Generation with Supercritical Carbon Dioxide. IOP Publishing. stacks.iop.org/ERL/7/034030.

Held, T.J., 2014. Initial test results of a megawatt-class supercritical CO_2 heat engine. In: In the Proceedings of the 4th International Symposium − Supercritical CO_2 Power Cycles, September 9−10, 2014, Pittsburgh, Pennsylvania.

Japikse, D., Baines, N.C., 1997. Introduction to Turbomachinery. Concepts ETI Inc. and Oxford University Press.

Jaroslav, H., May 24−25, 2011. Thermoelectric energy storage based on trans critical CO_2 cycle. In: Proceedings of Supercritical CO_2 Power Cycle Symposium, Boulder, Colorado.

Ludington, 2009. Tools for Supercritical Carbon Dioxide Cycle Analysis and the Cycle's Applicability to Sodium Fast Reactors (MS thesis).

McClung, A., Brun, K., Chordia, L., 2014. Technical and economic evaluation of supercritical oxy-combustion for power generation. In: Proceedings of the 4th International Symposium − Supercritical CO_2 Power Cycles, September 9−10, 2014, Pittsburgh, Pennsylvania.

McClung, A., Brun, K., Delimont, J., 2015. Comparison of supercritical carbon dioxide cycles for oxy-combustion. In: ASME Turbo Expo 2015: Turbine Technical Conference and Exposition. American Society of Mechanical Engineers.

Neises, T., Turchi, C., 2013. A comparison of supercritical carbon dioxide power cycle configurations with an emphasis on CSP applications. In: Proceedings of SolarPACES 2013. Available online at: www.sciencedirect.com.

Net Power Breaks Ground on Demonstration Plant for World's First Emissions-Free, Low-Cost Fossil Fuel Power Technology, March 2016. http://netpower.com/news.

Personal Communication to Steven A. Wright with Kourosh Zanganeh, NRCAN, 2010. Kourosh.Zanganeh@NRCan-RNCan.gc.ca.

Preuss, J.L., 2016. Application of hydrostatic bearings in supercritical CO_2 turbomachinery. In: Proceedings of the 5th International Symposium − Supercritical CO_2 Power Cycles, March 28−31, 2016, San Antonio, Texas.

Randolph, J.B., Saar, M.O., 2011. Combining geothermal energy capture with geologic. Geophysical Research Letters 38, L10401. http://dx.doi.org/10.1029/2011GL047265.

Shah, R.K., Sekulic, D.P., 2003. Fundamentals of Heat Exchanger Design. John Wiley & Sons, New Jersey.

Shiferaw, D., Carrero, J.M., Le Pierres, R., 2016. Economic analysis of sCO_2 cycles with PCHE recuperator design optimization. In: Proceedings of the 5th International Symposium −

Supercritical CO$_2$ Power Cycles, March 28−31, 2016, San Antonio, Texas.

Subbaraman, G., Mays, J.A., Jazayeri, B., Sprouse, K.M., Eastland, A.H., Ravishankar, S., Sonwane, C.G., 2011. ZEPS™ plant model: a high efficiency power cycle with pressurized fluidized bed combustion process. In: Proceedings of 2nd Oxyfuel Combustion Conference, 12th−16th September 2011, Capricorn Resort, Yeppoon, Queensland, Australia.

Wright, S.A., Radel, R.F., Vernon, M.E., Rochau, G.E., Pickard, P.S., September 2010. Operation and Analysis of a Supercritical CO$_2$ Brayton Cycle. SAND2010−0171.

Wright, S.A., Davidson, C.S., Scammell, W.O., 2016. Thermo-economic analysis of four waste heat recovery power systems. In: Proceedings of the ASME Paper, the 5th International Symposium − Supercritical CO$_2$ Power Cycles, March 28−31, 2016, San Antonio, Texas.

第 2 章 物理特性

G. Musgrove, B. Ridens, K. Brun
西南研究院，圣安东尼奥，得克萨斯州，美国

概述：本章重点介绍 sCO_2 在临界区附近物理性质的变化，以及这些物性变化会对 sCO_2 循环中的设备产生哪些影响。通常，sCO_2 循环中的冷却器和压缩机受流体临界点附近物性变化的影响较大，可能会对循环产生有利的或不利的影响。在压缩过程中的较大物性变化是有益的，可以通过增加能量更有效地压缩流体而不会显著提高流体温度。根据 sCO_2 循环中冷却器的设计，冷却器内流体性质的变化可能会增大或减少传热率并改变冷却器的夹点。因此，准确的 sCO_2 物性对循环至关重要。虽然有多种状态方程（Equations of State，EoS）能够预测 sCO_2 的物性，但在关键区域却没有足够的数据来减少不同状态方程间的计算误差。

关键词：临界区；超临界流体性质；热力学性质

2.1 简介

在超临界动力循环中使用 CO_2 作为工质，由于工质的热力学性质在临界点附近，通常有利于循环性能。但是，在远离临界区域的流体的性质可能难以确定，这取决于所使用的状态方程或与 CO_2 混合的其他流体成分。本章讨论了工质的热力学性质和可用的物性计算方法。此外，本章还讨论了 CO_2 混合物和杂质对物性的影响。

2.2 sCO_2 的性质

除了热力学性质外，sCO_2 的一些其他特性也会对循环产生影响。作为一种超临界流体，sCO_2 具有很高的溶解性和扩散性，使其成为一种极好的溶剂。因此，除了用于发电外，sCO_2 作为溶剂还被应用于许多其他领域，如提高石油采收率、制造业和消毒领域。在发电应用中，高溶解度会增加 CO_2 被循环中使用的其他流体或材料（如机器润滑油或水蒸气）污染的风险。与溶解度相似，sCO_2 具有很强的扩散性，因此会渗透到其他材料中，从而造成腐蚀或导致气体压力快速减小。当高压流体在气体压力快速释放前被吸附到材料中而造成被吸附的流体逸出时，会对材料造成损害，并且发生快速的气体减压。

在热力循环中也考虑过除 CO_2 以外的其他超临界工质，然而 CO_2 仍是首选工质。因为 CO_2 具有广泛可用、廉价、无毒，临界温度接近环境温度（31℃）的特点。因此，适合用于布雷顿循环，并且可以适用于大范围的循环功率。在超临界循环中考虑过的其他流体的临界压力和温度的对比，如图 2.1 所示。

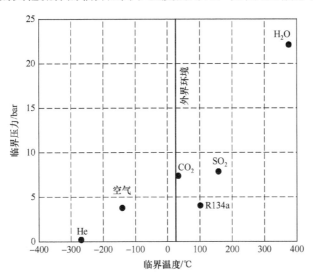

图 2.1　超临界循环工质中 CO_2 的临界温度最接近环境温度；临界点数据来自于 Lemmon 等，2012

2.3　sCO_2 状态方程

通常使用状态方程来预测和计算用于各种动力循环的 sCO_2 的热力学性质和物理性质。简而言之，状态方程是与各种状态变量、平衡状态下气体或混合物性质等相关的方程。已知两个或两个以上的状态变量（如温度、压力或内能）的组合，可以使用这些状态方程来计算各种其他物性参数，最简单的状态方程是基于理想气体定律的。在"理想"物质的气相中，对于低密度、压力和温度下的属性可能相对准确。与"理想"物质不同，sCO_2 的性质与大多数化合物不同。自 19 世纪以来，已经制定了许多状态方程模型来精确预测超出理想气体定律限制的物质的性质。

2.3.1　状态方程的分类

状态方程可以分为两种主要类型：专用状态方程和通用状态方程（Li，2008）。专用状态方程是指在给定的条件下预测特定元素、化合物或混合物的性质的方程，并且仅在这些约束条件下有效，如 Span 和 Wagner 的 CO_2 状态方程（Span & Wagner，1996）。这些专用状态方程通常对特定物质具有更好的准确性，并且通常与实验数据相关联。但是，通用状态方程适用于更广泛的物质和条件，并进一步细分为两个子类：简单结构方程和复杂结构方程。复杂结构方程，如非立方形 BWR

状态方程，通常比简单结构方程如立方形 RK 状态方程具有更高的计算精度。然而，由于复杂结构方程的参数更复杂，这些方程在处理其他流体、力学和热力学计算时，难以在商业软件中实现。对于大多数工程应用，当与其他动力循环计算相结合时，更需要具有简单结构和合理精度的通用状态方程。

2.3.2 可用软件

可以使用多种商业软件将状态方程纳入其他过程的热力学计算，或使用状态方程模型给定物质的热力学和物理性质。大多数流体建模和过程仿真软件将不同的状态方程应用于其组件计算中。例如，在给定条件下管道内流体或气体的压缩率、密度或能量状态的计算。这些软件包允许计算过程中对所使用的状态方程进行选择。根据被模拟的过程和软件应用领域，所使用状态方程的适用性也不同。另外，还有一些商用的独立或集成的软件可计算稳态条件下物质的热力学和物理性质。商业 PVT（压力-体积-温度）软件，如 NIST 的 REFPROP、Calsep 的 PVTSim 和 KBC 的 Multi-flash，可以在给定的状态条件下计算物性。

2.3.3 软件中常用的状态方程

大多数商业软件中常用的立方和非立方状态方程包括 RK、SRK（Redlich-Kwong-Soave）、PR（Peng Robinson）、PT（Pated-Teja）、BWRS（Beneolict-Webb-Rubin-Starling）、AGA8 和 GERG-2008。最早对范德华的状态方程模型进行修改的其中之一是 RK 状态方程，它改进了分子间吸引力的计算，使其低于 CO_2 临界点的较低压力下更可靠。SRK 对原 RK 状态方程进行了改进，引入了温度相关函数，极大地改善了液体蒸发作用，扩展了方程的应用范围（Li，2008）。为了提高两相系统在临界点附近的精度和性能，在 RK 状态方程的基础上开发了 PR 状态方程。PR 状态方程通常用于石油和天然气行业的碳氢化合物计算（Li，2008）。RK 状态方程、SRK 状态方程和 PR 状态方程形式见表 2.1（Yang 等，2015）。另一种常用于碳氢化合物的是 PT 状态方程。三参数 PT 状态方程在 SRK 状态方程和 PR 状态方程的基础上进行了扩展，能够预测液相和气相中极性和非极性物质的性质（Forero 和 Velásquez，2010）。BWRS 状态方程是一个更复杂的非立方形方程，方程包含了 8 个常数，并进行了修改，将密度预测的限制增加到临界密度的 2.5 倍以上（Starling，1973）。AGA8 状态方程和 GERG-2008 状态方程的提出主要是为了改善天然气和类似混合物在各种条件下（包括超临界区域）的热力学和物理性质的预测性能（Kunz 和 Wagner，2012）。

表 2.1 RK 状态方程、SRK 状态方程和 PR 状态方程

状态方程	方程形式	系数
RK	$P=\dfrac{RT}{v-b}-\dfrac{a}{T^{0.5}v(v+b)}$	$a = 0.42748\,R^2 T_c^{2.5}/P_c$ $b = 0.08664\,RT_c/P_c$

续表

状态方程	方程形式	系数
SPK	$P = \dfrac{RT}{v-b} - \dfrac{a}{v(v+b)}$	$a = 0.42748\, R^2 T_c^2 \alpha(T)/P_c$
		$b = 0.08664\, RT_c/P_c$
		$\alpha(T) = \left[1 + m(1-T_R^{0.5})\right]^2\quad T_R = T/T_c$
		$m = 0.48 + 1.574\omega - 0.176\omega^2$
PR	$P = \dfrac{RT}{v-b} - \dfrac{a}{v(v+b)+b(v-b)}$	$a = 0.45724\, R^2 T_c^2 \alpha(T)/P_c$
		$b = 0.07780\, RT_c/P_c$
		$\alpha(T) = \left[1 + m(1-T_R^{0.5})\right]^2\quad T_R = T/T_c$
		$m = 0.3746 + 1.5423\omega - 0.26996\omega^2$

经过与现有实验数据的比较，多项研究表明对于 CO_2 和 CO_2 混合物，PR 状态方程和 SRK 状态方程相比类似的立方形状态方程提供了更准确的热力学和物理性质的预测性能（Li 和 Yan，2009；Diamantonis 等，2013）。尽管这些状态方程与可用的 CO_2 实验数据具有良好的相关性，但可用数据（特别是在临界点附近和超临界相内）相对较少。

2.3.4　sCO₂ 状态方程的使用问题

虽然许多状态方程可以对低于临界点的 CO_2 进行相对准确的预测，但在接近临界点和过渡到超临界区域时，多个状态方程给出了相互矛盾的结果。当接近 CO_2 临界点时，随着压力和温度的升高，状态参数（如密度等）的相互作用变得更为明显，显著高于化合物的其他区域（Asamaeili 和 Zolfaghari，2010）。在恒温状态下，溶质的溶解度与溶剂密度成正比，导致压力增加很小时密度就出现相对较大的增大。温度升高到临界点以上时的密度变化如图 2.2 所示（Fomin 等，2014）。当温度接近临界点（实线）时，密度显著增加，但在更高的温度下迅速衰减。

虽然，sCO₂ 的大部分性质会随着密度的变化而变化，但一些相关性质与液体类似，而另一些性质则更类似于气体。sCO₂ 的这些特性使得在这个关键区域精确计算其热力学和物理性质变得更加困难（Span 和 Wagner，1996）。当在 CO_2 的近临界和超临界区域内进行实验数据和状态方程计算结果的对比时会出现一些不明显的差异。图 2.3 显示了在临界压力下，GERG、PR 和 AGA8 状态方程对纯 CO_2 的声速和密度计算结果的差异。通过这些预测值与实验数据的对比可以验证 CO_2 临界和超临界区域内的状态方程的准确性。

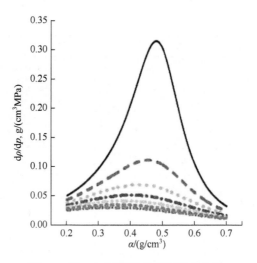

图 2.2 纯 CO_2 随等温线的密度变化图

注:Y.D.,Ryzhov,V.N.,Tsiok,E.N.,Brazhkin,V.V.,Trachenko,K.,2014. Thermodynamics and Widom lines in supercritical carbon dioxide. ArXiv Preparation. ArXiv14116849

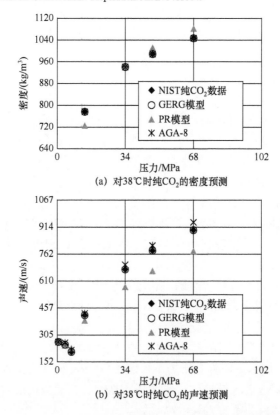

(a) 对38℃时纯CO_2的密度预测

(b) 对38℃时纯CO_2的声速预测

图 2.3 不同状态方程对 38℃时纯 CO_2 的密度和声速预测的比较

当关联实验数据时，简单的状态方程可以针对特定的区域（如临界区域）进行修正以获得更好的计算结果。但是，修正技术通常只适用于小范围的条件，对于更复杂的结构和混合物则效果有限（Span 和 Wagner，1996）。随着时间的推移，相关修正技术得到了改进，采用"多属性"拟合方法和新策略来优化方程的结构，能够拟合得到更精确的状态方程（Yang 等，2015）。

2.3.5　sCO$_2$物性实验数据

自 20 世纪 60 年代以来，关于 CO_2 的热力学和物理性质的实验已陆续开展，并在 70 年代之后对实验和测量方式进行改进以获得更高精度的实验数据（Span 和 Wagner，1996；Li，2008）。表 2.2（Li，2008）列出了在临界和超临界区域内公开可用的纯 CO_2 实验数据。由表可以看出，实验参数测量的范围有限，并且主要集中在体积（密度）物理量。虽然利用这些数据可以给出体积与密度和其他相关性质（如可压缩率）的关系式，但几乎没有数据可用于支撑热容、熵、热导率和声速等热力学性质的计算。为了充分验证特定化合物的状态方程，需要与较大状态范围内的多个特性相关联。

表 2.2　纯 CO_2 物性实验数据汇总

资料来源	年份/年	类型	温度范围/K	压力范围/MPa
Holste 等	1987	体积	215~448	0.1~50.0
Ernst 和 Hochberg	1989	比热容	303~393	0.1~90
Duschek 等	1990	汽液平衡	217~340	0.3~9.0
Gilgen 等	1992	体积	220~360	0.3~13.0
Brachthäuser 等	1993	体积	233~523	0.8~30.1
Möller 等	1993	过量焓	230~350	15~18
Fenghour 等	1995	体积	330~698	3.0~34.2
Klimeck 等	2001	体积	240~470	0.5~30

2.4　热力学性质研究发展概述

超临界动力循环在临界点附近运行，以利用对流体做功时其热力学性质的变化。该循环的一个主要优点是流体的压缩是在临界点附近完成的，此时 T-H 图上的等压线斜率较低，如图 2.4 所示。低斜率有利于压缩过程的实现，在此过程中能量可以直接施加到流体中而不会导致流体温度升高。这类似于亚临界气体压缩，通过在压缩过程中对气体进行中间冷却来降低气体温度，从而实现高压缩效率。通过减少 sCO$_2$ 压缩所需的能量，与从循环中提取的功相比，循环耗功显著减少。

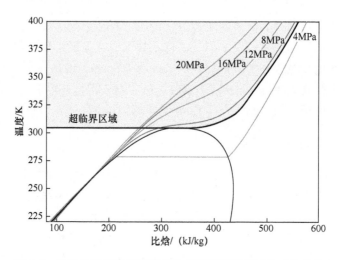

图 2.4 较低的等压线斜率使在临界区附近压缩流体成为优势

比热容可以用来进一步证明在不增加流体温度的情况下实现能量增加。沿着等压线，焓对温度的导数即是等压比热容的准确定义，即

$$C_p = \left.\frac{\partial h}{\partial T}\right|_p \qquad (2.1)$$

因此，具有低斜率等压线的临界点附近的比热容较高，如图 2.5 所示。

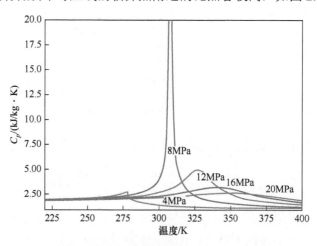

图 2.5 低斜率等压线导致临界点附近的高比热

需要注意的是，所有流体都存在临界区域，可以利用该区域来减少压缩功。但是，许多流体的临界点与常规循环极限中所能达到的运行条件相差甚远。例如，将空气近似为拟纯流体时，空气也有临界区，但空气布雷顿循环通常在远离临界点的区域运行，如图 2.6 所示。

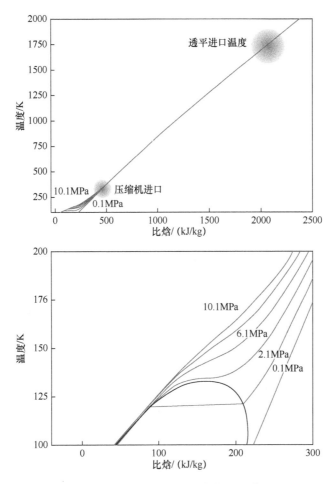

图 2.6 空气布雷顿循环在远离临界区域运行

除了临界区域的焓和比热容变化外,其他物理性质也会发生显著变化,因此需要在循环中仔细考虑。其中,声速、密度、黏度和热导率在临界点附近均有较大变化,会影响在临界区域附近运行的设备。虽然空气中的声速通常与温度成正比,但临界区域的 CO_2 声速受运行压力的影响较大,如图 2.7 所示。因为声速决定了高速流动的马赫数,所以声速的变化对于 sCO_2 循环中的涡轮机械很重要。临界区域中也会发生密度的剧烈变化,导致流速和雷诺数的大幅变化。在临界区域内,黏度具有与密度相似的下降趋势,如图 2.8 所示。虽然沿等压线的变化不会超过一个数量级,但仍可以看出黏度降低为 $\frac{1}{3}$。与空气和水相比,临界区 sCO_2 的黏度与周围空气相似,而远远小于水。最后,流体的热导率会因温度而发生显著变化,当温度仅变化 2℃ 时,热导率会增加 50%,如图 2.9 所示。

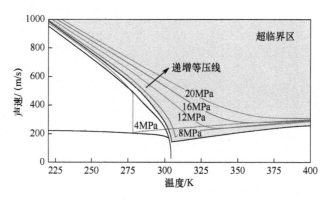

图 2.7 临界区 CO_2 声速随压力变化明显

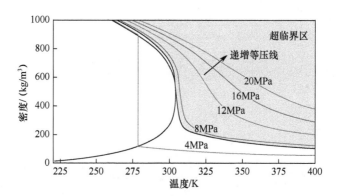

图 2.8 CO_2 的密度在不同的区域内变化明显

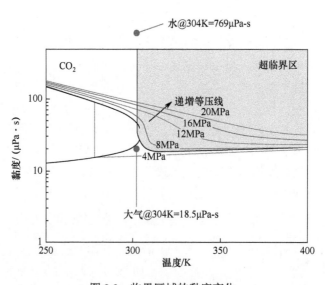

图 2.9 临界区域的黏度变化

相比之下，相同温度下的 CO_2 热导率远小于水，但是环境空气的 7 倍。因为传热系数受热导率的影响较大（图 2.10），热导率的变化增加了 sCO_2 中的低温回热器对性能变化的敏感性。

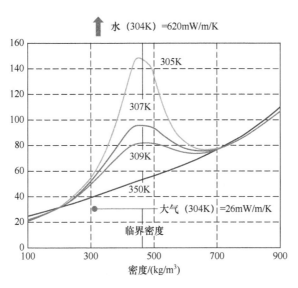

图 2.10 临界区域热导率受温度变化影响明显

2.5 CO_2 混合物中的杂质

通过煤粉和天然气联合循环、综合气化联合循环、氧燃料循环电厂等以化石燃料为基础的系统中的分离过程获得的 CO_2 中可能会存在大量杂质。通过分离获得的 CO_2 气体混合物中的杂质通常是烃源气体混合物和煤/天然气杂质（例如，烃、硫化合物、硫化氢、氮气、氩气、氧气和水）。

美国能源部和国家能源技术实验室在《能源系统研究质量指南》（Herron 和 Myles, 2013）中给出了质量指南，提出了用于碳捕获、利用和存储 CO_2 组分的杂质限制。CO_2 杂质设计参数总结了研究中提出的杂质水平，包括碳钢管道和通过不同过程进行的碳存储，包括提高石油采收率、盐水蓄水层封存等。表 2.3 和表 2.4 列出了从文献综述中汇编的 CO_2 组分的推荐限值。这些限值适用于每个应用程序，但可能会根据各个行业和公司的标准而有所不同。通风条件因地区而异，此处概述的是那些对居民有害的特定污染物。

Fan 等（2005）研究了含氧煤粉锅炉在朗肯蒸汽循环下的碳氧分离过程。由氧气和高浓度 CO_2 烟气的混合物组成的氧化剂与燃煤锅炉一起使用，该锅炉使用回收的烟气来维持温度。再循环的烟气离开电厂时，通过膜分离与少量氧气和水

表 2.3 CO_2 组分限值（Herron 和 Myles, 2013）

成分	单位（最大值除非另有说明）	碳钢管道 设计参数	碳钢管道 文献中的范围	提高石油采收率 设计参数	提高石油采收率 文献中的范围	盐水蓄水层封存 设计参数	盐水蓄水层封存 文献中的范围	CO_2 和 H_2S 联合咸水层封存 设计参数	CO_2 和 H_2S 联合咸水层封存 文献中的范围	排气问题（详见 2.3 节）
CO_2	vol%（Mm）	95	90~99.8	95	90~99.8	95	90~99.8	95	20~99.8	存在：对生命和健康造成直接危害（IDLH）40,000ppm
H_2O	ppm_v	500	20~650	500	20~650	500	20~650	500	20~650	
N_2	vol%	4	0.01~7	1	0.01~2	4	0.01~7	4	0.01~7	
O_2	vol%	0.001	0.001~4	0.001	0.001~1.3	0.001	0.001~1.4	0.001	0.001~4	
Ar	vol%	4	0.01~4	1	0.01~1	4	0.01~4	4	0.01~4	
CH_4	vol%	4	0.01~4	1	0.01~2	4	0.01~4	4	0.01~4	存在：窒息，爆炸
H_2	vol%	4	0.01~4	1	0.01~1	4	0.01~4	4	0.02~4	存在：窒息，爆炸
CO	ppm_v	35	10~5000	35	10~5000	35	10~5000	35	10~5000	存在：IDLH 1200 ppm
H_2S	vol%	0.01	0.002~1.3	0.01	0.002~1.3	0.01	0.002~1.3	75	10~77	存在：IDLH 100 ppm
SO_2	ppm_v	100	10~50000	100	10~50000	100	10~50000	50	10~100	存在：IDLH 100 ppm
NO_x	ppm_v	100	20~2500	100	20~2500	100	20~2500	100	20~2500	存在：IDLH NO-100 ppm$_v$, NO_2-200 ppm$_v$

表 2.4 CO_2 组分限值（Herron 和 Myles, 2013）

成分	单位（最大值除非另有说明）	碳钢管道 设计参数	碳钢管道 文献中的范围	提高石油采收率 设计参数	提高石油采收率 文献中的范围	盐水蓄水层封存 设计参数	盐水蓄水层封存 文献中的范围	CO_2 和 H_2S 联合咸水层封存 设计参数	CO_2 和 H_2S 联合咸水层封存 文献中的范围	排气问题（详见 2.3 节）
NH_3	ppm_v	50	0~50	50	0~50	50	0~50	50	0~50	存在：对生命和健康造成直接危害（IDLH）300ppm_v
COS	ppm_v	Trace	Trace	5	0~5	Trace	Trace	Trace	Trace	高浓度致死性（>1000ppm_v）
C_2H_6	vol%	1	0~1	1	0~1	1	0~1	1	0~1	存在：窒息，爆炸
C_3^+	vol%	<1	0~1	<1	0~1	<1	0~1	<1	0~1	
Part	ppm_v	1	0~1	1	0~1	1	0~1	1	0~1	
HCl	ppm_v	N.I.*	N.I.*	N.I.*	N.I.*	N.I.*	N.I.*	N.I.*	N.I.*	存在：IDLH 50ppm_v
HF	ppm_v	N.I.*	N.I.*	N.I.*	N.I.*	N.I.*	N.I.*	N.I.*	N.I.*	存在：IDLH 30ppm_v
HCN	ppm_v	Trace	Trace	Trace	Trace	Trace	Trace	Trace	Trace	存在：IDLH 50ppm_v
Hg	ppb_v	46	0~174	46	0~174	46	0~174	46	0~174	存在：IDLH 2mg/m³（有机）
Glycol	ppm_v	N.I.*	N.I.*	N.I.*	N.I.*	N.I.*	N.I.*	N.I.*	N.I.*	化学品安全说明书实验限制 3ppm_v 6mg/m³
MEA	ppm_v	N.I.*	N.I.*	N.I.*	N.I.*	N.I.*	N.I.*	N.I.*	N.I.*	
Selexol	ppm_v	N.I.*	N.I.*	N.I.*	N.I.*	N.I.*	N.I.*	N.I.*	N.I.*	

*没有足够信息来确定最大参数

分离，回收的烟气中含有纯度超过 90%的 CO_2。此外，有记录表明，来自具有 CO_2 捕集功能的 50%高效氧燃料褐煤发电厂的烟道气的成分主要是 CO_2（按体积计约 80%），杂质为氮气、氧气、氩气、水和 SO_2（Gampe 和 Hellfritsch，2007）。

含有杂质的 CO_2 混合物与纯 CO_2 的热力学和物理性质的差异，在很大程度上取决于组分的浓度和特性。总之，CO_2 中的杂质改变了临界点的位置及相边界，在相包络中产生了一个两相（气液）区域。氢和 NO_2 等杂质会导致相包络区域大幅增加，而氮和 H_2S 等组分的影响较小（Witkowski 和 Majkut，2015）。从实验数据和状态方程预测的对比来看，各种杂质通常会增加 CO_2 混合物蒸汽区水合物的平衡（Al-Siyabi 等，2013）。水合物压力增加在含有甲烷的混合物中比在含有其他惰性气体（如氮气、氧气、氢气和氩气）的混合物中更为普遍。图 2.11 显示了不同杂质对 SRK 状态方程中 90% mol CO_2 和 10% mol 杂质的二元混合物的影响。

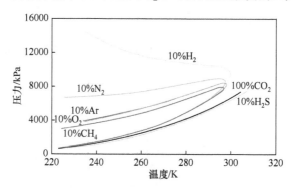

图 2.11　在 90% mol CO_2 和 10% mol 杂质的二元混合物中液相边界和两相区增大

通常需要在状态方程中使用混合规则以计算二元和非二元混合物的流体特性。由于多年来开发的各种状态方程混合规则的多样性，预测结果之间存在显著差异。此外，并非所有的软件都采用相同的混合规则，导致相同状态方程模型的计算结果可能存在差异。基于测量的相平衡、二元混合物、惰性混合物的数据与各种混合和组合规则的比较，范德华方程中 Lee-Sandler 型混合规则的建立提供了与 Panagiotopoulos-Reid、Huron-Vidal 和 Luedecke-Praunsnitz 模型（Shibata 和 Sandler，1989）相比最精确的关系式。对于二元的，特别是非二元的 CO_2 混合物，很少有实验数据可以与当前的状态方程模型和混合规则进行比较。总的来说，当前用于计算 sCO_2 性质的状态方程对于杂质和其他组分来说通常是不可靠的，特别是在非线性性质更敏感的接近临界点时（Witkowski 和 Majkut，2015）。如果使用含有大量杂质的非二元混合物，建议使用特定的 CO_2 混合物和条件的实验数据验证或修正状态方程结果。

2.6　小结

总体而言，sCO_2 的热力学性质在临界区域变化显著，从而增加了压缩流体的复杂性和明显优势。压缩流体的优点是无须流体温度的大幅度升高，就可以使焓发生很大的变化，并使得在临界区内压缩 CO_2 比在临界区以上压缩所需的功要少。CO_2 在临界区的行为会导致温度和压力的微小变化造成较大的热力学性质变化。这些变化可能会影响在临界区域附近运行的循环中的设备，如低温回热器、压缩机和冷却器。由于热力学性质的影响，在分析循环和设计其设备时需要精确的状态方程。虽然在商业软件中有一系列的状态方程可用于生成纯物质和混合物的热力学性质，但在 CO_2 临界区附近的结果往往存在差异。多年来，为了将计算结果与实验数据匹配，对当前的状态方程进行了修改和改进，包括生成新的专用方程，但仍需要更多的数据来提高计算精度。

参考文献

Asamaeili, A., Zolfaghari, S., 2010. Investigation of Different Thermodynamic Equations of State in Estimation of Supercritical Carbon-dioxide Density.

Al-Siyabi, I., et al., 2013. Effect of Impurities on CO_2 Stream Properties. Heriot-Watt University.

Brachthäuser, K., Kleinrahm, R., Lösch, H.W., Wagner, W., 1993. Entwicklung eines neuen Dichtemeßverfahrens und Aufbau einer *Hochtemperatur-Hochdruck-Dichtemeßanlage*. VDIVerlag, Düsseldorf.

Diamantonis, N.I., Boulougouris, G.C., Mansoor, E., Tsangaris, D.M., Economou, I.G., 2013. Evaluation of cubic, SAFT, and PC-SAFT equations of state for the vapor−liquid equilibrium modeling of CO_2 mixtures with other gases. Industrial & Engineering Chemistry Research, 130227083947003.

Duschek, W., Kleinrahm, R., Wanger, W., 1990. Measurement and correlation of the (pressure, density, temperature) relation of carbon dioxide I. The homogeneous gas and liquid regions in the temperature range from 217 K to 340 K at pressures up to 9 MPa. The Journal of Chemical Thermodynamics 22, 827−840.

Ernst, G., Hochberg, E.U., 1989. Flow-calorimeter for the accurate determination of the isobaric heat capacity at high pressures, results for carbon dioxide. The Journal of Chemical Thermodynamics 21, 53−65.

Fenghour, A., Wakeham, W.A., Watson, J.T.R., 1995. Amount-of-substance density of CO_2 at temperatures from 329 K to 698 K and pressures up to 34MPa. The Journal of Chemical Thermodynamics 27, 219−223.

Fan, Z., Fout, T., Seltzer, A.H., 2005. An Optimized Oxygen-fired Pulverized Coal Power Plant for CO_2 Capture (Pittsburgh, PA).

Fomin, Y.D., Ryzhov, V.N., Tsiok, E.N., Brazhkin, V.V., Trachenko, K., 2014. Thermodynamics and Widom lines in supercritical carbon dioxide. ArXiv Preparation. ArXiv14116849.

Forero, L.A., Velásquez, J.A., 2010. A method to estimate the Patel−Teja equation of state constants. Journal of Chemical & Engineering Data 55 (11), 5094−5100.

Gampe, U., Hellfritsch, S., 2007. Modern Coal-fired Oxyfuel Power Plants with CO_2 Capture-Energetic and Economic Evaluation.

Gilgen, R., Kleinrahm, R., Wagner, W., 1992. Supplementary measurements of the (pressure, density temperature) relation of carbon dioxide in the homogeneous region at temperatures from 220K to 360K and pressures up to 13MPa. The Journal of Chemical Thermodynamics 24, 1243−1250.

Herron, S., Myles, P., 2013. Quality Guidelines for Energy System Studies: CO_2 Impurity Design Parameters. National Energy Technology Laboratory.

Holste, J.C., Hall, K.R., Eubank, P.T., Esper, G., Watson, M.Q., Warowny, W., Bailey, D.M., Young, J.G., Bellomy, M.T., 1987. Experimental (p, V_m, T) for pure CO_2 between 220 and 450K. The Journal of Chemical Thermodynamics 19, 1233−1250.

Klimeck, J., Kleinrahm, R., Wagner, W., 2001. Measurements of the (p, ρ, T) relation of methane and carbon dioxide in the temperature range 240K to 520K at pressures up to 30MPa using a new accurate single-sinker densimeter. The Journal of Chemical Thermodynamics 33, 251−267.

Kunz, O., Wagner, W., 2012. The GERG-2008 wide-range equation of state for natural gases and other mixtures: an expansion of GERG-2004. Journal of Chemical & Engineering Data 57 (11), 3032−3091.

Lemmon, E.W., Huber, M.L., McLinden, M.O., 2012. NIST Standard Reference Database 23: Reference Fluid Thermodynamic and Transport Properties-REFPROP.

Li, H., 2008. Thermodynamic Properties of CO_2 Mixtures and Their Applications in Advanced Power Cycles with CO_2 Capture Processes. Royal Institute of Technology, Stockholm.

Li, H., Yan, J., 2009. Evaluating cubic equations of state for calculation of vapor−liquid equilibrium of CO_2 and CO_2-mixtures for CO_2 capture and storage processes. Applied Energy 86, 826−836.

Möller, D., Gammon, B.E., Marsh, K.N., Hall, K.R., Holste, J.C., 1993. Enthalpy-increment measurements from flow calorimetry of CO_2 and of {xCO_2+(1-x)C_2H_6} from pressures of 15 MPa to 18 MPa between the temperatures 230 K and 350 K. The Journal of Chemical Thermodynamics 25, 1273−1279.

Shibata, S.K., Sandler, S.I., 1989. Critical evaluation of equation of state mixing rules for the prediction of high-pressure phase equilibria. Industrial & Engineering Chemistry Research 28 (12), 1893−1898.

Span, R., Wagner, W., 1996. A new equation of state for carbon dioxide covering the fluid region from the triple-point temperature to 1100 K at pressures up to 800 MPa. Journal of Physical and Chemical Reference Data 25 (6), 1509−1596.

Starling, K., 1973. Fluid Thermodynamic Properties for Light Petroleum Systems. Gulf Publishing Company.

Witkowski, A., Majkut, M., 2015. General physical properties of CO_2 in compression and transportation processes. In: Advances in Carbon Dioxide Compression and Pipeline Transportation Processes. Springer International Publishing, Cham, pp. 5−12.

Yang, W., Li, S., Li, X., Liang, Y., Zhang, X., 2015. Analysis of a new liquefaction combined with desublimation system for CO_2 separation based on N_2/CO_2 phase equilibrium. Energies 8 (9), 9495−9508.

第3章 热力学

P. Friedman [1], M. Anderson [2]

[1] 纽波特纽斯造船厂，纽波特纽斯，弗吉尼亚州，美国；[2] 威斯康星大学，麦迪逊，威斯康星州，美国

概述：sCO$_2$ 循环可以以朗肯循环或布雷顿循环的形式实现，但是对使用 sCO$_2$ 的动力循环进行热力学分析时需要考虑其特有属性。本章除了介绍基本的传热和流体动力学特性外，还对能量、熵和㶲平衡进行了介绍。本章介绍了用于分析相关设备和热力循环的方法，并通过基于 sCO$_2$ 简单回热和再压缩循环的例子加以说明。

关键词：效率；㶲；流体力学；传热；sCO$_2$ 循环；热力系统；热力学

3.1 简介

本章总结了热力学的基本原理，重点介绍了与 sCO$_2$ 循环分析相关的内容。为简洁起见，本书给出的参考文献相对较少，但该部分内容可以在任何热力学教科书中获得，如 Moran 和 Shapiro（2008）或 Klein 和 Nellis（2012）的著作。关于第二定律分析的内容可以参考高级热力学教科书，如 Wark（1995）的著作，或更专业的参考文献，如 Moran（1982）或 Pioro 和 Romney（2008）的著作。除了热力学，还讨论了基本的传热和流体力学关系，重点是探讨对电厂平衡方程的影响。

热力学是研究能量转换和物质性质之间关系的学科。热力学第一定律指出，能量不能被创造或毁灭，或者更简单地说，能量是守恒的。热机是从热源接收热量并做功的热力系统。根据热力学第二定律，热机还必须将接收到的一部分热量排放到较低温度的冷源。供应给热机的热量可以来自燃烧化石燃料、加工余热、地热源、太阳能或核裂变。冷源可以是一个环境组件，如大气或水；或者散热量可用于其他应用，如工业过程热量或作为在较低温度下运行的热机的热源（所谓的底部循环）。

如图 3.1 所示，热机在热力循环中的运行是随着时间的推移重复使用工质的过程。在传统上，最常见的工质是气体（如空气）或水相变产生的蒸汽。虽然多年来也有人提出过其他工质，包括 20 世纪 30 年代提出的汞蒸气朗肯循环和最近提出的有机朗肯循环，但空气和水的可用性及良好属性使它们持续占据主导地位。

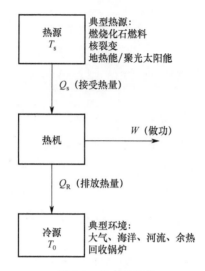

图 3.1 热力学热机

CO_2 由于其优越的热力学性质，包括可用性、良好特性、低成本、运行温度范围宽以及高密度等，逐渐成为研究的重点。如第 2 章所讨论的，如果我们利用恰好位于其热力学饱和蒸汽线上方的流体，将其泵送至密度较大的区域并进入气体区域，通过透平膨胀做功，那么 CO_2 的这些性质将特别有利。图 3.2 显示了 sCO_2 的热物理性质随温度的变化。

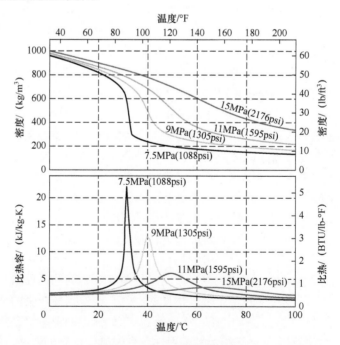

图 3.2 sCO_2 的热物理性质

除了质量守恒和能量守恒外，热力学分析还应用了热力学第二定律，即过程发生的方向是熵总量增加的方向（熵可以产生，但不能消灭）。将第一定律和第二定律结合起来就产生了㶲（㶲被定义为当系统由任意状态可逆的变化到与给定环境相平衡的状态时，理论上可以全部转换为任何其他能量形式的能量）(Wark，1995)。与质量和能量不同，㶲是不守恒的，被破坏的㶲与产生的熵成正比。㶲分析使工程师能够更好地分析热机效率低下的原因，而这些问题在能量关系中往往并不明显。

热力学分析将能量、质量、熵和㶲平衡方程应用于热力学系统，且只在定义的边界内进行分析。闭口系统（图 3.1 中的热机）是固定的物质集，而开口系统（或控制体）允许流体在不同的入口或出口穿过系统边界，如图 3.3 所示。例如，透平是一个开放的热力系统，因为工质在入口和出口处穿过系统边界。本章讲述了热力学平衡方程，并提供了在循环分析中使用热力学平衡方程所需的前提条件。在推导广义平衡方程时，使用了图 3.1 所示的符号约定，其中做功为正，热量输入为正。但是，在适当的地方也使用了更基于物理的符号约定，例如，将正向泵功定义为提供给泵的功。选择的符号约定不是通用的，平衡方程通常是基于功输入写成正数(Eastop 和 McConkey，1993)。

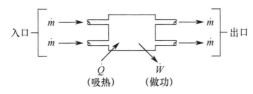

图 3.3 开式热力系统

所有的热机循环都由增压过程、从热源吸收热量的热量补充过程、做功的膨胀过程和余热排出过程组成。为了提高效率（给定热量输入所产生的功），循环可以变得非常复杂，并且包括许多中间过程。然而，热机必须始终包括供热和排热的基本要素，并且其效率必定低于理想卡诺循环的效率。普遍用于发电的布雷顿循环和朗肯循环很相似，两者的区别在于朗肯循环的工质是具有相变的蒸汽，而布雷顿循环以单相气体为工质。这两个循环过程中，都存在有压力增加过程（使用泵或压缩机）、热量补充过程、涡轮机膨胀过程和热量排出过程。

朗肯循环使用蒸汽作为工质，通常是加热水产生的蒸汽，但在适当的情况下也根据热源的温度使用了其他蒸汽。例如，在较低温度下运行的地热发电厂通常使用制冷剂 R-134a 作为循环工质。汞蒸气由于其较高的沸点而被用于一些实验电厂，实践证明汞蒸气在热力学角度具有很强的吸引力，但其毒性阻碍了广泛的商业化应用。在饱和蒸汽线内部工作时允许恒温的加热和排热（这近似于卡诺循环）。图 3.4 显示了简单朗肯循环的 $T\text{-}s$ 和 $h\text{-}s$ 图。点 1 的液体在点 2 被泵入锅炉。理想的泵送过程是等熵的，但是在实际的泵送过程中会产生熵。点 2 至点 3 表示在锅炉中液体被加热汽化变成蒸汽,点 3 到点 4 表示蒸汽在涡轮机中膨胀。理想的膨胀应该是等熵的,但是在实际的涡轮机中会产生熵(导致功的损失)。最后,热量在冷凝器中被排出,工质在冷凝器中被转换回液体。在可行的情况下,点 3 处的出口蒸汽通常是过热的,因为除去涡轮机中的水分更有利于设备的运行,并且更高的温度会产生更高的效率。循环过程中向泵提供功,从而提高工质的压力,并在涡轮机中获得功。点 1 需要一定程度的过冷来防止泵中出现汽蚀现象,但是因为过度过冷需要在锅炉中提供额外的热量,所以需要限制过冷度。朗肯循环设备的一个主要优点是与涡轮做功相比,所需的泵功非常小,因为冷凝后的流体体积会大大减少。

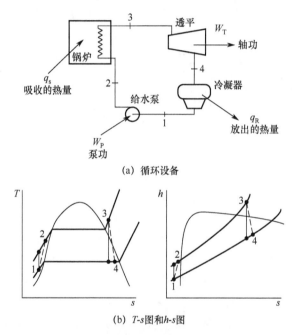

图 3.4 朗肯循环设备和流程图

布雷顿循环过程类似于朗肯循环,主要区别是布雷顿循环中的工质是气体(最常见的是空气),(设备和流程图如图 3.5 所示)。但是,因为布雷顿循环的加压过程发生在气体工质,所以与朗肯循环中的泵送过程相比,提供给压缩机的功的量级很大。燃气涡轮发动机是一种开式布雷顿循环系统,吸入大气中的气体并通过燃烧加热,然后高温气体流过涡轮膨胀做功,最后排放到大气中。排出气体的温度升高可以在热力学上作为排热过程进行处理。闭式布雷顿循环将气体再循环到换热器,从而将热量排放至环境或热回收蒸汽发生器。

sCO_2 循环通常被认为是在布雷顿循环或朗肯循环之间的过渡点附近运行,并同时具有两种循环的优点。例如,由于在排热过程结束时的密度相对较高,泵或压缩机做功所消耗的能量与传统的布雷顿循环相比相对较小；同时与传统朗肯循环相比，涡轮机的尺寸大大减小。

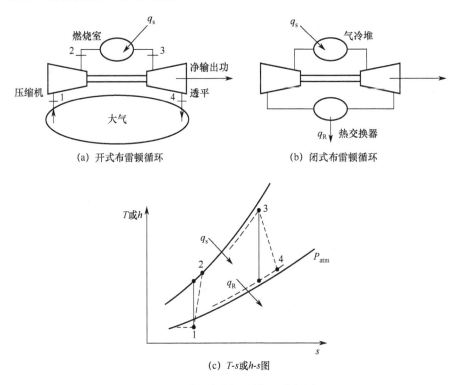

图 3.5 布雷顿循环设备和流程图

3.2 控制关系

对于本节中所定义的热力学关系，下标 1 和 2 分别表示部件的入口和出口条件。除了能量分析，还用㶲来量化系统损失。㶲被定义为当系统由任意状态可逆的变化到与给定环境相平衡的状态时，理论上可以全部转换为任何其他能量形式的那部分能量（T_0 和 P_0 分别代表当地环境温度和压力）。给定环境适用于不反应的单一成分物质，如 CO_2。

3.2.1 质量和能量守恒

对于开口系统（图 3.3），质量守恒可以写成一般形式，即

$$\begin{bmatrix}从所有入口\\进入系统的\\质量流量\end{bmatrix} - \begin{bmatrix}从所有出口\\流出系统的\\质量流量\end{bmatrix} = \begin{bmatrix}系统内质量\\随时间的变\\化率\end{bmatrix} \quad (3.1)$$

式（3.1）可以用符号表示为

$$\sum_{\text{inlets}} \dot{m} - \sum_{\text{outlets}} \dot{m} = \frac{dm}{dt} \qquad (3.2)$$

式中：m 为系统的质量；$\dot{m}$ 为质量流率。

质量流率与密度 ρ、流体速度 V、流通面积 A 和体积流率 $\dot{V}$ 有关，即

$$\dot{m} = \rho V A = \rho \dot{V} \qquad (3.3)$$

其中，使用的速度是横截面上的密度加权平均速度，即

$$V = \frac{\int \rho V \cdot \hat{n} dA}{\int \rho dA} \qquad (3.4)$$

在单相流的情况下，通常可以假设横截面上的密度是恒定的，但在两相流的情况下横截面上的密度变化很大。

热力学第一定律指出能量的总量是守恒的。将核反应释放的能量视为体积发热源项，并将其与传递到系统中的热量一起包含在内是很方便的。对于瞬态开口系统（图3.3），热力学第一定律可写为

$$\begin{bmatrix} 热量传入的 \\ 速率 \end{bmatrix} - \begin{bmatrix} 系统产生的 \\ 功率 \end{bmatrix} + \begin{bmatrix} 质量流将能量带 \\ 入系统的速率 \end{bmatrix}$$
$$= \begin{bmatrix} 系统中能量 \\ 的变化率 \end{bmatrix} \qquad (3.5)$$

系统产生的功率包括轴功率和边界功（PdV/dt）。通常根据定义，轴功率包括所有非边界功，包括电功率。对于稳态工况或任何具有刚性边界的系统，如泵或涡轮机，边界功率为零。穿过系统边界的流量携带着相关的能量（$e = u + pe + ke$）。进入系统的流体以 $\dot{m}pv$ 的速率在系统上流动做功，而系统对流出系统的流体做功。代入焓的定义（$h = u + pv$）得到了热力学第一定律的一般表达式，即

$$\dot{Q} - \dot{W}_{\text{shaft}} - P\frac{dV}{dt} + \sum_{\text{inlets}} \dot{m}(h + pe + ke) - \sum_{\text{outlets}} \dot{m}(h + pe + ke) = \frac{d}{dt} m(u + pe + ke) \qquad (3.6)$$

式中：$\dot{Q}$ 为加热功率；$\dot{W}_{\text{shaft}}$ 为轴功。

对于在一段时间内经历一个循环的闭口系统，式（3.6）可写为

$$q - w = \Delta e = \Delta u + \Delta pe + \Delta ke \qquad (3.7)$$

式中：Δ 为随时间的变化。

通常势能和动能并不重要，所以式（3.7）可以进一步简化为

$$q - w = \Delta u \qquad (3.8)$$

在稳定流系统中，消除边界功和能量储存项。式（3.6）可简化为

$$\dot{Q} - \dot{W} = \sum_{\text{out}} \dot{m}(h + pe + ke) - \sum_{\text{in}} \dot{m}(h + pe + ke) \qquad (3.9)$$

对于单一入口和出口，质量流率可以从方程中消去。由式（3.9）可得单入口

和单出口系统的稳定流能量方程,即

$$q - w = (h_2 - h_1) + (pe_2 - pe_1) + (ke_2 - ke_1) \tag{3.10}$$

式中:下标 2 和 1 代表出口项和入口项;ke 项在分析涡轮机的内部结构时很重要,但在电厂分析的部件级别,pe 和 ke 通常不重要,从而可将式(3.10)简化为

$$q - w = \Delta h \tag{3.11}$$

可以使用热力学第一定律效率来评估设备的性能,第一定律效率是能量比,即

$$\eta_1 = \frac{输出的能量}{输入的能量} \tag{3.12}$$

对于热机来说,热力学第一定律效率是产生输出功与供给能量的比值,即

$$\eta_{\text{th}} = \frac{\omega_{\text{NET}}}{q_S} = 1 - \frac{q_R}{q_S} \tag{3.13}$$

式(3.13)仅考虑工作流体边界的能量平衡,不考虑包括机械轴承摩擦、发电机以及电机损耗和附加载荷等在内的外部损失。例如化石燃料发电厂中,由于机械轴承摩擦和发电机而减少了功,总效率将变为

$$\eta_{\text{OA}} = \eta_{\text{Combustion}} \cdot \eta_{\text{Thermal}} \cdot \eta_{\text{Mechanical}} \cdot \eta_{\text{Generator}} \tag{3.14}$$

3.2.2 熵和热力学第二定律

热力学第二定律规定某些过程是不可逆的。例如,热量将沿着温度降低的方向传播。热力学第二定律有两个常用的定义性陈述。根据开尔文-普朗克陈述,不可能构建出从单个热源接收热量并将其完全转化为功的循环装置。根据克劳修斯陈述,不可能制造一个将热量从低温热源传至高温热源而对环境不产生其他影响的循环运行的设备。热力学第二定律的两个陈述都可以从熵增原理中导出,该原理指出任何过程的总熵变化总是大于或等于零,即

$$\Delta S|_{\text{Total}} \geqslant 0 \tag{3.15}$$

"总"这个字的含义是,当热量传出时,系统的熵可能会减少;但是,系统外熵的增加将大于系统内熵的减少。物理学上,熵是对不能做功的能量的度量。功和机械能是完全可用的,因此没有相关的熵,任何产生熵的过程都是不可逆的。

熵的正式定义是沿着两种状态之间的任何内部可逆路径中,所施加的热量除以热力学温度的积分,即

$$\Delta S = \int \frac{\delta Q}{T}\bigg|_{\substack{\text{Int} \\ \text{Rev}}} \tag{3.16}$$

在系统是等温的情况下,与在温度 T 下进出热源或散热器的热传递相关联的熵为

$$\Delta S = \frac{Q}{T(°R \text{ 或 } K)} \tag{3.17}$$

幸运的是，通常没有必要选择一个内部可逆的路径来进行式（3.16）的积分，因为熵是一个属性。根据状态假设，熵可以由其他性质的变化来确定。熵平衡方程可以写为

$$\begin{bmatrix} \text{熵随热传} \\ \text{递而传递} \\ \text{出的速率} \end{bmatrix} + \begin{bmatrix} \text{熵产生的速率} \end{bmatrix} + \begin{bmatrix} \text{质量流将熵} \\ \text{带入系统的} \\ \text{速率} \end{bmatrix}$$

$$= \begin{bmatrix} \text{系统中熵的} \\ \text{改变速率} \end{bmatrix} \tag{3.18}$$

用相应的物理量符号式（3.18）可以表示为

$$\sum_j \frac{Q_j}{T_j} + \dot{S}_{\text{Gen}} + \sum_{\text{inlets}} \dot{m}s - \sum_{\text{outlets}} \dot{m}s = \frac{\mathrm{d}S}{\mathrm{d}t} \tag{3.19}$$

通过热传递到系统中的熵取决于系统边界的温度 T_j。如果热量从较高的温度源传递进系统，将系统边界移到热源边缘会提高 T_j 并减少传入的熵，但是这种差异会增加系统中的 S_{Gen}。在稳态单流系统的情况下，式（3.19）可简化为

$$S_{\text{Gen}} = s_2 - s_1 - \left.\frac{q}{T}\right|_{\text{Boundary}} \tag{3.20}$$

从熵增原理可以看出，最大热效率（见式（3.13））是冷源和热源温度的函数，等于卡诺效率，即

$$\eta_{\text{Carnot}} = 1 - \frac{T_{\text{L}}}{T_{\text{H}}} \tag{3.21}$$

实际上，η_{Carnot} 永远无法实现，因为它要求所有的传热温差都减小到零，传热面积接近无穷大，或者传热时间增加到无穷大。对于给定的传热面积，当 η_{Th} 接近 η_{Carnot} 时，W_{net} 趋近于零，这意味着理想卡诺循环产生的功为零。

3.2.3 㶲和不可逆性

尽管热力学第一定律分析相对简单，易于概念化，但它的缺点是只考虑了能量转移的大小，并假设所有形式的能量都有相同的用途。实际上，大量的低温热量几乎没有做有用功的能力。从热力学第一定律的角度来看，许多非常"高效"的过程，如利用电能加热低温水，实际上是非常浪费的。热力学第二定律分析将热力学第一定律分析与熵相结合，考虑了能量做有用功的潜力，并清楚地确定了不可逆性的来源（丢失的可用功）。通过这种方式，可以适当地将注意力集中在对性能影响最大的部分。

㶲（也称为可用性和可用能量）定义为通过将系统降低到滞止状态（与环境平衡）而产生的有用功。标准停滞状态是处于大气压力下，温度为298.15 K，速度为零，势能为零的状态。本章用 Φ 表示㶲，ϕ 表示比㶲，ψ 表示比流量㶲。非

流动㶲是一种依赖于系统性质和停滞状态的属性，可以从 Moran 和 Shapiro 给出的关系式计算得到（Moran 和 Shapiro，2008），即

$$\phi = (e - u_0) + P_0(v - v_0) - T_0(s - s_0) \tag{3.22}$$

式中：下标 0 表示停滞状态。

对于闭口系统，任何与停滞状态的偏差都会导致做功，因此 ϕ 总是正的。类似地可计算出流量㶲（Moran 和 Shapiro，2008），即

$$\psi = (h - h_0) - T_0(s - s_0) + ke + pe \tag{3.23}$$

在每种情况下，停滞态的动能和势能都为零。与 Φ 不同，ψ 可以是负的，这表明需要做功才能使流体回到停滞状态。

㶲的原理可以通过考虑温度为 T 的热源 Q 来说明。卡诺效率（式（3.21））是在热源的温度下的任何热机可以从热源中获得的最大功。如果热源用于将热量排放到环境的发动机，那么热量㶲（Φ_H）是可逆热机产生的有用功。因此，热源的㶲表示为供给热量乘以卡诺效率，即

$$\Phi_H = W_{max} = Q\left(1 - \frac{T_0}{T}\right) \tag{3.24}$$

当热量通过传导传递到较低的温度时（比如，从 T_1 到 T_2），其㶲就减少了，尽管能量总量是守恒的，即

$$\Phi_{Lost} = Q\left(1 - \frac{T_0}{T_1}\right) - Q\left(1 - \frac{T_0}{T_2}\right) \tag{3.25}$$

结合熵平衡，将损耗㶲定义为"不可逆性"，则有

$$I = T_0 S_{Gen} \text{ 或 } i = T_0 s_{Gen} \tag{3.26}$$

更广义的推导证明了不可逆性和熵产之间的关系（Moran，1982），即

$$\dot{I} = T_0 \dot{S}_{Gen} \tag{3.27}$$

㶲平衡方程与热力学第一定律非常相似，不同之处在于考虑的是有用能量而不是总能量。一个重要的区别是㶲不是守恒量，而是随着熵的产生而被破坏。㶲平衡方程可以写为

$$\begin{bmatrix} 热量㶲传递到 \\ 系统的净速率 \end{bmatrix} - \begin{bmatrix} 系统产生的 \\ 有效功率 \end{bmatrix} + \begin{bmatrix} 由质量流将 \\ 㶲代入系统 \\ 的净速率 \end{bmatrix} \\ - \begin{bmatrix} 不可逆过程导 \\ 致㶲损失的净 \\ 速率 \end{bmatrix} = \begin{bmatrix} 系统中㶲变化 \\ 的净速率 \end{bmatrix} \tag{3.28}$$

用相应的物理量符号式（3.28）可以表示为

$$\dot{\Phi}_H - \dot{W}_{\text{Net Useful}} + \sum_{\text{inlets}} \dot{m}\psi - \dot{I} = \frac{d\Phi}{dt} \tag{3.29}$$

对于给定时间间隔内的闭口系统,㶲平衡简化为

$$\Phi_H - W_{\text{Useful}} - I = \Phi_2 - \Phi_1 \tag{3.30}$$

这类似于闭口系统能量平衡,$Q-W=E_2-E_1$,不包括不可逆项。类似地,单入口和单出口稳态㶲平衡可以单位质量流量为基础来表示,即

$$\phi_H - w - i = \psi_2 - \psi_1 \tag{3.31}$$

其中,热源的㶲分别定义为

$$\phi_H = q\left(1 - \frac{T_0}{T_H}\right) \tag{3.32}$$

不可逆性或㶲损是根据熵产来定义的(Wark,1995),即

$$i = T_0 s_{\text{Gen}} \tag{3.33}$$

类似于热力学第一定律效率,热力学第二定律效率(有时称为效率)是用㶲平衡来定义的(Wark,1995),即

$$\eta_{\text{II}} = \frac{\text{输出㶲}}{\text{输入㶲}} \tag{3.34}$$

热机的热力学第二定律效率可简化为热效率与卡诺效率之比,即

$$\eta_{\text{Plant,II}} = \frac{w_{\text{Net}}}{\phi_S} = \frac{\eta_{\text{th}}}{\eta_{\text{Carnot}}} \tag{3.35}$$

3.3 分析

3.3.1 涡轮机械

涡轮机的能量和㶲平衡(图3.6)为

$$w_T = h_1 - h_2 \tag{3.36}$$

$$w_T = \psi_1 - \psi_2 - i_T \tag{3.37}$$

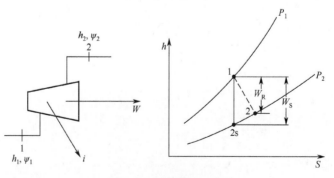

图 3.6 绝热透平分析

图 3.6 中，入口和出口流携带流动焓和㶲；比功通过涡轮轴离开；㶲损表现为不可逆性；h-s 图中分别给出了实际过程（1—2）和理想过程（1—2s）。

透平的热力学第一定律（等熵）效率是指相同压力下的等熵过程（指定为点 2s）与实际过程所做的功之比。热力学第二定律效率是已实现的功与供应㶲之比，即

$$\eta_{T,I} = \frac{h_1 - h_2}{h_1 - h_{2s}} \tag{3.38}$$

$$\eta_{T,II} = \frac{h_1 - h_2}{\psi_1 - \psi_2} = 1 - \frac{i_T}{\psi_1 - \psi_2} \tag{3.39}$$

压缩机或泵（图 3.7）的控制方程的定义类似，即

$$w_C = h_2 - h_1 \tag{3.40}$$

$$w_C = \psi_2 - \psi_1 + i \tag{3.41}$$

$$\eta_{C,I} = \frac{h_{2s} - h_1}{h_2 - h_1} \tag{3.42}$$

$$\eta_{C,II} = \frac{\psi_2 - \psi_1}{h_2 - h_1} = 1 - \frac{i_C}{h_2 - h_1} \tag{3.43}$$

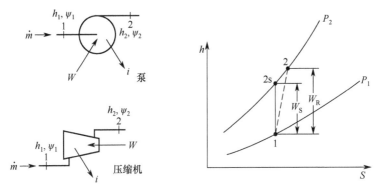

图 3.7 绝热压缩机或泵分析

图 3.7 中，入口和出口流携带流动焓和㶲，功通过涡轮轴提供，㶲损表现为不可逆性，h-s 图中给出了实际过程（1—2）和理想过程（1—2s）。

3.3.2 管道

由于压力下降和热量散失到环境中，管道和流网出现不可逆现象。在绝热管道的情况下，能量和㶲平衡为

$$h_1 = h_2 \tag{3.44}$$

$$\psi_1 - \psi_2 = i = T_0(s_2 - s_1) \tag{3.45}$$

由于压头损失和向环境的热传递，管道损失了㶲。传热引起的㶲损失简单地

说就是流体温度下热能损失的㶲乘以卡诺效率。压头损失是一个等焓过程，将流量功转化为内能。结果导致在温度升高时，一些损失的流动功以有用热能的形式被回收。在单位质量流量的基础上，这两个因素的结合导致管道和导管中的㶲损失为

$$i = q_{\text{LOST}}\left(1 - \frac{T_0}{T}\right) + T_0(s_2 - s_1) \tag{3.46}$$

如果热损失可以忽略不计，那么由此产生的不可逆性就变成

$$i = \psi_1 - \psi_2 = T_0(s_2 - s_1) \tag{3.47}$$

连接管道中的压头损失通常通过以下方法确定（Young 等，1997），即

$$\Delta P = \left(\frac{fL}{D} + \sum K\right)\frac{\rho V^2}{2} \tag{3.48}$$

式中：经验摩擦系数 f 可由 Moody 图或 Colebrook-White 公式确定（White 等，1999），即

$$\frac{1}{\sqrt{f}} = -2\lg\left(\frac{\varepsilon}{3.7D} + \frac{2.51}{\text{Re}\sqrt{f}}\right) \tag{3.49}$$

在式（3.48）中的分量 K 来自包括 Crane 的技术出版物第 410 号（Crane，1988）在内的相关资料。忽略 sCO$_2$ 系统中非常低的结垢热阻，环境热损失取决于内部对流系数、管壁热导率、热绝缘和外部对流系数（Incropera 和 Dewitt，2002）。总热阻（定义为 $\dot{Q} = \Delta T / R$）可由单个热阻确定，即

$$R = \frac{1}{UA} = \frac{1}{hA}\bigg|_{\text{Internal}} + \frac{\ln(D_0/D_i)}{2\pi kL}\bigg|_{\text{Pipe}} + \frac{\ln(D_0/D_i)}{2\pi kL}\bigg|_{\text{Insulation}} + \frac{1}{hA}\bigg|_{\text{External}} \tag{3.50}$$

内部传热系数可以用经验公式确定，例如，Dittuse-Belter 公式（Incropera 和 DeWitt，2002），则有

$$\text{Nu} = \frac{hD}{k} = 0.023\,\text{Re}^{4/5}\,\text{Pr}^{0.3} \tag{3.51}$$

在 Pioro 和 Romey 的文章中可以找到几个专门针对超临界流体的计算实例（Pioro 和 Romney，2008）。

3.3.3 换热器

对于图 3.8 中所示的换热器，假设没有热量损失到环境中，并且势能和动能可忽略，则能量平衡可写为

$$\dot{m}_H(h_{H1} - h_{H2}) = \dot{m}_C(h_{C2} - h_{C1}) \tag{3.52}$$

式中：下标 H 和 C 代表热流体和冷流体，"1" 和 "2" 是各自流体的入口和出口。类似地，㶲平衡可写为

$$\dot{m}_H(\psi_{H1}-\psi_{H2})=\dot{m}_C(\psi_{C2}-\psi_{C1})+i \tag{3.53}$$

$$\dot{I}=T_0\dot{S}_{Gen}=T_0\left[\dot{m}_C(S_{C2}-S_{C1})+\dot{m}_H(S_{H2}-S_{H1})\right] \tag{3.54}$$

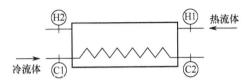

图 3.8 典型换热器

根据能量守恒定义,热力学第一定律效率为 1。热力学第二定律可以通过两个替代定义之一来计算（Moran, 1982）,即

$$\eta_{II}=\frac{\dot{m}_C(\psi_{C2}-\psi_{C1})}{\dot{m}_H(\psi_{H1}-\psi_{H2})} \tag{3.55}$$

或

$$\eta_{II}=\frac{\dot{m}_C\psi_{C2}-\dot{m}_H\psi_{H2}}{\dot{m}_C\psi_{C1}\dot{m}_H\psi_{H1}} \tag{3.56}$$

对于从温度为 T_S 的外部热源向工质供热的应用,能量平衡和㶲平衡可简化为

$$q_S=h_2-h_1 \tag{3.57}$$

$$\phi_H-i_{IHX}=\psi_2-\psi_1 \tag{3.58}$$

式中:ϕ_H 为按质量提供的热量㶲。热力学第一定律和热力学第二定律的效率分别为

$$\eta_I=\frac{h_2-h_1}{q_S} \tag{3.59}$$

$$\eta_{II}=\frac{\psi_2-\psi_1}{\phi_H} \tag{3.60}$$

在预冷器（向环境排热的换热器）中,所有排出的㶲都被破坏了,即

$$q_R=h_1-h_2 \tag{3.61}$$

$$i_{PC}=\psi_1-\psi_2 \tag{3.62}$$

$$\eta_{PC,II}=0 \tag{3.63}$$

简单地说,温差与传热率的关系为

$$\dot{Q}=\hat{U}A\Delta T \tag{3.64}$$

式中:UA 为总传热系数和传热面积的乘积;ΔT 为流体之间的温差。

如果换热器中任意流体的温度发生变化,则需要一个合适的平均温差。与在临界点附近的 CO_2 不同,对于比热容恒定的流体,适当的平均温差值是对数平均温差和几何相关配置因子的乘积,即

$$\Delta T=F\theta_{LM} \tag{3.65}$$

式中：对数平均温差定义为（Incropera 和 DeWitt，2002）

$$\theta_{LM} = \frac{\theta_1 - \theta_2}{\ln\left(\dfrac{\theta_1}{\theta_2}\right)} \tag{3.66}$$

在逆流换热器中，$\theta_1 = T_{H,in} - T_{C,out}$ $\theta_2 = T_{H,out} - T_{C,in}$；对于并流换热器，$\theta_1 = T_{H,in} - T_{C,in}$ $\theta_2 = T_{H,out} - T_{C,out}$。对于并流以外的所有几何形状，$\theta_{LM}$ 根据逆流换热器的温差来定义。

并流和逆流换热器或者任意一流体的温度是恒定的，则配置系数是统一的；此外，各种换热器几何结构的配置可在文献中找到（Rohsenow 等，1998）。

在典型应用中，逆流换热器的最大传热量与两个入口的流体温度之差成正比（Incropera 和 DeWitt，2002），即

$$q_{max} = C_{min}\left(T_{H,i} - T_{C,i}\right) \tag{3.67}$$

式中：C_{Min} 为两种流体的最小载热量可表示为

$$C_{min} = \min\left(\dot{m}_H c_{p,H}, \dot{m}_C c_{p,C}\right) \tag{3.68}$$

最大传热量 q_{max} 的基本定义适用于恒定比热容的情况，通常可以通过假设平均比热容而用于可变比热容的情况（Incropera 和 DeWitt，2002），但是在接近临界点时建议谨慎使用该方程。因此，在 q_{max} 处具有较低比热容的流体在其他流体入口温度下会发生偏离。换热器效率定义为

$$\varepsilon = \frac{\dot{Q}}{C_m\left(T_{H,in} - T_{C,in}\right)} \tag{3.69}$$

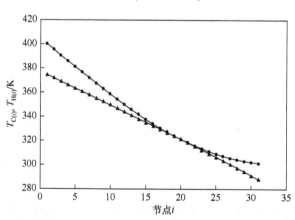

图 3.9 最大可能传热受内部夹点限制的逆流换热器中的典型温度分布

注：两种流体为质量流量相等的 CO_2，低温流体的压力为 30000kPa，高温流体的压力为 6940kPa，高温流体的入口温度为 400K，低温流体的入口温度为 288K。

由于比热的巨大变化，在许多 sCO$_2$ 应用中使用式（3.64）～式（3.69）进行

相对简单的分析时存在失效的可能。例如，图 3.9 说明了中等温度 sCO$_2$ 循环中回热器的温度分布，其中出现一个内部"夹点"。此处的热传递，即使在无限长的换热器中，也低于前面讨论的 q_{max} 值。为了正确分析这种情况，有必要将换热器分成更小的子系统，并在各节中应用式（3.52）~式（3.54）、式（3.64）的关系式。换热器效率 ε 的一个更合适的定义是在无限大的逆流换热器中发生的传热量与实际传热量的比值：

$$\varepsilon = \frac{\dot{Q}}{\dot{Q}_{CF,\infty}} \tag{3.70}$$

$\hat{U}A$ 是需要分析的内容，尽管这些子系统的大小可能相同，但其 $\hat{U}A$ 的大小可能不同。尽管 $\hat{U}A$ 经常出现在工程文献中，但管道内部和外部的传热面积可能不同，尤其是对于采用带翅片的表面。在更通用的关系式中，$\hat{U}A$ 的计算结果可由一系列热阻产生，即

$$\hat{U}A = \frac{1}{R_{Total}};\ R_{Total} = \sum_j R_j = R_{Cond1} + R_{Conv1} + \cdots \tag{3.71}$$

对于换热器，管道的内表面和外表面都存在对流阻力，管壁存在导热热阻。此外，通常还包括结垢产物和腐蚀造成的热阻（Incropera 和 DeWitt，2002），即

$$R_{Total} = \underbrace{\frac{1}{(\eta_O \hat{h} A)_C} + \frac{R''_{f,C}}{(\eta_O A)_C}}_{\text{过冷侧液膜阻力除翅片外还包括污垢和腐蚀阻力}} + R_W + \underbrace{\frac{1}{(\eta_O \hat{h} A)_H} + \frac{R''_{f,H}}{(\eta_O A)_H}}_{\text{过热侧液膜阻力除翅片外还包括污垢和腐蚀阻力}} \tag{3.72}$$

式中：R_f 为污垢和腐蚀热阻；η_O 为翅片表面的总效率；h 为对流传热系数；A 为传热面积；R_W 为壁面导热热阻。

导热热阻 R_W 可以根据平面或圆柱形几何关系计算，具体取决于管道的厚度。对于薄壁面，下式的计算效果很好，即

$$R_W = \frac{L}{kA} \tag{3.73}$$

对于比较厚的壁管，可通过圆柱关系式提高计算精度（Incropera 和 DeWitt，2002），即

$$R_W = \frac{\ln(D_O/D_i)}{2\pi k L} \tag{3.74}$$

翅片表面的总表面效率 η_O 可以根据翅片效率 η_f 来计算，即

$$\eta_O = 1 - \frac{A_f}{A}(1 - \eta_f) \tag{3.75}$$

式中：$\frac{A_f}{A}$ 是翅片总面积的比值。

最终的效率为

$$\eta_{f} = \frac{q_f}{q_{f,\max}} = \frac{翅片传热}{翅片无穷大时的翅片传热系数} \tag{3.76}$$

传热相关的文献中提供了翅片效率、污垢热阻和传热系数。

需要权衡管道尺寸、厚度和材料，以及换热器配置等多方面。例如，在给定的流速下，较大的管径会增加湍流，从而增加传热系数，但是对于给定的流动面积，较大的直径会导致传热面积减小。此外，较大直径的管子必然更厚，会导致传热热阻增加。材料选择需要平衡热阻、成本、强度、耐腐蚀性和核特性（如中子截面和活化潜力）。基于这些考虑，电厂选用的材料往往传热性能较差。尽管优选采用逆流几何形状，但是通常存在一些特殊的入口和出口位置区域导致无法实现逆流换热，这会进一步导致效率降低。

3.4 应用示例

3.4.1 简单回热循环

可以考虑使用简单 CO_2 闭式布雷顿循环作为热力学分析的例子。如图 3.10 所示，该循环仅包含 5 个设备：压缩机、回热器、主换热器、透平和预冷器。图 3.11 所示的循环从状态点 1 开始，此时流体进入压缩机或泵流体压力增加；在 sCO_2 循环中，状态点 1 处的流体密度很高，因此可以轻松高效地实现压力升高。对于本例，假设压缩机效率为 0.9。然后流体在状态点 2 流出压缩机并进入回热器，接收来自透平出口的流体输入的能量，这一过程有助于最大限度地减少㶲损失，如果透平乏气的剩余能量在预冷器内被排放到大气中，就会发生㶲损失。

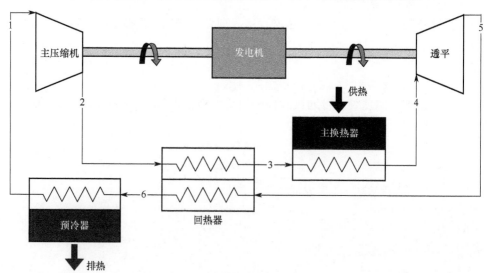

图 3.10　sCO_2 回热循环

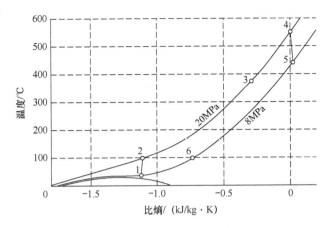

图 3.11 sCO$_2$回热循环温熵图

如图 3.11 所示，流体随后在状态点 3 进入主换热器，其中来自热源（化石、核能、太阳能或余热）的能量在高温下传递到 sCO$_2$ 工质。对于本例，假设该换热器的效率为 90%，并且通过该换热器的压降可以忽略不计。后面会提到，必须考虑换热器的热导率，并确定是否存在夹点，并且可能必须如前所述将换热器分开考虑。另外，还应考虑通过换热器和管道的压降而产生的额外㶲损失，该压降通常小于整个循环压降的 1%。该换热器的热侧可用作热源。热流体在状态点 4 离开主换热器进入透平膨胀，假设其效率为 90%。这种膨胀过程将高温高压流体的能量转化为轴上的旋转功，膨胀过程伴随有明显的㶲损失。后面将讨论透平设计的细节。透平产生的功可用于旋转发电机产生电能，也可用于驱动压缩机，在状态点 1 下压缩气体。或者所有的能量都可以转化为电能，然后压缩机使用马达驱动，但是由于电动机和发电机的效率比较低，这一转换过程会导致㶲损失增加。离开透平的流体处于较低的压力下，与进入透平时相比其㶲显著减少。然后在状态点 5 处的流体流过回热器，为来自主压缩机的流体提供能量。流过回热器之后，状态点 6 的流体进入预冷器中被进一步冷却到临界点上方，将热量排放到环境中。该过程将流体中的剩余能量排放到环境中，是㶲损失最大的部分，但是进一步降低了 sCO$_2$ 工质的密度使其更容易泵送并最终降低压缩功。

通过对系统中的每个部件进行热力学分析，可以生成循环的 T-S 图和 P-H 图，定义每个部件的热力学状态，最终可以确定每个部件的循环热力学效率和㶲损失。对于状态点 1，假设流体状态为 8MPa 和 37℃（刚好在流体的临界点之上）。该状态可以最大限度地减少泵送功率，同时减少压缩机内可能出现的汽蚀问题；还允许足够高的温度使合理尺寸的换热器在不使用冷水的情况下将热量排放到环境中。

在该示例中，假设压缩机将压力从 8 MPa 增加到 25MPa（压比为 3.125）。进一步假设状态点 1 的温度为 37℃，状态点 4 的温度为 700℃并且换热器的效率为

90%，透平和压缩机的效率为 90%。整个循环的质量流量为 60 kg/s（每个设备的细节将在后面的内容中详细讨论）。

从压缩机入口开始分析，因为已经规定压缩机两端的压比为 3.125，所以可获得状态点 2 的压力。首先，我们假设理想的压缩机是等熵的，则可通过比熵和理想压缩机出口的压力确定比焓。能量平衡决定了状态点 1 和状态点 2 之间需要增加的每单位质量的功。用这个功除以压缩机效率，即可得到压缩机每单位质量的实际功。通过能量平衡可以确定状态点 2 的比焓，即已知压力即可确定温度，质量流率和单位质量功的乘积决定了所需的压缩机功率。

$$\begin{cases} h_1 = f(T_1 - P_1), s_1 = f(T_1 - P_1), P_2 = P_R(P_1); s_2' = s_1 \\ h_{2s'} = f(s_2', P_2), W_c = (h_{2s'} - h_1)/\eta_c, W_c = h_2 - h_1 \\ T_2 = f(h_2, P_2), s_2 = f(T_2, P_2), \dot{W}_c = \dot{m}(h_2 - h_1) \end{cases} \quad (3.77)$$

式中：P_R 为压缩机压比；η_c 为压缩机效率。

式（3.77）给出了状态点 2 的参数和压缩机所需的功。

状态点 3 由回热器的能量平衡来确定。在这种情况下，假设通过回热器的压降可以忽略不计，因此状态点 2 的压力与状态点 3 的压力相同。将状态点 2 到状态点 3 的吸热量等同于状态点 5 到状态点 6 的放热量，并修正回热器的效率。

$$\begin{cases} \dot{Q}_{\text{recup}} = \dot{m}(h_3 - h_2), \dot{Q}_{\text{recup}} = \dot{m}(h_5 - h_6), P_2 = P_3, h_3 = f(T_3, P_3) \\ s_3 = f(T_3, P_3), P_6 = P_5, h_6 = f(T_6, P_6), s_6 = f(T_6, P_6) \end{cases} \quad (3.78)$$

为简单起见，在该说明性示例中，回热器效率由下式定义，即

$$\dot{Q}_{\text{recup}} = \varepsilon_r c_p (T_5 - T_2) \quad (3.79)$$

式中：ε_r 为回热器效率；c_p 为状态点 6 时的比热容（Angelino，1969）。

在 sCO$_2$ 的应用示例中，高度可变的比热容会导致出现明显的计算误差。式（3.79）这种分析方法可能会掩盖内部夹点，并大大高估回热器的性能。在分析中对换热器进行分段处理并用式（3.70）定义其效率，可以得到更准确地分析结果。

循环中的下一个部件是主换热器。根据前面的分析将得到状态点 3 的运行条件，并需要确定状态点 4 的运行条件。简单起见，假设状态点 4 的出口温度为 700℃，并且主换热器没有压降。那么只需要一个简单的能量平衡即可得到传热率，即

$$\dot{m}(h_6 - h_1) + \dot{Q}_{\text{precooler}} \varepsilon_{\text{precooler}} = 0 \quad (3.80)$$

式中：$\dot{Q}_H$ 为从主热源到 sCO$_2$ 工质的传热速率；ε 为主换热器的效率。

如前所述，通过对换热器进行分段并根据式（3.70）定义其效率，分析结果得到了改善。

在主换热器增加热量后，工质在状态点 4 下进入透平。此时的流体中有大量

的能量，并可利用这些能量创造有用功来推动发电机旋转产生电能。为了获得状态点 5 的运行条件，首先假设透平是理想的等熵运行状态（没有内部不可逆性），然后通过考虑透平的实际效率来修正这个假设。最后，对透平进行能量平衡计算，得到状态 5 下的真实焓，即

$$\begin{cases} h_4 = f(T_4 - P_4), s_4 = f(T_4 - P_4), P_5 = P_6; s_5' = s_4 \\ h_{5s'} = f(s_5', P_5), W_t = (h_4 - h_{5s'})/\eta_t, W_t = h_4 - h_5 \\ T_5 = f(h_5, P_5), s_5 = f(T_5, P_5), \dot{W}_t = \dot{m}(h_4 - h_5) \end{cases} \quad (3.81)$$

经过透平后，流体流入回热器。回热器的平衡方程在式（3.79）中给出。剩下的唯一设备是预冷器，流体由状态点 6 变化到状态点 1。这里再次假设压降可以忽略不计，并且可以将状态点 6 的压力设置为等于状态点 1 的压力。可以通过了解换热器的细节和实际压降来消除该假设的影响，通常是涉及换热器尺寸和成本的问题。假设 sCO$_2$ 具有最小热阻，可以在预冷器上开展能量平衡计算，即

$$\dot{m}(h_6 - h_1) + \dot{Q}_L \varepsilon_L = 0 \quad (3.82)$$

式（3.78）～式（3.83）迭代求解，即可确定所有状态点，并获得总循环净功和效率。此外，还可以很容易地计算出每个设备的功损比和㶲损失，即

$$\eta_{\text{cycle}} = \dot{W}_{\text{cycle}} / \dot{Q}_{\text{hot}} \quad (3.83)$$

3.4.2 再压缩循环

如图 3.12 所示，通过分流一部分送至预冷器的流体并对其进行再压缩，可以

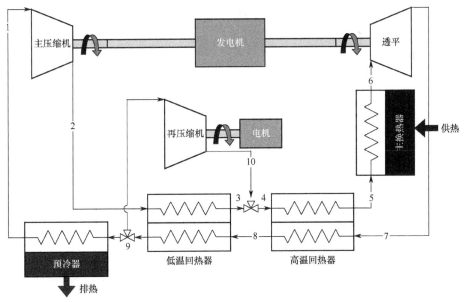

图 3.12 sCO$_2$ 再压缩循环

进一步提高 sCO$_2$ 动力循环的整体效率。将一部分流量绕过低温回热器会提高进入（和离开）高温回热器的温度，从而减少主换热器中的㶲损，这最终减少了在预冷器达到滞止状态所排出的热能。虽然这会使系统复杂化，但热效率通常会增加到足以抵消增加设备所带来的经济成本和复杂性。通过将前面提到的分析过程进行简单修改，即可分析新增的再压缩机和低温换热器。通过添加这些设备可以将在 37～700℃之间运行的循环的热效率从约 42%提高到 50%。继续增加回热器和压缩机还可以提高效率，但鉴于成本和复杂性的提高，整体收益会递减。

3.5 小结

针对 sCO$_2$ 系统的热力学分析是使用与其他循环分析类似的既定分析工具完成的，但是在临界点附近的 CO$_2$ 的性质需要特殊考虑。这些循环在概念上通常很简单，并且具有朗肯循环和布雷顿循环的优点，包括相对较低的压缩功和单相工质的简单性。整个循环过程中的高压保持高流体密度，因此设备的尺寸很小。高度回热的 sCO$_2$ 循环得益于工质在高温下接收热量和在低温下排出热量的能力；但是工质的比热容在运行范围内变化很大，需要分析换热器的内部夹点。比热容与压力之间的不匹配促使通过使用再压缩循环来提高效率。随着温度的升高，材料的改进将进一步提高效率。略高的排放温度允许使用更有吸引力的干式冷却方式，但会带来一定的㶲损失。

参考文献

Angelino, G., 1969. Real Gas Effects in Carbon Dioxide Cycles. ASME Paper No. 69-GT-103.

Crane, 1988. The Flow of Fluids through Valves, Fittings, and Pipe. Crane Company, Joliet, IL, USA.

Dostal, Y., Driscoll, M.J., Hejzlar, P., 2004. A Supercritical Carbon Dioxide Cycle for Next Generation Nuclear Reactors. Available at: http://web.mit.edu/course/22/22.33/www/dostal.pdf.

Eastop, T.D., McConkey, A., 1993. Applied Thermodynamics for Engineering Technologists, fifth ed. Longman Scientific & Technical/John Wiley and Sons, New York.

Incropera, F.P., DeWitt, D.P., 2002. Introduction to Heat Transfer, fourth ed. John Wiley and Sons.

Klein, Nellis, 2012. Thermodynamics. Cambridge University Press, New York.

Moran, M.J., 1982. Availability Analysis. Prentice-Hall, Inc., New York.

Moran, M.J., Shapiro, H.N., 2008. Fundamentals of Engineering Thermodynamics, sixth ed. John Wiley and Sons, New York.

Pioro, I.L., Romney, B., 2008. Heat Transfer and Hydraulic Resistance at Supercritical Pressures in Power Engineering Applications. U.S., American Society of Mechanical Engineers.

Rohsenow, W.M., Hartnett, J.P., Cho, Y.I., 1998. Handbook of Heat Transfer, third ed. McGraw-Hill, New York.

Technical Publication Number 410, Crane Company, Joliet, IL, 1991.

Wark, K.M., 1995. Advanced Thermodynamics for Engineers. McGraw-Hill, Inc.

White, F.M., Hess, J.L., Gibson, C.H., 1999. Equations of fluid static and dynamics. In: Schetz, J., Fuhs, A.E. (Eds.), Fundamentals of Fluid Mechanics. John Wiley and Sons.

Young, D.F., Munson, B.R., Okiishi, T.H., 1997. Brief Introduction to Fluid Mechanics. John, Wiley and Sons.

第4章 高温材料

B.A.Pint [1], R.G.Brese [2]

[1] 橡树岭国家实验室，橡树岭，田纳西州，美国；[2] 田纳西大学，诺克斯维尔，田纳西州，美国

概述：在高温材料问题上，sCO_2与传统燃煤蒸汽锅炉有着许多的相似之处，两者的主要区别在于蒸汽与CO_2的相容性问题或工作环境问题。对于高效率（大于700℃）sCO_2系统，近期的研究不但解决了许多力学性能方面的问题，还解决了镍基合金的连接和加工问题，特别是镍基高温合金740和282。因此，本章将重点讨论包括可能会导致内部渗碳、使得力学性能降低的sCO_2氧化的热力学分析在内的特殊工作环境问题。目前，对于sCO_2还没有一个大型的相容性数据库，特别是当温度超过650℃时，因此还有许多问题仍待解决。但是，如果系统压力对相容性没有显著影响，那么就可以使用已经发展了50多年的适用于0.1~4MPa的CO_2大型数据库。

关键词：相容性；腐蚀；蠕变；环境效应；金属疲劳；动力学；反应速率；热力学

4.1 简介

在选择工程应用的材料时，一般会从成本、属性、加工性和有效性这几个方面进行综合考虑。对于应用于高温结构的材料，主要会关注以下几个属性：力学性能（如蠕变、疲劳等）、一定程度上的热力学性能（如导热系数、热膨胀系数）、高温环境下的相容性或降解率，上述属性都是基于对构件设计寿命的影响而选择出来的。用于发电的直接和间接燃烧sCO_2系统处于20~30MPa、400~800℃的运行范围时，从铁素体钢到高性能镍基合金在最高温度时都有被选用过，这也意味着目前选用的合金的价格范围从最低等级钢的每千克2~3美元到沉淀强化镍基合金的每千克70美元，至于某些用于铸造涡轮机械的高温合金其价格会更高。发展商用sCO_2电力系统的一个主要优势是，在该系统有效的温度和压力下所选用的材料与目前能够达到625℃（Henry等，2007；Viswanathan和Bakker，2001a,b），甚至760℃的更高温度（美国能源部的先进超超临界蒸汽A-USC锅炉汽轮机项目）的燃煤蒸汽锅炉所选用的材料基本相同。A-USC计划从2002年持续到2015年，获得了大量能够使燃煤蒸汽电厂在760℃/345MPa下运行的备选合金有关的加工

制造、连接和力学性能方面的数据(Viswanathan 和 Bakker, 2001b; Viswanathan 等, 2005, 2006a, 2010)。这些数据对于 sCO$_2$ 的应用十分有利,并且对工作在 650℃以上的部件材料的选择方面起到了很大程度的帮助。但是 A-USC 项目在相容性方面的研究主要是针对蒸汽氧化和煤灰(Viswanathan 等, 2005, 2006b; Wright 和 Dooley, 2010; Essuman 等, 2013), 而不是 sCO$_2$ 与材料的相容性。因此,本章首先对 sCO$_2$ 应用的材料力学性能进行简单概述;然后对高温相容性问题进行介绍。由于用于 sCO$_2$ 应用的材料需要考虑特殊的相容性,后续几节将对相容性的背景和目前的研究进展进行回顾。最后将讨论研究现状以及未来的发展需求,其中包括环境对力学性能的潜在影响,这一领域尚未在 sCO$_2$ 条件下进行充分研究。

4.1.1 合金蠕变极限

合金的力学性能数据可以有多种表现形式,图 4.1 所示为基于美国工程师协会(ASME)锅炉压力容器(boilerand pressure vessel, BPV)规范的最大允许应力。但这些无法表示出各类合金的最大承温能力。

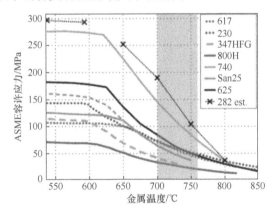

图 4.1 铁基合金及镍基合金的 AMSE 锅炉和压力容器规范容许应力与运行温度间的关系

注:数据来自 deBarbadillo, J.J., Baker, B.A., Gollihue, R.D., 2014, Nickel-base superalloys for advanced power systems e an alloy producer's perspective. In: Proceedings of the 4th International Symposium on Supercritical CO$_2$ Power Cycles, Pittsburgh, PA, September 2014, Paper #3; Pint, B.A., DiStefano, J.R., Wright, I.G., 2006. Oxidation resistance: one barrier to moving beyond Ni-Base superalloys. Materials Science and Engineering A 415, 255-263.

随着美国锅炉行业的广泛参与,A-USC 计划专注于制定一个简单的行业指标用于确定时间相关或蠕变状态下的最高使用温度:100MPa 应力下的 100000h 蠕变断裂寿命。该指标定义了各类结构合金管道的最高使用温度。实际上,该指标通过筛选出需要超厚壁的管道或管子的低强度材料的情况来考虑热疲劳问题,这类管子或管道在每个加热和冷却循环期间具有较大热梯度,且易产生热疲劳开裂。

在同一温度下，强度更高的合金（即满足 100MPa 应力下的 100000h 寿命的指标）在满足部件的设计寿命时，所需要的管壁更薄，并且在使用中出现疲劳裂纹的可能性也更小。研究得出，铁素体马氏体钢（如 Cr 含量为 9%～12% 的 Grade 91 钢）的最大使用温度在 600℃ 左右，高级奥氏体钢的最大使用温度则在 650℃ 左右，而镍基合金则用于蒸汽温度大于 650℃ 的情况，如图 4.2 所示。在镍基合金中，需要对较常见的固溶强化（SS）镍基合金如 625 合金、617 合金和 230 合金（表 4.1）和适用于 750～760℃ 强度更高的沉淀强化（PS）镍基合金如 740 合金和 282 合金

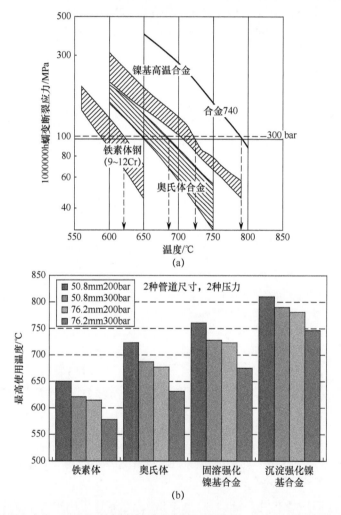

图 4.2 （a）不同合金在 100000h 的蠕变断裂应力随温度变化；（b）在两种不同 sCO_2 压力和管道尺寸（6.35 mm 壁厚）下各类合金的最高使用温度(Wright 等，2013)

注：对固溶强化 (SS) 和沉淀强化 (PS) 镍基合金进行了评估。更高强度的 PS 合金 740 显示在图 (a) 中。图 (a) 中的虚线假设管子的外径为 50.8 mm，壁厚为 6.35 mm，压力为 30MPa。

进行区分。图 4.1 展示了它们在强度上的巨大差别。A-USC 也更加关注沉淀强化（PS）镍基合金的优势及其在 700℃中的应用。为了能够使用新型沉淀强化（PS）合金，A-USC 成功完成了 ASME 的 BPV 规范案例，验证了 740 合金可在 800℃的高温下使用。对于强度略大于 740 合金的 282 合金，则正在进行一个类似于 870℃规范案例的项目，这项工作可能会在 2019 年完成（根据初始数据估算的容许应力如图 4.1 所示）。ASME 的 BPV 认证要求累积蠕变试验在 590～925℃下要有 500000h 左右的时间。其实 740 合金（及其改进的 740H）是为燃煤锅炉专门开发的（Zhao 等，2003；Shingledecker 和 Pharr，2013；deBarbadillo 等，2014），282 合金则是为了在飞机上应用而开发的（Pike，2008），只有 A-USC 项目对它们在锅炉和汽轮机驱动方面的应用感兴趣。

表 4.1 典型结构合金的化学成分表

合金	Fe	Ni	Cr	Al	其他
氧化铬铁素体钢					
Gr.22	95.5	0.2	2.3	<	0.9 Mo,0.6Mn,0.1 Si
Gr.91	89.7	0.1	8.3	<	1 Mo,0.3 Mn,0.1 Si
VM12	83.3	0.4	11.5	<	1.6 W,1.5 Co,0.4 Mo,0.4 Mn,0.4 Si,0.2V
410SS	86.9	0.1	11.8	<	0.5 Mn,0.4 Si
EBrite	72.6	0.1	25.8	<	1.0 Mo. 0.2 Si,0.1 V
氧化铬奥氏铁基钢					
201SS	70.8	4.1	16.2	<	6.7 Mn,0.5 Si,0.3 Mo,0.9 Cu,0.2 Co
304H	70.4	8.4	18.4	<	1.6 Mn,0.3 Si,0.3 Mo,00.4 Cu,0.1 Co
316	66.6	9.6	19.0	0.01	2.4 Mo,1.7 Mn,1.0 Si,0.2 Cu,0.1 Co,0.1 W
347HFG	66.0	11.8	18.6	0.01	1.5Mn,0.8 Nb,0.4 Si,0.2Mo,0.2Co
NF709	49.0	25.0	22.3	0.02	1.5 Mo,1.0Mn,0.4 Si,0.2Nb,0.2N
Sanicro 25	42.6	25.4	22.3	0.03	3.5W,3.0 Cu,1.5 Co,0.5Nb,0.5Mn,0.2Mo,0.2Si,0.2N
AL6XN	48.2	24.1	20.4	0.01	6.0 Mo,0.5Mn,0.3 Mn,0.2 Cu,0.1 Si,0.2N
800H	43.2	33.8	19.7	0.7	1.0Mn,0.5Ti,0.3Cu,0.3Si,0.2Mo
310HCbN	51.3	20.3	25.5	<	0.3 Co,0.4Nb,1.2Mn,0.3Si,0.3N
氧化铝铁基合金					
APMT	69.2	0.2	21.1	5.0	0.2Hf,0.1 Mn,2.8 Mo,0.6Si,0.3Y,0.1 Zr
PM2000	74.6	0.1	18.9	5.1	0.5 Ti,0.4Y,0.1 Mn,0.25O
AFA-OC4	49.1	25.2	13.9	3.5	2.5Nb,2.0Mo,1.9Mn,1.0W,0.5 Cu,0.2Si

续表

合金	Fe	Ni	Cr	Al	其他
氧化铬镍基合金					
600	9.4	73.1	16.4	0.3	0.1Mo,0.2Ti,0.1Si,0.2Mn
625	4.0	60.6	21.7	0.09	9.4 Mo,3.6 Nb,0.2Si,0.1Mn
230	1.5	60.5	22.6	0.3	12.3W,1.4 Mo,0.5Mn,0.4Si
C617	0.6	55.9	21.6	1.3	11.3 Co,8.6Mo,0.4Ti,0.1 Si
282	0.2	58.0	19.3	1.5	10.3 Co,8.3Mo,0.06 Si,2.2Ti,0.1 Mn
740	1.9	48.2	23.4	0.8	20.2Co,2.1Nb,2.0Ti,0.3Mn,0.5Si
MA754	0.4	78.7	19.1	0.3	0.4 Ti,0.4Y,0.4O
氧化铝镍基合金					
214	3.5	75.9	15.6	4.3	0.2 Mn,0.1 Si,0.02 Zr
224	27.2	47.0	20.3	3.8	0.4 Ti,0.3 Co,0.3 Mn,0.3 Si,0.001 Zr,0.001 Y
247	0.07	59.5	8.5	5.7	9.8 Co,9.9 W,0.7 Mo,3.1 Ta,1.0 Ti,1.4Hf

如前所述，sCO$_2$的应用可以借鉴许多燃煤锅炉在材料设计方面的经验。值得注意的是，在1960年达到了613℃/34.5MPa压力的斯通电厂的蒸汽锅炉（Henry等，2007），以及在2013年时达到最大蒸汽运行条件607℃/25.3MPa的位于阿肯色州的目前最先进的特克电厂（Pint，2013）都选择使用了传统的不锈钢管道（如17/14PH和347H）作为回热器承受温度最高部分的材料，可见要将镍基合金应用在高温锅炉上还需要一些时间。目前，由美国能源部支持的部件试验（ComTEST）正在对证明镍基合金用于蒸汽锅炉和汽轮机的性能方面进行计划，目前还处于设计阶段（Romanosky等，2016）。该项目和A-USC有着许多相同的合作伙伴。

利用A-USC对温度-强度极限的理解，得出最新的计算结果如图4.2所示，图中指出了在已提出的sCO$_2$循环中与特定压力条件相关的参考范围（Wright等人，2013；Shingledecker和Wright，2006）。图4.2（a）所示为在sCO$_2$压力为30MPa、管外径为50.8 mm的条件下各类合金的最大温度特性。图4.2（b）所示为在两种不同管径和两种不同压力下的相似温度限制。需要注意的是，在图4.2的计算中没有考虑环境相容性。

4.1.2 薄壁设备的蠕变

另一个在力学性能方面值得考虑的是可用于高性能换热器的薄壁材料的性能。采用薄壁是为了提高效益，降低高价材料成本。关于这方面问题，可以借鉴燃气轮机回热器的经验（McDonald，2003；Kesseli等，2003；Matthews等，2005）。

凯普斯通涡轮公司已将紧凑、高效的一次表面换热器商用于 30～250kW 的微型涡轮机。索拉透平公司将其用于 4.6MW 的汽轮机。并且凯普斯通涡轮公司的这项最初由卡特彼勒公司（索拉透平公司的母公司）研发的技术，已拥有数百万小时的经验。在研发最小耐久性为 25～40kh 的一次表面回热器的材料时，发现薄壁（约 100μm）设备与基体材料在蠕变性能上存在很大不同这一问题（Maziasz 和 Swindeman，2003；Maziasz 等，2007a,b）。一些合金的性能很差，尤其是不锈钢，但可通过优化微细碳化物强化相的处理得到显著改善。如图 4.3 所示，镍基合金 230 薄片的蠕变强度明显低于合金 625，铁基 AL20/25+Nb 的蠕变强度在通过优化其微观结构后得到了改善。最初在 20 世纪 50 年代由英国研发的 AL20/25+Nb 与 NF709 有着相似的成分，曾被用作 CO_2 气冷堆的燃料包壳（Antill 和 Peakall，1967）。

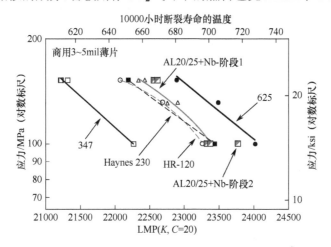

图 4.3　各种 100μm 商业铁基和镍基合金薄片在 650～750℃ 的空气中测试的蠕变断裂应力与 Larsone-Miller 参数之比

注：与阶段 1 相比，工艺改进（阶段 2）提高了 AL20/25+Nb（与 NF709 的成分相似）的蠕变强度（Maziasz 等，2007a,b）。

4.1.3　高温氧化

有关高温氧化的基础知识可以从相关教科书中获得（Birks 和 Meier，1983；Kofstad，1988；Young，2008，2016）。高温相容性的目的不是为了阻止结构合金与氧化环境发生氧化反应，而是为了在合金表面形成能够起保护作用的外部氧化物或氧化垢，通过选择性氧化 Cr 或 Al 形成 Cr_2O_3 或 Al_2O_3。各类商用合金中 Ni 和 Cr 的含量如图 4.4 所示。通常，需要添加 4%～5% 的铝用以形成外部氧化铝垢（图 4.4 中的菱形图标表示有氧化铝膜的合金）。在温度低于 550℃ 左右时，FeO 会变得稳定，Fe_3O_4 则可起到保护膜的作用。黏附在表面的氧化垢会形成一种固态扩散屏障，氧化垢的扩散可以控制反应速率。由于扩散距离会随氧化垢厚度的增加而增加，预计会出现抛物型反应动力学。

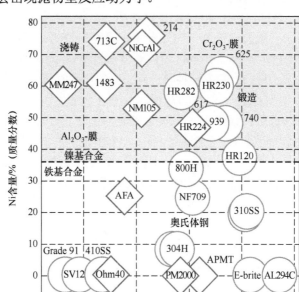

图 4.4 基于 Cr 和 Ni 含量的商用备选金属的排序

注：形成氧化铬的合金是圆形，形成氧化铝的合金是菱形。

在 600~800℃下，FeCr、NiCr 或 CoCr（图 4.4 中的圆圈图标）表面将会形成保护膜，要在更高的温度下形成保护膜则需要 Cr 的含量更高。对于直接燃烧的 Allam 循环（Allam 等，2013），其峰值温度为 1150℃/30MPa。在该温度下，能够选择的合金十分有限，并且与典型材料相比 Cr 和 Al 的消耗速度都过快，因此没有材料能实际用于延长该发电系统所需的使用寿命。飞机的起飞时间占商用发动机飞行时间（15000h）的 10%，在此期间飞机涡轮的金属温度能够达到 1100~1150℃，而大部分运行期间的温度都低几百摄氏度。为了实现系统在 1150℃ 的气体温度下连续运行，需要一个类似于使用在涡轮发动机热段的热防护系统，例如，包括低导热陶瓷涂层在内的热障涂层（Thermal Barrier Coating，TBC）（Nicholls，2003；Gleeson，2006；Darolia，2013）。TBC 通过与内部冷却相结合，能够使金属温度降低到更容易控制氧化和机械强度的程度。通过对 0.1MPa/90%（CO_2-0.15O_2）-10%H_2O 环境条件下的，由金属 NiCoCrAlY 氧化铝黏合涂层和陶瓷（Y_2O_3-稳定 ZrO_2）表面涂层组成的 TBC 进行炉膛循环研究，发现这类环境不会对涂层耐久性造成恶性影响（Pint 等，2016a）。

蒸汽或 CO_2 会加速铁基合金的氧化（相较于在空气中），在这种情况下合金将不会形成薄的并且具有保护作用的富铁和/或富铬氧化物，而是会形成厚的富铁氧化物。图 4.5 展示了一些关于 FM 钢 Grade 91（Fe-9Cr-1Mo）的例子。Grade 91

钢在650℃的空气中会形成一层薄的富铬氧化物,而在650℃的蒸汽(图4.5(b))和550℃、25MPa的CO_2(图4.5(c))中,则会形成一层厚的氧化物(Rouillard等,2011)。在这两种情况下,形成的厚氧化物与包含sCO_2中的Fe_3O_4和蒸汽中外层包裹着Fe_2O_3的Fe_3O_4在内的外层富铁氧化物和O向内输运形成的混合铁–铬内层氧化物的结构相类似。Fe_2O_3是蒸汽中氧分压较高的标志。在设计部件和预测寿期时,需要对诸如此类的金属损耗加以考虑。

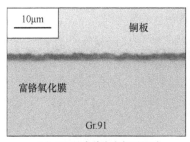 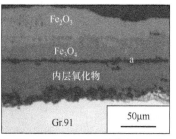

(a) 650℃实验室空气下经过5000h的氧化垢横截面图

(b) 650℃、0.1MPa的蒸汽中经过2000h的氧化垢横截面图

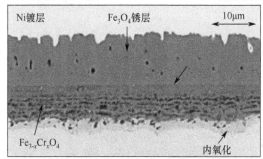

(c) 550℃、25MPa的CO_2中经过310h后的氧化垢的扫描电镜图像

图4.5 光学显微镜下观察到的Grade 91(Fe-9Cr-1Mo)氧化垢的横截面图

注:(c)Rouillard, F., Charton, F., Moine, G., 2011. Corrosion behavior of different metallic materials in supercritical carbon dioxide at 550℃ and 250 bars. Corrosion 67 (9), 095001.

金属损耗虽然可以用抛物线速率常数来进行预测,但当氧化物变厚时(对于铁素体钢为大于300mm,对于奥氏体钢为大于50mm,对于铬为700℃时大于5mm),就容易发生破裂。特别是在热循环过程中,当金属和氧化垢的热膨胀系数存在差异时,就会在加热和冷却过程中产生应力。当氧化层随着暴露变厚时,即使是相对完整的氧化垢,由于热膨胀失衡产生的应变能也会超过金属和氧化垢间的黏附功(Evans, 1995)。可能在所有的热力循环中,当发生剥落后氧化垢会在表面重组,所以金属损耗会随着破裂的发生而加快。在这些情况下,就需要一个复杂的全寿期预测模型(Quadakkers和Bongartz, 1994; huczkowski等, 2004; Young等, 2012; Pint等, 2012; Duan等, 2016)。热循环的次数将由占空比来决定。例如，用于聚光式太阳能（Concentrated Solar Power，CSP）的 sCO₂ 系统每天周期循环，而更传统的发电系统则可以满负荷运行（在运行温度下长时间保持）或根据需求进行调节。对于 CSP 的空气布雷顿循环，热循环在合金性能中发挥着重要作用，如图 4.6 所示（Pint，2011；Pint 等，2013）。在 950℃的条件下，铬氧化层镍基合金 600 会形成容易剥落的厚氧化层，而铝氧化层镍基海恩斯合金 HR224 则会形成更耐用的氧化铝表面氧化层，如图 4.6（b）和（c）所示。但只有经过长时间的暴露，氧化垢厚到足以脱落时才能辨别出这种类型的降解机制。

下面从热力学角度，对在 CO_2 和 sCO_2 中的氧化进行更详细地讨论。

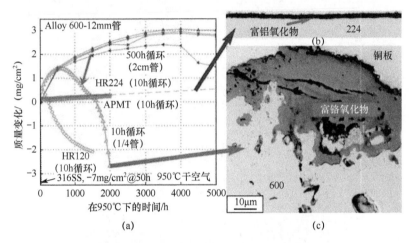

图 4.6 （a）600 合金管材的质量变化曲线：在 950℃下，500h 循环时质量增加，10h 循环时质量减少；（b）224 合金在 950 ℃经历 200 次 10h 循环后光镜下的抛光横截面；（c）600 合金在 950℃经历 200 次 10h 循环后的抛光横截面

注：Pint，B.A.，2011. The future of alumina-forming alloys: challenges and applications for power generation. Material Science Forum 696，57-62.

4.2　氧化的热力学分析

表 4.2 所示为几种反应的吉布斯自由能。在 CO_2 中，与金属发生反应并形成氧化物的氧来自 CO_2 的分解。根据反应 3 可知 CO_2 会分解为 CO 和 O_2。反应 3 的平衡建立过程如下：

$$k_3 = \exp\left(-\Delta G_3^\circ / RT\right) \tag{4.1}$$

$$k_3 = \left(p_{CO} p_{O_2}^{0.5}\right) / p_{CO_2} \tag{4.2}$$

式中：k_3 为平衡常数；ΔG_3° 为反应 3 的吉布斯自由能；R 为气体常数；T 为温度（K）；p 为各种气体的分压。

在一个纯 CO_2 系统中，p_{CO_2} 可以近似地用系统的总压力来表示，并且 CO 和

O_2 量也与之直接相关。利用这些数据对 p_{O_2} 进行求解,得到的氧分压与温度的变化曲线如图 4.7 所示。图中还给出了在 0.1MPa 的蒸汽中的 p_{O_2} 与温度的关系曲线以作对比。除此之外,图 4.7 对几种金属氧化物所需的分解压力也进行了绘制。尽管 O_2 含量的预测值很小,但仍有可能使 Fe、Ni、Cr 和 Al 发生氧化,这类氧化与在这些温度下发生在蒸汽中的氧化类似。

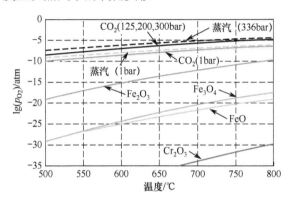

图 4.7 纯 CO_2 环境下计算得到的氧的分压随温度的变化曲线和几类重点氧化物分解压力随温度的变化曲线

各种 CO/CO_2 反应形成的自由能见表 4.2。

表 4.2 各种 CO/CO_2 的反应形成的自由能(Gaskell,2008)

反应式	化学反应	$\Delta G°/J$
1	$C(s)+0.5\ O_2(g)=CO(g)$	$-111700-87.65T$
2	$C(s)+O_2(g)=CO_2(g)$	$-394100-0.84T$
3	$CO_2(g)=0.5\ O_2(g)+CO(g)$	$282400-86.81T$
4	$2CO(g)=C(s)+CO_2(g)$	$-170700+174.46T$

由表 4.2 中的反应式 4 可知,可能会发生渗碳反应。碳活度 a_C 的计算式为
$$\Delta G_4° = -RT\ln\left(a_C p_{CO_2}/p_{CO}^2\right) \tag{4.3}$$
式中:$\Delta G_4°$ 为反应 4 的吉布斯自由能;a_C 为碳活度。

在纯 CO_2 的环境下,p_{CO_2} 同样可以近似为总压力,p_{CO} 则可由式(4.2)求得。碳活度随温度的变化曲线如图 4.8 所示。从氧分压可以看出,虽然碳活度的值较小,但其与温度高相关。

在过去的 50 年中,一些作者(Fujii 和 Meussner,1967;Meier 等,1982;Young 等,2011)指出对于 sCO_2 和其他含碳气体真正应该关注的并不是气体中的碳活度,而是金属与氧化垢交界面上的碳活度。随着氧化垢中 p_{CO_2} 降至与气体一致,直至金属氧化平衡(如图 4.7 所示的 Cr/Cr_2O_3 平衡),根据式(4.2)可知 p_{CO} 将会增加,

根据式（4.3）可知 a_C 也会增加。并且 a_C 的增量将取决于所考虑的氧化物。图 4.9 表明，在总压力为 1 atm 的条件下，更加稳定的氧化物的 a_C 值会非常大。在温度低于 650℃的条件下，Cr_2O_3 和 Fe_2O_3 的 a_C 值大于 1，表明内部可能会发生渗碳或金属尘化，这也是 sCO_2 相容性研究中的主要关注点。与碳溶解度较低的镍基合金相比，碳溶解度较高的铁基合金更容易发生这类腐蚀（Olivares 等，2015）。对于图 4.9 需要注意的是，计算是在总压力为 1 atm 的条件下进行的。对于固态金属和氧化垢的交界面来说，这种气体压力高得离谱。但是对于金属和氧化物的交界面来说，这种气体压力是否过高是未知的。

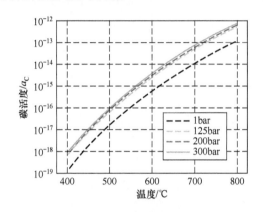

图 4.8 在纯 CO_2 环境下碳活度随温度的变化曲线

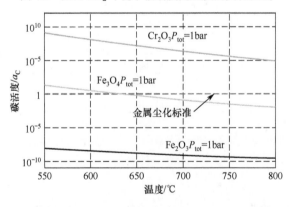

图 4.9 各类氧化物在金属和氧化物交界面的碳活度计算结果随温度的变化曲线

4.3 对环境和亚临界压力下 CO_2 的高温腐蚀研究

在环境压力或亚临界压力下的 CO_2 中氧化的早期经验来自于英国气冷堆项目。在其他方面上的应用，如燃煤富氧燃烧烟气中的 CO_2 的浓缩（Bordenet，2008）和燃料电池（Quadakkers 等，2003），也使得最近出现了许多与 CO_2 相关的研究。

由于燃烧方面的应用是近期的热点,最近的许多研究都与包含 H_2O、O_2、SO_2 在内的 CO_2 混合气体有关。

英国镁诺克斯型气冷堆从 1956 年一直运行到 2015 年,是核能第一次应用于商业发电的标志。该类反应堆早期采用的是能够承受 CO_2 0.7~1.9MPa 总压力的钢制压力容器。之后则采用了可承受 2.5~2.7MPa 压力,由预应力混凝土制成的压力容器(Rowlands 等,1986;Dodds,2004)。对于低碳钢压力容器的破裂氧化问题,需要通过降低运行温度来降低输出功率(例如当温度从 390℃降至 360℃时,输出功率则从 210MWe 降至 160 MWe)。后来(1976 年至今)的改进型气冷堆(advanced gas reactor,AGR)的温度能够达到 640℃,CO_2(+ ~1% CO)的压力能够达到 4.1MPa,与带有 17MPa、出口温度为 543℃的回热器的汽轮机相连时,热效率可达 41%(Rowlands 等,1986)。AGR 的效率远高于运行在 300℃左右的现代轻水堆(light water reactor,LWR),但是 LWR 相较于 AGR 拥有其他方面的优势,例如,LWR 有更高的燃料燃耗。

气冷堆由低碳钢、9Cr 钢(如 Grade 91 钢)、316 不锈钢以及用于燃料包壳的 20/25Nb(与表 4.1 中的 709 相类似)等材料构成。如前所述,随着低碳钢和 9%Cr 钢在 CO_2 中破裂氧化的发现(Rowlands 等,1986),出现了大量与破裂现象有关的研究。一般来说,破裂现象可被视为寿期结束的判断标准,因此破裂现象对于许多应用中的构件寿期模型至关重要。图 4.10 所示为相对较低的典型抛物线型稳态反应速率是如何延伸到更快的腐蚀线速度。腐蚀线速度是通过对腐蚀进行量化得到的,例如,在实验室中通过质量变化对腐蚀进行量化,而在野外则通过截面损失的大小来进行量化。目前对于破裂氧化的理解及预测能力都来自 Evans 等(1976,1999)对于不锈钢的研究,后来这些被 Quadakkers 和 Bongartz(1994)应用在预测铝氧化层合金和镉氧化层合金的寿命上(Huczkowski 等,2004;Young 等,2012)。虽然对英国 CO_2 氧化方面研究工作进行全面回顾已经超出了本章的内容范围,但对于其在寿期预测(Garrett 等,1982)和理解碳在氧化行为中的作用方面取得了很大进展这部分还是值得一提,例如,在理解碳在氧化行为中的作用方面,指出了镍基合金相较于铁基合金有更好的抗渗碳性能(Antill 和 Warburton,1967)。许多研究人员都对低合金钢中破裂氧化的原因开展了研究(Gibbs,1973;Pritchard 等,1975),但是尚未达成共识。

在同一时期,美国对于核能也有着同样的兴趣,因此橡树岭国家实验室对 0.1MPa CO_2 的氧化进行了大量研究。通过研究发现高合金不锈钢具有更强的保护性能(Martin 和 Weir,1965;McCoy,1965),例如,在 593~815℃时,暴露在 CO_2 中的 Fe-xCr-9Ni 合金对于碳的吸收更少,如图 4.11 所示。McCoy 最先发现在 590~980℃下的 CO_2 中,20/25/Nb 和铝氧化层 FeCrAl 的性能优于传统的 304 不锈钢(McCoy,1965)。近期对模型合金的研究工作(Meier 等,2010;Gheno 等,2011,2013)可以得出富铬氧化物相较于富铁氧化物的碳渗透性更低,并且低合金钢上更易出现富铁氧化物。近期研究得出的结论与以往对原始模型合金研究得到的结论相类似。

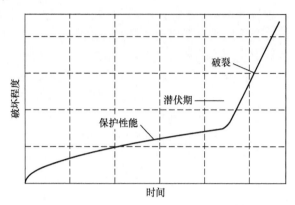

图 4.10 稳态氧化行为过渡到破裂氧化的示意图（生命周期结束的标准）

注：镁诺克斯型反应堆中低碳钢的氧化（在 390℃、10bar 的 CO_2）是这种行为的其中一个例子。

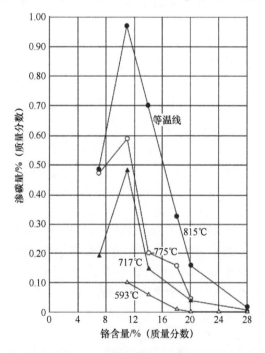

图 4.11 0.1MPa CO_2 中不同温度的 Fe-Cr-9%Ni 合金中的铬含量与渗碳量的关系图（Martin 和 Weir，1965）

注：(1) 在样本中碳含量的平均值为 0.060；(2) 测试前，样本在 1050℃的 H_2 中退火 1h；(3) 气压：15psi；气体流速：0.28ft/sec；气流率：0.05cfh

在其他方面的应用中，特别是在与燃烧方面有关的应用中，对于 CO_2 和 H_2O 的结合方面一直都很关注。600℃时得到的典型结果及其与合金中的 Cr 含量间的关系如图 4.12 所示。大多数合金在干燥的 50%Ar-50%（CO_2-0.15%O_2）的环境中经过 2000h，都会产生一层薄氧化层。在类似于蒸汽（100%H_2O）的环境中，CO_2 和 H_2O 的结合会使低铬含量的铁基合金上产生更厚的氧化层，事实上相较于 100%H_2O 的环境，该环境下的腐蚀增重（即腐蚀产物的厚度）更厚。在其他研究中也观察到了类似的现象（Meier 等，2010；Gheno 等，2011）。但是没有结果表明，在 CO_2 中 H_2O 的加入会对金属产生不利影响（Quadakkers 等，2011），而 O_2 的加入会对其带来更积极的影响，即可能有助于形成更具保护性的氧化垢。除此以外，还有一些文章对在混合气体的环境中加入 SO_2 进行了研究（Huczkowski 等，2014；Yu 等，2016）。其中，Huczkowski 等发现，SO_2 在 550℃时，对于 9%Cr 钢有不利影响。Yu 等发现 SO_2 在 650℃时，将抑制 Fe-Cr 合金的渗碳。

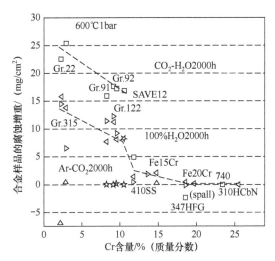

图 4.12 在 600℃、0.1MPa 的三种不同环境（100%H_2O、50%H_2O-50%CO_2-0.15O_2、50%Ar-50%CO_2-0.15O_2）下经历 2000h（4×500h）后的合金样品的腐蚀增重与合金中 Cr 含量的关系曲线（Pint 和 Thomson，2014）

4.4 sCO_2 腐蚀速率与反应产物的实验研究

能够用于 sCO_2 条件下材料评价的数据较少。图 4.13 对文献中出现过的温度和压力进行了总结。许多核能相关的研究都集中在温度小于等于 600℃的铁素体钢或 FM 钢上。目前的研究兴趣是 650~750℃下更高效的系统（Feher，1968），更近的研究还包括了对用于高温应用领域的镍基合金的研究。图 4.14 中总结了大量反应速率的测量值，从而体现出 FM 钢与高合金备选钢间的差异。在 1000000h 内形成小于 100μm 的氧化物的速率为 $5×10^{-13}g^2/cm^4s$。对于较厚的氧化物，在预测其性能时需要考虑到氧化垢的散裂，简单使用抛物线速率常数将不再适用。以下介绍各研究机构已发表内容的摘要。

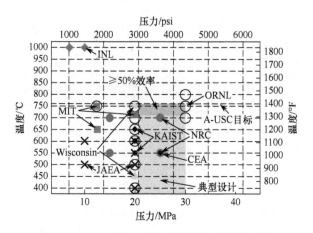

图 4.13　sCO$_2$ 相关文献中的温度与压力关系图

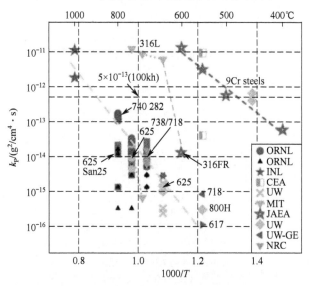

图 4.14　文献中公布或计算得到的速率常数

4.4.1　爱达荷国家实验室

对 sCO$_2$ 相容性开展研究是爱达荷国家实验室（Idaho National Laboratory，INL）为提高先进反应堆（第四代堆）的效率和降低成本所做的一小部分努力，例如，将氦气作为气冷堆二回路能量转换系统的工质（Oh 等，2004，2006）。INL 主要对氧化物弥散强化（oxide dispersion-strengthened，ODS）Ni-20Cr 合金 MA754 以及镍基合金 617 开展研究。INL 开发了两个实验平台，一个用于评估管状样品（将 MA754 棒制作成长 1.2m、外径为 12.5mm、内径为 4.3mm 的样品）；另一个则是用于对 304SS 合金管进行暴露试验。在 1000℃下进行暴露试验的压力都相对较低，并且暴露的时间也较短。第一个测试平台是在 10MPa 下暴露 47~500h；

第二个测试平台则是在 7MPa 下暴露 175h。三次持续时间较短的管道测试表明反应速率约为 $10^{-11} g^2/(cm^4 \cdot s)$，而 MA754 的 500h 管道测试的反应速率相较于该速率要低一个数量级，如图 4.14 所示。然而，这个速率对于持续发电来说还是过快。在 1000℃、7MPa 的 sCO_2 中经过 175h，相较于 MA754，617 观察到更多的内部氧化，但是没有观察到合金 617 内部渗碳的现象，如图 4.15 所示。对细晶 MA754 和粗晶 MA754 的蠕变性能进行了大量分析。不出所料，在 1000℃下 ODS 合金的蠕变性能要明显优于传统的锻制合金。然而，实际得出的结论是"低延展性和脆性失效的模式对这种材料（MA754）在高温 sCO_2 布雷顿循环中的应用造成了严重的问题"。MA754 未被 ASME BPV 规范所批准，并且将不再用特殊金属进行制造。

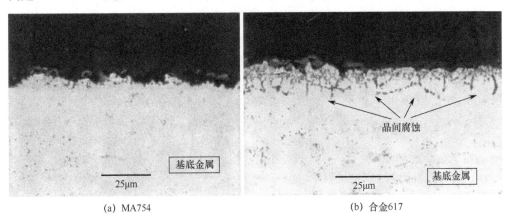

(a) MA754　　　　　　　　　　　(b) 合金617

图 4.15　暴露在 1000℃的 sCO_2 下 175h 的抛光试样截面

注：Oh, C.H., Lillo, T., Windes, W., Totemeier, T., Ward, B., Moore, R., Barner, R., 2006. Development of a Supercritical Carbon Dioxide Brayton Cycle: Improving VHTR Efficiency and Testing Material Compatibility. Idaho National Laboratory Report INL/EXT-06-01271.

4.4.2　日本原子能机构

日本原子能机构（Japanese Atomic Energy Agency，JAEA）在 400~600℃、10~20MPa 的环境下进行了长时间（5~8kh）的暴露试验，用以支持快堆（fast breeder reactor，FBR）研发计划。在该项目中，当 sCO_2 与钠等液态金属相配合时，能够提高效率和安全性（相较于水来说）（Moore 和 Conboy，2012）。其主要关注了 9~12Cr 钢（表 4.1 中的 Grade 91 和 VM12）和 316FR 不锈钢等材料（Furukawa 等，2010，2011；Furukawa 和 Rouillard，2015）。Furukawa 等（2011）首次提出在 10~20MPa 之间，sCO_2 的压力对腐蚀速率的影响有限。JAEA 通过长期实验对破裂氧化的风险进行了评估，如图 4.10 所示。观察到的内部渗碳（Furukawa 等，2011）表明破裂氧化仍然可能发生。在 550℃下，一个能够在役运行 60 年的 FBR 对于 FM 钢（采取抛物线动力学）的腐蚀裕量为 380μm，对于 316FR 钢（采取线性动力学）的腐蚀裕量为 220μm（4μm/yr）。在 FM 钢上形成 760μm 厚的富铁氧化物这一假设是不常用的,并且该假设伴随着"运行中表面氧化层的渗碳与脱落导致的力学性能上的退化是不包括在这个估计中"的附加说明。图 4.14 用 JAEA 的数据进行了粗略的分析,结果表明当温度低于 500℃时,可以用抛物线动力学准确预测氧化行为。但是,当处于更高的温度下时,反应速率太快,以至于在任何一种寿命预测模型中都需要对氧化垢散裂进行考虑。因为当反应产物脱落时,必会以更快的速度重新形成,从而加快了金属损耗的速率。

4.4.3 原子研究中心

由 Rouillard 领导的原子研究中心(Centred Etudes Atomiques,CEA)的工作(Rouillard 等,2011,2012a,b;Rouillard 和 Martinelli,2012;Bouhieda 等,2012)同样是为应用 sCO_2 的钠冷快堆的研发提供支持。CEA 考虑将 Gr91、316L、253MA 和 800H 作为备选金属,并且在 0.1MPa CO_2 中进行了更长时间(5000h)的暴露实验,用以支持总暴露时长只有 310h 的 550℃/25MPa 实验。得出的结果与 JAEA 得出的结果相似,即不锈钢上会形成具有保护作用的富铬薄氧化物,而 Gr91(9Cr-1Mo)则会形成厚双层氧化物,并且会出现内部渗碳,如图 4.5(c)所示。

4.4.4 麻省理工学院

麻省理工学院(MIT)主要对 650-750℃/12.5-20MPa 下经历 500~1000h 的镍基合金(Dunlevy,2009)和 610℃/20MPa 下经历 3000h 的铁基合金和镍基合金开展了大量的材料相容性研究(Gibbs,2010)。以前研究发现,690 合金、693 合金、718 合金、725 合金、740 合金和 740H 合金的反应速率非常慢,并且对其反应产物的描述也十分有限(没有横截面),但是 316L 的反应速率很快,如图 4.14 所示。从图 4.14 可以看出,相较于 JAEA 得到的在 600℃下的 316FR 的结果,MIT 得到的 650℃下的 316L 的腐蚀增重明显更高。后来的研究表明,9%~12%Cr FM 钢(Grade 91 和 HCM12A)的腐蚀增重比不锈钢(316、310、AL6XN、800H)、镍基合金(230、625、PE16)和 ODS FeCrAl(PM2000)高 100 倍。设计用于这些实验的合金 625 高压釜将温度超过 650℃时的压力限制在了 12.5MPa,如图 4.13 所示。威斯康星大学也建造了一个类似的高压釜,并在过去的 6 年间依托该高压釜发表了大量研究成果。

4.4.5 威斯康星大学

Allen 和 Andersonn(Tan 等,2011;Jelinek 等,2012;Cao 等,2012;Roman 等,2013;Firouzdor 等,2013,2015;He 等,2014;Mahaffey 等,2014,2016)领导的小组发表了大量研究成果,其中大部分工作都集中在 20MPa 左右的 sCO_2。最初的研究集中在 450~650℃的钢,从图 4.14 可以看出,得到的 9~11Cr 钢速率的测

量值与其他研究得到的结果相近。Roman 等（2013）对 347 型钢在 450℃和 550℃、20MPa sCO_2 中的保护性能进行了叙述，与先前对 316 型不锈钢的研究结果类似。但是在 650℃下经历 1000h 后，347 型钢形成富铁氧化物的速度更快。在最近的研究中，将时间延长到了 3000h，对高合金奥氏体钢，例如，AL6XH、310 和 800H，以及 PM2000 和铝氧化层奥氏体（Alumina-Forming Austenitic，AFA）的镍基合金、铝氧化层合金开展了研究（Yamamoto 等，2011），该项研究与 MIT 所做的研究工作类似。威斯康星大学近期还为 NETL 和通用电气公司开展了 718 合金和 617 合金在 750℃、20MPa 的高纯度 sCO_2 中暴露 1000h 的实验，得到的速率如图 4.14 所示。通过高分辨率透射电子显微镜对 617 合金在 550℃时的薄层反应产物进行观察，发现其外部是 Cr_2O_3 的结晶层，内层是富碳的非结晶层，如图 4.16（a）所示。

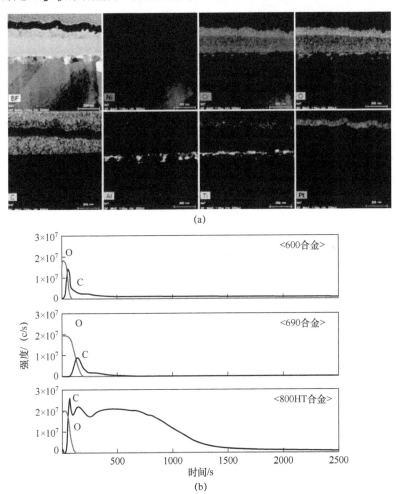

图 4.16 （a）617 合金在 550 ℃的 sCO_2 中经历 200 h 后形成反应产物的透射电子显微镜的明场图像；（b）合金在 600 ℃/20 MPa sCO_2 中暴露 1000 h 的次级离子质谱图（Lee 等，2015）

4.4.6 卡尔顿大学/加拿大自然资源部

加拿大自然资源部（National Resources Canada，NRC）拥有与 MIT 设计类似的试验平台。卡尔顿大学依托该试验平台，发表了关于 316 型不锈钢、高温合金 718 和 738 在 550℃、700℃，15MPa、25MPa 下经历 3000h 的反应速率的研究，如图 4.13 所示（Saari 等，2014）。与其他研究结果类似，316 型不锈钢在 550℃时的腐蚀增重更低，但在 700℃时，腐蚀增重率与时间近似呈线性关系直到 3000h。在 700℃/25MPa 时，718 合金和 738 合金的初始腐蚀增重要高于在 15MPa 时，但是如图 4.14 所示总的腐蚀增重在 1500h 处与抛物线动力学相近。

4.4.7 桑迪亚国家实验室

桑迪亚国家实验室（Sandia National Laboratory，SNL）一直是 sCO_2 领域的领导者，该实验室构建了一个回流闭式布雷顿循环回路（Wright 等，2009）。但是该回路采用的是 316L 不锈钢，只能在相对较低的温度下（小于 500℃）运行。首次运行约 200h 后对构件进行了检查，发现部件受到的侵蚀有限（Fleming 和 Kruizenga，2014）。更有趣的是镍基合金 C22（Ni-21Cr-14Mo-3W）透平设备仅在这么短的时间里就出现了严重的侵蚀，有些学者对侵蚀颗粒的来源进行了推测。但是，侵蚀现象是一种潜在的降解机制，无法在高压釜内进行模拟，并且还需要对流动系统进行监测。

4.4.8 韩国科学技术院

韩国科学技术院（Korea Advanced Instifute for Science and Technology，KAIST）的研究人员对 550~650℃/20MPa sCO_2 中经历 1000h 的一系列铁基合金和镍基合金开展了研究（Lee 等，2014，2015）。由于是在恒定温度中暴露了 1000h，故未对反应速率进行测定。但是，得到的结果与其他的研究相一致，即 9%Cr 钢试验样品的腐蚀增重最高，316 型钢的腐蚀增重在 550~650℃间显著增加。镍基合金 600、625 以及 690 在所有温度下的腐蚀增重都较低。与在 550℃下进行的另一项研究类似（Dheeradhada 等，2015），KAIST 也通过高分辨率透射电子显微镜对合金 600、690 以及 800HT 暴露在 600℃下形成的反应产物进行了观察，同样发现 Cr_2O_3 结晶下形成了非晶态富碳层（Lee 等，2015）。在这几种合金中，只有铁基合金 800HT 出现了内部渗碳，说明镍基合金相比铁基合金更抗内部渗碳。从图 4.16 可以看出，相较于镍基合金 600 以及 690，800HT 的试验样品在 600℃时吸收了更多的碳。

4.4.9 橡树岭国家实验室

自 1960 年对 0.1MPa CO_2 下用于气冷堆的商用合金和模型合金开展研究工作（McCoy，1965；Martin 和 Weir，1965）以来，橡树岭国家实验室（Oak Ridge National Laboratory，ORNL）在 2013 年重新开展了对 sCO_2 相容性的研究。此次的研究起始于一个小项目，该项目的目的是设计和建造一个由合金 282 制成，能够用于研究高效化石能源应用（如 Allam 循环）中的高温和高压（760℃/30MPa）的高压釜（Allam 等，2013）。这也使得 ORNL 达到了比其他实验机构更高的压力条件，如图 4.13 所示。在 400~750℃、20MPa sCO_2 中经历 500h 的条件下，筛选了多种铁基合金和镍基合金（Pint 和 Keiser，2014，2015；Pint 等，2016b），如图 4.4 所示。这样就可对质量变化进行成分比较，图 4.17 所示为试样合金在 400~600℃/20MPa sCO_2 中经历 500h 后的质量变化与合金中 Cr 含量的变化曲线（Pint 等，2016b）。与预期相同，所有高合金铁基合金和镍基合金试样的腐蚀增重都较低，并且在 650~750℃下也观察到了类似的结果（Pint 和 Keiser，2014）。腐蚀增重较低表明高合金铁基合金和镍基合金试样都具有保护性的富 Cr 薄氧化层。正如之前的研究所示，低合金 2%~12%Cr 钢在温度大于 400℃时，会形成厚的富铁氧化物，图 4.18 给出了几种钢在经历 500h 暴露后的氧化厚度随温度的变化曲线（Pint 等，2016c）。在 600℃及以下温度时，扩散速率相对较慢，所有 9%~12%Cr 钢的性能都相近。在更高的温度下，Cr 能够形成半保护的氧化层，当温度在 650~750℃时，能够使氧化层厚度（和腐蚀增量）降低，且对于高铬合金 410 型不锈钢更是如此。除了测试温度带来的影响外，还总结了在 750℃/0.1~30MPa CO_2 中经历 500h 后，压力对质量变化的影响，如图 4.19 所示（Pint 等，2016c，d）。与 Furukawa 在 10MPa 和 20MPa 得到的结果相似（Furukawa 等，2011），CO_2 压力带来的影响很小。

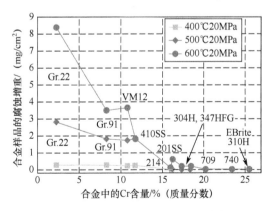

图 4.17　试样合金在 400~600℃/20MPa sCO_2 中暴露 500h 后的腐蚀增重与合金中 Cr 含量的变化曲线（Pint 等，2016c）

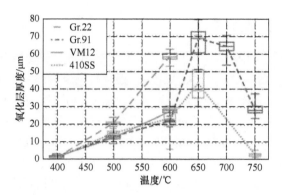

图 4.18 20MPa 下暴露 500h 的 4 种 Fe-Cr 钢的氧化层厚度与暴露温度间曲线（Pint 等，2016c）

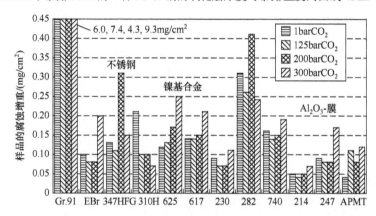

图 4.19 在 4 种不同的 CO_2 压力（0.1~30MPa）下 12 种合金试样在 750℃下暴露 500h 后的腐蚀增重（Pint 等，2016d）

500h 等温筛选实验未能得出速率常数，但最近在 30MPa 工业级 sCO$_2$ 中经历 1000h（2500h 循环）的实验，允许在 700~800℃下计算速率，如图 4.14 所示。与镍基合金在蒸汽中的氧化结果类似（Essuman 等，2013；Pint，2014，Pint 和 Thiesing，2015），沉淀强化（PS）镍基合金（如 740 和 282 合金）的腐蚀增重和反应速率相比于固溶强化合金（如 625 合金）更高。800℃下 740 合金和 282 合金上形成的较厚富铬氧化垢和内部深层氧化如图 4.20 所示。这些合金（表 4.1）中，Ti 已被证明能够加速铬垢的生成（Ennis 和 Quadakkers，1985；Brady 等，2006；Pint，2014；Pint 和 Thiesing，2015）。相比之下，625 合金和铁基合金 Sanicro 25 形成的氧化垢更薄，并且内部氧化较少。现在正在对图 4.20 中的四种合金开展研究，以建立用于 700℃以上的 CSP sCO$_2$ 系统部件的寿命分析模型。如前所述，每天持续的热循环是 CSP 的一个特点。然而，由于每次循环高压釜都要花费几小时来加热和冷却，因此热循环很难在高压釜内进行。相反，热循环是在 0.1MPa 的工业级 CO_2 中进行的。在 700℃下，以 10h 作为一次循环进行实验的结果如图 4.21

所示。800HT 合金与 600 合金以及 690 合金的对比结果相类似，如图 4.16 所示，铁基合金更易受 CO_2 环境的影响。并且观察到 Sanicro 25 的三个试样在经历 1500h（即每个循环持续 10h，一共进行 150 次循环）的暴露后会加快腐蚀增重。要理解热循环和气体压力在这类合金表面退化中所起的作用，还需要开展更多的研究工作。目前，已在 750℃/1MPa 和 30MPa 下进行 500h 循环的长期实验。

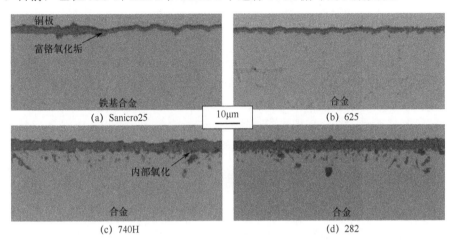

图 4.20　光学显微镜下的在 800℃/30MPa 工业级 CO_2 中经历 1000h 后的抛光截面图

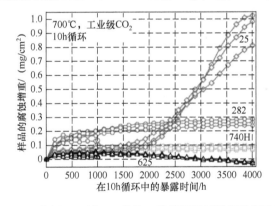

图 4.21　700℃/0.1MPa 工业级 CO_2 以 10h 作为一次循环的试样腐蚀增重与累积暴露时间的关系曲线

4.4.10　联邦科学与工业研究组织

联邦科学与工业研究组织（Commonwealth Scientific and Industrial Research Organisation，CSIRO）最近发布了一项研究工作：在一个实验中，对内部含有 sCO_2（类似于 INL 的研究）并且在受控温度梯度下进出炉膛热区的反应管试样在一系列温度下进行评估（Olivares 等，2015）。作者认为结合环境和外加应力是评估 sCO_2

相容性的最佳方法。与其他研究得到的结果相同，在 650℃/20MPa sCO_2 中经历 1000h 的条件下，镍基合金 C276 的性能优于 316 型不锈钢。在 750℃/20MPa sCO_2 中经历 450h 的条件下，合金 C276 管只形成了一层薄氧化物。对于这两类都含有约 17%Cr 的金属材料，作者为镍基合金的优势提供了一个很好的论据，即相较于铁基合金，镍基合金中铬碳化物的稳定性更低，并且碳的溶解度更低。这些差异也许可以解释高铬铁基合金相较于所有已评估过的镍基合金更容易发生内部渗碳的原因。

相较于之前在高压釜中对 316 不锈钢开展的研究工作，在暴露期间环向应力（在内径中约为 25MPa）的增加并没有导致反应速率或者反应产物发生明显的变化（Cao 等，2012）。然而，要对这类应力进行评估，还需要开展大量的研究工作。这类实验的缺点是，无法确定内径表面的均匀性以及无法获得 1 m 长的备选合金管或棒（本书中的一些"管"是指枪钻棒）。

4.4.11　杂质对 sCO_2 腐蚀速率的影响

如前所述，在 0.1MPa 下，与燃煤富氧燃烧相关的混合 CO_2-H_2O-O_2-SO_2 环境中开展的研究表明，杂质会对反应速率和内部渗碳造成影响。但至今都无法完全理解这些复杂的相互作用。类似的相互作用很可能在 sCO_2 的环境中也会发生，对于这些影响的评估也才刚刚开始。例如，在图 4.20 和图 4.21 中，相较于其他研究使用的高纯度 CO_2，Sanicro 25 的降解也许可以归因于这些实验所用的工业级 CO_2 中的杂质。对于间接或闭式 sCO_2 系统，需要通过了解杂质的影响来制定 CO_2 纯度标准，同时 CO_2 管路也需要进行类似的研究（Seevam 等，2009）。在直接燃烧加热系统中，燃烧产物会对气体成分造成很大影响。因此了解 1%～5%O_2 和 1%～10%H_2O 在直接燃烧加热系统中的作用也很重要（Allam 等，2013）。Mahaffey（2014，2016）等通过在 550℃和 650℃/20MPa sCO_2 条件下对研究用 CO_2 和工业级 CO_2 进行比较，然后再通过在 sCO_2 中加入 100ppm 的 O_2 的方式，研究了杂质对反应速率的影响。之前的研究发现纯度较低的 CO_2 会使反应速率略慢，而 O_2 的添加则会加快合金 230 在 750℃时的腐蚀速率（Mahaffey 等，2016）。最近的另一项研究在 700℃/20MPa CO_2 中经历 300h 的条件下将 3.6%O_2 和 5.3%H_2O 作为杂质，发现其对合金 Gr.91、204H 和 740H 造成的影响很小（Kung 等，2016）。

如前所述，在过去的 10 年间，在 0.1MPa 下开展了大量的 CO_2 杂质研究。在 700～800℃暴露 500h 的条件下，对 CO_2 中杂质的影响进行了系统的比较（Pint 等，2016e）。与在 20MPa 下得到的结果类似，只有 Grade 91 以及 347HFG 这类低合金钢极易受到杂质的影响，特别是在添加了 10%H_2O 后，如图 4.22 所示。想要完全理解杂质在 sCO_2 中的作用还需要开展更多的研究工作。

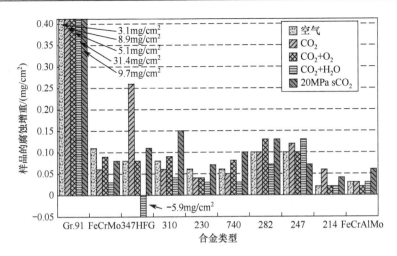

图4.22 在700℃/0.1MPa的4种不同环境下暴露500h后的试样的腐蚀增重结果与在20MPa sCO₂中的结果对比

注：Pint, B.A., Thomson, J.K., 2014. Effect of oxy-firing on corrosion rates at 600~650℃. Materials and Corrosion 65，132-140.

4.5 CO_2对力学性能的影响

当观察到内部渗碳时，需要关注其机械强度的下降或者伴随延展性和/或韧性丧失的合金硬化。W和Mo等强化添加剂是强碳化物形成剂，会使合金更易发生内部渗碳。McCoy等（McCoy和Douglas，1962；Martin和McCoy，1962）发现，在0.1MPa CO_2的条件下，304型不锈钢在干和湿CO_2中的蠕变强度高于在氩气中的蠕变强度，并且其幅度随着温度（704~927℃）升高，而随着应力下降。通过在空气和O_2中的对比，强化主要是由于渗碳，在空气的内部渗氮同样表现出一些好处，对于较薄的部分更为明显。暴露于CO_2对拉伸性和蠕变延展性造成了各种影响，从几乎没有影响到减少为1/5。

在sCO₂中，对暴露后的试样进行了拉伸试验（Lee等，2014，2015；Pint等，2016d）。在750℃下暴露500h，当压力达到30MPa前，环境对310不锈钢、铁素体EBrite以及镍基合金740和247的影响都很小（Pint等，2016d）。同样，在550~650℃暴露1000h的条件下，20MPa sCO₂对600合金和690合金的影响相对较小，但是合金800HT在600~650℃时，会出现延展性降低、极限拉伸强度增加，且与碳吸收的增加一致，如图4.16（b）所示（Lee等，2015）。为了证明单独的热历史不会对性能造成影响，还开展了相关的对比研究。

未来的研究将需要评估在sCO₂环境中进行蠕变和疲劳试验（原位试验）与非原位试验（试样在暴露于sCO₂环境后进行机械试验）（Dryepondt等，2012）的相对优势。

4.6 研究现状以及进行中的关于 sCO_2 的研究工作

从 4.4 节、4.5 节以及图 4.14 中可以看出，在 sCO_2 的环境中，特别是当温度高于 650~700℃时能够获得的相容性相关的信息相对较少，且人们对处于这类环境中的合金的长期性能仍感到担忧。英国气冷堆长时间运行的结果是钢（首先是低碳钢，然后是 9%Cr 钢）在长时间的暴露中出现了破裂氧化。这个结果必然会引起人们对处于高温下的高合金材料，尤其是镍基合金的关注。在温度高于 700℃的 sCO_2 条件下，应用了该系统的化石能发电和太阳能发电的效率有可能达到 50%（Feher，1968）。但是，目前还未在该条件下进行过长期暴露试验。从图 4.1 和图 4.2 中可以看出，在这些条件下，镍基合金是最有应用可能的结构材料。ORLN 目前的一个项目是对几种合金（图 4.20 中的 740H 合金、282 合金、625 合金以及 Sanicro 25）的寿命建立模型，该项目预计会将在 750℃/1~30MPa 的工业级 CO_2 条件下的暴露时长增至 1000h。这项工作还将解决压力对反应速率的影响问题。如果压力影响较小或者较易理解，寿命模型就可以利用大型低压数据库来进行建立，并且在新材料 740 合金和 282 合金上进行成本更低的额外实验。在该项目上，ORLN 将与 Brayton 能源责任有限公司合作开展在 sCO_2 和加压空气中的管材爆破试验，以确定 sCO_2 环境的所有事项。初步测试正在 705℃下的合金 740H 上进行。

此外，俄勒冈州立大学目前正在领导一项循环对比试验，预计包括华盛顿大学、NETL、ORNL、卡尔顿大学、KAIST 和 CSIRO 在内的一些机构将参与进来。电力研究协会（Electric Power Research Institute，EPRI）正在协助制备用于 550℃ 和 700℃/20MPa 的条件下进行暴露试验的统一样品，其结果可能会在 2017—2018 年公布。

基于 2014 年和 2016 年分别举办的第四届和第五届国际 sCO_2 动力循环研讨会，对于 sCO_2 相容性的研究也日益活跃。但这项工作仍主要由美国开展，韩国、加拿大和澳大利亚也有一些团队在积极开展工作。

4.7 未来发展方向

以下几个关键领域仍待研究。

1. 定义包括力学效应在内的材料极限

材料在 sCO_2 中的相容性是值得关注的问题，对于备选材料在 sCO_2 条件下的相容性能，能够获得的指导很少。这对建立原型和部署经济型系统来说都是一个问题。以合金性价比为基础，对材料进行优化是非常有用的。

现有的 sCO_2 数据提供了一些可重复的结果。对于 9%~12%Cr FM 钢，由于允许渗碳和内部渗碳的厚富铁氧化物的形成（图 4.5），其腐蚀增重的值较高。根据图 4.14，这些合金可能在 500℃时就会出现问题，低于它们在 570~600℃的蒸汽中的腐蚀极限。奥氏体不锈钢在 500~600℃时的防护性能优于 FM 钢，一些研究也指出，在 600℃以及更高的温度下会加速氧化，如图 4.14 所示。甚至是像 800HT（图 4.16（b））和 Sanicro 25（图 4.21）这样的重合金都出现了内部渗碳的现象。但这种内部渗碳现象并没有在相似条件下的镍基合金中观察到。图 4.14 给出了镍基合金在 500~1000℃下的汇总数据。直到 800℃，其速率常数都足够的低，以至于明显的金属损失和氧化垢散裂都不是问题。但是，许多速率常数都是基于相对较短时间的暴露，一些较长时间的暴露则是为了确定在较长的暴露时间下内部渗碳是否会成为问题。对温度谱的另一端也需要进行长期的评估，以了解低合金钢能够安全使用的范围（Walker 等，2016）。

除了腐蚀极限，高温力学性能的研究将确定 sCO_2 的协同效应是否会作用于备选结构合金的蠕变和疲劳性能上。sCO_2 中的内部渗碳会加速疲劳和/或蠕变退化，但并没有收集到与此相关的任何数据。铁基合金虽然比镍基合金便宜很多，但其与 sCO_2 的相容性较差，这点对于铁基合金来说尤为重要。

2. 在流动 sCO_2 中的测试

高压釜测试能够为反应速率以及相容性提供一些指示。但是为了验证这些实验室试验的相关性，还需要在流动的 sCO_2 中开展验证。在蒸汽氧化这种同样复杂的氧化环境中，实验室和现场经验间存在相当大的差异，不同实验室的结果甚至几乎没有一致性（Saunders 和 McCartney，2006；Piedra 和 Fry，2012）。在流动 sCO_2 中进行现场验证实验后，还需要开展更为复杂的实验室试验。为了了解侵蚀的来源（例如，来自外部氧化物颗粒或环境中组件本身产生的散裂氧化物颗粒），还需要对 SNL 循环回路的侵蚀报告（Fleming 和 Kruizenga，2014）开展进一步的研究。目前，正在审查一个 1 亿美元的提案。超临界转换发电系统（Supercritical Transformational Electricity Production，STEP）设施可为材料研究提供一个与现实条件相接近的试验平台。预计在 2017—2020 年开工建设，但同样还需要能够达到 800℃/30MPa 条件的较小规模的实验室回路。

3. 杂质对高温下腐蚀的影响

目前，通过使用 CO_2 管道得到的经验是，将杂质降至规定限度以下可以防止腐蚀问题（Seevam 等，2009）。需要进行实验工作来指导模型开发，使杂质效应作为温度函数的这一力学理解能够发展成类似的规范。对于直接燃烧系统（Allam 等，2013），EPRI 估计有 3.6%的 O_2 和 5.3%的 H_2O 作为杂质（Kung 等，2016）。除了确定这种杂质水平对腐蚀速率的影响之外，还需要了解作为温度函数的 O_2 和 H_2O 在 sCO_2 中的溶解度以及这些杂质将如何影响其他流体特性（Seevam 等，2009）。

与目前使用的大多数简单直流系统相比，评估杂质影响的实验设备需要更复杂的监测和泵送条件。根据目前的经验，控制良好的实验室实验需要有实时检测和控制杂质的能力，而这需要能够在线监测压力，以及比目前所使用的系统更为复杂的泵送系统。

4. 用于先进换热器的材料

许多原型系统都采用了最初为低温应用而开发的印制电路板式换热器（Printed Circuit-Type Heat Exchanger，PCHE）。还需要开展更多的工作来设计和开发用于 sCO$_2$ 的新型换热器，这些工作包括对该应用以及 PCHE 的材料选择。如前所述，燃气轮机回热器在高效薄壁换热器所需的材料方面拥有丰富的经验。只有一小部分材料具有此应用所需的抗蠕变性和耐腐蚀性。作为选择结构材料的下一步，需要实验室设备来评估当前使用的和新型换热器在设计中使用到的材料的耐用性和效率方面的性能。前面提到的超临界转换发电系统设施可以满足这种需求。

5. 用于 sCO$_2$ 的合金/涂层

收集到的大部分数据是关于商业合金和少数模型合金的。很少有研究工作考虑涂层性能或为 sCO$_2$ 环境设计新型合金。McCoy（1965）最先提出，会形成氧化铝的合金对 CO$_2$ 的抵抗力更强，碳吸收相比于铁基合金和镍基合金更少。会形成氧化铝的合金和涂层的优越性能已在许多含碳环境中得到关注（Jönsson 和 Svedberg，1997；Quadakkers 等，2003；Chun 和 Ramanarayanan，2009）。然而，会形成氧化铝的合金的强度一般无法满足高压/高温结构应用对强度的要求。目前，已经对 AFA 合金开展了一些初步研究（He 等，2014）。若对长期相容性有需求，也可能会对形成氧化铝的涂层感兴趣。

合金开发的侧重点可以是相容性或者成本。例如，铁基合金在 sCO$_2$ 中存在渗碳问题。对其开展额外的力学研究也许可以得到减轻这种敏感性的方法。与之前开展的工作得到的结果（Wolf 和 Grabke，1985）相反，观察到了碳被 Cr$_2$O$_3$ 与氧化垢的晶界所隔离（Young 等，2014），这也许能为减轻渗碳提供一个可行的方法，即通过 Cr$_2$O$_3$ 来减少碳的进入。同样，正如合金 282 在蠕变强度上略微优于合金 740（图 4.1），一种新型、更强的 PS 镍基合金则可以通过在 750℃/30MPa 的 sCO$_2$ 系统中稍微减少壁厚来节省资金。随着计算工具的出现，合金研发的时间缩短到只需几年。但还需要一个项目来确定是否可以为这类应用研发一种成本更低、强度更高和/或相容性更好的新型合金。

6. 形成 sCO$_2$ 研究联盟

最后，基于美国 DOE A-USC 联盟（Viswanathan 等，2005，2006a，2006b，2010）的模式，行业参与制定研究目标和协调各研究机构将有助于聚焦未来的材料研究工作。此外，新型材料配置和设计的实际接受度将取决于设备制造商、材料供应商和材料研发团队之间密切合作的成功与否。sCO$_2$ 所需的跨领域研究不难让人想起美国能源部先进涡轮系统（Advanced Turbine Systems，ATS）计划，这个计划从 1994 年开始，一直持续到 2001 年，涉及了多个行业、国家实验室和高等学校。ATS 项目的成功之处在于，它将最先进的航空发动机技术转移到了陆基涡轮机上，从而使效率显著提高，且如今全球发电行业也因此受益（Parks 等，1997；hoffman，1998）。

4.8　小结

sCO_2 系统所需的材料评估可以根据类似温度下发电机的先前经验进行开展。因此，适用于 760℃甚至更高温度下的燃气轮机涡轮机械的许多力学性能问题都已得到解决。但是，sCO_2 系统的独特之处在于其是一个多氧化剂的高温环境。在 sCO_2 中，氧气非但不会变得不活泼，反而氧的活性会与蒸汽相似，并且所有典型的氧化物都会在结构合金上形成。另一个问题是，在 sCO_2 中合金可能会发生内部渗碳，尤其是在低成本的铁基合金中。对先前开展的有关亚临界 CO_2（处于 0.1～4MPa 下的 CO_2）的工作进行了简单的总结。除此之外，还对在 sCO_2 的条件下，温度处于 400～1000℃范围内的反应速率的数据进行了总结。在 400～600℃下已经进行了多项长期研究，但主要是针对铁素体钢和奥氏体钢的研究。钢的温度极限似乎会受 sCO_2 环境的限制，对于 9%～12%Cr 钢是小于 500℃，对于常规奥氏体钢是小于 600℃。在 600～800℃下，很少对那些将应用于更高温度的镍基合金开展长期研究，并且也几乎没有在这些条件下开展过有关涂层性能的评价工作，特别是对于那些会形成氧化铝的涂层。对在 sCO_2 中的杂质影响开展的研究还极为有限。对于高温下的 sCO_2 系统，也没有像对低温下运行的管道那样制定出一个标准。因此还需要开展大量的研究，来填补 sCO_2 相容性有关的知识空白并建立寿命模型。

致谢

本章的撰写得到了美国能源部、化石能源办公室、煤炭和电力研发办公室以及能源效率和可再生能源办公室下的新能源计划太阳能技术项目的支持（SuNLaMP，编号为 DE-EE0001556）。同时，ORNL 的 P. F. Tortorelli 和 WrightHT 的 Wright 对内容提供了许多有用的建议。

参考文献

Allam, R.J., Palmer, M.R., Brown Jr., G.W., Fetvedt, J., Freed, D., Nomoto, H., Itoh, M., Okita, N., Jones Jr., C., 2013. High efficiency and low cost of electricity generation from fossil fuels while eliminating atmospheric emissions, including carbon dioxide. Energy Procedia 37, 1135–1149.

Antill, J.E., Peakall, K.A., 1967. Influence of an alloy addition of Y on the oxidation behaviour of an austenitic and a ferritic stainless steel in carbon dioxide. Journal of the Iron and Steel Institute 205, 1136–1142.

Antill, J.E., Warburton, J.B., 1967. Behaviour of carbon during the corrosion of stainless steel by carbon dioxide. Corrosion Science 7, 645−649.

Birks, N., Meier, G.H., 1983. Introduction to High Temperature Oxidation of Metals. Edward Arnold, London.

Bordenet, B., 2008. Influence of novel cycle concepts on the high-temperature corrosion of power plants. Materials and Corrosion 59, 361−366.

Brady, M.P., Pint, B.A., Lu, Z.G., Zhu, J.H., Milliken, C.E., Kreidler, E.D., Miller, L., Armstrong, T.R., Walker, L.R., 2006. Comparison of oxidation behavior and electrical properties of Doped NiO- and Cr_2O_3-Forming alloys for solid oxide fuel cell metallic interconnects. Oxidation of Metals 65, 237−261.

Bouhieda, S., Rouillard, F., Wolski, K., 2012. Influence of CO_2 purity on the oxidation of a 12Cr ferritic-martensitic steel at 550 degrees C and importance of the initial stage. Materials at High Temperature 29, 151−158.

Cao, G., Firouzdor, V., Sridharan, K., Anderson, M., Allen, T.R., 2012. Corrosion of austenitic alloys in high temperature supercritical carbon dioxide. Corrosion Science 60, 246−255.

Chun, C.M., Ramanarayanan, T.A., 2009. Metal dusting resistant alumina forming coatings for syngas production. Corrosion Science 51, 2770−2776.

Darolia, R., 2013. Thermal barrier coatings technology: critical review, progress update, remaining challenges and prospects. International Materials Reviews 58 (6), 315−348.

deBarbadillo, J.J., Baker, B.A., Gollihue, R.D., 2014. Nickel-base superalloys for advanced power systems − an alloy producer's perspective. In: Proceedings of the 4th International Symposium on Supercritical CO_2 Power Cycles, Pittsburgh, PA, September 2014, Paper #3.

Dheeradhada, V., Thatte, A., Karadge, M., Drobnjak, M., 2015. Corrosion of supercritical CO_2 turbomachinery components. In: Proceedings of the EPRI International Conference on Corrosion in Power Plants, October 2015, San Diego, CA.

Dodds, P., 2004. Developing new reactors: learning the lessons of the past. Nuclear Energy 43 (6), 331−336.

Dryepondt, S., Unocic, K.A., Pint, B.A., 2012. Effect of steam exposure on the creep properties of Ni-based alloys. Materials and Corrosion 63, 889−895.

Duan, R., Jalowicka, A., Unocic, K.A., Pint, B.A., Huczkowski, P., Chyrkin, A., Grüner, D., Pillai, R., Quadakkers, W.J., 2016. Predicting oxidation-limited lifetime of thin walled components of NiCrW alloy 230. Oxidation of Metals (in press). http://dx.doi.org/10.1007/s11085-016-9653-9.

Dunlevy, M.W., 2009. An Exploration of the Effect of Temperature on Different Alloys in Supercritical Carbon Dioxide Environment (M.Sc. thesis). MIT, Cambridge, MA.

Ennis, P.J., Quadakkers, W.J., 1985. Corrosion and creep of nickel-base alloys in steam reforming gas. In: Marriott, J.B., Merz, M., Nihoul, J., Ward, J. (Eds.), High Temperature Alloys, Their Exploitable Potential. Elsevier, London, pp. 465−474.

Essuman, E., Walker, L.R., Maziasz, P.J., Pint, B.A., 2013. Oxidation behavior of cast Ni-Cr alloys in steam at 800°C. Materials Science and Technology 29, 822−827.

Evans, H.E., Hilton, D.A., Holm, R.A., 1976. Chromium-depleted zones and the oxidation process in stainless steels. Oxidation of Metals 10, 149−161.

Evans, H.E., 1995. Stress effects in high temperature oxidation of metals. International Materials Review 40, 1−40.

Evans, H.E., Donaldson, A.T., Gilmour, T.C., 1999. Mechanisms of breakaway oxidation and application to a chromia-forming steel. Oxidation of Metals 52, 379−402.

Feher, E.G., 1968. The supercritical thermodynamic power cycle. Energy Conversion 8, 85−90.

Firouzdor, V., Sridharan, K., Cao, G., Anderson, M., Allen, T.R., 2013. Corrosion of a stainless steel and nickel-based alloys in high temperature supercritical carbon dioxide environment. Corrosion Science 69, 281−291.

Fleming, D., Kruizenga, A., June 2014. Identified Corrosion and Erosion Mechanisms in SCO$_2$ Brayton Cycles. Sandia National Laboratory Report, SAND2014-15546, Albuquerque, NM.

Firouzdor, V., Cao, G.P., Sridharan, K., Anderson, M., Allen, T.R., 2015. Corrosion resistance of PM2000 ODS steel in high temperature supercritical carbon dioxide. Materials and Corrosion 66, 137−142.

Fujii, C.T., Meussner, R.A., 1967. Carburization of Fe-Cr alloys during oxidation in dry carbon dioxide. Journal of the Electrochemical Society 114, 435−442.

Furukawa, T., Inagaki, Y., Aritomi, M., 2010. Journal of Power and Energy Systems 4, 252−261.

Furukawa, T., Inagaki, Y., Aritomi, M., 2011. Compatibility of FBR structural materials with supercritical carbon dioxide. Progress in Nuclear Energy 53, 1050−1055.

Furukawa, T., Rouillard, F., 2015. Oxidation and carburizing of FBR structural materials in carbon dioxide. Progress in Nuclear Energy 82, 136−141.

Garrett, J.C.P., Crook, J.T., Lister, S.K., Nolan, P.J., Twelves, J.A., 1982. Factors in the oxidation assessment of AISI type 310 steels in high pressure carbon dioxide. Corrosion Science 22, 37−50.

Gaskell, D.R., 2008. In: Scholl, S. (Ed.), Introduction to the Thermodynamics of Materials, fifth ed. Taylor & Francis Group, LLC, New York.

Gheno, T., Monceau, D., Zhang, J., Young, D.J., 2011. Carburisation of ferritic Fe-Cr alloys by low carbon activity gases. Corrosion Science 53, 2767−2777.

Gheno, T., Monceau, D., Young, D.J., 2013. Kinetics of breakaway oxidation of Fe-Cr and Fe-Cr-Ni alloys in dry and wet carbon dioxide. Corrosion Science 77, 246−256.

Gibbs, G.B., 1973. A model for mild steel oxidation in CO$_2$. Oxidation of Metals 7, 173−184.

Gibbs, J.P., 2010. Corrosion of Various Engineering Alloys in Supercritical Carbon Dioxide Environment (M.Sc. thesis). MIT, Cambridge, MA.

Gleeson, B., 2006. Thermal barrier coatings for aeroengine applications. Journal of Propulsion and Power 22, 375−383.

He, L.F., Roman, P., Leng, B., Sridharan, K., Anderson, M., Allen, T.R., 2014. Corrosion behavior of an alumina forming austenitic steel exposed to supercritical carbon dioxide. Corrosion Science 82, 67−76.

Henry, J.F., Zhou, G., Ward, T., 2007. Lessons from the past: materials-related issues in an ultra-supercritical boiler at Eddystone plant. Materials at High Temperatures 24, 249−258.

Hoffman, P.A., 1998. Materials needs for high-efficiency, low-emission gas turbines being developed for the 21st-century electric power generation. MRS Bulletin 23 (6), 4.

Huczkowski, P., Christiansen, N., Shemet, V., Piron-Abellan, J., Singheiser, L., Quadakkers, W.J., 2004. Oxidation limited life times of chromia forming ferritic steels. Materials and Corrosion 55, 825−830.

Huczkowski, P., Olszewski, T., Schiek, M., Lutz, B., Holcomb, G.R., Shemet, V., Nowak, W., Meier, G.H., Singheiser, L., Quadakkers, W.J., 2014. Effect of SO$_2$ on oxidation of metallic materials in CO$_2$/H$_2$O-rich gases relevant to oxyfuel environments. Materials and Corrosion 65, 121−131.

Jelinek, J.J., Sridharan, K., Anderson, M., Allen, T.R., Cao, G., Firouzdor, V., 2012. Corrosion behavior of alloys in high temperature supercritical carbon dioxide. In: NACE Paper C2012-0001428, Houston, TX, Presented at NACE Corrosion 2012, Salt Lake City, UT, March 2012.

Jönsson, B., Svedberg, C., 1997. Limiting factors for Fe-Cr-Al and NiCr in controlled industrial atmospheres. Materials Science Forum 251−254, 551−558.

Kesseli, J., Wolf, T., Nash, J., Freedman, S., 2003. Micro, industrial, and advanced gas turbines employing recuperators. In: ASME Paper #GT2003-38938 Presented at the International

Gas Turbine & Aeroengine Congress & Exhibition, Atlanta, GA, June 2−5, 2003.

Kofstad, P., 1988. High Temperature Corrosion. Elsevier Applied Science Publishing, London.

Kung, S.C., Shingledecker, J.P., Thimsen, D., Wright, I.G., Tossey, B.M., Sabau, A.S., 2016. Oxidation/Corrosion in materials for supercritical CO_2 power cycles. In: Proceedings of the 5th International Symposium on Supercritical CO_2 Power Cycles, San Antonio, TX, March 2016, Paper #9.

Lee, H.J., Kim, H., Jang, C., 2014. Compatibility of candidate structural materials in high-temperature s-CO_2 environment. In: Proceedings of the 4th International Symposium on Supercritical CO_2 Power Cycles, Pittsburgh, PA, September 2014, Paper #32.

Lee, H.J., Kim, H., Kim, S.H., Jang, C., 2015. Corrosion and carburization behavior of chromia-forming heat resistant alloys in a high-temperature supercritical-carbon dioxide environment. Corrosion Science 99, 227−239.

Mahaffey, J., Kaira, A., Anderson, M., Sridharan, K., 2014. Materials corrosion in high temperature supercritical carbon dioxide. In: Proceedings of the 4th International Symposium on Supercritical CO_2 Power Cycles, Pittsburgh, PA, September 2014, Paper #2.

Mahaffey, J., Adam, D., Anderson, M., Sridharan, K., 2016. Effect of oxygen impurity on corrosion in supercritical CO_2 environments. In: Proceedings of the 5th International Symposium on Supercritical CO_2 Power Cycles, San Antonio, TX, March 2016, Paper #114.

Martin, W.R., McCoy, H.E., 1962. Effect of CO_2 on the Strength and Ductility of Type 304 Stainless Steel at Elevated Temperatures. ORNL TM-339, Oak Ridge, TN.

Martin, W.R., Weir, J.R., 1965. Influence of chromium content on carburization of chromium-nickel-Iron alloys in carbon dioxide. Journal of Nuclear Materials 16, 19−24.

Matthews, W.J., Bartel, T., Klarstrom, D.L., Walker, L.R., 2005. Engine testing of an advanced alloy for microturbine primary surface recuperators. In: ASME Paper #GT2005-68781, Presented at the International Gas Turbine & Aeroengine Congress & Exhibition, Reno-Tahoe, NV, June 6−9, 2005.

Maziasz, P.J., Swindeman, R.W., 2003. Selecting and developing advanced alloys for creep-resistance for microturbine recuperator applications. Journal of Engineering for Gas Turbines and Power 125, 51−58.

Maziasz, P.J., Shingledecker, J.P., Evans, N.D., Yamamoto, Y., More, K.L., Trejo, R., Lara-Curzio, E., 2007a. Creep strength and microstructure of AL20-25+Nb alloy sheets and foils for advanced microturbine recuperators. Journal of Engineering for Gas Turbines and Power 129, 798−805.

Maziasz, P.J., Pint, B.A., Shingledecker, J.P., Evans, N.D., Yamamoto, Y., More, K.L., Lara-Curzio, E., 2007b. Advanced alloys for compact, high-efficiency, high-temperature heat-exchangers. International Journal of Hydrogen Energy 32, 3622−3630.

McCoy, H.E., Douglas, D.A., 1962. Effect of Environment on the Creep Properties of Type 304 Stainless Steel at Elevated Temperatures. ORNL-2972, Oak Ridge, TN.

McCoy, H.E., 1965. Type 304 stainless steel vs flowing CO_2 at atmospheric pressure and 1100-1800°F. Corrosion 21, 84−94.

McDonald, C.F., 2003. Recuperator considerations for future higher efficiency microturbines. Applied Thermal Engineering 23, 1463−1487.

Meier, G.H., Jung, K., Mu, N., Yanar, N.M., Pettit, F.S., Pirón Abellán, J., Olszewski, T., Nieto Hierro, L., Quadakkers, W.J., Holcomb, G.R., 2010. Effect of alloy composition and exposure conditions on the selective oxidation behavior of ferritic Fe−Cr and Fe−Cr−X alloys. Oxidation of Metals 74, 319−340.

Meier, G.H., Coons, W.C., Perkins, R.A., 1982. Corrosion of Iron-, nickel- and cobalt-base alloys in atmospheres containing carbon and oxygen. Oxidation of Metals 17, 235−262.

Moore, R., Conboy, T., 2012. Metal Corrosion in a Supercritical Carbon Dioxide − Liquid Sodium Power Cycle. Sandia National Laboratory Report SAND2012-0184.

Nicholls, J.R., 2003. Advances in coating design for high-performance gas turbines. Materials Research Bulletin 28, 659−670.

Oh, C., Lillo, T., Windes, W., Totemeier, T., Moore, R., 2004. Development of a supercritical carbon dioxide Brayton cycle: improving PBR efficiency and testing material compatibility. In: Idaho National Laboratory Report INEEL/EXT-04-02437, Idaho Falls, ID, Oct. 2004.

Oh, C.H., Lillo, T., Windes, W., Totemeier, T., Ward, B., Moore, R., Barner, R., 2006. Development of a Supercritical Carbon Dioxide Brayton Cycle: Improving VHTR Efficiency and Testing Material Compatibility. Idaho National Laboratory Report INL/EXT-06-01271.

Olivares, R.I., Young, D.J., Marvig, P., Stein, W., 2015. Alloys SS316 and Hastelloy-C276 in supercritical CO_2 at high temperature. Oxidation of Metals 84, 585−606.

Parks, W.P., Hoffman, E.E., Lee, W.Y., Wright, I.G., 1997. Thermal barrier coatings issues in advanced land-based gas turbines. Journal of Thermal Spray Technology 6 (2), 187−192.

Piedra, E.M., Fry, A.T., 2012. High temperature steam oxidation of power plant alloys by means of a new specimen design with contacting surfaces. Oxidation of Metals 77, 189−207.

Pike, L.M., 2008. Development of a fabricable Gamma-Prime (γ') strengthened superalloy. In: Reed, R.C., et al. (Eds.), Superalloys 2008. TMS, Warrendale, PA, pp. p.191−200.

Pint, B.A., DiStefano, J.R., Wright, I.G., 2006. Oxidation resistance: one barrier to moving beyond Ni-Base superalloys. Materials Science and Engineering A 415, 255−263.

Pint, B.A., 2011. The future of alumina-forming alloys: challenges and applications for power generation. Material Science Forum 696, 57−62.

Pint, B.A., Dryepondt, S., Rouaix-Vande Put, A., Zhang, Y., 2012. Mechanistic-based lifetime predictions for high temperature alloys and coatings. JOM 64, 1454−1460.

Pint, B.A., 2013. High-temperature corrosion in fossil fuel power generation: present and future. JOM 65, 1024−1032.

Pint, B.A., Anderson, B.N., Matthews, W.J., Waldhelm, C., Treece, W., 2013. Evaluation of NiCrAl foil for a concentrated solar power application. In: ASME Paper #GT2013-94939, Presented at the International Gas Turbine & Aeroengine Congress & Exhibition, San Antonio, TX, June, 3−7, 2013.

Pint, B.A., Thomson, J.K., 2014. Effect of oxy-firing on corrosion rates at 600°−650°C. Materials and Corrosion 65, 132−140.

Pint, B.A., Keiser, J.R., 2014. The effect of temperature on the sCO_2 compatibility of conventional structural alloys. In: Proceedings of the 4th International Symposium on Supercritical CO_2 Power Cycles, Pittsburgh, PA, September 2014, Paper #61.

Pint, B.A., 2014. The use of model alloys to study the effect of alloy composition on steam and fireside corrosion. In: NACE Paper 14-4279, Houston, TX, Presented at NACE Corrosion 2014, San Antonio, TX.

Pint, B.A., Keiser, J.R., 2015. Initial assessment of Ni-Base alloy performance in 0.1 MPa and supercritical CO_2. JOM 67 (11), 2615−2620.

Pint, B.A., Thiesing, B.P., 2015. Effect of environment on the oxidation behavior of commercial and model Ni-Base alloys. In: NACE Paper C2015-5919, Houston, TX, Presented at NACE Corrosion 2015, Dallas, TX.

Pint, B.A., Unocic, K.A., Haynes, J.A., 2016a. The effect of environment on TBC lifetime. Journal of Engineering for Gas Turbines and Power 138 (8), 082102.

Pint, B.A., Brese, R.G., Keiser, J.R., 2016b. Supercritical CO_2 compatibility of structural alloys at 400°−750°C. In: NACE Paper C2016−7747, Houston, TX, Presented at NACE Corrosion 2016, Vancouver, Canada, March 2016.

Pint, B.A., Brese, R.G., Keiser, J.R., 2016c. The effect of temperature and pressure on supercritical CO_2 compatibility of conventional structural alloys. In: Proceedings of the 5th International Symposium on Supercritical CO_2 Power Cycles, San Antonio, TX, March 2016, Paper #56.

Pint, B.A., Brese, R.G., Keiser, J.R., 2016d. Effect of pressure on supercritical CO_2 compatibility of structural alloys at 750°C. Materials and Corrosion (in press). http://dx.doi.org/10.1002/maco.201508783.

Pint, B.A., Brese, R.G., Keiser, J.R., 2016e. The effect of O_2 and H_2O on oxidation in CO_2 at 700°−800°C. In: Proceedings of the 5th International Symposium on Supercritical CO_2 Power Cycles, San Antonio, TX, March 2016, Paper #57.

Pritchard, A.M., Antill, J.E., Cottell, K.R.J., Peakall, K.A., Truswell, A.E., 1975. The mechanisms of breakaway oxidation of three mild steels in high-pressure CO_2 at 500°C. Oxidation of Metals 9, 181−214.

Quadakkers, W.J., Bongartz, K., 1994. The prediction of breakaway oxidation for alumina forming ODS alloys using oxidation diagrams. Werkst Korros 45, 232−241.

Quadakkers, W.J., Piron-Abellan, J., Shemet, V., Singheiser, L., 2003. Metallic interconnectors for solid oxide fuel cells − a review. Materials at High Temperatures 20, 115−127.

Quadakkers, W.J., Olszewski, T., Piron-Abellan, J., Shemet, V., Singheiser, L., 2011. Oxidation of metallic materials in simulated CO_2/H_2O-rich service environments relevant to an oxyfuel plant. Materials Science Forum 696, 194−199.

Roman, P.J., Jelinek, J.J., Sridharan, K., Cao, G., Allen, T.R., Anderson, M., March 2013. Corrosion study of candidate alloys in high, temperature, high pressure supercritical carbon dioxide for Brayton cycle applications. In: NACE Paper C2013-2683, Houston, TX, Presented at NACE Corrosion 2013, Orlando, FL.

Romanosky, R., Cedro III, V., Purgert, R., Phillips, J.N., Hack, H., 2016. United States advanced ultra-supercritical component test facility with 760°C superheater and steam turbine. In: Proc. 8th Inter. Conf. On Advances in Materials Technology for Fossil Power Plants. ASM International, Materials Park, OH.

Rouillard, F., Charton, F., Moine, G., 2011. Corrosion behavior of different metallic materials in supercritical carbon dioxide at 550°C and 250 bars. Corrosion 67 (9), 095001.

Rouillard, F., Moine, G., Martinelli, L., Ruiz, J.C., 2012a. Corrosion of 9Cr steel in CO_2 at intermediate temperature I: mechanism of void-induced duplex oxide formation. Oxidation of Metals 77, 27−55.

Rouillard, F., Moine, G., Tabrant, M., Ruiz, J.C., 2012b. Corrosion of 9Cr steel in CO_2 at Intermediate temperature II: mechanism of carburization. Oxidation of Metals 77, 57−70.

Rouillard, F., Martinelli, L., 2012. Corrosion of 9Cr steel in CO_2 at intermediate temperature III: modelling and simulation of void-induced duplex oxide growth. Oxidation of Metals 77, 71−83.

Rowlands, P.C., Garrett, J.C.P., Popple, L.A., Whittaker, A., Hoaskey, A., 1986. The oxidation performance of Magnox and advanced gas-cooled reactor steels in high pressure CO_2. Nuclear Energy 25, 267−275.

Saari, H., Parks, C., Petrusenko, R., Maybee, B., Zanganeh, K., 2014. Corrosion testing of high temperature materials in supercritical carbon dioxide. In: Proceedings of the 4th International Symposium on Supercritical CO_2 Power Cycles, Pittsburgh, PA, September 2014, Paper #64.

Saunders, S.R.J., McCartney, L.N., 2006. Current understanding of steam oxidation − power plant and laboratory experience. Materials Science Forum 522−523, 119−128.

Seevam, P.N., Race, J.M., Downie, M.J., Hopkins, P., 2009. Transporting the next generation of CO_2 for carbon, capture and storage: the impact on impurities on supercritical CO_2 pipelines. In: Proceedings of the ASME International Pipelines Conference (IPC 2008), vol. 1. ASME, New York, pp. 39−51.

Shingledecker, J.P., Wright, I.G., 2006. Evaluation of the materials technology required for a 760°C power steam boiler. In: Lecomte-Beckers, J., Carton, M., Schubert, F., Ennis, P.J. (Eds.), Materials for Advanced Power Engineering 2006. Schriftendes Forschungszentrums, Jülich, pp. 107−119.

Shingledecker, J.P., Pharr, G.M., 2013. Testing and analysis of full-scale creep-rupture experiments on Inconel alloy 740 cold-formed tubing. Journal of Materials Engineering and Performance 22, 454−462.

Tan, L., Anderson, M., Taylor, D., Allen, T.R., 2011. Corrosion of austenitic and ferritic-martensitic steels exposed to supercritical carbon dioxide. Corrosion Science 53, 3273−3280.

Viswanathan, R., Bakker, W., 2001a. Materials for ultrasupercritical coal power plants−boiler materials: Part I. Journal of Materials Engineering and Performance 10 (1), 81−95.

Viswanathan, R., Bakker, W., 2001b. Materials for ultrasupercritical coal power plants−turbine materials: Part II. Journal of Materials Engineering and Performance 10 (1), 96−101.

Viswanathan, R., Henry, J.F., Tanzosh, J., Stanko, G., Shingledecker, J., Vitalis, B., Purgert, R., 2005. U.S. Program on materials technology for ultra-supercritical coal power plants. Journal of Materials Engineering and Performance 14 (3), 281−285.

Viswanathan, R., Coleman, K., Rao, U., 2006a. Materials for ultra-supercritical coal-fired power plant boilers. International Journal of Pressure Vessels and Piping 83, 778−783.

Viswanathan, R., Sarver, J., Tanzosh, J.M., 2006b. Boiler materials for ultra-supercritical coal power plants − steamside oxidation. Journal of Materials Engineering and Performance 15 (3), 255−274.

Viswanathan, R., Shingledecker, J., Purgert, R., 2010. Evaluating materials technology for advanced ultrasupercritical coal-fired plants. Power 154 (8), 41−45.

Walker, M.S., Kruizenga, A.M., Withey, E.A., Fleming, D.D., Pasch, J.J., 2016. Short duration corrosion performance of carbon steels in S-CO_2 at 260°C. In: Proceedings of the 5th International Symposium on Supercritical CO_2 Power Cycles, San Antonio, TX, March 2016, Paper #43.

Wolf, I., Grabke, H.J., 1985. A study on the solubility and distribution of carbon in oxides. Solid State Communications 54, 5−10.

Wright, I.G., Dooley, R.B., 2010. A review of the oxidation behavior of structural alloys in steam. International Materials Reviews 55 (3), 129−167.

Wright, I.G., Pint, B.A., Shingledecker, J.P., Thimsen, D., 2013. Materials considerations for supercritical CO_2 turbine cycles. In: ASME Paper #GT2013-94941, Presented at the International Gas Turbine & Aeroengine Congress & Exhibition, San Antonio, TX, June, 3−7, 2013.

Wright, S.A., Pickard, P.S., Fuller, R., Radel, R.F., Vernon, M.E., 2009. Supercritical CO_2 Brayton cycle power generation development program and initial test results. In: Proc. ASME Power Conference 2009. ASME, New York, pp. 573−583.

Yamamoto, Y., Brady, M.P., Santella, M.L., Bei, H., Maziasz, P.J., Pint, B.A., 2011. Alloy design concept for high-temperature creep resistance of alumina-forming austenitic stainless steels. Metallurgical and Materials Transactions A 42, 922−931.

Young, D.J., 2008. High Temperature Oxidation and Corrosion of Metals. Elsevier, Oxford, UK.

Young, D.J., Zhang, J., Geers, C., Schütze, M., 2011. Recent advances in understanding metal dusting: a review. Materials and Corrosion 62, 7−28.

Young, D.J., Chyrkin, A., Quadakkers, W.J., 2012. A simple expression for predicting the oxidation limited life of thin components manufactured from FCC high temperature alloys. Oxidation of Metals 77, 253−264.

Young, D.J., Nguyen, T.D., Felfer, P., Zhang, J., Cairney, J.M., 2014. Penetration of protective chromia scales by carbon. Scripta Materialia 77, 29−32.

Young, D.J., 2016. High Temperature Oxidation and Corrosion of Metals, second ed. Elsevier, Oxford, UK.

Yu, C., Nguyen, T.D., Zhang, J., Young, D.J., 2016. Sulfur effect on corrosion behavior of Fe-20Cr-(Mn, Si) and Fe-20Ni-20Cr-(Mn, Si) in CO_2-H_2O at 650°C. Journal of the Electrochemical Society 163 (3), C106–C115.

Zhao, S.Q., Xie, X.S., Smith, G.D., Patel, S.J., 2003. Microstructural stability and mechanical properties of a new nickel based superalloy. Materials Science and Engineering: A 355, 96–105.

第5章 建模和循环优化

J.A.Bennett [1], A.Moisseytsev [2], J.J.Sienicki [2]
[1] 西南研究院,圣安东尼奥,得克萨斯州,美国; [2] 阿贡国家实验室,阿贡,伊利诺伊州,美国

概述:sCO_2 系统利用了临界点附近 CO_2 属性的变化。但是,相同的属性变化却对 sCO_2 循环以及单个设备(例如,换热器和涡轮机械)的精确建模、设计和性能预测提出了挑战。本章对这些建模中所面临的挑战、处于稳态设计和非设计工况下 sCO_2 循环建模的细节以及 sCO_2 系统的瞬态性能预测进行了讨论。特别关注在 CO_2 临界点附近运行的设备(如压缩机、冷却器、回热器和阀门)的建模。

关键词:设计;动力学;建模;性能;稳态;瞬变

5.1 sCO_2 循环建模简介

以 sCO_2 作为发电工质,需要多种能在闭环中运行的主要设备。循环建模是对通过系统设备的主要流道进行数值模拟,其目的是预测设备以及整个循环的性能。sCO_2 循环的几个示例如图 5.1~图 5.3 所示。这些循环中的每一个都至少含有一个加热器、透平、冷却器和压缩机,更先进的循环还包含很多额外的设备。由于 sCO_2 循环是在闭环中运行的,因此一个设备对流动造成的任何改变都会影响到所有其他的设备。在闭式系统中:一方面通过系统的流量之间存在平衡;另一方面在吸热、放热与输出功之间也存在能量平衡。

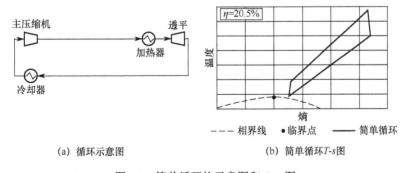

图 5.1 简单循环的示意图和 T-s 图

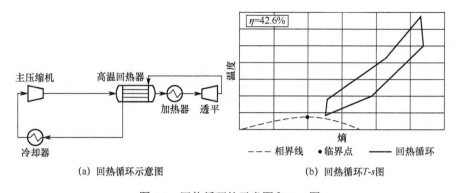

图 5.2　回热循环的示意图和 T-s 图

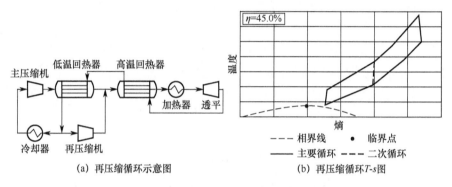

图 5.3　再压缩循环的示意图和 T-s 图

根据建模的复杂程度由低到高，将循环建模分成如下三个级别：①设计工况；②非设计工况；③瞬态。设计工况分析用于确定设备规格，包括每个设备的稳态入口和出口条件、热负荷和功率要求，以便制造商根据这些参数条件来设计设备。设备设计完成后，制造商将提供有关该设备的详细信息，从而能够对非设计稳态条件下的循环性能进行预测。非设计工况分析通常会涉及对涡轮机械特性曲线和换热器性能系数的使用。瞬态分析主要是用于预测处于启动、停闭和紧急情况下的循环工况。建立瞬态模型还需要包括但不限于阀门、开启次数和涡轮机械惯性在内的其他类型的信息。

此外，这些循环模型可用于参数研究，以探索设计裕度和运行策略。例如，将其用于设计工况模型，以确定给定的加热器和冷却器温度下能够最有效发电的循环压比。用于非设计工况模型，可以找到用于循环功率调节的最佳控制方案，用在瞬态模型中探索可接受的停机序列。

本章将从循环建模的基础知识开始，介绍主要的模型要素。随后将对设计工况分析进行讨论和举例说明。然后是介绍非设计工况建模时的注意事项。对于更高级的循环模型用户，本节介绍了稳态模型的高级注意事项，讨论了基于经验的循环建模的具体注意事项。最后介绍了循环优化，并且详细讨论了瞬态程序的要求。

5.2 循环建模基础

有许多能够完成循环建模的软件产品。虽然本章不会对相关软件进行推荐，但会指出在完成sCO$_2$循环建模时应考虑的一些注意事项。许多注意事项都与sCO$_2$独特的流体性质有关。但是，如果不能正确使用sCO$_2$的这些性质，只是正确预测出sCO$_2$的性质是完全不够的，这可以通过描述循环模型的计算过程来说明。正如动力循环以循环的方式运行一样，循环模型也是如此。首先在设备的入口处指定或估算流体性质，诸如压缩机之类的设备会获取这些流体性质，并确定压力和温度预期改变值；然后调用状态方程、查表或外部软件来计算由于压力和温度变化而引起的流体性质变化。需要注意的是，有两个地方必须考虑sCO$_2$的性质：一是在流体性质的计算中要考虑sCO$_2$的性质；二是在开始计算前必须对设备进行设置，使其将sCO$_2$视为真实流体而不是理想气体。

5.2.1 流体性质

如前几章和图5.7所示，sCO$_2$具有独特的流体性质，因此循环模型必须采用状态方程或者其他能够在提供稳定解的同时准确预测流体性质的方法。此外要格外注意，运行在临界点附近的流体性质存在不确定性。

5.2.2 冷却器和加热器

在设计工况分析中，冷却器、加热器和任何其他连接到外部热源或散热器的换热器通常都会被设置为以固定的排放温度运行。温度的设定值将取决于可用的循环热源和冷却技术。更先进的模型还包括与换热器相关的预期压降。

5.2.3 回热器

在设计回热器之前，根据相关文献或经验，最简单的假设是回热器以给定的效率 ε 运行，见式（5.1）。该技术被用于各个行业中，重要的是将这个效率适当地用于sCO$_2$系统。如许多传热学教科书所示，基于效率的传统方法都是基于流体热容恒定这一假设的。虽然这对理想气体适用，但sCO$_2$的热容量在靠近临界点的区域内变化很大，而回热器恰好运行在临界点附近，因此对于sCO$_2$来说这是一个不正确的假设。更好的方法是以焓为基础进行效率计算，这种方法是由Turchi等（2012）提出的（见式（5.4））。该方法不会对流体性质做任何假设，是使用模型的流体性质工具来确定回热器的出口条件。重要的是在使用效率定义时可能无法实现100%的效率。由于存在内部夹点，即使是在理想的无限大回热器的情况下，也无法实现100%的效率。与内部夹点有关的内容将在后文进行讨论。在第3章中介绍了的另一种效率的定义，其将效率定义为在一个无限大的换热器中所传递的

热量与总的所传递热量的比值，即

$$\dot{q}_{\text{transfer}} = \varepsilon \dot{q}_{\text{max}} \tag{5.1}$$

$$\dot{q}_{\text{h,max}} = \dot{m}_{\text{h}} \left[h\left(T_{\text{h,in}}, P_{\text{h,in}}\right) - h\left(T_{\text{c,in}}, P_{\text{h,out}}\right) \right] \tag{5.2}$$

$$\dot{q}_{\text{c,max}} = \dot{m}_{\text{c}} \left[h\left(T_{\text{h,in}}, P_{\text{c,in}}\right) - h\left(T_{\text{c,in}}, P_{\text{c,out}}\right) \right] \tag{5.3}$$

$$\dot{q}_{\text{max}} = \min\left(\dot{q}_{\text{h,max}}, \dot{q}_{\text{c,max}}\right) \tag{5.4}$$

式中：$\dot{q}_{\text{h,max}}$ 为热侧最大理论传热率；$\dot{q}_{\text{c,max}}$ 为冷侧最大传热率；$\dot{q}_{\text{max}}$ 为回热器中可能的最大传热率；$\dot{q}_{\text{transfer}}$ 为实际传热率；ε 为回热器效率；$h(T,P)$ 为在温度 T、压力 P 下的焓值；$\dot{m}_{\text{h}}$ 为热侧质量流量；$\dot{m}_{\text{c}}$ 为冷侧质量流量。

在使用效率来对回热器进行模拟后，可以使用预测的循环工况来设计换热器。回热器设计完成后，即可获得足够的信息来预测回热器的非设计性能，这一点将在本章后面介绍。

5.2.4 涡轮机械

对于设计工况分析，包括压缩机、透平和泵在内的涡轮机械通常由两个参数来表示：效率和压比。通常基于经验图，如 Balje 图（Balje，1981），对设计工况的涡轮机械效率进行估计。压比要么由所需的循环工况确定，要么由循环的设计者在材料限值内找到最佳性能来确定。许多传统的涡轮机械性能方程都是在气体遵循理想气体定律的假设下推导出来的，但是这对许多 sCO$_2$ 设备都不适用。因此，建议在焓基础上使用等熵效率进行设计工况分析，见式（5.5）和式（5.6）。在式（5.5）和式（5.6）中理想的出口条件是使用模型的热力学求解器计算得到的，即

$$\eta_{\text{isen,compressor}} = \frac{h_1 - h_{2,s}}{h_1 - h_2} \tag{5.5}$$

$$\eta_{\text{isen,turbine}} = \frac{h_1 - h_2}{h_1 - h_{2,s}} \tag{5.6}$$

式中：$\eta_{\text{isen,compressor}}$ 为压缩机等熵效率；$\eta_{\text{isen,turbine}}$ 为透平等熵效率；h_1 为入口焓；$h_{2,s}$ 为理想出口焓；h_2 为真实出口焓。

5.2.5 管道和阀门

通常循环模型关注较复杂的设备，包括主要的涡轮机械和换热器。随着更多研究的规划或者如果建模人员希望得到更准确的预测结果，则需要添加更多的系统细节，包括主要管道和阀门。虽然与涡轮机械相比，单根管道或单个阀门施加的压力损失较小，但所有管道和阀门共同施加的压力损失却不容忽视，需要由压缩机或泵来弥补。此外，管道和阀门上的压降会影响流动温度，对处于临界点附近的设备（如压缩机）造成影响。

5.3 设计工况分析

前面已经叙述了循环建模的目的并解释了需要考虑的主要建模因素，本节将进一步研究设计工况分析。设计工况分析是指在稳态运行条件下模拟循环系统，并且所有设备均以最佳方式运行的工况。

查阅文献或与制造商合作将有助于确定循环模型所需的一系列起始输入。由于设备性能会随成本而变化，通常还建议并行开展循环成本分析，以帮助发电厂确定最佳电力成本。尽管传统发电厂是设计运行在平均环境条件下的，但其非设计工况分析仍能为针对其他环境条件设计的 sCO_2 系统提供指导。

sCO_2 循环存在多种形式，如简单布雷顿循环、回热循环、再压缩循环和部分冷凝循环。简单布雷顿循环、回热布雷顿循环和再压缩循环的示意图如图 5.1～图 5.3 所示。大多数循环是为特定的热源（核能、化石燃料、聚光式太阳能）设计的，每个热源都有特定的热负荷和燃烧温度。因此通常需要考虑多种循环配置，以确定最优循环配置。更先进的循环还需要考虑其他的参数。对于再压缩循环，还需要确定分流到主压缩机和再压缩机的流量。其他考虑事项可能包括考虑循环中是否包括中间冷却或再加热等（Wilkes 等，2016）。

设计工况分析提供了研究主要设计参数的能力，包括但不限于：
①冷却温度；②加热温度；③循环配置；④压力范围（最大或最小）或压比；⑤中间冷却；⑥再热。

为了表达此概念，本节提供了一个由两部分组成的示例：第一部分对几个循环进行了比较；第二部分对冷却和加热温度的影响进行了研究。在文献中存在各种类似的研究，Dostal（2004）就是这样的例子。结果会根据所选的运行条件而有所不同。当前分析的大部分模型输入参数都是通过使用 Weiland 和 Thimsen（2016）的平均推荐参数选择得到的，并且如此处考虑的循环所建议的，循环的最小压力将选择在高于临界点的值以避免 CO_2 性质测量不确定的区域。对于这个例子，涡轮机械效率是基于利用轴流式设备进行循环的假设。再压缩机分流的选择则是基于（Neises 和 Turchi，2014a,b）。此外，还对低温回热器的效率进行了选择，以保证回流的温度是相匹配的（Bryant 等，2011）。在这个简单的分析中没有考虑换热器和管道上的压降。要注意的是选定的回热器效率和涡轮机械效率是基于典型值的假设得到的，但实现此类性能的能力取决于设计和流动条件。表 5.1 对模型的输入参数进行了总结。

表 5.1 循环模型输入

所有循环		
温度	冷却器出口	104℉（40℃）
	加热器出口	1292℉（700℃）

续表

	所有循环		
压力	压缩机吸入压力	1150 psia (7.93MPa)	
	压缩机出口压力	5000 psia (34.5MPa)	
涡轮机械效率	压缩机的等熵效率	85.5%	
	透平的等熵效率	90%	
回热循环			
回热器	效率	93%	
再压缩循环			
再压缩机	分流	30%	
低温回热器	效率	93%	
高温回热器	效率	93%	

5.3.1 循环的比较

在表 5.1 中列出了设计工况下模拟的三种循环配置方式：简单、回热和再压缩。每个循环的效率、示意图和 T-s（温熵）图如图 5.1～图 5.3 所示。简单循环，顾名思义是最基本的闭式循环，只有压缩机、加热器、透平和冷却器。在选定的设计条件下，该循环的效率为 20.51%。回热循环是在简单循环的基础上增加了一个额外的换热器。回热器会将透平排气中的废热转移到压缩机输出气流中，从而用更少的热量产生相同的功率，该循环的效率为 42.6%。再压缩循环在回热器之后将流体进行了分流，使大部分流体被冷却。剩下的一部分流体未被冷却，因此当其回流时温度要匹配。该循环所需的压缩机和第二个回热器都增加了系统的复杂性，但是，在所研究的条件下，其效率最高，能达到 45.0%。考虑到 CO_2 的独特性质，添加第二个回热器可优化系统废热的利用。如果流体不分流，不会有一部分流体进入低温回热器，那么来自主压缩机的流体将吸收比回热器能够提供的更多的热量，并且其温度不会达到那么高的出口温度。因此最好通过分流，主压缩机中的流体尽可能多地吸收废热，并在相同温度下与再压缩机出口的流体重新汇合。

5.3.2 循环温度的影响

为了研究循环温度的影响，在各种透平和压缩机入口温度下模拟了回热循环，如图 5.2 所示。透平入口温度代表循环热源温度，如聚光式太阳能、火电（直接或间接）和核能。压缩机入口温度取决于所使用的冷却技术和周围环境条件。根据卡诺效率，最高效率将取决于压缩机入口温度和透平入口温度。虽然总体趋势是已知的，但因为要确定通过压缩机后温度的改变幅度或改变热源能获得的效率变化并不容易计算。

为了验证压缩机和透平入口温度对循环效率的影响,使用表 5.1 中列出的参数进行模拟,固定压气机或透平入口温度中的一个,并改变另一个。例如,在保持压缩机入口压力固定在 7.93MPa 和透平入口温度固定的情况下改变压缩机入口温度得到的结果,如图 5.4 所示。正如预期所述,最佳配置是具有最高的透平进口温度和最低的压缩机进口温度。其余的变化趋势也提供了很多有用的信息,因为换热器的价格取决于其尺寸,而尺寸又与要达到的温度和需要传递的热量有关。CO_2 性质的高度非线性,尤其是在临界点附近的物性变化意味着仅仅几度的温度变化可能就需要大一个数量级的换热器。因此,需要进行经济分析以平衡较低冷却器温度带来的效率上的提高与提供所需的热传递的换热器成本。

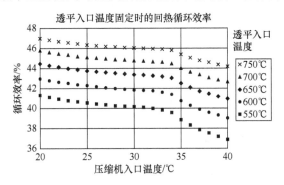

图 5.4 压缩机入口温度的影响

为了研究透平入口温度的影响,在压缩机入口温度固定的情况下进行了类似的分析,并模拟了各种透平入口温度。图 5.5 中的结果表明,在研究条件下,透平入口温度与表 5.1 中列出的系统的整体循环效率之间几乎呈线性关系。因此,为了获得最高的循环效率,系统需要在尽可能高的透平入口温度下运行。为了确定最佳透平入口温度,循环分析还需要与经济分析相结合,以判断更高的系统效率是否值得使用更高温度的热源所需的更昂贵的价格;这当中可能包括实现更高

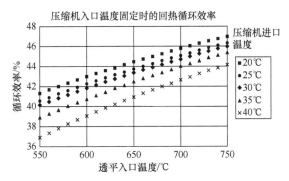

图 5.5 透平入口温度的影响

的效率所需的更大的换热器、不同的燃料,或者可能使用到更高温度的材料。

因为该系统在25℃和30℃之间的差异不是很明显,该结果再次证明了压缩机入口温度的变化趋势。具有不同工作温度或压力的系统的性能可能会大不相同。

5.4 非设计工况建模的注意事项

由于环境条件、热输入、电力生产要求或各种其他原因的变化,发电厂并不总是在设计工况下运行。因此,在评估电厂的全生命周期性能时,有必要了解非设计工况下的性能。

非设计工况分析的复杂之处在于透平和压缩机的运行曲线有着本质上的不同,如图5.6所示。这样的差别将有利于设计工况运行,因为涡轮机械被设计为压缩机产生的所有压头都被透平及其他压损吸收。然而,这使得在非设计工况条件下,涡轮机械正常运行变得格外困难。例如,如果压缩机的入口温度发生变化,但透平的入口温度保持不变,那么对于相同的质量流量,压缩机将产生不同的压头,但是,此时的透平仍然吸收相同的压头。这种压头不足或过多会导致系统在达到稳定运行点之前,一直处于不同的压力条件下。然而,新的稳定运行点可能处于更高的系统压力下,这对管道和其他组件来说都很危险。

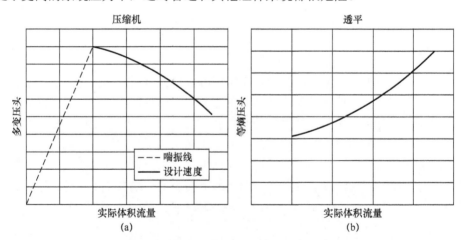

图5.6 压缩机和涡轮机性能曲线的比较

成功的非设计工况运行需要控制策略来调节性能和系统完整性。Dostal(2004)提出了几种非设计工况下的控制策略,包括库存控制或压力控制、透平旁路控制和温度控制。其他策略包括使用压缩机循环、透平节流和可变几何涡轮机械。Moisseytsev和Sienicki(2004,2005,2008,2015a,b)还研究了应用于核电站的sCO_2循环的控制策略,在第14章中将对其进行描述。库存控制方法是对系统中的流量进行调节,同时影响压缩机和透平的运行点。透平旁通控制策略是利用透平入口处的高压流使一小部分流量通过阀门旁通而不通过透平,这会导致通过透平的流量减少,输出功率下降,但提供了一种通过控制透平运行点来调节系统压力水平的方法。类似的方法是通过再循环流量来调节流经压缩机的流量。压缩机入口处有低压流,因此不能将流量旁通,而是将高压泄放流送回压缩机入口。这种方法增加了通过压缩机的流量,但是不会使整个系统的流量增加,从而实现控制压缩机运行点。这种方法需要能量来移动未进入到透平的流量,但是可以实现更有效的运行能力。

因此,要模拟非设计工况条件下的 sCO$_2$ 循环,有必要得到涡轮机械和换热器在入口条件变化时的运行特性,以及研究控制策略所需的阀元件。

5.4.1 涡轮机械

传统上,非设计工况的性能是通过使用涡轮机械特性曲线来预测的。该曲线提供了效率和扬程作为流量和速度的函数关系,如图 5.6 所示,且存在多种指定映射的方法。涡轮机械具有恒定体积的流程,因此根据体积流量指定涡轮机械流量是一种很好的做法。如果密度变化很小,那么根据质量流量指定流速通常就足够了。关于 sCO$_2$ 循环的大多数建议是使压缩机运行在临界点附近,因此考虑入口工况变化很重要。燃气机械研究所/西南研究院(Gas Machinery Research Council/Southwest Research Institute,2006)进一步解释的多变压头和效率提供了一种校正入口条件变化的方法。根据涡轮机械的运行参数,以等熵压头和等熵效率运行可能是合适的。应该在具体分析的基础上进行评估,以确保涡轮机械在非设计工况条件下得到充分体现。

5.4.2 回热器

回热器的性能取决于流体流动的工况,因此如果流动条件变化很大,如在非设计工况期间流量减少 1/2,那么假设效率或压降恒定是不准确的。对于非设计工况分析,回热器尺寸是预测性能更好的指标。回热器尺寸与 UA 成正比,其中 UA 代表总传热系数与传热面积的乘积。相比于效率,UA 能更好地预测回热器成本,因此根据 Neises 和 Turchi(2014a,b)的建议,从 UA 角度出发可能更有利于循环优化研究。

Hoopes 等(2016)证明了一种能够很好地预测非设计工况性能的技术,该技术基于 Dittus-Boelter 关系式根据流动工况对传热系数和压降进行衡量。所使用的主要方程如下:

$$hA_{\text{off-design}} = hA_{\text{on-design}} \left[\frac{\lambda_{\text{off}}}{\lambda_{\text{on}}}\right] \left[\frac{\dot{m}_{\text{off}}^2/\mu_{\text{off}}}{\dot{m}_{\text{on}}^2/\mu_{\text{on}}}\right]^{0.8} \left[\frac{\text{Pr}_{\text{off}}}{\text{Pr}_{\text{on}}}\right]^y \quad (5.7)$$

$$\Delta P_{\text{off-design}} = \Delta P_{\text{on-design}} \frac{\dot{m}_{\text{off}}^2/\rho_{\text{off}}}{\dot{m}_{\text{on}}^2/\rho_{\text{on}}} \quad (5.8)$$

式中：U 为总传热系数；h 为传热系数；A 为换热面积；ΔP 为压降；λ 为平均热导率；μ 为平均黏度；Pr 为平均普朗特数；m 为质量流量；ρ 为平均密度；y 在冷却时取 0.3，在加热时取 0.4。下标 on 表示设计工况；off 表示非设计工况。

当对换热器进行数值分段时，改进了的预测方法表明平均流体性质能很好地代表相应分段。

5.4.3 阀门

阀门对于开展非设计工况建模很重要，因为它们可以实现前文所讨论的控制策略，如透平旁通和压缩机循环。如果能够获得更多相关阀门的信息，可以得到其特性曲线。该曲线通常将通过阀门产生的压降与作为阀门位置函数的阀门流量系数相关联。循环模型的建立者应确保使用的流量系数适合于通过它的 CO_2 的状态。阀门制造商和运营商通常倾向于在 10%~90%开启阀门，因此调整曲线的添加将为建模人员提供有关阀门位置所需的信息，从而确定它是否适用于所需的控制方案。

5.5 稳态建模的注意事项

用于分析 sCO_2 循环的建模工具需要对 sCO_2 独有的特征进行足够准确的考虑。在这些特定的特征中，最常见的特征是 CO_2 的性质在接近临界点（尤其是在临界温度和压力之上）时的显著变化。图 5.7 所示为接近临界点的 CO_2 密度和比热容的变化。需要注意比热容图采用的是对数坐标，比热容值在临界点附近增加了几个数量级。因此，sCO_2 循环分析工具首先应该能准确计算出 CO_2 的性质。同时，由于 CO_2 的性质在临界点附近会发生剧烈变化，因此建模工具需要能够准确处理这些变化并且为这种环境提供一个可靠的解决方案。

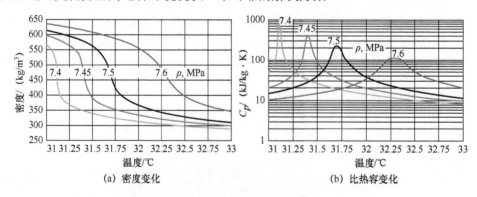

图 5.7 临界点附近的密度和比热容变化

从建模的角度来看，变化的 CO_2 性质首先影响的是换热器传热方程的解。在

sCO₂ 冷却到临界点附近时，任何基于定值假设的解法，如对数平均温差法（tog-mean temperature difference，LMTD）等都会得到不准确的结果。这反映了 CO_2 比热容在临界点附近的巨大变化。此外，如果不先检查所用方法是否能够适用于 CO_2 换热器而直接使用，可能会导致出现在物理上不可能的解，即两股流体的温度在换热器内部出现交叉，通常称为夹点。处理 CO_2 换热器这一特征的一种普遍采用的方法是使用多节点处理，即将换热器划分为多个区域（这些部分也可视为子换热器），可以假设每个子换热器内的性质都保持不变，可以使用传统方法来求解。需要的子换热器数量将由代码开发人员和用户来决定。对于子换热器数量的设置要求是：一方面要能够获得所需精度的解；另一方面不能产生太多的计算负担。

临界点附近 CO_2 性质变化（尤其是图 5.7 中的比热容）的另一个影响与冷却器的尺寸有关。现已表明，从循环效率的角度来看，将 CO_2 冷却到尽可能接近临界点是有利的（Dostal，2004；Moisseytsev，2003）。然而随着 CO_2 温度接近临界值，拟临界温度下比热容的峰值会导致循环中每单位温度降低所需的排热量显著增加。Moisseytsev(2003)发现对于在出口处以 7.4MPa 运行的 CO_2 冷却器，将 CO_2 冷却至 31.0℃所需的冷却器长度相较于冷却至 31.25℃增加了十倍。换句话说，将 CO_2 从 31.25℃冷却至 31.0℃所需的换热器体积与将 CO_2 从 80℃冷却至 31.25℃所需的换热器体积相同。

在对换热器进行建模时，还需要留意使用的换热关系式。已经发表了大量研究临界点附近传热强化系数的著作（Olson，1999；Liao 和 Zhao，2002）。尽管这些修正仅限于临界点附近的狭窄范围，但建模人员仍需要将其考虑在内，或者需要证明这些改进对于特定的换热器设计来说影响很小，例如，普通换热器的传热系数仍可用于 sCO₂。

受临界点附近 CO_2 性质变化影响较大的另一组循环设备是涡轮机械——透平和压缩机，尤其是在临界点附近运行的压缩机。在许多现有工具中列出了涡轮机械方程并进行求解，但这些工具通常是使用理想气体关系开发的，对真实气体不适用，特别是在临界点附近属性差异最大的 CO_2。因此，任何旨在预测 CO_2 涡轮机械性能的分析工具都应该能够在不依赖理想气体假设的情况下求解方程。此外，总体特性和静态特性之间的区别对于高流速涡轮机械设备而言很重要，对于 CO_2 压缩机而言尤为重要。根据设计和运行的不同，可能会出现总体工况与临界点相对较远，而静态工况更接近甚至低于临界点的情况，从而对指定设备的性能预测造成较大的影响。最后，由于涡轮机械方程通常是用派生的属性（如压力、焓和熵）来表述，而属性通常是用温度和密度来表述，因此该程序不仅需要能够准确可靠地求解方程，还需要能够求解属性，这对 CO_2 涡轮机械尤为重要。

传统的涡轮机械设计使用的是一维平均线法，并基于经验损失模型进行分析（Aungier，2000，2006；Brenes，2014）。需要证明这些模型是否适用于 CO_2 流体，尤其是在临界点附近。或者可以对涡轮机械中的流体采用多节点处理，从而跟踪沿流动路径发生的性质变化。最近，在涡轮机械的设计中普遍流行使用计算流体力学（Computational fluid dynamic，CFD）的方法，特别是对 CO_2 设备（Brenes，2014；Pecnik 和 Colonna，2011；Schmitt 等，2014）。这些分析的先决条件仍然是 CO_2 性质的计算，其中精确的多项子程序对于具有大量网格单元的三维计算可能过于密集和/或可能在临界点附近造成性质收敛问题。但是，使用简化的属性公式可能不足以实现 CFD 精确计算的目的。Dereby 等（2014）提出了这些问题的一种可能解决方案，他们开发了一种算法，即用低阶多项式曲线来拟合 CO_2 属性，其将每条曲线的适用范围限制在一个狭窄的区域内，并在整个计算域内使用多个这样的区域。

5.6 循环优化

稳态循环建模的目的是确定满足一组设计要求的循环设计。例如，可能需要确定一种循环设计，使采用 sCO₂ 循环的发电厂的平准发电成本（levelized cost of electricity，LCOE，美元/MWhr）降至最低。通过增加换热器的换热面积和涡轮机的级数，可以使循环更有效率。但是每个换热器或涡轮机械的成本也增加了。这时就需要确定一组使 LCOE 最小的换热器和涡轮机械设计。一种方法是通过独立改变每个换热器或涡轮机械的设计来使 LCOE 最小，Moisseytsev 和 Sienicki（2011）详细描述了这种方法，并在其中提供了一个最小化单位输出电力资金成本（美元/MWe）的示例。通过这种方法，可以独立地为每个换热器或涡轮机械确定最优设计。另外，还可以采用其他方案来确定最优设备设计，使成本（如 LCOE）最小化。

5.7 瞬态程序要求

瞬态（或动态）建模工具应该能够满足前面描述的所有稳态建模的特殊需求。除了这些需求之外，瞬态仿真还有特定的程序代码要求，将在后面进行阐述。

尽管有多种方法可以用来表征系统的瞬态行为，但最常见的方法是求解与时间相关的能量、质量和动量守恒方程。对于流体与管壁间存在热交换（图 5.8）的管道中的流动，其方程如下。

能量方程为

$$M_i \frac{\partial h_{i+1}}{\partial t} = \dot{m}_i (h_i - h_{i+1}) + \frac{\Delta x_i N_t}{\text{res}_{w,\text{co}_{2i}}} \left(T_{w_i} - \frac{T_i + T_{i+1}}{2} \right) \quad (5.9)$$

质量方程为

$$A_i \frac{\Delta x_i + \Delta x_{i-1}}{2} \frac{\partial \rho_i}{\partial t} = \dot{m}_{i-1} - \dot{m}_i \qquad (5.10)$$

动量方程为

$$\frac{\Delta x_i}{A_i} \frac{\partial \dot{m}_i}{\partial t} = (p_i - p_{i+1}) - \frac{1}{2} \frac{\Delta x_i}{A_i M_i} \left(4 f_i \frac{\Delta x_i}{D_h} + K_i \right) \dot{m}_i^2 \qquad (5.11)$$

式中：h_i，T_i，p_i，ρ_i 分别为节点 i 处的流体比焓、温度、压力和密度；m_i 为区域 i 的流体流速；T_{w_i} 为区域 i 的平均壁温；A_i 为区域 i 的流道面积；M_i 为区域 i 的流体质量；Δx_i 为区域 i 的长度；N_t 为平行通道（换热器中的管子）的数量；res_{w,co_2} 为区域 i 中管壁与流体之间的热阻；f_i 为区域 i 的摩擦系数；K_i 为区域 i 的损耗系数；D_h 为区域 i 的水力直径；t 为时间。

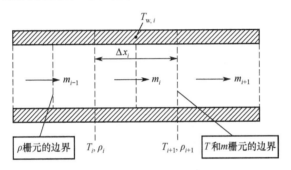

图 5.8 通道中流动的瞬态方程

从前面的方程中可以注意到，要求解这些方程，需要知道 CO_2 的比焓、温度、压力和密度之间的关系。这种关系可以用某些性质相对于其他性质的偏导数来表述：

$$\frac{\partial h}{\partial T} = \left(\frac{\partial h}{\partial T} \right)_\rho \frac{\partial T}{\partial t} + \left(\frac{\partial h}{\partial T} \right)_\rho \frac{\partial \rho}{\partial t} \qquad (5.12)$$

$$\frac{\partial \rho}{\partial t} = \left(\frac{\partial \rho}{\partial T} \right)_\rho \frac{\partial T}{\partial t} + \left(\frac{\partial \rho}{\partial T} \right)_T \frac{\partial \rho}{\partial t} \qquad (5.13)$$

式中：$\left(\frac{\partial Y}{\partial X} \right)_Z$ 为性质 Z 保持不变时，性质 Y 相对于性质 X 的偏导数。

由于 sCO_2 循环性质的变化，某些偏导数不能被忽略。例如，在假设比焓变化 Δh 等于温度变化 ΔT 乘以恒压比热容 c_p 时，就会忽略比焓和温度随压力的变化，而这可能对 CO_2 的性质有较大的影响，特别是在压缩机入口附近。为了适当地考虑这些影响，还需要增加一个比热容在恒温下相对于压力的偏导数（或列出所有相对于温度和密度的偏导数，如前面的方程所示）。

瞬态程序的开发人员需要了解 CO_2 属性的表述。例如，在 Span 和 Wagner（1996）公式中，所有属性都是通过受作用于温度和密度这两个独立变量计算得到的。如果知道温度和压力，程序代码则需要迭代出密度以获得其他属性。这些迭代对于稳态计算也许是可接受的，但在瞬态计算中则需要消耗非常多的计算时间。因此，为了使瞬态程序代码有效，需要对程序代码所使用的状态方程中的主要物性参数（如在 Span 和 Wagner（1996）状态方程中的密度和温度）进行求解。

CO_2 属性变化的另一个影响（对于瞬态模拟很重要）是 CO_2 压缩系数 $p/\rho RT$ 随循环的显著变化，如图 5.9 所示。对于理想气体，可压缩系数等于 1。如图 5.9 所示，在循环的顶部，即在透平附近的高温条件下，CO_2 的特性类似于理想气体。但是在循环的底部，即压缩机入口附近，CO_2 表现出类似于流体的不可压缩性。这种变化对先前所列的动力学方程，特别是动量方程的求解有着很大的影响。在循环的"液体"区域中求解可压缩流动方程需要非常小的时间步长才能稳定。或者在求解不可压缩流动方程时，需要忽略"理想气体"区域的可压缩性效应。这种效应对于分析管道破裂瞬态期间通过循环的压力波传播十分重要。因此，动力学程序的开发人员需要接受 sCO_2 循环瞬态分析时间步长非常小，使代码计算效率高，接受允许更大时间步长的不可压缩流体处理的局限性，或者找到一种能够广泛适用于 CO_2 压缩系数的替代求解方案。

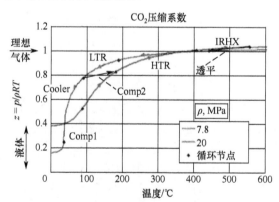

图 5.9　典型 sCO_2 再压缩循环中的 CO_2 压缩系数

如前所述，瞬态程序代码应该能够解决适用于稳态条件的 sCO_2 循环的所有问题，特别是计算涡轮机械中 CO_2 属性的变化。此外，瞬态分析对涡轮机械的建模提出了另一个独特的挑战。布雷顿循环表征透平和压缩机的非设计工况性能的一种常用方法是使用涡轮机械特性曲线。使用理想气体关系，根据比流量和比速度等参数，可以将涵盖了所有工况的涡轮机械特性曲线简化为二维数组。这些公式使得涡轮机械特性曲线在瞬态计算中的使用非常方便、快速并且相对简单。然而，这些涡轮机械特性曲线是基于理想气体定律得出的，这使得它们在 sCO_2 设备，尤其是压缩机的适用性上至少是存在问题的。因此，动力学程序代码的开发人员需要证明涡轮机械特性曲线的特定处理仍然适用于他们的应用（如果不预先测试就会很难做到），或者开发一种不依赖于理想气体假设的替代方案。

对于再压缩循环配置，瞬态程序代码需要能够处理并行运行的两台压缩机。CO_2 属性变化的准确说明对于这种独特配置来说对为重要，因为这些压缩机通常在不同的状态下运行，其中一台压缩机接近 CO_2 临界点；而另一台压缩机可能接近理想状态气体行为，如图 5.9 所示。

与涡轮机械相关的 sCO_2 循环瞬态建模的另一个挑战与轴的速度动力学方程有关。尽管方程本身并不是专门针对 sCO_2 循环，出于两个原因，这些方程的解可能会受到影响。首先，CO_2 的涡轮机械通常比氦气或蒸汽涡轮机更紧凑，这意味着改变轴速相对容易，从控制的角度来看这可能是有利的；与此同时，无论是从高功率低质量系统的实际现象来看，还是从数值计算的角度来看，瞬态计算的稳定性会受到影响。此外，与其他布雷顿循环相比，压缩机输入功仅占透平输出功的一小部分，这使得 CO_2 涡轮机械轴方程的稳定性进一步降低。因此，对于安装于同轴的透平和压缩机的循环布置，压缩机将为诸如负载丧失之类的事件提供较少的平衡功率。

瞬态计算中换热器的处理应与稳态分析中的相同。但是对于瞬态分析，应牢记 sCO_2 循环的两个特性。如果循环使用的是紧凑式扩散焊接换热器，例如，由麦吉特公司（英国）热力部（2016）制造的 PCHE，需要仔细分析换热器的金属质量对循环瞬态行为（即热惯性）的影响。在这方面需要特别关注的一个方面是在临界点附近的压缩机入口（冷却器出口）的温度控制。在临界点处，冷却器的热惯性可能在决定温度变化的快慢方面发挥着重要作用。换热器瞬态模拟的另一个问题是传热和压降模型能否涵盖广泛的运行工况，这点可能与稳态计算的设计工况有很大不同。

通常，瞬态程序代码用于分析控制动作和在这些动作下的循环性能。对于这些应用，准确预测通过阀门的 CO_2 流量可能会引入特有的挑战。通常在阀门内部流动面积的显著变化意味着流速的显著变化，这反过来又会影响阀门内部的属性变化。考虑这种属性变化对于预测通过阀门的 CO_2 流量十分重要，尤其是当阀门运行在临界点附近时。此外，在临界点附近，CO_2 中的声速也会有较大变化，如图 5.10 所示。如果通过阀门的压比足够大，流量可能会达到临界（塞流），由通过阀门最窄部分（喉部）的声速和流速直接定义。因此，对于此类阀门不仅要准确计算阀门内部 CO_2 性质的变化，还要准确计算出局部声速，需要对阀门中至少三个位置（入口、喉部和出口）的属性进行计算。尽管对于运行在远离临界点位置的阀门，这些影响较小，但这种现象是存在于大多数 sCO_2 阀门中的，至少对于某些特定瞬态而言是存在的。

对于临界流的类似考虑以及局部声速的计算，应同样要适用于假设发生管道破裂时的 CO_2 流量变化。目前，已经对通过孔口和阀门的 CO_2 临界流量进行了实验研究（Yuan 等，2015；Yuan，2015）。此类流体的建模方法需要与这些测试的结果一致。

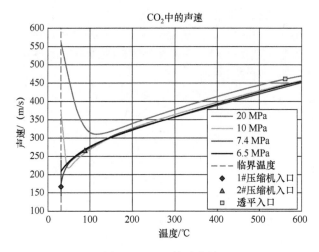

图 5.10 CO_2 声速变化

5.7.1 系统规模的影响

前文所述的建模挑战对任何 CO_2 系统都很常见。同时，可以预料到每个特定系统都将呈现其特征和建模挑战。尽管本书的相应章节提供了对这些细节的一些讨论，但全面分析书中所描述的所有 sCO₂ 系统的建模需求，已超出了本书的范围。还有一类系统在建模方面值得特别关注，即小规模实验回路。设计和构建这些循环回路通常是为了证明 sCO₂ 循环的可行性，也可用作 sCO₂ 程序代码的验证工具。但是，人们发现（Moisseytsev 和 Sienicki，2015a，b）这些小型系统的特性并不同于大型发电厂（如 100MW$_e$）的典型特征。这些特征包括但不限于用于加热的电加热器、负载和轴速度控制、用于集成涡轮发电机再压缩机机组的交流发电机冷却等。此外，有些影响对小规模系统十分重要，而对于大型系统来说通常可以忽略（或起到的影响作用很小），如来自未绝缘部件和管道的热损失、管道的热惯性，以及涡轮机械中的风阻和叶尖间隙损失。由于这些特定的影响，为了能够准确分析小型测试系统，可能需要修改最初设计用于大型系统计算的程序代码。

5.7.2 瞬态分析代码示例

由阿贡国家实验室开发的动力学程序（Plant Dynamics Cade，PDC）是瞬态分析代码的一个示例，该代码是专门为 sCO₂ 循环设计的，能够满足前面提到的特定要求（Moisseytsev 和 Sienicki，2006）。由于 PDC 主要是为应用在核能上的 sCO₂ 循环开发的，因此在第 13 章中给出了代码功能及瞬态分析示例。

5.8 小结

对于 sCO$_2$ 循环,进行简化假设(例如,不变的热物理和输运特性)或使用 LMTD 来模拟换热器性能的循环分析将得到不准确的结果。无论是稳态还是瞬态,循环建模人员都必须考虑热物理和输运特性的变化,特别是在临界点附近模拟换热器内部的空间温度分布效应,以及模拟涡轮机械中的真实流体效应。

参考文献

Aungier, R., 2000. Centrifugal Compressors: A Strategy for Aerodynamic Design and Analysis. ASME Press, s.l.
Aungier, R., 2006. Turbine Aerodynamics: Axial-Flow and Radial-Flow Turbine Design and Analysis. ASME Press, s.l.
Balje, O., 1981. Turbomachines. John Wiley & Sons, New York, NY, USA.
Brenes, B.M., 2014. Design of Supercritical Carbon Dioxide Centrifugal Compressors (Ph.D. thesis). University of Seville, Seville, Spain.
Bryant, J., Henry, S., Kourosh, Z., 2011. An analysis and comparison of the simple and recompression supercritical CO$_2$ cycles. In: Supercritical CO$_2$ Power Cycle Symposium. Bouler, CO.
Dereby, J., Nellis, G., Klein, S., Reindl, D., 2014. Development of a flexible modeling tool for predicting optimal off-design performance of simple and recompression Brayton cycles. In: 2014 Supercritical CO$_2$ Power Cycles Symposium.
Dostal, V., 2004. A Supercritical Carbon Dioxide Cycle for Next Generation Nuclear Reactors. Massachusetts Institute of Technology, s.l.
Gas Machinery Research Council/Southwest Research Institute, 2006. Guideline for Field Testing of Gas Turbine and Centrifugal Compressor Performance. s.n., s.l.
Heatric Division of Meggitt (UK) Ltd., 2016. Available at: http://www.heatric.com.
Hoopes, K., Sanchez, D., Crespi, F., 2016. A new method for modelling off-design performance of sCO$_2$ heat exchangers without specifying detailed geometry. In: The 5th International Symposium – Supercritical CO$_2$ Power Cycles. San Antonio, Texas, March 29–31.
Liao, S., Zhao, T., 2002. An experimental investigation of convection heat transfer to supercritical carbon dioxide in miniature tubes. International Journal of Heat and Mass Transfer 45, 5025–5034.
Moisseytsev, A., 2003. Passive Load Follow Analysis of the STAR-LM and STAR-H2 Systems (Ph.D. dissertation). Texas A&M University, s.l.
Moisseytsev, A., Sienicki, J.J., 2004. Supercritical CO$_2$ Brayton Cycle Control Strategy for Autonomous Liquid Metal-Cooled Reactors. s.n., Miami Beach, FL.
Moisseytsev, A., Sienicki, J.J., 2005. Control of Supercritical CO$_2$ Brayton Cycle for LFR Autonomous Load Following. Transactions of the American Nuclear Society, Washington, DC, p. 342.
Moisseytsev, A., Sienicki, J.J., 2006. Development of a Plant Dynamics Computer Code for Analysis of a Supercritical Carbon Dioxide Brayton Cycle Energy Converter Coupled to a Natural Circulation Lead-Cooled Fast Reactor, ANL-06/27. Argonne National Laboratory, Argonne, IL.
Moisseytsev, A., Sienicki, J.J., 2008. Controllability of the Supercritical Carbon Dioxide Brayton Cycle Near the Critical Point. s.n., Anaheim, CA, p. 8203.
Moisseytsev, A., Sienicki, J.J., 2011. Cost-Based Optimization of Supercritical Carbon Dioxide

Brayton Cycle Equipment. Transactions of the American Nuclear Society, Washington, DC.

Moisseytsev, A., Sienicki, J.J., 2015a. Lessons learned and improvements in ANL plant dynamics code simulation of experimental s-CO_2 loops. In: Proceedings of ASME Power & Energy 2015. San Diego, CA.

Moisseytsev, A., Sienicki, J.J., 2015b. Supercritical Carbon Dioxide Brayton Cycle Control for a Nuclear Power Plant: Load Following and Decay Heat Removal. American Nuclear Society, Charlotte, NC. Paper 11711.

Neises, T., Turchi, C., 2014a. Supercritical CO_2 Power Cycles: Design Considerations for Concentrating Solar Power. s.n., Pittsburgh, PA.

Neises, T., Turchi, C., 2014b. A comparison of supercritical carbon dioxide power cycle configurations with an emphasis on CSP applications. Energy Procedia 49, 1187−1196.

Olson, D., 1999. Heat transfer in supercritical carbon dioxide with convective boundary conditions. In: 20th International Congress of Refrigeration, IIR/IIF.

Pecnik, R., Colonna, P., 2011. Accurate CFD analysis of a radial compressor operating with supercritical CO_2. In: 2011 Supercritical CO_2 Power Cycle Symposium.

Schmitt, J., et al., 2014. Study of a sCO_2 turbine with TIT of 1350K for Brayton cycle with 100 MW class output: aerodynamic analysis of stage 1 Vane. In: 4th Supercritical CO_2 Power Cycle Symposium.

Span, R., Wagner, W., 1996. A new equation of state for carbon dioxide covering the fluid region from the triple-point temperature to 1100K at pressures up to 800 MPa. Journal of Physical and Chemical Reference Data 25 (6), 1509−1596.

Turchi, C.S., Ma, Z., Neises, T., Wagner, M., 2012. Thermodynamic study of advanced supercritical carbon dioxide power cycles for high performance concentrating solar power systems. In: Proceedings of the ASME 2012 6th International Conference on Energy Sustainability. San Diego, CA, USA, July 23−26, 2012.

Weiland, N., Thimsen, D., 2016. A practical look at assumptions and constraints for steady state modeling of sCO_2 Brayton power cycles. In: The 5th International Symposium − Supercritical CO_2 Power Cycles. San Antonio, Texas, March 29−31.

Wilkes, J., Allison, T., Schmitt, J., Bennett, J., Wygant, K., Pelton, R., Bosen, W., 2016. Application of an integrally geared Cpomander to an sCO_2 recompression Brayton cycle. In: The 5th International Symposium − Supercritical CO_2 Power Cycles. San Antonio, Texas, March 29−31.

Yuan, H., 2015. Simulations of Supercritical Fluids Flow through Complex Geometries (Ph.D. dissertation). University of Wisconsin, Madison.

Yuan, H., et al., 2015. Simulation of supercritical CO_2 flow through circular and annular orifice. Journal of Nuclear Engineering and Radiation Science 1 (2).

第6章 经济性

S.Wright, W.Scammell
超临界技术公司，布雷默顿，华盛顿，美国

概述：本章介绍并讨论了用于工业余热回收（waste heat recovery, WHR）、聚光太阳能、化石燃料、核能、大容量储能和地热能的 sCO_2 发电系统的一些明显的优势和劣势。以一个中型（25MWe）燃气轮机为例，研究了采用简单回热布雷顿循环作为底循环的 WHR 装置的经济性。然后，经济部分说明了使用三个常用经济指标的价值，包括该 WHR 项目的"平准发电成本"（levelized cost of electricity，LCOE）、"内部收益率"（internal rate of return，IRR）和"净现值"（net present value，NPV）。示例项目的成本基础是通过使用项目组件的"经验法则"成本估算来描述的。结论清楚表明了联合循环系统是如何产生对潜在投资者具有竞争力和价值的 LCOE、IRR 和 NPV。

关键词：经济性；燃气轮机联合循环；内部收益率（IRR）；平准发电成本（LCOE）；净现值（NPV）；经验法则成本；sCO_2 底部循环；sCO_2 联合循环经济性；sCO_2 经济性；sCO_2 项目成本基础；余热回收（WHR）

6.1 简介（潜在市场的优势和劣势）

按照热源进行分组，sCO_2 通常有四个潜在市场，即工业余热回收（WHR）、聚光太阳能（CSP）、化石燃料发电厂和核电系统。本章对这些系统的优势和劣势进行了简要讨论。此外，还有两个革新性的应用是 sCO_2 研究和开发人员感兴趣的主题，这些非传统应用包括大容量储能和地热能，也许能为重要的能源问题提供潜在的解决方案。

在考虑各种 sCO_2 发电厂应用时需要特别强调的一点是，在每种情况下 sCO_2 都提供了一种电力转换系统，该系统可能会显著提高能源使用能力和/或提高该热源的能源效率。例如，sCO_2 应用不仅使尺寸和效率进一步优化，同时在大多数工业余热源可用的温度范围内减少了用水量。对于 CSP，sCO_2 应用提供了在高温下有效捕获太阳能并以市场电网价格生产高效电力的能力。对于核电，sCO_2 将先进的第四代反应堆的效率从 36% 提高到 50% 以上。对于地热能，sCO_2 应用也许能在不使用水的情况下捕获干燥地热场的能源资源，同时捕获和封存 CO_2。在一个非常有前景的应用中，sCO_2 创造了以高于 50% 的效率经济地燃烧化石燃料且实现零碳排放的能力。很少有能够提供如此多的解决方案的新技术出现。sCO_2 发电厂的这种潜力解释了在全世界 sCO_2 发电厂能够快速发展的原因。当然，这些应用的成功取决于 sCO_2 发电系统的经济性，这是本章的重点。

本章首先对各种 sCO_2 电力系统应用进行了简单总结，以进一步探讨每个概念的优点和缺点，还对该技术可能运行的经济市场进行了介绍；然后阐述了发电厂的主要经济指标，包括 LCOE、IRR 和 NPV。介绍了一个可以为联合循环（Combined Cycle，CC）项目提供各项指标的 WHR 示例，该实例使用简单回热布雷顿循环（Simple recuperated Brayton cycle，SRBC）作为连接到 LM2500-PE 燃气轮机的 sCO_2 底部循环。本节之后将对在 10 MWe 功率等级范围内运行的首个（first-of-kind，FOAK）WHR 发电厂中的大量设备提供"经验法则"成本估算进行讨论。

6.2 潜在市场

6.2.1 工业余热回收

工业余热回收的应用市场非常大，包括对来自钢厂、铝厂、水泥厂和燃气轮机甚至大型往复式发动机的底循环的余热使用。这是一种巨大的、基本上未开发的、无排放的能源资源。这些市场的规模估计达到了 $14.6GW_{th}$，其中 $8.8GW_{th}$ 的热源温度大于 450℃（Elson 等，2015）。目前，只有 766MW 的余热转化为了电能。美国 28 个州都已认可将余热转换为电能是一种可再生的资源。

目前，这些市场通常由蒸汽系统或有机朗肯循环（ORC）动力系统提供服务。sCO_2 发电系统的优势在于，大多数这些应用都可以由约 10 MWe 级 sCO_2 发电厂来提供较好的服务，而这种规模的蒸汽系统发电厂不能很好地提供服务。此外，与有机朗肯循环设备相比，sCO_2 工质无毒且不可燃、在高温下稳定、造成全球变暖的可能较小、价格低廉，并且适合干式冷却。对于水泥厂来说还有一个额外的好处，即工厂人员已经很熟悉对 CO_2 的操作，因为它是石灰石分解过程的一部分。对于这些应用，sCO_2 的主要缺点是该技术还相对较新，并且缺乏现有的 10 MWe 试点和示范电厂。所有工业余热回收系统都受到了同样的思想影响，即行业不愿意采用任何可能中断其产品生产的技术，因为这些产品通常是在竞争激烈的行业且利润率非常低的商品。其他的困难因素包括预期投资回报时间很短（2~3 年），以及许多此类项目需消耗大量的水，成本高昂。

工业余热回收 sCO_2 电厂的另一个优势是其可以作为更具技术挑战性的富氧燃烧电厂的基础。富氧燃烧电厂最终可能允许以非常高的效率（远高于 50%）零碳排放使用化石燃料。许多大型工业公司认为，开发工业余热回收应用技术为未来开发更具技术挑战性的富氧燃烧工厂提供了一条合乎逻辑的途径，并且工业余热回收的途径能够通过产生可观的收入并为分布式能源和工业 WHR 应用提供新市场来维持自身发展。

在本章中，带有 sCO_2 底部循环的中型燃气轮机（10～30MWe）的 WHR 应用将作为 sCO_2 发电厂的示例经济模型（Wright 等，2016；Huck 等，2016）。这些底部循环提供的主要优势是通常将以 35%～36%的效率运行并产生约 25 MWe 的燃气轮机转变为产生 33 MWe 以 46%～49%的效率运行的联合循环电厂，总的联合循环的资金成本为 1.05 美元/W_e。这意味着在大多数地方，带有 sCO_2 底部循环系统的中型燃气轮机可以产生远低于市场成本的电力。此外，它还为分布式电力应用、智能电网应用和重点电力市场开辟了创造新市场的可能性。

6.2.2 聚光式太阳能

美国能源部能源效率和可再生能源办公室（Bauer 等，2016；Neises 和 Turchi，2013）进行了多项研究以评估电厂电力成本。他们得到的一个结论是，拥有一种能够产生 50%或更高净功率转换效率并且具有经济吸引力的能量转换系统很有必要。此外，有必要在高温熔盐罐（或其他类似技术）和干式冷却（无水）罐中储存能量，并以接近 0.06 美元/kWhe 的平准发电成本进行发电。sCO_2 电厂是一种领先的电厂概念，能够使用具有再加热和/或部分冷却循环的高效再压缩布雷顿循环来实现这一目标。

6.2.3 化石燃料发电厂

目前，正在考虑三种类型的化石燃料发电厂。

第一种是使用化石燃料以大约 50%净循环效率、在涡轮机入口温度接近 700～750℃的情况下，产能为 150MWe 的电厂（Dash 等，2013）。动力循环形式可能会有些许变化，例如，使用再加热或中间冷却的再压缩布雷顿循环。该电厂还将使用进气预热或其他技术来有效利用燃烧能。预期的资金成本约为 1000 美元/kWe。大型电力公司很需要这类电厂，因为此类电厂较易适应在每年仅增长 1%～2%的市场（在十年前的增长率为 4%）中生产大量电力的模式。在快速增长的市场中，购买大型电厂是有意义的，因为大功率规模降低了投资成本，但在增长较慢的市场（如美国），较小的电厂则比较受青睐。此外这些电厂可以以前所未有的效率燃烧天然气、石油或者煤炭。使用煤炭的能力增加了燃料市场的多样性，并且降低了燃料成本的波动。

第二种和第三种化石燃料发电厂是直接或间接富氧燃烧的发电厂。这些电厂在根本上是革命性的，因为它们能够以零碳排放的方式燃烧化石燃料。

直接富氧燃烧电厂也被称为 Allam 循环，其专利属于北卡罗来纳州的净电公司（Allam 等，2014）。该技术使用空气分离装置（ASU/ASP）从空气中分离氧气，这一过程将消耗 sCO$_2$ 电厂产生电力的 6%～7%。然后使用再循环 sCO$_2$ 将氧气和燃料加压到约 30MPa 下燃烧以控制燃烧温度。因为燃烧过程中没有氮参与，所以不会形成 NO$_x$，主要的燃烧产物是 CO$_2$ 和 H$_2$O。

在直接富氧燃烧过程中，高压燃烧气体直接注入 sCO$_2$ 发电厂。燃烧产物以 sCO$_2$ 发电厂流量的 5%左右注入，从而将 sCO$_2$ 循环混合物（97.5%CO$_2$，2.5%h$_2$O）加热至 1100～1200℃甚至更高且无需换热器，这大大降低了电厂的成本。在这些条件下，sCO$_2$ 系统效率可以超过 60%。在透平中膨胀到压比接近 3～3.5 后，8～9MPa 的 CO$_2$ 水混合物的温度低到足以冷凝 CO$_2$ 中的水，进一步在 8～9MPa 的压力下去除注入系统的 CO$_2$，可将其出售用以提高采收率（EOR）或将 CO$_2$ 注入管道进行碳捕获和封存且无须额外压缩。sCO$_2$ 循环独有的大约 3/1 的压比使这类发电厂非常有吸引力，因为再压缩 CO$_2$ 非常耗能，而此类发电厂不需要对 CO$_2$ 进行再压缩。

直接富氧燃烧的主要经济效益是效率高、不需要高温换热器，以及在燃烧化石燃料的同时实现零排放的能力。风险最高的部分是高压高温燃烧室和透平。透平中的功率密度大致相当于火箭发动机的功率密度，但它必须在更高的压力下运行更长的时间才能使系统在经济上可行。

间接循环有多种变体。高压变体使用类似于直接循环的氧燃烧过程，但燃烧温度较低（估计在 800～1000℃）。压力也较低（10～12MPa），因为压比只需要驱动涡轮压缩机，而不需要产生动力。热高压燃烧气体用于在透平入口温度接近 700～750℃、效率为 50%的闭式回路 sCO$_2$ 电厂（没有燃烧气体注入 sCO$_2$ 发电厂）的换热器中加热 CO$_2$。由于燃烧气体的压力和密度很高，因此主换热器比典型燃烧过程中的换热器要小。离开主换热器的燃烧气体通过涡轮压缩机膨胀，该压缩机将大部分燃烧气体重新注入高压燃烧器以控制燃烧温度。只需要从透平汲取足够的能量来实现再注入。透平的出口压力可能接近 8～9MPa。可以回收这些气体中的一些余热，以降低 ASU/ASP 发电厂的电力需求。燃烧气体冷却后，除去 CO$_2$ 中的水（冷凝），8MPa 到 9MPa 的 CO$_2$ 被出售用于 EOR 或运送到管道进行碳捕获和封存。同样，涡轮压缩机中涡轮的低压比允许水和高压 CO$_2$ 分离，以准备好碳捕获和封存而无须重新压缩 CO$_2$。预计这些间接循环系统将以接近 42%～43%的净效率发电。据作者所知，这方面的初期工作由加拿大自然资源部（Zanganeh，2010）开展，最近由私营企业和西南研究所开展（Subbaraman 等，2011；McClung 等，2014）。

富氧燃烧 sCO$_2$ 发电厂的优势在于它们提供了一种零碳排放、经济地燃烧化石燃料的方法。当使用液体或气体燃料时，前面讨论的直接和间接循环的描述更形象；但使用煤粉燃烧的工艺也是可行的（McClung 等，2014）。目前，净电公司与东芝、爱克斯龙公司、芝加哥桥梁钢铁公司正合作在得克萨斯州建造一座直接富氧燃烧的试验系统（NET Power，2016）。

6.2.4 核电厂

当麻省理工学院为美国能源部核能办公室的第四代反应堆概念研究 sCO_2 能量转换系统的使用时，人们对 sCO_2 的应用重燃兴趣（Dostal 等，2004）。当时的想法是，一个更小、更高效的发电厂将提高整个发电厂的经济性。美国能源部资助桑迪亚实验室开展了早期 sCO_2 的研究和测试回路的开发，美国能源部海军核实验室和贝蒂斯原子能实验室的海军反应堆办公室也开展了相关工作，因为较小的尺寸可以大大提高海军舰艇的紧凑性和性能（Wright 等，2010；Clementoni 和 Cox，2014）。

sCO_2 动力系统非常适合在钠冷快堆的出口温度（510～525℃）下运行，预计其循环效率接近 43%。此类电厂可以避免钠水相互作用，小尺寸优势又可以提供建造小型模块化钠冷反应堆的能力，并且 sCO_2 具有非常大的自然循环能力，可以大大提高在无辅助电源的情况下导出紧急停堆时产生的衰变热的能力，因此可能还存在其他关于安全和运行方面的优势。此外，正在开发的运行在更高温度下的第四代先进反应堆概念，有达到或大于 50%循环效率的潜力。这些反应堆类型包括熔盐反应堆、气冷反应堆和铅铋反应堆。美国能源部的第四代堆计划仍在审查和支持 sCO_2 电厂的发展。

6.2.5 大容量储能和地热 sCO_2 发电厂

sCO_2 发电厂已被提议作为能够储存大量热能（如热水和冰）的装置，从而大量生产可调度的电力（Jaroslav，2011）。这些电厂不受制于场地，可以放置在一个城市街区大小的场地上。在用 sCO_2 热泵进行充电循环和 sCO_2 朗肯循环作为放电循环对热水箱进行充电和放电，可以在 4～6h 内产生 50～100MWe。理想情况下，往返效率可以达到 70%，在 50～100MWe 的大功率规模下，认为可以实现接近 55%～60%的往返效率。相比之下，电池和水电储能都具有接近 70%的往返效率。但水电存储缺乏可以实现这一个目标的位置，而电池则受到成本和放电次数限制（接近 1000 次）的影响。

地热热源包括湿热源和干热源。湿热源地热库中有水，而干热源没有。幸运的是，sCO_2 可以作为干燥地区地热的传热工质（Randolph 和 Saar，2011；Frank 等，2012）。为了从干燥的地热点捕获热量，必须通过一个或多个可能有几英里深的注入井将水或 sCO_2 注入热流中。通过一个或多个注入井注入冷的 sCO_2，然后再从提取井中取出热的 CO_2 流体。由于提取井里的温度较高且密度较低，因此 CO_2 受自然循环作用力被迫向上流动并通过提取井。热的 sCO_2 随后在透平中膨胀到大约 7.5～8MPa，通过干燥冷却使 CO_2 密度增大，在重力作用下高密度的 CO_2 回流到注入井中。

流经地热热源的 CO_2 约有 2%将被留在井中，因此，这种可再生热源也需要

CO_2 资源。这个概念的优点在于它使用的是可再生地热能来发电，并且还可以提供碳捕获和封存能力。缺点是此类发电厂需要钻深井，并且依旧存在地热源性质的不确定性，同时还需得到化石燃料发电厂提供封存 CO_2 的支持。一个化石燃料发电厂极可能为多个地热点提供 CO_2。

6.3 关于 sCO_2 发电厂的经济性介绍

以下三个指标对评估任何给定的电力项目的经济可行性都十分有用：
（1）平准发电成本（LCOE）；
（2）内部收益率（IRR）；
（3）净现值（NPV）。

LCOE、IRR 和 NPV 的定义提供了一种公正的方式来评估目标项目的成本（Short 等，1995；Berk 和 DeMarzo，2011）。本节将通过示例对这些指标进行定义。这些指标共同说明了项目成本、时间范围、通货膨胀率、利率、燃料成本、运营和维护成本以及贬值和税收是如何与 LCOE、IRR 和 NPV 相互影响的。这些方程式非常简单，因此读者可以轻松了解到如何使用烟尘排放税、税收优惠或上网电价来改变经济效益。本节提供了一个使用 25MWe 燃气轮机与简单回热布雷顿循环（SRBC）匹配的联合循环（CC）发电厂的示例。假设项目成本基于本章后续部分和 Wright 等（2016）所述的 SRBC 成本估算。

6.3.1 平准发电成本

评估项目经济性的第一步是估计发电的 LCOE。LCOE 是可以生产电力的最低成本（美元/kWhe）。因此要想赚钱，电的销售价格就必须超过这个值。贴现率是计算未来费用或储蓄的 PV 所必需的。因为目标是为了根据未来的预期支出来确定将花费或节省的现值，就 LCOE 而言，通货膨胀率是一个适当的贴现率。通货膨胀值能够很好地将这些未来的资金数据转换为当前的资金，其被设定为每年 2%。

出于本报告的目的，我们提供了以下 LCOE 的简化公式：

$$LOCE = \left(\frac{\text{项目成本} - \text{现值折旧税盾} + \text{现值工作寿命运行成本} - \text{现值残值费用}}{\text{工作寿期的总发电量}} \right) \quad (6.1)$$

"项目成本"是与使项目进入生产就绪状态相关的成本。它出现在项目开始时，因此不需要进行现值校正。项目投入运营后，其固定资产将根据美国国税局允许的目录折旧。由此产生的折旧费用将抵消原本应纳税的收入，从而减少税收花费。确定适当的折旧目录以及适当的税率，就可计算"现值折旧税"。然后需要预测在工作寿期内与运营项目相关的所有成本，包括但不限于燃料费用、保险费用、人工费用和维护费用。项目的硬件设施可能有残值，因此需要根据销售的时间和金额将其折算到现值中。一旦做出适当的假设，就可以对"现值工作寿期运行成本"进行估算。将"项目成本"和"现值工作寿期运行成本"相加，然后扣除现值折旧税，得到建筑和运营项目的工作寿期成本现值，同时扣除现值残值费用（假设为零）。将这个数值除以项目在该工作寿期内预计产生的电能，就可得到 LCOE。

任何给定的发电厂都可以得到一系列的 LCOE 值，具体选择取决于其应用。由于"项目成本"是固定的，并且在项目准备生产时基本无法改变，因此如何使用电厂通常会对 LCOE 产生很大影响。对于一个在工作寿期内高效利用发电厂的"基本负荷"项目，随着 LOCE 方程分母逐渐增大，将会得到一个较低的 LCOE 值。相反，在需要电力时，间歇性地利用发电厂的"峰值"项目则将提供成本相对较高的电力。可变的"运营成本"对于产能利用率不是特别敏感，因为它们在很大程度上随着功率规模而大幅扩大。它们将对所采用技术的特性更加敏感，例如，循环效率或维护要求。它们还将受到部署地点的影响，因为燃料和劳动力等许多花费会因地而异。除此之外，如第 5 章所述，电厂效率可能会因运行条件产生很大差异。

以 CC 发电厂为例，该发电厂具有与通用电气 LM-2500PE 燃气轮机相匹配的 SRBC sCO$_2$ WHR 电力系统（Wright 等，2016）。表 6.1 列出了 LCOE 计算的假设和中期结果。这些计算使用第 6.3.3 节中的公式修正了现值的未来费用和储蓄。文章中描述了一个"项目成本"为 30797000 美元的 CC 电厂。假设税率为 35%，该项目将在其工作寿期内产生 10778950 美元的税。假设 10 年直线折旧，并以 2% 的年贴现率（美联储通胀目标）计算，得到的"现值折旧税"为 9682283 美元。运营费用主要包括天然气，其价格为 5 美元/MMBTU，因此 CC 热耗率为 7323 BTU/kWhe，这相当于 0.03662 美元/kWhe 的燃料成本。其他运营和维护费用估计相当于 0.008 美元/kWh，使得总的特定运营成本为 0.04462 美元/kWhe。每年相当于 10636258 美元。以 2%的贴现率计算的 20 年工作寿期运行成本的现值是 173918069 美元"现值工作寿期运行成本"。并且假设该项目没有残值，将这些值相加得出现值电厂工作寿期总成本为 195032786 美元，这将作为 LCOE 成本的分子。分母为容量 32017kW，平均容量系数 85%，项目寿命 20 年，并且由此计算得到该项目将产生 4767971640kWh 的"工作寿期的总发电量"。将这些数值代入 LCOE 公式得出 LCOE 为 0.0409 美元/kWhe。

上述示例包括许多假设和简化。在此示例中，我们使用了 10 年直线折旧计划，但也可以使用其他加速计划。此外，如果有地方税收优惠，可以包含在营业税率值中。从示例中可以看出，LCOE 考虑了通货膨胀率、营业税率和燃料成本。所有这些变量都可能发生变化，因此根据假设，可以获得不同的 LCOE 值。但是，如果对各种项目使用相同的假设，则可以对这些项目进行有效的比较。

LCOE 是比较特定项目技术的最佳方式。根据上述计算，见表 6.1，只要竞争对手在同一应用中不能以低于 0.0409 美元/kWhe 的成本发电，就可以确定使用 SRBC-CC 是有意义的。需要注意的是，此值与 Wright 等人（2016）报告的结果略有不同（LCOE=0.0416 美元/kWh），因为 LCOE 计算假设折旧税应在每年年初支付，而不是在此处假设的年底支付。

表 6.1 与 LM2500-PE 匹配的 SRBC 的 LCOE 计算示例

与 LM2500-PE 配对的 SRBC 的 LCOE 计算示例		
类型	单位	数值
联合循环系统		
燃气轮机产生的功率	kWe	25000
SRBC sCO_2 底循环产生的功率	kWe	7017
联合循环总功率	kWe	32017
联合循环热耗率	BTU/kWhe	7323
工程项目成本	美元	30797000.00
折旧盾（直线折旧：10 年）		
年税率	%	35%
折旧年限	年	10
总税盾=税率×项目成本	美元	10778950.00
贴现率（通货膨胀率）	%每年	2%
现值折旧盾 PV (rate, nper, pmt)	美元	968283.47
运行和维护成本		
燃料（天然气）成本	美元/MMBTU	5
燃料（天然气）成本	美元/kWhe	0.03662
运行和维护成本	美元/kWhe	0.008
总燃料+运行和维护	美元/kWhe	0.0446
总燃料+维护	美元/kWhe	0.04462
运行费用（每年）	美元	10636258.35
电厂工作寿命	年	20
电厂利用率	%	85%
整个工作寿期内电厂的运行成本=工作寿期*运行费用	美元	212725199.93
现值工作寿期内电厂的运行成本=现值（整个工作寿期内电厂的运行成本）	美元	173918069.39
现值工作寿期总成本=项目成本-折旧盾+运行成本	美元	195032785.92
整个工作寿期总发电量	kWe	4767971640
LCOE（平准发电成本）=项目成本-折旧盾+运行和维护成本	美元/kWhe	0.0409

6.3.2 内部收益率

IRR 是用于帮助投资者确定项目在经济上是否可行的指标，它是利率的阈值。如果利率低于 IRR，则该项目的回报率为正。计算 IRR 需要针对项目在工作寿期内产生的收入和支出开发一个完整的财务模型。要求财务模型为每个时期（本示例中为年份）计算自由现金流量（free cash flows，FCF），计算得到 0.0409 美元/kWhe 的预计 IRR 见表 6.2。

IRR 是一组未来现金流量现值为零时的贴现率，或者是项目在财务方面实现收支平衡状态的贴现率，其公式为

$$0 = \text{FCF}_0 + \left[\frac{\text{FCF}_1}{(1+\text{IRR})}\right] + \left[\frac{\text{FCF}_2}{(1+\text{IRR})^2}\right] + \left[\frac{\text{FCF}_3}{(1+\text{IRR})^3}\right] + ... + \left[\frac{\text{FCF}_n}{(1+\text{IRR})^n}\right] \quad (6.2)$$

表 6.2 内部收益率（IRR）和净现值（NPV）的计算示例

内部收益率和净现值		
项目	单位	数值
假设		
电力销售价格	美元/kWe	0.06
税率	%每年	35%
厂用容量因素	%	85%
电厂工作寿命	年	20
折旧时间范围（10 年直线折旧）	年	10
项目成本（与 LM2500-PE 配对的 SRBC）	美元	50797000.00
现金流		
电力销售的年度收入或收益	美元	14303914.92
年度运行成本	美元	10636258.35
年度折旧费用	美元	3079700.00
1~10 年的应税收入（收入-费用-折旧）	美元	587956.57
1~10 年的纳税义务	美元	205784.80
折旧年度现金流	美元	382171.77
现金流=收入-运行成本-税收	美元	3461871.77
11~20 年的应税收入（收入-费用-折旧）	美元	3667656.57
11~20 年的纳税义务	美元	1283679.80
11~20 年的年度现金流（税后）	美元	2383976.77
IRR 计算现值		0.00
IRR 内部收益率		7.924%
利率(货币成本)	%每年	0.05
NPV 净现值	美元	7235839.47

FCF_0 是等式中的初始项目成本（并且是负数，因为它是花费的钱）。n 表示寿期（示例中的年份）。IRR 必须通过一个迭代过程来计算，公式中的贴现率会不断改变，直到现值公式（左侧）等于 0。带有求解器和财务计算器的电子表格软件对这类分析很有帮助。如前所述，内部收益率不是项目将提供给投资者的明确回报，而是项目将提供正收益的最大资金成本。因此，它为表明一个项目在明确其可用资金成本能够提供有吸引力回报的可能性提供了良好指示。此类财务信息对潜在投资者非常有价值。

IRR 计算的示例（表 6.2）同样使用了 SRBC-CC，这与 LCOE 计算中使用的系统相同。假设该项目将产生 0.06 美元/kWh 的电力收入，则年收入为 14303900 美元。10636258 美元的运营费是用从 LCOE 计算中结转过来的。折旧费用为 3079700 美元。从收入中扣除年度运营成本和年度折旧费用后，应税收入为 587957 美元。纳税义务为应纳税所得额的 35%，即 205784 美元。因此，前 10 年的年度折旧现金流为 382172 美元。然后再加上折旧税扣除（非现金费用），前 10 年的 FCF 为 3461872 美元。换句话说，FCF 等于收入减去费用与收税的和在项目完全折旧后，应税收入增加到 3667657 美元，年度纳税义务增加到 1283680 美元，年度 FCF 下降到 2383967 美元。"FCF_0" 的项目成本为 30797000 美元，"$FCF_1 - FCF_{10}$" 的项目成本为 3461872 美元，"$FCF_{11} - FCF_{20}$" 的项目成本为 2383976 美元，SRBC 与 LM2500-PE 匹配的 IRR 为 7.924%。

这组 IRR 的计算表明，当利率低于 7.92% 时，这 CC 项目是可行的。经济分析的下一步是估计它的价值，这需要用到下一节中的 NPV 公式。

6.3.3 净现值

如前所述，计算得出的内部收益率表明，只要资本成本低于 7.93%，拟议项目就会产生正的财务回报。为了量化该回报，我们将使用以下公式计算项目的 NPV，即

$$NPV = FCF_0 + \left[\frac{FCF_1}{(1+r)}\right] + \left[\frac{FCF_2}{(1+r)^2}\right] + \left[\frac{FCF_3}{(1+r)^3}\right] + \cdots + \left[\frac{FCF_n}{(1+r)^n}\right] \quad (6.3)$$

该公式实际上与用于确定 IRR 的公式相同。不同之处在于其使用资本成本分配贴现率 r 进行求解。如果项目完全靠债务融资，则将债务的利率作为 r。该项目也可能是通过股权和债务融资组合获得资金，这就需要计算出加权平均资本成本，然后将其作为 r。

需要注意的是，贴现率 r 不同于用于计算 LCOE 的贴现率。用于 LCOE 计算的贴现率用于将未来成本转换为现值。而贴现率 r 代表长期资产的融资成本，以及长期占用大量资金的成本。利率 r 也不同，因为它可能包含项目的风险因素。因此，风险较大的项目将附有较高的利率。

为简单起见，假设该项目的平均资金成本为 5.0%。使用与以前相同的 FCF 数据，计算出 NPV 为 7235839 美元（以当今的美元计算）。这意味着除了收回初始投资外，在调整项目开始的融资成本后，还将在项目的 20 年工作寿期内获得 720 万美元的现值收益。但是如果资本成本增加到 10.0%，项目 NPV 则将变为负数，为 3877664 美元。

对该经济分析进行简要总结得出 LCOE 为 0.0409 美元/kWhe。远低于大部分地区的市场电价，因此该项目在电费方面是可行的。当然，这还需要同它的竞争对手进行比较。IRR 为 7.92%，这意味着如果资本设备的利率低于此值，则项目可以获得正回报。最后根据 NPV，得到了该项目的估计价值为 723 万美元。

下面将提供一个经验成本结果，可以用它来估算项目成本，这些成本用于将 SRBC sCO_2 电力系统与 LM2500-PE 燃气轮机匹配的联合循环。

6.4 项目成本基础

根据前面的经济部分，提供项目成本的估算十分必要。Wright 等（2016）提供了 10 MWe 级 sCO_2 电力系统设备的经验成本估算方法。估算主要集中在定义换热器成本上，因为发电厂的很大一部分成本都分配给了换热器。该报告还有其他目的，因为经济分析的主要目标是通过优化换热器的尺寸使 sCO_2 发电厂的收入最大化，这与最大化项目的 NPV 或 IRR 不同。此外，设备成本分析能很好地涵盖换热器，但是它将涡轮机械加辅助设备和电厂辅助设施（balance of plant，BOP）成本归为了一组。因此，成本模型无法准确地计算更复杂的、使用了多个涡轮机械的系统，但它合理地对使用多个初级换热器的电力系统进行了考虑。其将成本分为了换热器和涡轮机械加 BOP 这两类来分析。

对于换热器，成本模型包括了初级加热器和预热器、高温和低温回热器，以及 CO_2 冷却器。该报告特别明确了每一个换热器对成本的影响。对换热器成本使用一个简单的模型，即假设成本与 UA 成正比，其中 U 是通用传热系数（W/m²-C），A 是面积（m²）。这是一种方便的成本计算方法，简单地说就是 $UA=Q/LMDT$，其中 Q 是换热器传递的热量，$LMDT$ 是整个换热器的对数平均温差。读者可以看出成本模型具有正确的定性趋势，因为随着功率的增加，成本也随之增加；同样，随着 $LMDT$ 的降低，成本也会增加。选择这个定义是因为它可以通过每个 sCO_2 工艺流程图的热平衡分析方便地进行计算。在本报告中，使用端点温度来确定 $LMDT$，因为换热器已知成本的基础也是基于端点 $LMDT$，如第 3 章和第 5 章所述。校正通过换热器的温度分布可以为 UA 提供更好的计数结果。

涡轮机械加辅助 BOP 设备的成本包括了透平、压缩机、密封件、轴承、齿轮箱系统、发电机、电机、变频驱动器、管道、滑轨、仪表、控制系统、油润滑、油冷却和净化气体管理系统、CO_2 补给系统和冷水冷却系统。这些成本在所有涡轮机械和 BOP 设备中被归为一个成本，在某些 sCO₂ WHR 循环中，需要两个涡轮机械系统，这样既不会出现成本中断，也不会受到成本惩罚。此外，这些估算中不包括开发者的不可恢复工程（Nonrecoverable Engineering，NRE）成本，但包括原始设备制造商（Origined Equipment Manufactores，OEM）的 NRE 成本。因此，该成本更适用于 FOAK sCO₂ 系统，而不是第 n 个同类电厂。

表 6.3 列出了各种 sCO₂ 电力系统设备的成本基础，并在后面进行了说明。

表 6.3 设备特定成本的估算（包括 FOAK 系统的 NRE）

组件描述	费用单位	组件特点成本
换热器（成本/UA）	美元/(kW$_{th}$/K)	2500
翅片管一次加热器（成本/UA）	美元/(kW$_{th}$/K)	5000
管壳式 CO₂-冷却器（成本/UA）	美元/(kW$_{th}$/K)	1700
涡轮机械+发电机+电机+齿轮箱系统+管道+滑轨+仪表和控制系统+辅助 BOP	美元/kW$_{th}$	1000

6.4.1 换热器

换热器特定成本基于每单位 UA 的成本，其单位为美元/（kW$_{th}$/K）。该报告中公布的成本值约为 2500 美元/（kW$_{th}$/K），见表 6.3。该值与 2013 年之前类似尺寸的先进高压换热器的预算报价一致。当时，估计的不确定性为±30%。此估算没有考虑基于多个换热器购买、功率规模经济或将换热器 NRE 分布在多个换热器上而降低的成本。成本估算也不考虑货币价值的变化、制造过程的变化和由于竞争更加激烈导致市场发生的变化，也不包括 sCO₂ 系统开发商所需的 NRE 和利润。

6.4.2 sCO₂ 气体冷却器

气体冷却换热器为基于水冷 CO₂ 或翅片式空气冷却器的管壳成本，不包括水冷源的成本。它的特定成本单位为 1700 美元/（kW$_{th}$/K），并且基于类似尺寸换热器的预算报价。其不确定性约为 30%。该成本值也在表 6.3 中列出。本节的分析不会对干式或湿式冷却方法进行区分。

选择使用风冷换热器还是使用蒸发水冷系统可能将取决于使用的循环类型、产生的总功率、当地温度、冷却水的成本和可用性，以及许多其他问题，例如，在其他辅助系统中需要水冷。接近 600MWe 或更高的大型核电应用可能会受到风冷换热器尺寸的严重影响，其有 130~200ft²/MW$_{th}$ 的热量被排出。5~20MWe 范围内的 WHR 电力系统可能会受益于干式冷却系统的简单性和由于较低的功率水平而占用的较小空间，但在更热的环境下效率会降低。如果可以使用冷却水，CSP 应用将大大受益，但由于缺乏可用性使得 CSP 很可能会使用干式冷却。根据地点、功率规模和当地法规，化石燃料电厂可能会使用水冷或干冷。

6.4.3　余热回收设备

WHR 换热器的特定成本基于使用 API 标准 560 技术的可在设计压力和温度下运行的燃气加热器。该技术类似于用于 WHR 换热器单元的技术，但有一些不同之处。对于 WHR sCO_2 系统，与直接燃烧的气体加热器相比，WHR 将在余热燃烧气体和 CO_2 之间的更低温差下运行。这意味着 WHR 中的管道材料可以在低得多的温度下运行。然而，由于 WHR 中的 dT 较低，因此将可能会有更大的传热面积。较大的面积往往会增加成本；相比之下，较低的材料温度则可以使用更薄的管壁和更便宜的钢材，从而降低成本。由于这两种影响相互抵消，因此使用 5000 美元/(kW_{th}/K) 的特定成本是合理的，这与为该尺寸范围内的燃气加热器供应商提供的成本估算量级一致。但是，其不确定性更大。预计成本不确定性约为 +50%/–30%，这主要取决于 WHR sCO_2 系统所需的最高材料温度和压力。该值与其他特定成本一起列入表 6.3 中。

6.4.4　涡轮机械与 BOP 成本

涡轮机械加上辅助 BOP 组件的成本包括了透平、压缩机、密封件、轴承、齿轮箱系统、发电机、电机、变频驱动器、管道、滑轨、仪表、控制系统、油润滑、油冷却和净化气体管理系统、CO_2 补给系统和冷水冷却系统。这些成本并未划定具体成本，而是将其视为一个整体。对于 FOAK 系统，假设涡轮机械成本与产生的净功率成正比，来实现对涡轮机械和辅助系统的成本估计。该值被选为 1000 美元/kWe，见表 6.3。随着生产线的建立，预计该值会随着时间的推移而大幅降低。

6.4.5　燃气轮机成本

中型燃气轮机的安装特定成本估计为 750 美元/kWe。LM2500-PE 燃气轮机在环境温度为 15℃下，发电机终端将产生的电力为 25MWe（GE 手册）。

6.4.6　sCO_2 底部循环成本估算

表 6.3 中提供的 sCO_2 底部循环特定成本用于确定 SRBC 项目成本。为此，对 SRBC 的运行条件进行了调整，以最大限度地提高年净收入，同时考虑换热器、涡轮机械、BOP 的成本以及支付 SRBC 在 20 年期间的 5%资金成本的利息。随后，选取透平入口温度、CO_2 质量流量、一次换热器燃烧气体对 CO_2 的温差、回热器冷侧温差，以及水温为 19℃ 的 CO_2 冷却器。

SRBC 的工艺流程图如图 6.1 所示。该图还展示了该工艺过程的 T-s（温熵）曲线和主换热器曲线，该曲线描述了主换热器中燃烧气体温度与 CO_2 熵之间的关系。需要注意的是，此工艺流程图在捕获余热方面并不是特别有效，因为 WHR

效率仅为 61.2%。其他 sCO$_2$ 循环在将余热吸收至 CO$_2$ 方面更为有效，WHR 效率约为 80%。然而，SRBC 循环的优化过程通过使用比具有高 WHR 效率的循环更高的透平入口温度来进行补偿。通过这种方式，SRBC 能够将 sCO$_2$ 热循环效率提高到 28.3%，从而使总效率（定义为 eff$_{WHR}$ × eff$_{CO_2}$ -netElect）更大，接近 17.3%。其中，eff$_{WHR}$ 为 WHR 的效率，eff$_{CO_2}$ -netElect 是将 CO$_2$ 中的热能转化为电能的效率。在一些专为 WHR 设计的先进热力循环中，总效率可以提高到 21%～22%。

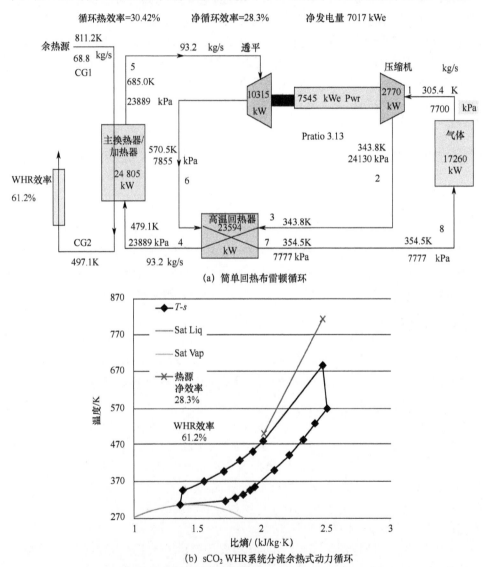

图 6.1　用于估算底循环成本的简单回热布雷顿运行条件

HX—换热器；sCO$_2$—超临界二氧化碳；WHR—余热回收。

随后，可使用优化过程的结果来估计 SRBC 底部循环成本。结果总结在表 6.4 中（Wright 等，2016）。从表中可以看出，换热器成本估计为 503.0 万美元，涡轮机械加 BOP 成本为 701.7 万美元，总成本为 1204.7 万美元，而 CC 成本为 3079.7 万美元，这是之前提到的经济性分析中使用的项目成本。该 SRBC 成本的不确定性估计约±30%，这表明换热器的成本巨大，约占 SRBC 总成本的 40%。

表 6.4　年度收入最大化时 SRBC 性能和成本估算结果

SRBC		
LM-2500PE	单位	数值
余热（宣传册）LM2500	kW$_{th}$	40731
余热燃烧模型	kW$_{th}$	40530
通过压缩机的质量流率	kg/s	93.2
加热器的质量流率	kg/s	93.18
余热回收效率		61.20%
sCO$_2$ 循环净效率		28.30%
总效率		17.31%
最大涡轮机进口温度 T	K	685
最大涡轮机进口温度 T	C	411.8
排烟温度	K	497.1
排烟温度	C	223.9
总传热能力 UA		1795
换热器 UA	kW/K	630.5
加热器 UA	kW/K	446.6
冷却器 UA	kW/K	718.2
换热器成本	美元	1576314
加热器成本	美元	2232836
冷却器成本	美元	1221021
总换热器成本		5030171
换热器效率		
一次换热器	%	94.60%
预热器	%	
高温回热器	%	94.00%
低温回热器	%	
CO$_2$ 冷却器	%	73.80%
最小温差	K	10.7
联合循环热耗率（GT 仅为 9611BTU/kW·h）	BTU/kWh	7323
电力出售有效收入	%百万/年	2.168

续表

SRBC		
LM-2500PE	单位	数值
每 kWe 净收入	美元/kWe	1717
净产电能	kWe	7017
联合循环总效率	%	46.60%
简单回热布雷顿底部循环成本	百万美元	12.047
联合循环成本	百万美元	30.797

6.5 总结以及 sCO_2 循环系统经济性结论

sCO_2 循环系统的潜在应用按热源分类，包括余热、CSP、化石能、核能、大容量储存和地热。其他可能受益于 sCO_2 技术但未进行讨论的市场包括城市或工业部门的大规模制冷、用以支持液化天然气或空气产品生产的机械动力或制冷、工业生产过程中的机械作业、利用 sCO_2 的溶剂特性清理或采矿，甚至是从可再生能源中生产液体燃料。

这些讨论的主要观点是在所有这些市场案例中，sCO_2 循环系统为以下方面提供了潜在的解决方案。

（1）大幅度提升每种技术的能量转换效率；

（2）使该应用在经济上可行，但前提是 sCO_2 技术充分与热源（CSP、地热、零排放化石燃料）集成；

（3）借助该技术的小尺寸、高效率和颠覆性（舰船动力、大容量能源存储）优势创造新的市场；

（4）填补服务不足的市场（中小型燃气轮机、生物燃料和大容量储能的 WHR）。

幸运的是，世界各地政府和行业机构都在开展研究并建设试点电厂以解决与 sCO_2 系统相关的众多技术问题。此外，还有多个设备制造商和一些美国政府研究计划支持开发和测试更具竞争力和替代性的换热器技术。这些努力能够大幅度减小换热器的尺寸和成本。

本章的经济性通过对项目的 LCOE、IRR 和 NPV 的分析来评估产品成本、回报率和项目价值的无偏指标。然后提供了关于这些指标的示例，从而说明了使用 25MWe 燃气轮机余热的 sCO_2 系统的潜在成本。然后通过提供的换热器经验成本估算，以及运行在不锈钢适宜温度下的涡轮机械和 10MWe 级 sCO_2 系统的 BOP 成本，对研究对象项目的成本进行了计算分析。

参考文献

Allam, R.J., Fetvedt, J.E., Forrest, B.A., 2014. The oxy-fuel, supercritical CO_2 allam cycle: new cycle developments to produce even lower-cost electricity from fossil fuels without atmo-

spheric emissions. In: Proceedings of ASME Turbo Expo 2014, GT2014−26952, June 16−20.
Bauer, M.L., Vijaykumar, R., Lausten, M., Stekli, J., March 28−31, 2016. Pathways to cost competitive concentrated solar power incorporating supercritical carbon dioxide power cycles. In: Proceedings to the 5th International Symposium − Supercritical CO_2 Power Cycles, San Antonio, Texas.
Berk, J., DeMarzo, P., 2011. Corporate Finance, second ed. Prentice Hall. p. 97, 113.
Clementoni, E.M., Cox, T.L., 2014. Practical aspects of supercritical carbon dioxide Brayton system testing. In: Proceedings of the 4th International Symposium − Supercritical CO_2 Power Cycles, September 9−10, 2014, Pittsburgh, Pennsylvania.
Dash, D., Kwok, K., Sventurati, F., 2013. Industrial waste heat to power solutions. In: Presentation in the Texas Combined Heat and Power and Waste Heat to Power Annual Conference & Trade Show, Houston, Texas, October 7−8. www.heatispower.org.
Dostal, V., Driscoll, M.J., Hejzlar, P., March 2004. A Supercritical Carbon Dioxide Cycle for Next Generation Nuclear Reactors. MIT-ANP-TR-100.
Elson, A., Tidball, R., Hampson, A., March 2015. Waste Heat to Power Market. Prepared by ICF International 9300 Lee Highway Fairfax, Virginia 22031 under Subcontract 4000130950, ORNL/TM-2014/620.
Frank, E.D., Sullivan, J.L., Wang, M.Q., September 13, 2012. Life Cycle Analysis of Geothermal Power Generation with Supercritical Carbon Dioxide. IOP Publishing. stacks.iop.org/ERL/7/034030.
Huck, P., Freund, S., Lehar, M., Maxwell, P., 2016. Performance comparison of supercritical CO_2 versus steam bottoming cycles for gas turbine combined cycle applications. In: Proceedings of the 5th International Symposium − Supercritical CO_2 Power Cycles, March 28−31, 2016, San Antonio, Texas.
Jaroslav, H., May 24−25, 2011. Thermoelectric energy storage based on transcritical CO_2 cycle. In: Proceedings of Supercritical CO_2 Power Cycle Symposium, Boulder, Colorado.
McClung, A., Brun, K., Chordia, L., 2014. Technical and economic evaluation of supercritical oxy-combustion for power generation. In: Proceedings of the 4th International Symposium − Supercritical CO_2 Power Cycles, September 9−10, 2014, Pittsburgh, Pennsylvania.
Neises, T., Turchi, C., 2013. A comparison of supercritical carbon dioxide power cycle configurations with an emphasis on CSP applications. In: Proceedings of SolarPACES 2013. Available online at: www.sciencedirect.com.
NET Power Breaks Ground on Demonstration Plant for World's First Emissions-Free, Low-Cost Fossil Fuel Power Technology, March, 2016. https://netpower.com/news/.
Personal Communication to Steven A. Wright with Kourosh Zanganeh, NRCAN, 2010. Kourosh.Zanganeh@NRCan-RNCan.gc.ca.
Randolph, J.B., Saar, M.O., 2011. Combining geothermal energy capture with geologic. Geophysical Research Letters 38, L10401. http://dx.doi.org/10.1029/2011GL047265.
Short, W., Packey, D.J., Holt, T., 1995. A Manual for the Economic Evaluation of Energy Efficiency and Renewable Energy Technologies, March 1995 NREL/TP-462-5173, p. 47.
Subbaraman, G., Mays, J.A., Jazayeri, B., Sprouse, K.M., Eastland, A.H., Ravishankar, S., Sonwane, C.G., 2011. ZEPST M plant model: a high efficiency power cycle with pressurized fluidized bed combustion process. In: Proceedings of 2nd Oxyfuel Combustion Conference, 12th−16th September 2011, Capricorn Resort, Yeppoon, Queensland, Australia.
Wright, S.A., Radel, R.F., Vernon, M.E., Rochau, G.E., Pickard, P.S., September 2010. Operation and Analysis of a Supercritical CO_2 Brayton Cycle. SAND2010−0171.
Wright, S.A., Davidson, C.S., Scammell, W.O., March 2016. Thermo-economic analysis of four waste heat recovery power systems. In: Proceedings of the ASME Paper, 5th International Symposium − Supercritical CO_2 Power Cycles.
Zanganeh, K., 2010. Personal communication, Natural Resources Canada (NRCAN). KZangane@NRCan.gc.ca.

第 7 章 透平机械

T.C. Allison [1], J. Moore [1], R. Pelton [2], J. Wilkes [1], B. Ertas [3]
[1]西南研究院，圣安东尼奥，得克萨斯州，美国；[2]韩华泰科，休斯敦，得克萨斯州，美国；[3]GE 全球研究部，尼斯卡尤纳，纽约州，美国

概述：压缩机和透平是 sCO_2 循环的关键设备，对 sCO_2 系统的循环效率、瞬态性能、运行范围和运行成本有着重要影响。sCO_2 循环的特点包括压缩机在临界点附近运行，以及透平设备的工质为高温、高压、高密度属性。这些特点导致设备具有高功率密度，并为轴承、压缩机运行范围、设备承压、密封、热量管理和转子动力学提出挑战。本章概述了 sCO_2 涡轮机械相关的内容，主要包括设备设计思路、现有原型的回顾，以及对上述挑战的详细讨论等。

关键词：空气动力学；轴承；压缩机；膨胀机；叶轮；机械；泵；转子；转子动力学；密封；透平；涡轮机械

7.1 简介

各种 sCO_2 循环都需要涡轮机械来完成系统运行压缩和膨胀过程。与其他工质布雷顿循环相比，sCO_2 循环的显著优点是高流体密度使得涡轮机械非常紧凑，为证明该优势，图 7.1 比较了相近功率水平的蒸汽轮机和 sCO_2 透平设备。sCO_2 透平出口的工质密度大约是冷凝式蒸汽轮机的 10000 倍，而且是开式布雷顿循环燃气轮机的 100 倍以上。该紧凑性优势不仅降低了材料成本，也有利于减轻重量和空间环境的应用，如用于船舶或太阳能（塔式）发电。sCO_2 循环中压力、温度和密度的组合超出了现有涡轮机械（如燃气轮机、蒸汽轮机，甚至高压气体压缩机）的设计基础，因此 sCO_2 涡轮机械的设计是实现该循环的一大挑战。

不同 sCO_2 循环需要不同类型的涡轮机械，例如，简单布雷顿循环仅需一个压缩机和透平。更复杂的系统，如再压缩循环（Angelino，1968）、级联循环（Hofer，2016）或冷凝循环（Turchi 等，2013；Hold，2014），较简单循环具有更高的效率，但可能需要低温或高温透平以及两个或三个压缩机。除了循环中的主涡轮机械外，辅助设备可能包括用于端部密封泄漏的再压缩小型涡轮机械、密封气体增压器和启动/备用压缩机等。由于辅助设备的流速远低于主设备，因此这些设备更可能采用往复式压缩机或泵以在应用过程中实现更小的尺寸。

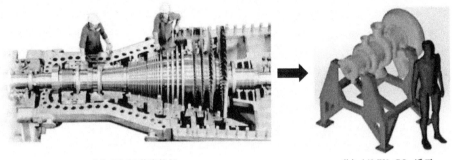

(a) 20MW蒸汽轮机　　　　　　　(b) 14MW sCO$_2$透平

图 7.1　蒸汽轮机和 sCO$_2$ 透平尺寸对比

涡轮机械的性能对整个循环效率有很大的影响。图 7.2 给出不同设备效率(随着压缩机效率的变化,透平效率固定在 87.5%；或随着透平效率的变化,压缩机效率固定在 82.5%),对最高温度为 700℃的简单布雷顿循环效率的影响。结果表明,透平效率每提高 2%,循环效率就提高约 1%,而压缩机效率的影响约为前者的一半。在设备效率的典型范围内,该趋势几乎是线性的。虽然不同循环系统效率的确切结果会有所不同,但趋势是相似的。

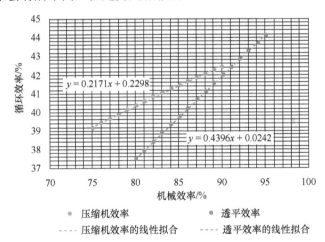

· 压缩机效率　　　　· 透平效率
---- 压缩机效率的线性拟合　　---- 透平效率的线性拟合

图 7.2　涡轮机械效率对简单布雷顿循环效率的影响

涡轮机械的非设计工况性能将影响循环系统变负荷工况效率、运行策略和系统的高效稳定运行区间。与其他系统相同,启动和停闭过程也必须考虑涡轮机械的非设计工况性能,以免出现破坏性运行工况,如喘振、临界转速运行或超速。最后,除了回热器和主换热器的瞬态热应力需要考虑,透平的机械设计也可能会影响系统瞬态过程的运行效果。

本章介绍了 sCO$_2$ 循环中涡轮机械的运行要求、挑战和各种设计概念。7.2 节描述了各种循环方案所需的涡轮机械类型,并讨论了涡轮机械设计对循环性能和灵活性的影响。7.3 节概述了各种处于试验阶段的涡轮机械，并对各种涡轮机械的结构和设计进行了回顾。7.4 节重点介绍了所有 sCO_2 涡轮机械共同面临的挑战，包括转子动力学、承压容器、密封和瞬态或非设计工况运行等，并对包括轴承和密封在内的特定部件进行了说明。7.5 节和 7.6 节讨论了压缩机和透平的设计特征和挑战。7.7 节给出了总结性讨论。

7.2 机械结构

sCO_2 循环的涡轮机械可分为多种结构，包括轴流或径流设计、单轴或双轴布置以及各类齿轮结构。本节介绍了上述概念，并讨论其优缺点。

7.2.1 径流式/轴流式结构

涡轮机械可设计为径流式或轴流式。不同流通方式的选择通常基于循环与应用的运行条件（绝热压头 H 和入口体积流量 Q）。这些运行条件用于选择级数、叶轮顶部直径 D 和转速 N，并使涡轮机械无量纲参数比转速 N_s 和比直径 D_s 接近最优设计值。比转速 N_s 和比直径 D_s 定义如下：

$$N_s = \frac{NQ^{1/2}}{(g_cH)^{3/4}}$$

$$D_s = \frac{D(g_cH)^{3/4}}{Q^{1/2}}$$

图 7.3 和图 7.4 分别展示了压缩机和膨胀机在等效率线下的 D_s 与 N_s 之间的关系。在大多数循环工况条件下，高密度 CO_2 使得体积流量相对较低，因此 sCO_2 涡轮机械往往比同等功率的燃气轮机或蒸汽轮机的尺寸更小，并且以更高的转速运行以保持 D_s 与 N_s 接近最优值。大多数循环的总绝热压头不受设备尺寸的影响，但体积流量与尺寸成正比。因此，为了保持 D_s 与 N_s 的最优值，体积流量较小的低功率系统将具有更小的设备尺寸以及更高的运行转速。随着功率水平的提高，涡轮机械的尺寸增大，但转速减小。此外，当体积流量足够大时，其绝热压头被分配到多个级中，因此最初的气动设计过程通常会评估机械类型以及速度、尺寸和级数，以提高设备工作效率。

一般来说，在较低压头和较高体积流量下轴流式比径流式设备性能更好（具有较高的 N_s 和较低的 D_s）。因此，高功率（高流量）循环更可能使用轴流式设备而不是径流式。在较宽的非设计流量范围内保持设备高效则倾向于径流式压缩机而非轴流式设计。Sienicki 等（2011）研究了 sCO_2 再压缩循环的涡轮机械类型，其规模从 100kWe 到超过 300MWe，得出结论如下，低于 10MWe 的系统可能只需单级或低级数的径流式涡轮机械。随着设备尺寸的增加，Sienicki 注意到所有涡轮机械的级数将增加,且透平和再压缩机从径流式到轴流式过渡的最优功率分别约为30MWe和100MWe。由于主压缩机的体积流量较低且在临界点附近运行时气体性质变化范围较宽,因此在所有功率水平上都应采用径流式结构。需要注意的是,上述数值是基于一组尺寸假设,并且速度、尺寸和级数的多种组合可能会影响从径流式向轴流式结构过渡的最佳比例,但总体趋势是一致的。

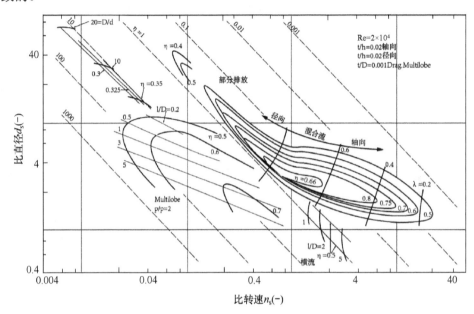

图 7.3　压缩机比转速与比直径关系图（Balje，1981）

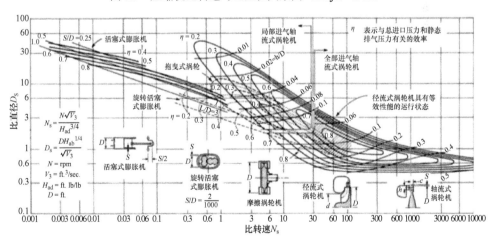

图 7.4　膨胀机比转速与比直径关系图（Balje，1981）

7.2.2 发电机连接和传动结构

在 sCO₂ 循环中，涡轮机械和发电机/电动机之间，以及透平和压缩机之间均由多个轴和密封结构实现功率传输。从理论上讲，最简单的方案是将所有设备都封装在同一个高压容器内，并在高压下运行发电机/电动机。该方案结构紧凑，无须考虑轴端密封及其相关泄漏。然而，如 Wright 等（2010）和 Kimball 及 Clementoni（2012）所述，高流体密度导致电机腔中出现高风阻损失。使用内部密封和扫气泵/压缩机可以降低电机腔压力，但如何将这些设备布置在压力容器内是一个挑战，而且扫气泵/压缩机的功耗会降低循环效率。密封的机器概念还需要可放置在过程环境中的轴承，而非大型工业设备采用的油膜轴承。由于齿轮箱不能安装在高压外壳内，在各功率水平时可能需要使用非同步交流发电机转速，并且需要昂贵的电力电子设备来匹配电网频率。由于这些限制，大多数 sCO₂ 机械配置通过轴端密封将轴承和齿轮变速箱与涡轮机械隔离。

齿轮变速箱的选择取决于功率水平、涡轮机械转速和包括密封结构、单轴或双轴配置等的结构选项。如图 7.5 所示为四种发电机/齿轮变速箱布置：①直接驱动或齿轮传动涡轮发电机，未定义压缩机驱动形式；②带直接驱动或齿轮传动发电机组的齿轮传动压缩机组；③双轴形式，单级膨胀机驱动压缩机，直接或通过齿轮驱动第二根涡轮发电机轴；④单轴形式，膨胀机和压缩机组与齿轮发电机以相同转速运行。

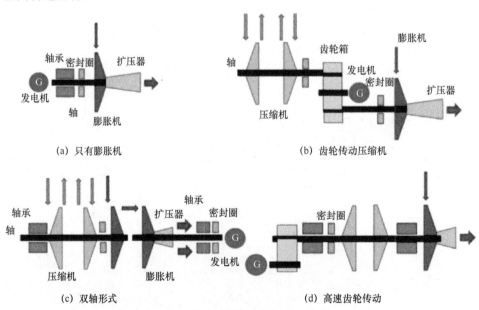

图 7.5　涡轮机械机组布置形式示意图（Kalra 等，2014）

对于齿轮传动系统，通常首选行星齿轮箱，因为它们的尺寸较小且功耗较低。

行星齿轮箱的轴功率最高可达约 60MW（GE Oil 和 Gas，2016），且通常考虑将透平与同步发电机以 1800r/min 或 3600r/min 的转速耦合。齿轮箱也可用于分隔透平和压缩机，使两个设备可以在不同的转速下运行。齿轮箱损失降低了 1.5% 的系统效率（Beckman 和 Patel，2000），但是这部分损失可能被更高转速下涡轮机械效率的提高所抵消。

图 7.6 总结了从各文献中获得的 sCO_2 涡轮机械转速与循环功率关系。对于 3MWe 及以下的工况，涡轮机械和发电机高速运行，且需要电力电子设备将功率转换为电网频率；在功率较高的工况下，约在 7MWe 和 50MWe 都在透平和发电机之间使用齿轮箱；而在 50MWe 以上的工况将有一个同步动力透平。在大多数情况下（实心和空心圆圈重叠处），一个透平驱动压缩机和发电机，但其他布局包含有分轴设计，即有一单独的高速透平来驱动压缩机。

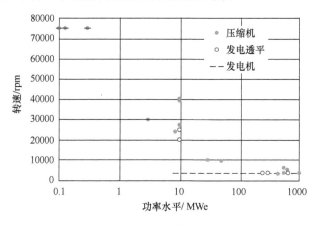

图 7.6　sCO_2 涡轮机械转速与功率水平

整体式齿轮压缩机、膨胀机和压扩机（膨胀和压缩阶段结合）的结构是另一种齿轮机械形式，由安装在单个大齿轮上的多个小齿轮轴组成。该装置可使用低成本、低速的电机/发电机，且结构紧凑。每个小齿轮可以不同的速度运行，以分别优化多级性能，且每级具有单独入口和出口管道设计以允许级间再热和冷却，进一步提高级间和循环效率。由于所有涡轮机械元件紧密集成，该设计有利于实现模块化，且其设计也适用于某些范围的功能扩展，如可变进口导叶（inlet guide Uanes，IGV）和可能的可变几何扩散器叶片及透平喷嘴。整体式齿轮布局的潜在缺点是轴承和密封件的数量增加，并可能导致可靠性降低和密封泄漏增加。此外，每级的小齿轮功率损失接近 2%~4%（Wilkes 等，2016a），会导致级效率的降低。

7.2.3　双轴或单轴

双轴布置使用单独的膨胀机分别驱动压缩机和发电机，以实现更高转速的运行（取决于循环工况和功率水平），并获得更高效的压缩机和高速透平性能。双轴布置在启动和停闭工况的多功能性也使其更具吸引力，因为透平压缩机组可以独立于发电机组运行。透平也可以配置为串联或并联运行，从而增加设计的灵活性。双轴涡轮机械的缺点包括需要为两台设备中的每台分别提供一个昂贵的承压外壳，或者复杂的轴承设计。设备数量的增加也增加了管道和辅助设备（如阀门、滑油系统和密封系统）的成本。此外，从系统中损失的 CO_2 量和轴端密封件的数量成比例增加，可能会增加一倍。

7.3 现有的 sCO_2 涡轮机械设计

本节主要介绍研究机构或商业实验回路中现有的涡轮机械原型，以及文献中讨论的选定设计。后面给出了一个设计实例，为后面内容中进一步详细讨论转子动力学和空气动力学提供对象。

本节讨论仅限于专门为 sCO_2 循环设计的涡轮机械。用于其他工业过程的 CO_2 压缩机和离心泵运行在高于临界点的压力下（Wacker 和 Dittmer，2014；Metz 等，2015）。然而，现有的泵需要将运行温度保持在临界温度以下，以最大限度地减少压缩过程中的体积减小；而现有的压缩机则需要将运行温度保持在临界温度以上，以避免在密度梯度较大的状态点附近工作。由于绝大多数 sCO_2 循环涉及在临界点附近运行的压缩机/泵，因此这里不详细讨论这些现有的压缩机和泵。

7.3.1 现有原型

7.3.1.1 100 kWe 示范样机

最广为人知的 sCO_2 涡轮机械原型应当是安装在桑迪亚国家实验室（Wright 等，2010）试验回路的 125kWe 设备样机和海军核能实验室（Kimball and Clementoni，2012）集成试验系统（Integrated System Test，IST）中的 100kWe 设备样机。这两个涡轮机械均由巴伯·尼科尔斯公司（Barber-Nichols，Inc.）设计，彼此非常相似。

Sandia 测试回路包含两个以 75000r/min 的转速运行的涡轮发电压缩机组（turbine-alternator-compressor，TAC）。两个机组一个驱动主压缩机，而另一个驱动更大的再压缩机，其余几乎完全相同。IST 的涡轮机械设计用于简单回热循环，包括一个 75000r/min 转速的 TAC 机组（带主压缩机）和一个 75000r/min 动力涡轮机组（不带压缩机）。图 7.7 所示为单个机组的横截面示意，Clementoni 等详细描述了 Sandia 和 IST 的 TAC 机组设计特征。

高转速限制了使用干气密封或其他能够完全密封转轴的技术，因此轴上所有部件都集成在压力边界内部。两个机组均在压力边界内设计有永磁电动发电机，以保证运行所需的理想转速，而不受热力水力条件的影响。由于电机/发电机位于压力边界内，使其暴露在高密度 CO_2 环境中。为了避免与高密度 CO_2 相关的过度风阻损失，在透平和压缩机叶轮转子内侧采用迷宫式带齿密封和可磨损衬套，用于在高压回路和电动发电机机腔之间形成屏障。两台独立的往复式压缩机用于降低腔体压力以减少风阻，并将通过轴封泄漏的气体压缩至回路压力以便回流到预冷器上游的主回路中。

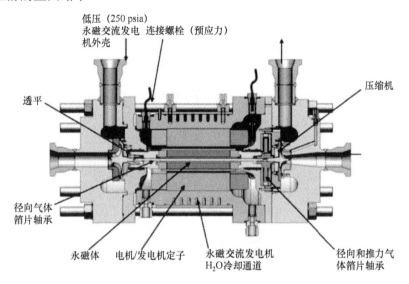

图 7.7　Sandia 和 IST 的 TAC 机组横截面示意（Wright 等，2011）

图 7.8 所示为气体箔轴承和推力轴承，图 7.9 所示为 Sandia 压缩机和透平的叶轮（Wright 等，2010）。压缩机叶轮由铝制成，而透平叶轮由 718 合金制成。文章指出，后续在透平叶轮的轮毂上增加了切口，并对压缩机叶轮背面的叶片进行了修改以平衡推力负载。

(a) 气体箔轴承　　　　　　　　(b) 推力轴承

图 7.8　气体箔轴承和推力轴承（Wright 等，2010）

OD = 37.3 mm 1.47"	OD = 57.9 mm 2.27"	OD = 68.3 mm 2.69"	OD = 68.1 mm 2.68"
(a) 主压缩机	(b) 再压缩机	(c) 再压缩机的透平	(d) 主压缩机的透平

图 7.9　Sandia 涡轮发电压缩机组的压缩机和透平叶轮（Wright 等，2011）

表 7.1 总结了 TAC 机组的尺寸和设计参数。IST 的压缩机和透平的特性曲线如图 7.10 和图 7.11 所示，其中设计工况点用红色菱形表示。即使在相同的质量流量下，再压缩机的叶轮尺寸也要大得多，是由主压缩机和再压缩机的入口密度差异造成的。

表 7.1　Sandia 和 IST 涡轮机械参数

部件	直径/mm	设计进出口压力/bar	设计进口温度/℃	设计流量/(kg/s)	设计效率(t-s)	设计等熵焓降/(kJ/kg)
Sandia 主压缩机	37.3	76.9/141.1	32.2	3.67	66.5%	10.1
Sandia 再压缩机	57.9	77.9/140.1	59.4	2.27	70.1%	26.9
Sandia 主压缩机	68.1	135.8/83.4	538	2.47	85%	72.6
透平						
Sandia 再压缩机	68.3	136.8/83.3	538	2.88	85%	74.1
IST 主压缩机	38	92.4/166.7	36	5.5	61%	10.7
IST 压缩机透平	53	164.5/95.8	299	2.5	80%	52.8
IST 动力透平	53	164.5/95.8	299	2.8	80%	52.8

迄今为止，在 Sandia 和 IST 的试验经验中发现了众多与 sCO$_2$ 涡轮机械相关的挑战。sCO$_2$ 的高密度和低黏度使其成为一种极好的溶剂，即使在相对清洁的环境中也会因回路中的油和颗粒而导致结垢。如 Clementoni 和 Cox（2014）以及

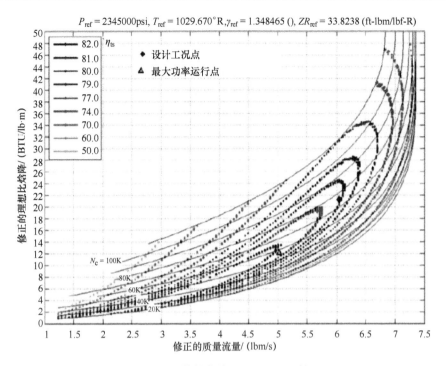

图 7.10 IST 透平特性曲线（Clementoni 等，2015）

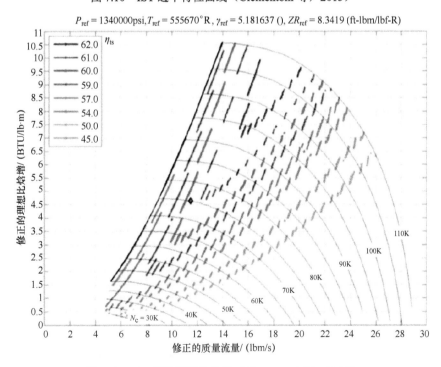

图 7.11 IST 压缩机特性曲线（Clementoni 等，2015）

Fleming（2014）所述，该现象导致透平喷嘴处出现明显的腐蚀，尽管 IST 中的腐蚀率随着时间的推移而降低，而 Sandia 透平的腐蚀率仍然很高。据推断 IST 的换热器可作为捕集微粒的有效分离器，而桑迪亚试验回路的某些元件会随着时间的推移继续引入微粒（Fleming 等，2014）。Clementoni 等（2015）报告称由于风阻和轴承损失产生的热量过多，再加上影响推力的冷却流速，且受到箔片轴承推力负载能力的限制，IST 机组的转速被限制在 60000r/min，另外，Sandia 还报告说，已经开展了推力轴承的研发工作以减少风阻并提高推力能力（Pasch 等，2012）。另外，TAC 机组还遇到电机控制算法的问题，限制了循环在约 40 kWe 以上功率的运行。Sandia 还发现，由于转子和定子之间的热增长不匹配，导致透平在初始高温（370℃）运行时发生摩擦现象（Pasch 等，2012）。

为了将成本和运行风险降至最低，Sandia 和 IST 的涡轮机械都在较低于大多数高效再压缩循环的压比（约 1.8）下运行。此外，为了最大限度地提高可操作性，IST 将压缩机入口条件（36℃，9.24MPa）远离临界点，以避免出现强烈的密度变化。此外，TAC 机组由于发电机腔体中的高气体密度而产生较高的风阻损失，即使使用扫气泵/压缩机降低腔体压力也难以避免。最后，小尺寸涡轮机械存在相对较大的叶尖间隙和较高的泄漏量，从而降低了设备效率。这些综合的挑战和限制阻碍了这些涡轮机械在设计工况下的高效运行。

除上述两个机组外，东京理工学院（TIT）和包括韩国科学技术院（KAIST）、韩国原子能研究所（KAERI）、韩国机械与材料研究所（KIMM）和韩国能源研究所（KIER）等在内的多个韩国研究机构也进行了 sCO_2 循环的实验室规模试验回路和涡轮机械研究。东京理工学院的 10kW 试验回路包含了一个类似于 IST 和 Sandia 试验回路的 TAC 机组，其带有一个单级透平和压缩机，并均悬置在整体式电机/发电机的外侧（Utamura 等，2012）。该 TAC 机组设计转速为 100000 r/min，透平进口压力 119 bar、温度 277℃。实验结果表明，由于电机/发电机腔中的高风阻损失，机组输出功率（110 W）相对较低。

KAIST 建造并运行了实验室规模的 sCO_2 回路，并公布了在临界点附近运行的 26kW sCO_2 泵的数据。电动离心泵在 4428r/min 转速下运行，入口压力为 80bar，压比为 1.18，质量流量为 4.49kg/s，测得的等熵效率低于 50%（Lee 等，2013）。需要注意的是，泵的设计受到制造商经验的限制，并且其压比和效率远低于大多数循环中的压比和效率。由于这些原因，泵的设计不适用于大多数 sCO_2 循环，因此不进行更详细的讨论。该实验室还购买了一个教育用途规模的特斯拉透平模型，修改后用在实验环路中。

KAERI 建造并调试了 243 kW sCO_2 实验回路，该回路设计为透平入口压力 200 bar、温度 500 ℃ 的再压缩循环（Ahn 等，2015）。由于回路的压比较高，压缩机和透平设计为两级径向涡轮机械，并包含有盖叶轮。低压压缩机和透平作为单独的机械部件，高压压缩机和透平被设计为 TAC 机组。低压压缩机被设计为用于平衡推力的分流 BTB（Back-To-Back）装置（Cha 等，2014）。机组低压压缩机的运行经验表明，气箔轴承支撑的转子存在高次同步振动，随后采用主动磁力轴承进行了重新设计（Ahn，2016）。

KIMM 的测试回路是一个 250 kWe 的朗肯循环，并通过在磁性轴承（径向和推力）上运行的 BTB 21000r/min 透平泵和单独的 30000r/min 透平发电机完成，透平泵横截面如图 7.12 所示（Park，2016）。

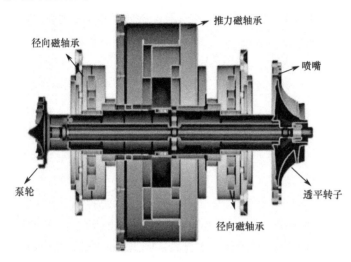

图 7.12　KIMM 透平泵横截面（Park，2016）

KIER 于 2016 年描述了几个现有的试验回路和相应的涡轮机械（Cho 等，2016b）。其 100kWe 回路使用 12.6kWe、70000r/min 的 TAC 机组（图 7.13）以实现简单回热布雷顿循环，该机组配有气箔轴承、带护罩的叶轮和迷宫式轴端密封。涡轮设计工况为 130bar 和 180℃（公布的试验数据仅限于 85bar，83℃），最高转速为 30000r/min。其他设计细节，如涡轮机械设计细节、推力计算和 TAC 机组冷却等见 Cho 等（2016a）。

KIER 还开展了 1kWe 试验回路研究，该回路配有两个电动往复泵和一个 200000r/min 汽轮发电机组，该机组由一个单级 22.6mm 径流式透平（开式叶轮）和一个单通道部分进气喷嘴组成，由角接触球轴承支撑，并通过迷宫式轴封隔离（Cho 等，2016b）。汽轮机入口工况为 130bar/500℃。目前，仅公开了初始试验过程，其中在冷态运行试验中透平转速达到 140000r/min，但由于轴承运行问题而停止并进行调整。

最后，KIER 已经为将来的<100kWe 级回路设计和制造了 60kWe 涡轮发电机组，该机组采用了带有部分进气喷嘴的 45000r/min 轴流式脉冲透平设计，如图 7.14 所示（Cho 等，2016b）。在该设计中，悬臂式透平由轴承支撑，并通过一系列碳环密封与永磁发电机隔离。

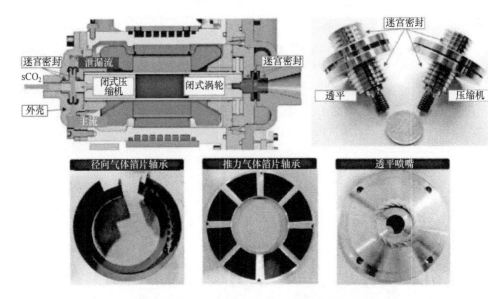

图 7.13　KIER 12.6 kWe TAC 机组

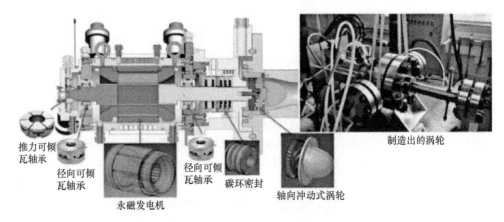

图 7.14　KIER 60 kWe 透平发电机组

7.3.1.2　250kWe～8MWe 商用样机（Echogen）

Echogen 电力系统公司已经开展了多个原型系统的试验研究，以支撑用于余热回收应用的商用 sCO_2 能源模块。早期样机的详细设计信息很少，仅包括基于 5kW、15kW 和 250kW 的简单回热循环系统设备（Persichilli 等，2011）。250kW 样机为单个高速透平发电机和单独的泵。需注意的是，Echogen 循环中的增压涡轮机械被称为泵，但其设计为在冷凝和非冷凝系统中运行，因此也可以称为压缩机。

2015 年的一份文献介绍了一个 7～8MWe 的 EPS100 系统，该系统基于"双轨"循环设计（Hold，2015），其包括双轴布置和一个单级径向驱动透平，该透平直接连接到一个单级离心透平泵,该泵以 24000~36000r/min 的转速运行。发电透平以 30000r/min 的速度运行,并通过复合行星齿轮箱与四极 1800r/min 的同步发电机连接(Hold,2014)。名义上的 2.7MW 驱动透平和透平泵机组是密封的,并采用了浸入式轴承。透平并联运行,发电透平和驱动透平的设计入口温度分别在 500~550℃和 250~340℃(Hold,2016)。另外,在主透平泵机组启动期间,使用单独的小型电机驱动离心泵提供流量。

EPS100 涡轮机械的详细设计细节未查明,但 Hold 将两台透平的效率测量数据与经修改的 NASA TP-1730 径向透平性能曲线进行了比较(McLallin & Haas,1980)。图 7.15 中的叶片气流速度比与运行效率的数据表明透平的等熵效率峰值略高于 80%。发电透平部分负荷运行时的试验数据也显示其效率高于 80%。与修改后的 TP-1730 曲线比较表明,发电透平在满负荷设计工况的效率将继续略微增加。透平泵的运行数据表明,泵的等熵效率接近 80%~85%。

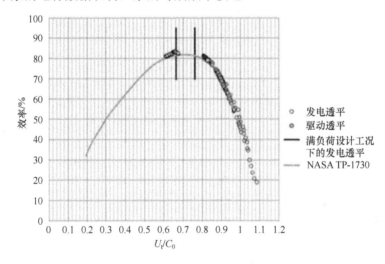

图 7.15　Echogen EPS100 透平性能曲线(Held,2016)

7.3.1.3　通用电气/西南研究院 10 MW 级样机

迄今为止,最大的样机是由西南研究院(SWRI)和通用电气(GE)全球研究中心在 SunShot 项目中研发的用于 sCO_2 再压缩循环的 10 MWe(14 MW 轴功率)高效轴流式膨胀机,以用于 sCO_2 再压缩循环,其设计入口/出口压力和入口温度分别为 251/86bar 和 715℃(Moore 等,2015)。由于试验回路的预算限制,透平将在 1MWe、质量流量为 8.41kg/s 的工况下试验,因此试验设备采用缩小面积的喷嘴和叶片流道以保持设计速度。研发工作主要集中在透平设备,其设计转速为 27000 r/min,并通过一端的齿轮箱连接到发电机,而另一端连接到主压缩机和再压缩机。透平设计为四级轴流式、带护罩叶片形式。三维叶片剖面和扇形叶片模型如图 7.16 所示(Kalra 等,2014)。

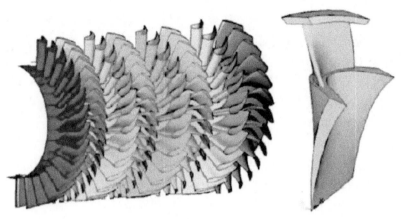

(a) 三维叶片剖面　　　　　(b) 扇形叶片模型

图 7.16　SunShot 三维叶片剖面和扇形叶片模型（Kalra 等，2014）

透平转子设计如图 7.17 所示，其利用空气供给分离密封件的干气密封将透平区域内的高压 CO_2 环境与轴承分离。供应商提供了适用于该透平运行转速和轴尺寸的密封设计。干气密封对轴和工质的温度限值相对较低（远低于透平进口温度），但是由于工作间隙较小，对污染非常敏感。因此，密封件被高压冷流体浸没，以避免密封部件损坏。热管理解决方案是在干气密封的内侧混合来自工艺系统和密封供应的冷热流体，并在轴中形成轴向热梯度。该方法将轴和壳体的热应力降至最低，以确保透平安全可靠地运行。

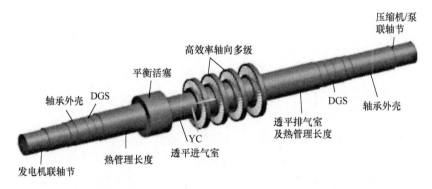

图 7.17　SunShot 透平转子设计（Kalra 等，2014）

透平设计采用了符合工业和美国石油学会（American Petroleum Institute, API）压力容器标准的外壳设计，如图 7.18 所示。转子、密封和轴承的设计达到了转子动力学性能需求，同时满足 API 和行业标准。轴向和径向间隙符合 API 617 关于太阳能应用中预期的连续和瞬态运行条件的要求。转子设计有 20%的超速能力，并满足>10000 次启动和停机过程的蠕变和疲劳寿命要求。根据平均线和计算流体力学（CFD）分析，透平的预期等熵效率大于 85%。

图 7.18　SunShot 透平外壳设计（Kalra 等，2014）

SunShot 透平的流量由通用新比隆公司设计和制造的 670kW sCO_2 泵提供。选择泵用于该研究，是因为其现成的可用性和相对于临界温度附近运行的 10 MWe 压缩机的低成本（研究目标是透平和回热器开发，而非压缩机）。该泵是一个独立装置，由一台 3600 r/min 的变频电机驱动。为防止泵内密度发生显著变化，其设计入口工作温度为 10℃。2015 年 9 月，该项目团队获得了一项 sCO_2 压缩开发项目，为该透平开发一台运行范围广泛的相匹配的压缩机（美国能源部，2016）。

7.3.2　文献中的涡轮机械

尽管现有的 sCO_2 涡轮机械样机相对较少，但大量设计已发表，本节将进行简要介绍。

7.3.2.1　Angelino (1968) 1000 MWe 透平

在关于 sCO_2 循环的第一篇文章中，Angelino 介绍了用于冷凝循环的 1000 MWe sCO_2 透平概念设计，如图 7.19 所示（Pasini 和 Moroni，1967）。采用了九级双流式透平设计，入口条件为 30.4 MPa 和 565℃。为说明其紧凑性，图中将长度为 5.3 m、直径为 3.4 m 的透平与 600 MWe 蒸汽轮机进行了比较。

7.3.2.2　Dostal 等（2004）246 MWe 涡轮机械

另一个经常被引用的关于 sCO_2 循环的早期研究是 Dostal 等（2004）完成的用于 246 MWe 再压缩循环的轴流式涡轮机械设计，其设计工况和结果见表 7.2 和图 7.20。

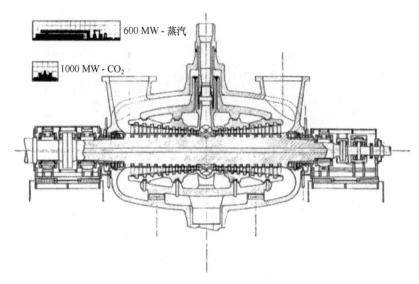

图 7.19 1000MWe sCO$_2$ 透平设计（Angelino，1968）

表 7.2 246MWe 再压缩循环涡轮机械设计细节（Dostal 等，2004）

参数	主压缩机	再压缩机	透平
转速/r/min	3600	3600	3600
进口温度/℃	42^a	70^b	550^b
进口压力/bar	77^b	77^b	200^b
质量流量/（kg/s）	2604	1145.5	3749.5
级数	4	9	3
压比（t-t）	2.2	2.2	2.05
效率（t-t）/%	95.5	94.8	92.9
长度/m	0.37	1.0	0.55
最大半径/m	0.4	0.4	0.6

①循环设计时压缩机的入口温度为 32 ℃，但研究中使用的压缩机设计程序在 42℃以下不收敛，因此在涡轮机械设计中使用了该值。

②已发表的工作与描述涡轮机械设计和循环设计的章节中的质量流率和压比不一致（如报告的循环压比高于设备压比）。标有此上标的值未在本章列出，而是在第 5 章中给出假设值

7.3.2.3 燃气技术研究所 10/550/645/1000 MWe 涡轮机械

燃气技术研究所（Gas Technology Institute，GTI）（前身为普惠火箭发动机公司和洛克达因公司）的 Johnson 等（2012）公布了两项用于钠冷反应堆的 1000MWe 再压缩循环的涡轮机械设计概念，其中反应堆中间回路出口温度为 488℃。尽管介绍了涡轮机械的设计，但没有关于运行压力、温度或流量的信息。

第一种设计（图 7.21）为单轴布置，所有涡轮机械均以 3600 r/min 的转速运行，并分别为两级主压缩机和四级再压缩机配备了一台三级双流程轴流式透平。

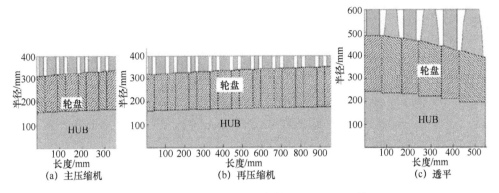

图 7.20　246 MWe 再压缩循环涡轮机械设计（Dostal 等，2004）

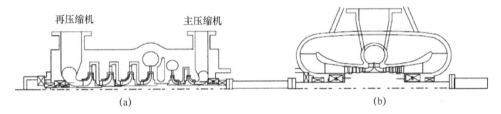

图 7.21　1000MWe 再压缩循环单轴涡轮机械布置形式（Johnson 等，2012）

如图 7.22 所示，第二种设计概念是双轴布置方案。该图展示了四级双流程透平和一个单独的高速透平-压缩机机组，该机组包含一个两级双流程轴流式透平和单级离心式主、再压缩机。两台涡轮机拟并联运行。由于透平-压缩机机组的变速控制，双轴设计在变负荷运行时具有更高效率。此外，以更高转速运行的机组可以减少压缩级数。

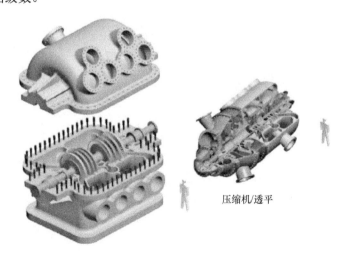

图 7.22　1000 MWe 再压缩循环双轴涡轮机械布置形式（Johnson 等，2012）

GTI 的 Thimsen（2013）和 McDowell 等（2015a，b）还开发了 10、550 和

645 MWe 三种功率规模的涡轮机械概念设计。GTI 通过对比推荐了双轴布置方案，因为该方案的涡轮机械和循环效率更高（高 1.0%～1.6%）。所有涡轮机械机组均采用四级双流程轴流式透平设计，而单级离心式主压缩机和再压缩机以 BTB 形式布置在透平外的单独壳体中。表 7.3～表 7.5 分别总结了 10、550 和 645 MWe 功率级别，涡轮机械的运行条件和设计细节，McDowell 等（2015a，b）和 Thimsen（2013）提供了每台涡轮机械的横截面。密封和轴承细节未明确提供，但横截面中显示的混合 CO_2 和油的排放口表明其采用了湿密封结构设计。

表 7.3 10 MWe 再压缩循环涡轮机械设计（McDowell 等，2015a,b）

参数	主压缩机	再压缩机	压缩机透平	发电透平
转速/r/min	39000	39000	39000	25000
进口温度/℃	31.7	77.8	704	704
进口压力/bar	77.4	78.7	275.8	275.8
质量流量/(kg/s)	53.6	27.6	26.2	55.0
级数	1	1	4	4
压比（t-t）	3.6[a]	3.6[a]	3.4	3.4
效率（t-t）/%	79.8	76.9	90.2	85.4

① 参考文献中未提供压缩机压比，表中根据 550 MWe 循环进行估算。

表 7.4 550MWe 再压缩循环涡轮机械设计（McDowell 等，2015a,b）

参数	主压缩机	再压缩机	压缩机透平	发电透平
转速/r/min	6000	6000	6000	3600
进口温度/℃	31.7	76.7	704	704
进口压力/bar	77.4	78.7	275.8	275.8
质量流量/(kg/s)	2653	1398	1150	2900
级数	1	1	4	4
压比（t-t）	3.6[a]	3.6[a]	3.4	3.4
效率（t-t）/%	85	80.2	90.2	90

表 7.5 645MWe 再压缩循环涡轮机械设计（Thimsen，2013）

参数	压缩机透平	发电透平
转速/r/min	5071	3600
进口温度/℃	704	704
进口压力/bar	207	207
质量流量/(kg/s)	1639	4515
级数	4	4
压比（t-t）	2.461	2.461
效率（t-t）/%	90	90
长度/m	6.6	5.3
宽度/m	2.0	3.0

7.3.2.4 东芝 25MW 直燃式透平

东芝与净电公司和 8 Rivers Capital 合作，为 50MWth Allam 循环示范电厂设计了 25MW 直燃式透平（Iwai 等，2015）。透平（图 7.23）的入口条件为 300MPa 和 1150℃，并以机械方式连接至单独的压缩机外壳。由于运行温度较高，透平设计为双壳体结构，内外壳体之间的空间用低温 CO_2 净化。燃烧室通过过渡件与涡轮机相连。透平为 7 级设计。类似于传统燃气轮机，叶片使用镍或钴基材料。叶片的冷却由转子中的冷却通道实现（Iwai 等，2015）。

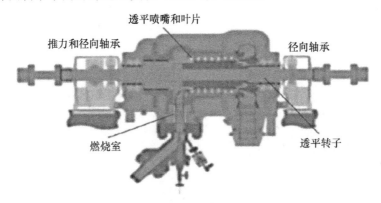

图 7.23　Allam 循环中直燃式 25MW sCO_2 透平（Iwai 等，2015）

直接燃烧循环的重要挑战在于高压氧燃料燃烧室的设计，同一篇文章中介绍了有关燃烧室设计和等压下 1:5 缩比燃烧室试验的细节。

7.3.2.5 GE/SWRI 50 和 450 MWe 系列

GE 和 SWRI 完成了 Bidkar 等（2016a，b）提出的用于电厂的高温（700℃）再压缩循环使用的单轴间接燃烧涡轮机械概念设计。50MWe 设计是上文所述 SunShot 透平设计的缩小版本，如图 7.24 所示（Bidkar 等，2016a）。除了运行工况和结构尺寸（级数、速度、尺寸）外，公开的设计信息还包括可制造性考虑因素，包括转子锻造尺寸、材料选择、轴承速度、联轴器类型、密封类型与性能，以及转子动力学性能和稳定性细节，许多其他已发布的设计没有讨论。450MWe 设计（图 7.25）是一种光板设计。在图 7.24 和图 7.25 中，TPB、SEAL、BP 和 TC 分别表示倾斜瓦轴承、端部密封件、平衡活塞和止推环。

两个方案最终聚焦到了单轴布置形式，即透平直接连接到单独的压缩机和发电机。50MWe 的设计通过齿轮箱与发电机耦合，但 450MWe 的设计仅限于在同步发电机转速下运行。两种设计之间的其他差异在于，450MWe 设计是双流程设计，在高压和低压级之间进行再热，并使用了叶片附件和焊接转子，而非 50MWe 设计的单件式转子。表 7.6 总结了每台透平的运行条件和设计细节。

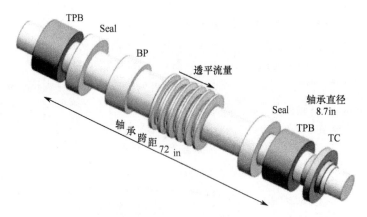

图 7.24　50MWe 再压缩循环的单轴透平布置（Bidkar 等，2016a）

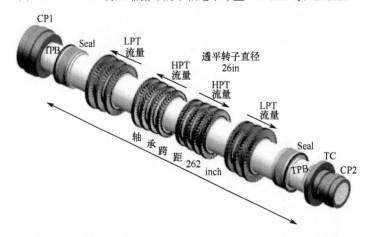

图 7.25　450MW 再压缩循环的单轴透平布置（Bidkar 等，2016a）

注：HPT 为高压透平；LPT 为低压透平。

表 7.6　50/450MWe 再压缩循环的透平设计参数

参数	50MWe 透平	450MWe 透平
转速/(r/min)	9500	3600
布局	轴向单流	带再热的轴向双流
叶片附件	完整	燕尾型
端部密封类型	干气密封	干气密封
径向轴承类型	可倾瓦轴承	可倾瓦轴承
进口温度/℃	700	700 (HP)/680 (LP)
进口压力/bar	250.6	250.6 (HP)/129.6 (LP)
布局	单流	带再热的双流
级数	6	4 (HP)/3 (LP)
循环压比	3.77	3.80

续表

参数	50MWe 透平	450MWe 透平
最大叶尖直径/m	0.41	<1.1
轴承转子直径/m	0.22	>0.58，名义直径 D=0.66
轴承跨距/m	1.83	6.65

50MWe 循环的压缩机设计未给出，但 450MWe 压缩机如图 7.26 所示，并在 Bidkar 等（2016b）和表 7.7 中进行了总结。与双流程透平相同，BTB 布置提供相对较低的净推力。设计中选择了孔形平衡活塞密封和挤压油膜阻尼器轴承支架，以实现转子动态稳定性。

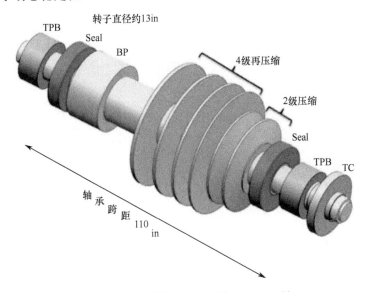

图 7.26 450MWe 再压缩循环单轴压缩机（Bidkar 等，2016b）

表 7.7 450MWe 再压缩循环压缩机设计参数

参数	450MWe 主压缩机	450MWe 再压缩机
转速/r/min	3600	
布局	离心式（背靠背式）	
端部密封类型	干气密封	
平衡活塞密封类型	孔模式	
径向轴承类型	带挤压油膜阻尼器的可倾瓦轴承	
质量流量/(kg/s)	2134	1282
进口温度/℃	21.5	54.8
进口压力/bar	65.9	67.1
级数	2	4
循环压比	3.77	3.80

续表

参数	450MWe 主压缩机	450MWe 再压缩机
等熵效率/%	83.0	80.1
第一级比转速	0.523	0.66
第一级比直径	5.28	4.46
名义转子直径/m	0.33	
轴承跨距/m	2.79	

7.3.2.6 韩华泰科/SWRI 一体式齿轮压扩器

Wilkes 等（2016b）提出了一种模块化的用于 5~25MWe 功率太阳能发电的创新型设备。如图 7.27 所示，该设计将所有径流式透平和压缩机级结合在一起，在单个整体齿轮装置上进行再压缩循环，其中橙色蜗壳所示为进口温度 705℃的透平级，蓝色蜗壳为压缩机级。图中仅显示了两个压缩机和透平级，但齿轮箱的另一侧有四个额外的悬臂级，从而形成两级主压缩机、两级再压缩机和四级透平，在第二级和第三级之间进行再热。

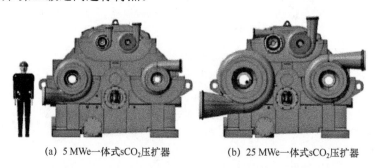

(a) 5 MWe 一体式sCO_2压扩器　　(b) 25 MWe 一体式sCO_2压扩器

图 7.27　5MWe 和 25MWe 一体式 sCO_2 压扩器布置（Wilkes 等，2016a）

图 7.28 给出了透平和压缩机最大级的预测效率和直径随功率的变化，由于尺寸增大时设备的空气动力学特性得到改善，其效率随功率的增加而增大。表 7.8 给出了所有级的无量纲气动性能参数。

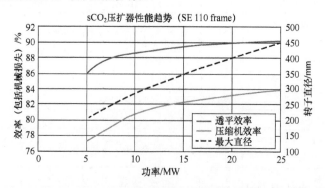

图 7.28　一体式 sCO_2 齿轮压扩器预测效率和直径随功率变化（Wilkes 等，2016a）

表 7.8 再压缩循环一体式齿轮压扩器级性能参数（Wilkes 等，2016a）

参数	压缩机				透平			
	主压缩机		再压缩机		高压透平		低压透平	
	第一级	第二级	第一级	第二级	第一级	第二级	第三级	第四级
流量系数	0.055	0.030	0.028	0.014	0.255	0.236	0.252	0.225
压头系数	1.020	0.980	1.000	0.960	0.907	0.907	0.907	0.907
比转速	0.691	0.520	0.502	0.368	0.425	0.400	0.400	0.354
机器马赫数	0.985	0.581	1.029	0.961	0.399	0.449	0.519	0.633

图 7.29 的透平横截面突出展示了几个设计细节。在每个透平外壳和主齿轮箱之间，使用绝缘板将热壳体与齿轮箱分离并保护轴承。透平的高强度外壳按照美国机械工程师协会的压力容器要求进行设计，以包容透平内部的高压气体。齿轮箱结构还可以适应干气或碳环密封，作者指出"在温度或压力最高的透平级中，干气密封可能是最为合适的；而碳环密封可被视为较低温度和压力压缩机级的一种选择（Wilkes 等，2016a）。"

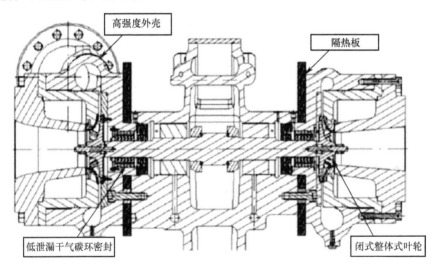

图 7.29 一体式齿轮压扩器中透平横截面（Wilkes 等，2016a）

压缩机叶轮设计采用一体式覆盖叶轮，并利用 3D 金属打印技术实现，以最大限度地提高效率和工作范围。3D 打印叶轮没有护罩接头，从而降低了机械应力。制造过程还有最小流道几何限制，在具体的叶片设计过程中将利用该技术来实现在广泛的运行范围内的高效流道几何结构。Allison 等（2016）对运行范围扩展技术进行了综述，以便将其应用于主压缩机中从而适应临界点附近较大的物性变化。

案例研究：20 MWe 再压缩循环。

出于讨论目的，作者针对 20 MWe 再压缩循环涡轮机械的尺寸开展了粗略计算。如图 7.30 所示，运行参数取自 2015 年美国能源部所提出的再压缩循环工况设定值，但 20 MWe 系统的质量流量增加了一倍，这使其与目前正在开发的其他循环的设备存在差异。基于循环功率水平，设计均选择了径流式涡轮机械。在透平的第一级和第二级之间进行再热，以达到相同的入口温度。通过每级的条件和尺寸计算三个透平级、两个主压缩机级和三个再压缩机级，详细参数见表 7.9（压缩机）和表 7.10（透平）。

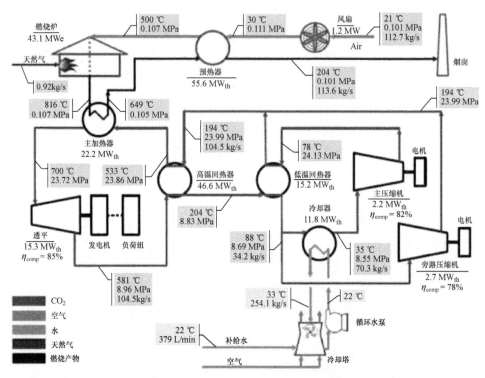

图 7.30　20 MWe 再压缩循环涡轮机械研究（U.S. Department of Energy，2015）

表 7.9　20 MWe 压缩机设计细节

参数	符号	单位	主压缩机		再压缩机		
			第一级	第二级	第一级	第二级	第三级
质量流量	m	kg/s	140.6	140.6	68.4	68.4	68.4
进口总压	P_{00}	kPa	8550	16033	8690	12731	17823
进口总温	T_{00}	K	308.15	326.97	361.15	398.70	433.85
齿轮速度	N	rpm	14400	14400	14400	14400	14400
级间压比	PR	—	1.875	1505	1465	1400	1346
流量系数	ϕ	—	0.049	0.043	0.035	0.027	0.022
比转速	N_s	—	0.66	0.62	0.56	0.49	0.44
机器马赫数	$Ma_{t/2}$	—	0.63	0.41	0.78	0.71	0.64

第7章 透平机械

续表

参数	符号	单位	主压缩机 第一级	主压缩机 第二级	再压缩机 第一级	再压缩机 第二级	再压缩机 第三级
等熵焓降	η_s	—	83.37%	83.48%	78.98%	78.57%	78.55%
进口黏度	v_{00}	Pa·s	4.66E-05	5.57E-05	2.07E-05	2.40E-05	2.76E-05
进口密度	P_{00}	kg/m³	619.1	691.8	169.6	219.2	270.8
排气黏度	N_{00}	Pa·s	5.57E-05	6.20E-05	2.40E-05	2.76E-05	3.14E-05
排气密度	P_{08}	kg/m³	691.8	735.8	219.2	270.8	321.9
排气总焓	H_{08}	kJ/kg	321.0	334.5	523.3	549.5	575.8
排气总温	T_{08}	K	327.0	341.3	398.7	433.9	466.4
排气总压	P_{08}	kPa	16033	24130	12731	17823	23990
叶轮出口叶尖速度	U_2	m/s	150.2	150.2	202.9	202.9	203.1
叶尖直径	D_2	mm	199.2	199.2	269.1	269.1	269.4
叶轮出口宽度	B_2	mm	7.25	6.48	7.05	5.46	4.41
叶片轴向长度	Z_{blade}	mm	25.0	23.1	27.0	23.1	20.5
轮毂直径	Dlh	mm	45.0	42.6	51.6	45.4	40.8
推进功率	P_{aero}	kW	1903	1900	1783	1792	1796
偏差	P_{DF}	kW	9.0	10.2	10.5	13.4	16.5
机械损失	P_{Mech}	kW	0.0	0.0	0.0	0.0	0.0
级功率	P_{Stage}	kW	1911	1910	1793	1805	1812
总功率	P_{Staft}	kW			9233		
体积	V_{imp}	mm³	2.03E+05	2.03E+05	4.99E+05	4.95E+05	4.98E+05
转动惯量	I_P	ton·mm²	11.22	11.60	55.44	59.31	62.87
	I_T	ton·mm²	5.92	6.12	29.28	31.36	33.26

表 7.10 20MWe 透平设计细节

参数	符号	单位	第一级	第二级	第三级
进口质量流量	M	kg/s	210	210	210
进口总压	P_{00}	kPa	23720	17370.0	12548.8
进口总温	T_{00}	K	973.15	932.32	890.62
排气总压	P_{08}	kPa	17370	12549	8960
比转速	Ns	—	0.395	0.453	0.526
齿轮速度	N	r/min	10800	10800	10800
出口流量系数（Cm6/U4）	φ	—	0.263	0.286	0.313
U/C	U_4/C_s	—	0.695	0.701	0.709
级压比	PR	—	1.366	1.384	1.401
等熵效率	$\eta_{TT,s}$	—	84.22%	85.85%	86.04%
进口绝对黏度	μ_{00}	Pa·s	4.21E-05	4.03E-05	3.87E-05

续表

参数	符号	单位	第一级	第二级	第三级
进口密度	ρ_{00}	kg/m³	122.4	95.2	72.9
进口焓	H_{00}	kJ/kg	1222.0	1172.9	1123.6
进口熵	S_{00}	kJ/(kg·K)	2.92	2.93	2.93
转子叶尖端速度	U_4	m/s	251.1	251.1	251.1
转子进口温度	T_4	K	950.3	909.5	867.9
转子进口压力	P_4	kPa	20774	15102	10832
转子进口密度	ρ_4	kg/m³	109.14	84.20	64.07
转子叶尖直径	D_4	mm	444.07	444.09	444.11
转子进口宽度	B_4	mm	19.67	23.83	28.99
转子出口温度	T_{06}	K	932.3	890.6	849.1
转子出口叶尖叶片角度	B_{b6t}	D(°)	−57.9	−57.7	−57.4
转子出口毂直径	D_{6h}	Mm	128.8	128.8	128.8
推进功率	P_{acro}	kW	10317	10348	10143
机械损失	P_{mcch}	%	0.0%	0.0%	0.0%
总功率	P_{total}	kW		30807	
体积	V_{imp}	mm³	2.24E+06	2.24E+06	2.24E+06
转动惯量	I_P	ton×mm²	486.4	461.0	433.4
	I_T	ton×mm²	255.4	241.7	226.9

涡轮机械选择齿轮串联布置方案，通过增速齿轮箱驱动压缩机，通过减速齿轮箱驱动发电机。压缩机可以采用 BTB 方式布置，以实现净推力最小化并减小平衡活塞尺寸。尽管不允许对运行于同一轴上的压缩机和再压缩机设备进行独立的转速优化，但该布置方案在成本、灵活性和技术成熟度之间取得了良好的平衡。7.4 节描述了该布置方案和其他布置方案对转子动力学的影响，7.5 节和 7.6 节分别详细讨论了压缩机和透平各级的尺寸和性能预测。

7.4 通用部件设计特征

7.4.1 轴承

一般来说，轴承可分为四个基本类型：滚动轴承、滑动轴承、磁力轴承和液膜轴承。表 7.11 给出了不同类型轴承的详细比较。

表 7.11 轴承类型总结

项目	滚动轴承	滑动轴承	液膜轴承	磁力轴承
工作介质	气体/油	工质	气体/油	工质
轴支架	滚动接触/水动力升力	滑动接触	水动力/液体静升力	电磁场
硬度	高	低	高	一般

续表

项目	滚动轴承	滑动轴承	液膜轴承	磁力轴承
阻尼	低	低	高	高
负载能力	一般	低	高	一般
控制方式	被动	被动	被动	主动
接触情况	低速及短程	经常	低速	从不
成本	低	低	适中	高
阻力矩	低	适中	中低	非常低

循环中轴承类型的选择相当复杂，取决于如成本、负载、转速、尺寸/重量、效率和动态性能等众多因素。对于陆基涡轮机械，工业上最常见的轴承类型是液膜轴承。液膜轴承的应用涵盖从压缩机到透平、电机和泵的各种设备。与其他类型的轴承相比，液膜轴承具有许多优势，其中最主要的是运行无磨损，从而可延长使用寿命。此外，在给定刚度下液膜轴承润滑时会产生较滚动轴承和磁性轴承更高水平的阻尼。最后，尽管滚动轴承在瞬时过载条件下具有最高的力密度能力，但液膜轴承可以在更长时间内承载更高的载荷，这使其成为陆基重载机械的首选。本章的大部分内容将集中于 sCO_2 涡轮机械液膜轴承的应用研究，但所讨论的许多原则也直接适用于所有轴承类型。图 7.31 总结了应用于 sCO_2 循环的不同轴承类型及其对应的功率范围。需要注意的是，尽管该图给出了不同轴承类型的适用范围，但这只是近似值，轴承制造商可能会提供超出所述范围的设计方案。

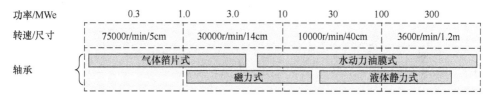

图 7.31 轴承类型与功率适用范围（Sienicki 等，2011）

由于 sCO_2 的工质特性，sCO_2 涡轮机械给轴承支撑系统带来了特有的挑战。与其他常规工质相比，sCO_2 在保持低黏度的同时具有更高的流体密度。作为动力循环中的工质，该特性与其他独特的流体特性相结合，使得 sCO_2 涡轮机械具有紧凑、功率密集的特点。因此，sCO_2 涡轮机械中所使用的轴承面临着与轴承表面速度、轴承单位负荷等相关的一些独特挑战，这些内容将在后面进行讨论。

7.4.1.1 高表面速度

高表面速度是具有高扭矩密度设备的典型特性。随着给定转子转速时扭矩的增加，安全的传输扭矩就需要更大的轴直径。另外对于给定转速，轴直径的增大会导致转子表面速度不断增加。对于液膜轴承，大多数制造商将轴承表面速度保持在 300ft/s（91 m/s）以下（Nicholas，2003）。尽管在试验中证明允许更高的表面速度，但大多数制造商倾向于保持在上述速度限值范围内；否则，通过液膜的剪切速率增加会产生较高热量。对于小型涡轮机械，可以使用气体轴承来克服油型液膜轴承的表面速度限制；但是如下节所述，气体轴承可能无法支持 sCO_2 涡轮机械所需的高机组负载。

7.4.1.2 高机组负载

机组负载来自几个不同的方面。在大多数应用中，施加在径向轴承上的机组负载是由轴自身的重量引起的。该负载虽然占比较高，但不会在 sCO_2 循环应用中引入任何其他大型陆上动力循环应用中未解决的挑战。在 sCO_2 涡轮机械中，高机组负载来自以下部分：蜗壳、卷轴等在非设计工况运行时的不对称压差、齿轮箱和整体齿轮机械中通过轮齿传递的横向力，以及可能导致高功率密度涡轮机械异常工况的瞬态负载。尽管大多数带有进口蜗壳的设备在设计工况的圆周上具有恒定压力，但在非设计工况的圆周压力存在不对称性。对于大多数设备来说，这不是一个很大的问题；但是，在压缩机入口温度可变的循环中所需的压缩机运行范围较大，且压缩机入口密度的相应变化也可能导致蜗壳明显的偏离设计状态运行。

虽然在 sCO_2 应用时保持轴承径向上的负载是一个值得关注的问题，但预测和管理推力负载也很重要。随着涡轮机械中气体密度和压力的增加，每个叶轮、叶片等的压力分布会对推力产生更大影响。即使设计工况下的推力得到了很好的预测，随着涡轮机械的运行向非设计工况偏离，这些压力分布也会发生变化，并可能会导致轴上推力的大幅变化。调节轴上的额外推力需要更大的推力轴承，这会增加轴承的表面速度。这种额外的速度增加了轴承中出现热点的可能性，并增加了功率损失。

虽然讨论高压涡轮机械轴承的研究较少，但 Conboy 等（2012），以及 Kimball 和 Clementoni（2012）介绍了在其试验中使用高速 sCO_2 润滑箔轴承所面临的挑战。他们注意到，由于推力轴承的承载能力超过限值，导致出现了许多推力轴承故障。虽然上述文章中未明确提及径向箔片轴承，但作者有在 3200psi 压缩-膨胀机中开展径向箔片轴承研究的经验。对于这种应用，由于箔片轴承支承转子固有的高临界转速比，如何实现稳定的全速运行一直是一个挑战（Wilkes 等，2016b）。

7.4.2 转子动力学

转子动力学包括机械传动系统的横向和扭转振动。虽然两者都很重要，但扭转转子动力学不是 sCO_2 涡轮机械的特有挑战。与 sCO_2 涡轮机械相关的转子动力学挑战源于设备的高功率密度、高工质密度和高运行温度。尽管这些挑战中的每一个都已在其他应用中被成功解决，但正是这些问题的组合在 sCO_2 应用中提出了挑战。本节重点介绍大多数 sCO_2 涡轮机械常见的横向转子动力学挑战，包括转子动力学不稳定性介绍、密封件和二次流道的交叉耦合，以及增加轴向长度的轴元件。

7.4.2.1 转子动力学不稳定性介绍

横向转子动力学有两种类型的振动：受迫响应（通常来自不平衡）和自激（通常称为稳定性）。转子动力学稳定性取决于轴承、密封件和二次流道中的力，这些力可能是稳定的，也可能是不稳定的。稳定力包括轴承和密封阻尼，用于耗散能量。不稳定力来自于转子振动振幅的增加导致的切向力。评估转子动力稳定性需要量化转子系统上每个部件的转子动力。不稳定力可用交叉耦合刚度表示，稍后将对其进行更详细的描述。

动态不稳定性的基本示例如图 7.32 所示。一个稳定的系统在受到扰动时会回到中性状态，而不稳定系统将改变运行状态。图中显示了处于静止空气（左）和流动空气（右）中的半圆柱体。在静止的空气场中，半圆柱体向上移动会在外部产生压力分布（类似于阻力），从而减缓移动。在右侧的示例中，相同的运动会产生使半圆柱体能量增加的压力分布，从而产生负阻尼。无论初始振动有多小，这个系统最终都会受到扰动而变得不稳定。

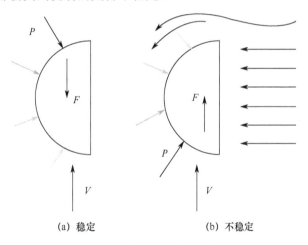

图 7.32 动态不稳定性的基本示例

压缩机中的不稳定力从工质和旋转中提取能量，以激发转子振动模式（通常为第一正向旋转模式）。如果这些力足够大到可以克服转子系统中的阻尼力，则该模式的振幅将无限增大，直到发生转子-定子摩擦。振动监测系统将在发生不稳定后停闭机组，但通常振幅增长得非常快从而导致密封摩擦。使情况进一步恶化的是，许多操作员会重启压缩机，并在意识到问题严重之前多次重复该操作。由此导致的损坏可能不仅需要更换内部迷宫式密封，还可能会对轴、叶轮、轴承和隔膜造成更严重的损坏。

图 7.33 给出了解释交叉耦合刚度（也称为交叉耦合或气动交叉耦合）的简单示意图，图中显示了偏转的旋转盘（尺寸放大）的俯视图。法向刚度会产生一个

与偏转相反的力，而交叉耦合刚度产生垂直于偏转方向的力。如果交叉耦合系数的符号正确（$K_{xy}=-K_{yx}$），则会产生正向旋转方向的力，使转子失稳。由于阻尼会产生与速度相反的力，阻尼会对抗这种不稳定力。因此，如果阻尼力超过交叉耦合力，则可保证稳定性。

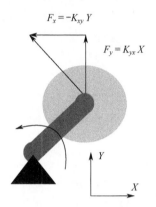

图 7.33　交叉耦合刚度示意图

sCO$_2$ 压缩机或透平的转子动力学挑战与气体回注式压缩机类似。在该应用中的运行压力通常为 34.47～68.95MPa，导致气体密度接近水。随着密度的增加，已经提出了许多方案来提高设备的转子动力学稳定性。这些设备通常采用阻尼轴承或阻尼密封（孔形密封），以提高轴最低模式的阻尼比。这种方法的提升是有限的，而 sCO$_2$ 涡轮机械正接近这一极限。sCO$_2$ 涡轮机械的不稳定性来源于叶轮、密封件和轴腔周围高密度气体旋转引起的交叉耦合刚度。减少这些交叉耦合源也是稳定 sCO$_2$ 涡轮机械的有效技术，而这通常是通过使用涡流制动器来降低空腔中的涡流速度来实现的。

7.4.2.2　环形密封和二次流通道中的交叉耦合

环形密封可以最大限度地减少涡轮机械内高低压区域之间的内部泄漏。为了最大限度地减少泄漏，通常采用齿形迷宫密封，其泄漏量比同等尺寸的衬套型密封少约 1/3，特别是当密封为可磨损设计时其摩擦特性可以获得大大改善。涡轮机械通过涡流（通常是沿旋转方向）将能量传递或提取到气流中。该涡流通过辅助腔泄漏并到达内部密封。众所周知，涡流会增加迷宫密封的交叉耦合刚度，从而降低稳定性。因此，准确预测密封力系数需要了解密封上游的流场。此外，辅助腔本身可以产生交叉耦合，本书也将对此进行讨论。

在进行稳定性分析的过程中，必须考虑包括来自叶轮和密封件的潜在不稳定力。普遍采用 Wachel 方法（Wachel 和 von Nimitz，1980）来计算气动交叉耦合系数。该方法最初是在石油和天然气应用中的高压离心式压缩机首次出现不稳定现象时发展而来的。20 世纪 70 年代，利用一系列稳定和不稳定的压缩机转子动力学模型和测量数据，Wachel 基于原始 Alford 方程推导出针对离心式压缩机的计算关系式。当在压缩机阻尼固有频率分析中作为交叉耦合系数应用时，该关系式可计算出与其观察到的行为相匹配的对数衰减值。同时，Wachel 提出了 SwRI 和 API 两种方法以解释与该经验公式相关的不确定性。

SwRI 已将 Wachel 方法应用于具有多侧流的离心式压缩机。其中，各叶轮的计算公式为

$$K_{XY} = 6300 \frac{摩尔质量}{10} \sum_{j=1}^{N_{\text{streams}}} \frac{\text{Pwr}_j}{ND_2 h} \left(\frac{\rho_d}{\rho_s} \right)_j$$

式中：K_{XY} 为叶轮的交叉耦合刚度（lbf/in）；N_{streams} 为流经叶轮的气体流量；Pwr_j 为叶轮压缩气流 j 的功率（hp）；N 为转速（r/min）；D_2 为叶尖直径（in）；h 为最小流道宽度（in）；ρ_d 和 ρ_s 分别为工质排出密度和吸入密度。

计算并汇总每个叶轮的交叉耦合刚度，即可获得考虑一阶振型的净交叉耦合刚度。对于单吸入口且无侧流的压缩机，该公式可转化为单流形式。Wachel 最初的"单流"公式使用单个叶轮直径和叶轮/扩散器的最小流道宽度来计算全局激励值。而上面给出的侧流形式则不同于原始 Wachel 公式，会给出单个叶轮的激励并考虑每个叶轮的直径和流道宽度。这种普遍性的增加不会显著改变最终结果。

API 617（American Petroleum Institute，2014）提出了一种与 Dresser-Rand（Memmott，2000）修改的 Wachel 数略有不同的公式。其在以下两个方面不同于其他公式：首先，摩尔质量为恒定值 30；其次，密度比基于特定的叶轮级，而不是整个截面的密度比。

除了基于 Wachel 的方法（SwRI 和 API）之外，第三种方法是基于 Moore 等人（2007）的研究所提出的。在这种新方法中，CFD 被用于计算无量纲系数，该系数可预测所有类似叶轮在不同运行工况下的气动交叉耦合项。该系数应用于以下方程式中以计算单个叶轮的交叉耦合刚度：

$$K_{XY} = \frac{C_{\text{mr}} \rho_d U^2 L_{\text{shr}}}{Q/Q_{\text{design}}}$$

式中：C_{mr} 为 CFD 确定的无量纲参数；U 为轮尖速度；L_{shr} 为密封到叶尖的护罩轴向长度（in）；Q/Q_{design} 为体积流量与设计体积流量之比。

该方法已在不稳定压缩机的多个测试研究中得到验证，并且比 Wachel 公式更具物理基础。需要注意的是，交叉耦合是密度的函数，而非密度比。同时，重要的长度参数是护罩的轴向长度，而不是叶轮叶尖宽度；且该尺寸位于分子，而不是 Wachel 公式中的分母。

图 7.34 所示为离心式压缩机级内部和周围的流场，并突出展示了叶轮前后侧二次流腔中的复杂流场。从叶轮流出的涡流沿二次流道向下流向迷宫式密封。该涡流不仅增加了密封件的交叉耦合刚度，而且还在护罩和轮毂侧通道中产生了如

前所述的交叉耦合刚度。

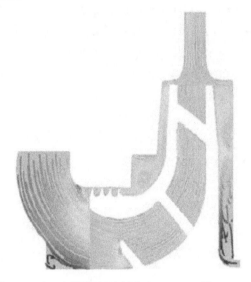

图 7.34　离心压缩机级流场分布（Moore 等，2007）

压缩机可采用直通式或 BTB 布置。对于 BTB 压缩机，中央分隔壁密封将两部分的排放压力分隔。当各部分串联运行时，该密封的高压差和中心位置使其成为减震器密封的主要位置。在第二部分进口附近，使用了另一个阻尼器密封件，将压力从第二部分进口降回到第一部分进口。图 7.35 所示的压缩机具有油润滑、倾斜垫径向和推力轴承以及干气密封，是典型的气体回注形式。其外壳压力额定值为 26.2 MPa，总压比大于 9:1。

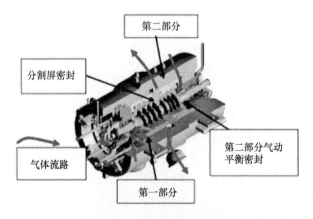

图 7.35　高压压缩机示意图

对于 sCO$_2$ 设备，主压缩机和再压缩机可以采用 BTB 形式布置在同一根轴上。由于这些压缩机并联运行，因此吸入和排出压力几乎相同，隔板密封的压差较小。因此，这种密封在刚度和阻尼方面几乎没有优势。由于主压缩机部分的入口密度比再压缩机高得多,主压缩机的叶轮直径将小于再压缩机,从而产生推力不平衡。因此,需要一个平衡活塞来平衡推力,该活塞可配备阻尼密封。

Moore(2002)以及 Moore 和 Soulas(2003)在高压回注压缩机中成功地使用了孔形密封以提供稳定阻尼,并通过得当的设计使设备在更高压力下具有更高的稳定性。与具有连续环形槽的迷宫式密封不同,阻尼密封包含一系列加工到密封固定部分的圆柱形或六角形孔,并且必须在光滑转子表面运行才能有效(图 7.36)。由于孔形密封对转子稳定性有显著影响,因此阻尼预测的试验验证非常重要。Kleynhans 和 Childs(1996)对最常用的密封预测程序 ISOTSEAL 进行了验证。图 7.37 所示为得州农工大学(Smalley 等,2004)所做试验中获得的测量和预测的有效刚度和阻尼,显示出预测值和测量值之间的良好相关性。但是,上述现象必须确保一阶固有频率保持在正阻尼状态。这在小型高压压缩机(如 sCO_2)应用中尤其重要,因为密封件的负刚度可以使得一阶固有频率足够低,从而导致孔形密封件产生负阻尼(Camatti 等,2003;Moore 等,2006;Eldridge 和 Soulas,2005)。对于 sCO_2 主压缩机,实际气体效应可能非常重要,应在分析中予以考虑。

图 7.36 孔形阻尼器密封示例(Moore 等,2002)

众所周知,在存在入口涡旋时迷宫式密封会产生失稳影响(Brown 和 Childs,2012)。因此,在压缩机内部各种迷宫式密封上游的所有关键位置均使用涡流制动器。图 7.38 给出了一个典型的涡流制动器,其中迷宫齿上游的轴向叶片的尺寸可形成与涡流相反的旋转涡流,从而通过迷宫齿形成稳定的负涡流。这些涡流制动器已按照 Moore 和 Hill(2000)的介绍通过 CFD 技术进行了优化。正确的涡流制动器设计可将通常不稳定的密封转变为稳定的密封,且对泄漏和涡轮机械的性能几乎没有影响。

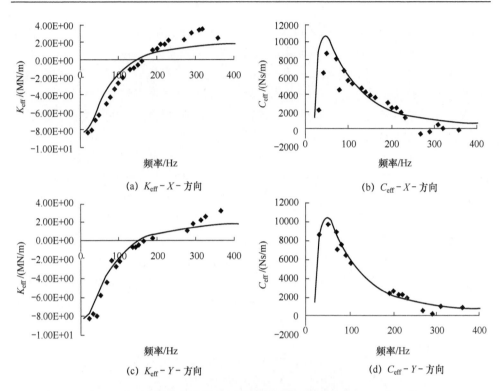

图 7.37 孔形阻尼器密封的有效刚度和阻尼的测量和预测对比（Smalley 等，2004）

图 7.38 涡流制动器（Moore 等，2002）

7.4.2.3 轴的长度

由于轴向长度要求较高，sCO_2 转子轴承系统容易产生高挠性比。如 7.6 节所述，高温透平需要热管理系统来保护端部密封，并最大限度减少轴应力。与传统高压设备相比，热管理系统需要额外的轴向长度。此外，维持 sCO_2 的高压运行也需要一个稳固的平衡活塞密封以控制推力并减少泄漏，这也会增加轴向长度。

一般而言，转子在其最低基本振型下往往会变得不稳定（动态），通常在振型中包含相当数量的转子弯曲。额外的轴长度增加了转子的挠性，从而降低了第一阶振型的频率和稳定性。这与高气体密度和相关的大不稳定力相结合，是 sCO_2 涡轮机械的基本转子动力学挑战。

7.4.2.4　转子动力学案例研究：20MWe 超临界 CO_2 透平

上文介绍的 20MWe 案例研究中，由径流式透平通过增速齿轮箱驱动主压缩机和再压缩机。由于透平和压缩机轴都通过挠性联轴器与齿轮箱机械隔离，因此可以从转子动力学的角度独立研究这些配置，为简洁起见仅针对透平开展详细转子动力学讨论。

需要注意的是，不同的机械结构可能会引入或简化转子动力学挑战。如果选择整体齿轮配置，涡轮机械的转子动力学性能将与轴功率密切相关，因为齿轮负载会影响轴承的刚度和阻尼。这种规模的密封结构可能有一个由两到三个磁性轴承支撑的轴，这将对转子稳定性和推力管理带来巨大挑战。最灵活的结构是将透平和两个压缩机连接到独立的电机/发电机来实现解耦，但这可能会很昂贵，因为需要使用更多的齿轮箱、电机、发电机和变频驱动器。

为了评估与所选择的热气体透平配置相关的转子动力学挑战，必须首先考虑轴支撑密封、气动性能和机械完整性的运行需求。首先从上文描述的空气动力学尺寸开始，我们发现透平需要三个直径为 0.444m 的 10800r/min 径流式透平级。尽管实现该结构的可能组合包括悬臂式、双悬臂式等，但可能的配置必须是具有中间支撑的级。在配置所需结构时，转子布置与图 7.39 所示的轴相似。需要注意的是，此结构仅用于说明目的而非详细设计的结果，因为其包含了许多相关结构长度和直径的粗略假设。虽然该方案没有经过仔细审查，但也能够将设备面临的挑战进行大致概述。

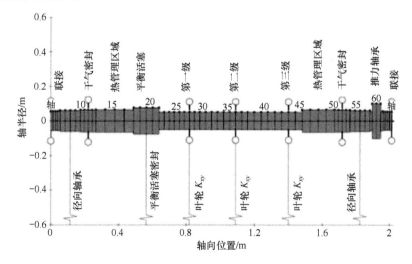

图 7.39　20MWe 案例中透平转子模型

从气动级开始，匹配气动性能所需的出口轮毂直径为 128mm。传统的机器中有由高温合金制成的机加工叶轮，通过 Hirth 或 Curvic 附件连接到轴上。如果是这种情况，转子的刚度直径会小于流道出口的轮毂直径。如果需要，轴可由带有透平级的单件加工制成，在这种情况下，这些位置的转子直径可达 128mm。如果转子按常规工艺制造，则预计气动部分的转子直径可减少 20%。案例研究的轴长度尺寸是在假设每个轴端都有干气密封的情况下估算的。大多数干气密封制造商接受的最高密封温度约为 200~230℃。该温度限值要求从透平出口/进口到干气密封的温度有所下降。大多数密封缓冲气体向内侧流入以保持密封的冷却，但要求轴中的温度从 700℃ 逐渐变化到 200℃，以减小热应力。对于该分析，假设在热过渡区中 L/D（轴承跨距 L 与轴径 D 之比）取值 1.75 来实现该温度梯度。除了干气密封和热过渡区所需的长度外，平衡活塞密封还需要一些轴向长度，以帮助平衡推力负载。这种密封的泄漏项非常重要，因此在这种情况下假定 $L/D=1$。总体而言，加装轴承、油封和联轴器附件后，涡轮轴的总长度约为 2m。

转子的几何结构完成后，继续进行 API 617（American Petroleum Institute，2014）要求的转子动力学基本分析。在开始此过程前，需要定义转子材料并将其材料属性输入到模型中。由于叶轮连接位置处的转子接近 CO_2 温度（忽略轴冷却），因此需要选用高温合金。尽管有多种选择可能适合此应用，但最终选择了 Inconel 740H，因为其在该温度下具有良好的强度和耐腐蚀性。对于这种高温合金，700℃ 时的弹性模量约为 178GPa，比室温下的弹性模量低约 20%。如果不考虑这种温度依赖性将导致临界转速相对于室温轴的预测值降低 10%。

在添加密封件、转子交叉耦合刚度和其他气动激励前，可通过计算无阻尼临界转速（Undamped Critical Speed，UCS）来观察透平的一般模式。如图 7.40 所示，对于在该轴尺寸和速度（图中黑线所示）下预测的任何支承刚度范围，轴承都相对坚硬。这种高刚度是由高表面速度引起的，并使振型节点位于轴承附近。这对转子动力学不利，因为需要轴承运动来增加轴的阻尼。基于上述计算，前两个 UCS

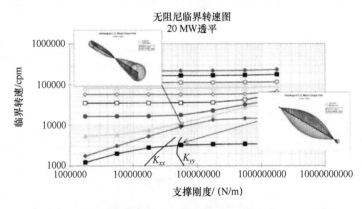

图 7.40　20 MWe 案例 UCS 图

的转速分别为 3400 r/min 和 14475 r/min。目前，临界转速可能远远超出运行范围以满足 API 617 要求的裕度；但是可以通过增加油膜阻尼器改变轴承长度来改变轴承刚度，从而改变固有频率。本示例中假设的轴承参数见表 7.12。

表 7.12　20MWe 案例轴承参数

轴径/mm	76.4
轴承长度/mm	31.6
垫片间隙/mm	0.086
预负荷间隙/mm	0.02
布局	5 垫片　垫片载荷

可以根据平均气体密度绘制透平临界转速比（相对于第一临界转速的工作转速），并与其他设备进行比较以粗略估算设备的稳定性。该图称为 Fulton 图，在 API 中提供了一种筛选方法以确定是否需要进行更深入的分析。虽然我们正在对研究透平，但在笼罩径向涡轮中，预计会出现许多使压缩机失稳的相同现象。图 7.41 所示为 Fulton 图上研究对象透平的位置与 Bidaut 等（2009）针对 MAN Turbo 和 Musardo 等（2012）针对 GE 石油天然气公司发布的各种工业应用中使用的气体压缩机的对比。如图 7.41 所示，研究对象透平设计远远超出当前技术水平。虽然可以通过减少轴长或直径来提高临界速比，但我们将继续对当前示例进行二级分析。需要注意的是，尽管本案例研究中的压缩机转子动力学模型尚未开发，但 690kg/m^3 的平均气体密度高于图 7.41 中显示的几乎所有工业应用的平均气体密度，因此需要进行更详细的二级分析。

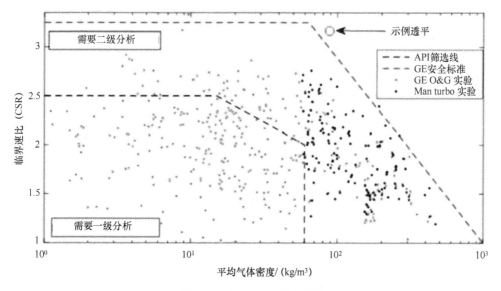

图 7.41　高压压缩机经验图

开展 API 617 中的二级稳定性分析要求在模型中分析所有轴承、密封件和叶轮的影响。首先从叶轮系数开始，必须计算透平护罩上旋转气流产生的失稳交叉耦合刚度。因此与压缩机类似，使用 API 方法计算每级的交叉耦合刚度 K_{XY}。对于所讨论的透平，可通过 API 方法及表 7.13 计算叶轮的交叉耦合刚度。在模型中替换相应系数并计算阻尼临界速度，如图 7.42 所示，在 10800r/min 的转速下产生 3750r/min 的振动模态，且对数衰减率为-2.3。负对数衰减率表明该转子可能有强不稳定性。将平衡活塞密封由迷宫式密封改为阻尼（孔形）密封，可以增加平衡活塞在该位置的刚度和阻尼；然而，该项单独的增加仍会导致在 4519r/min 时出现第一阶不稳定模式，且对数衰减率为-0.58。因此进一步提高稳定性需要执行以下或所有操作。

表 7.13　20MWe 案例转子交叉耦合刚度系数

级别	$K_{XY}10^6$（N/m）
第一级	4.02
第二级	3.38
第三级	2.77

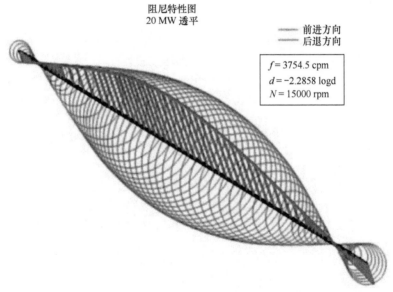

图 7.42　20 MWe 案例无阻尼密封下的阻尼特征

（1）通过减小轴承跨距、增加有效轴直径来降低灵活性。这将降低临界转速比并改变振型，从而潜在的增加轴承位置处的振型（并因此增加阻尼）。该方法需要减少占轴承跨度很大部分的热密封的长度。

（2）使用金属网或油膜阻尼器提高轴承阻尼并降低刚度。阻尼的增加将提高设备稳定性，而降低的轴承刚度将改变振型，从而增加轴承位置处的振型（因此增加阻尼)。

(3) 通过降低护罩空腔中的涡流速度来减少透平叶轮处的气动交叉耦合。

通过上述改进的组合,轴会更趋于稳定运行。

7.4.3 轴端密封

7.4.3.1 干气密封

现有的干气密封技术旨在为旋转机械提供可靠的轴密封,以将从机器主流道泄漏的工质流量减少到可接受的水平。干气密封有多种形式,包括单密封、串联密封和带中间迷宫密封的串联密封。带有中间迷宫的串联密封通常用于气体应用中,因为其向环境的泄漏最少。但是,对于 sCO_2 等不易燃的气体,单密封件已经足够。对于图 7.43 所示的结构,从压缩机排出的工质经过过滤、加热后,通过高压腔(右侧)注入密封。这些气体大部分通过迷宫密封向内流动,然后返回循环。少量气体在主密封的旋转面(以暗色显示)和主环(以洋红色显示)之间流动。旋转面上的凹槽产生流体动力升力,从而分离产生出 $3\sim10\mu m$ 的小流动间隙。该图还展示了通过旋转环和固定环后的静态密封件的泄漏路径,但该泄漏量是最小的。

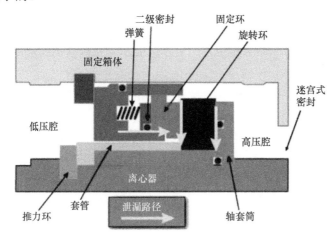

图 7.43 干气密封布置图(Bidkar 等,2016c)

干气密封的外侧(图 7.43 中未显示)是一个分离密封,用于防止润滑油沿轴从轴承流入密封。分离密封也由清洁的缓冲气体(通常为空气或氮气)供给,可以是标准迷宫密封或分段碳环密封等形式。

对于压缩机(以及预热前的透平),CO_2 会在密封面上形成干冰,并可能堵塞密封通道。为避免出现这种情况,通常将密封气体加热至 $80\sim100℃$,从而避免出现多相圆顶和干冰状态。干气密封包括密封衬套和壳体之间以及轴套和轴之间的限温静态密封,因此大多数干气密封的最高工作温度为 $177℃$。所以在高温 sCO_2

透平中，密封缓冲气体也用于冷却密封。在这种情况下，即使在热停闭之后也必须供应密封气体，直到壳体冷却到该最高温度以下。如果密封失效，热气体将淹没缓冲气体，因此密封内部部件至少应由不锈钢合金制成，以避免热损坏，直到回路被排空。需要对密封通风孔的尺寸进行分析，以避免背压过大而超过密封和轴承之间的分离密封供应量。

在 sCO_2 系统中，干气密封供应压力通常略高于压缩机进口压力。因为运行工况接近临界点，因此详细的密封模型必须考虑真实气体特性。Thatte 等（2016）介绍了一种用于 10 MWe 高温透平（Kalra 等，2014）的 sCO_2 干气密封中流体-结构-热多尺度耦合的分析方法，该方法考虑了 sCO_2 的特有效应，包括声速变化、相变和传热系数剧变等。

现有干气密封也适用于直径为 4~6 等（Bidkar 等，2016c）甚至可能高达 34.92cm 的轴（John Crane 等，2015）。商用干气密封不适用于轴尺寸较大的涡轮机械。Bidkar 等给出了 450 MWe sCO_2 透平中直径约为 24inch 的端面密封设计和分析（Bidkar 等，2016a）。尽管文中认为设计是可以实现的，但作者指出需要通过试验研究来解决高热量、热致气锥以及流体-结构-热多尺度耦合分析等具体设计挑战。

7.4.3.2 浮动环形油封

虽然在当前压缩机上不常见，但浮动环形油封是一种可行的轴端密封技术，并广泛应用于石油和天然气等领域。图 7.44 所示为典型浮动环形油封的横截面。在内侧密封和外侧密封之间供应的油的压力略高于压缩机的吸入压力（通常为 5~30psid）。小部分油通过内侧密封泄漏，并与气体工质混合、通过内侧密封排放口排出。大部分油通过外侧密封环流出，根据密封压力，可能有 1~3 个密封环。启动期间当轴在轴承中运行时，允许密封件径向浮动，并且通常设计为锁定到固定位置（不随轴旋转）。因此，密封件可以充当调整轴转子动力学行为的小型径向轴承。如果转子运行低于第一临界转速的两倍，油封将处于稳定运行状态。如果其运行超速两倍，则油封出现不稳定，并可能导致转子动力学不稳定。通过对密封环进行压力平衡以保持其居中，并在密封环上添加周向槽，可将其负面影响降至最小。密封衬套需要与单环干气密封相似的轴向空间，但该应用不需要分离密封，减少了轴承跨度。密封缓冲气体用于隔离油封与循环工质，并可以像干气密封一样从压缩机的排气口排出。与干气密封不同的是，该气体不需要加热，因为它不会膨胀到大气压力。而与干气密封相同的是，密封的运行温度应保持在 177℃ 以下，以防止油炭化。

对于 sCO_2 应用，外侧密封泄漏可能与轴承油混合，并通过排放口排出。内侧密封排油将与 CO_2 混合排至存水槽，在其中油与气体分离并从底部排出。气体返回压缩机的吸入侧；而排出的油进入脱气罐，以去除溶解在油中的任何 CO_2 残留。该密封的最终泄漏约干气密封的十分之一，这对闭环系统而言意义重大，如图 7.45 所示。

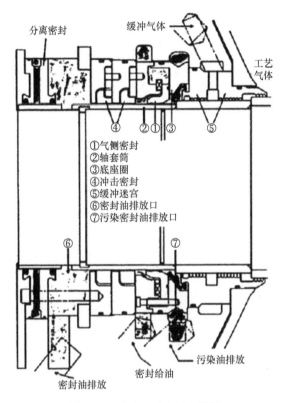

图 7.44　浮动环形油封布置图

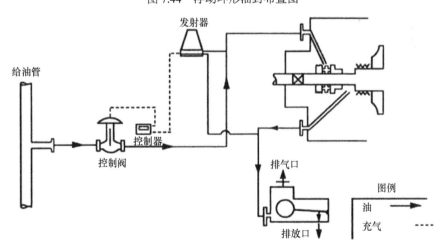

图 7.45　油封供给和排放系统

7.4.4 压力壳体

sCO$_2$ 涡轮机械壳体设计的主要挑战之一是高温和高压的运行需要。其入口压力和温度与超超临界汽轮机相似,而排气压力和温度更高。此外,干气轴端密封的应用造成压力壳体外壳端部附近产生较大的温度梯度,这是 sCO$_2$ 透平所独有的。石油和天然气行业的运行经验完全适用于 CO$_2$ 压缩机的压力和温度。

由于典型涡轮机械壳体几何结构的复杂性,通常采用有限元分析(finite element analysis,FEA)方法来设计压力壳体。《ASME 锅炉及压力壳体规范》(BPVC)的第八部分第 2 章第 5 节中规定了此类数值分析方法的设计准则,可以评估部件的塑性坍塌、局部失效、屈曲和循环荷载。在这样的分析中,除了所有相关的机械载荷(内部压力、接触力、约束等)外,还考虑了热载荷(传热边界条件等),以确定零件内的温度分布和由此产生的热应力(不仅仅是考虑整个应用过程中均匀的最高温度)。

该部分强调了使用本规范评估塑性坍塌和局部失效标准的要求。对于给定的案例,计算应力必须满足以下要求:

$$\begin{cases} P_\mathrm{m} \leqslant S \\ P_\mathrm{L} \leqslant 1.5S \\ P_\mathrm{L} + P_\mathrm{b} \leqslant 1.5S \\ \sigma_1 + \sigma_2 + \sigma_3 \leqslant 4S \end{cases}$$

式中:S 为材料的最大允许应力;σ_1、σ_2 和 σ_3 为计算出的各点应力;P_m、P_L 和 P_b 为通过部件截面厚度评估的线性等效应力(von Mises),可从商业 FEA 软件获得,P_m 为薄膜等效应力,等于通过截面的平均值。一般来说,该部分不会因材料或荷载不连续性而表现出任何应力的集中效应。P_L 为局部薄膜等效应力。与 P_m 类似,不同的是仅考虑局部应力较大区域。P_b 为弯曲等效应力。$P_\mathrm{L}+P_\mathrm{b}$ 的值等于整个截面中不包括二次应力和峰值应力的最大值。

需要注意的是,主应力(及其总和的评估)是 FEA 一个节点的结果,其所有节点的值都可以显示在如图 7.46(a)所示的单个图中以便评估。然而,线性应力项仅对通过材料的离散路径(即从压力容器边界内部到外部)有意义。由于对所有可能路径的评估是不切实际的,分析人员必须仔细选择并定义出整个应力最坏情况的路径。对于图 7.46(b)中的示例,选择的路径是从设备内部到压力壳体外部具有局部高等效应力(von Mises)位置的路径。其中,P_L 是整个截面的常量值,而 $P_\mathrm{L}+P_\mathrm{b}$ 是截面内的最大值。

上述计算中使用的材料许用应力值在 BPVC 的第二部分 D 章表 5A 和 5B 中指定。通常该许用应力值确定如下:

$$S = \min\left(\frac{S_\mathrm{T}}{2.4}, \frac{S_\mathrm{Y}}{1.5}, F_\mathrm{avg} S_\mathrm{R,avg}, 0.8 S_\mathrm{R,min}, S_{C,\mathrm{avg}}\right)$$

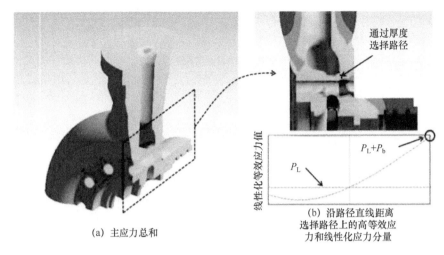

(a) 主应力总和　　(b) 沿路径直线距离选择路径上的高等效应力和线性化应力分量

图 7.46　使用有限元分析进行应力分析的示例

式中：S_T 为室温下的最小拉伸强度；S_Y 为设计温度下的最小屈服强度；F_{avg} 为以下定义的乘积，等于 0.67（设计温度≤1500℉），≤0.67 或由 $\lg(F_{avg})=1/n$ 计算的值，其中 n 是 100000h（设计温度大于 1500℉）时 log(破裂时间)相对 Log(应力)的斜率；$S_{R,avg}$ 为 100000h 结束时导致破裂的平均应力；$S_{R,min}$ 为 100000h 结束时导致破裂的最小应力；$S_{C,avg}$ 为每 1000h 产生 0.01%蠕变率的平均应力。

根据其他规范设计的部件，如 ASME B31.1 和 B31.3 中的管道等，也依赖于类似的许用应力值定义。其中如图 7.47 所示，材料的蠕变特性决定了高温下的最大许用应力，随着温度的升高，最大许用应力快速下降。对于典型 sCO_2 涡轮机械温度下的设计，这尤其具有挑战性，因为大多数常见材料（即使允许使用）的许用应力在该温度下较低，这意味着壁厚必须相对较大才能承受相应的压力载荷。较新的高性能镍合金，如 Inconel 740 和 Haynes 282，具有最高的许用应力，是 sCO_2 涡轮机械最苛刻零件（如透平进口壳体）的最优选择。

7.4.4.1　静密封

在高压下密封 CO_2 时，必须小心选择设备中的静密封。在许多设备中，各种弹性密封材料（如氟橡胶、Aflas 橡胶或 Kalrez 橡胶）提供了高达 400/450/600 ℉ 的良好选择。但是在 CO_2 应用中，加压运行期间缓慢吸收到材料中的气体会在减压期间在材料内部膨胀，使材料具有爆炸性减压的风险，并导致材料失效。由于缓慢减压允许气体从材料中渗透出来而不是在材料中膨胀，因此大多数制造商为每种材料提供了允许的减压速率。爆炸减压的风险随着压力或温度的升高而升高，而随着刚度的降低而降低。防止爆炸性减压所需的减压速率通常远低于 sCO_2 涡轮机械瞬态运行所需的减压速率，特别是紧急停机工况。Clementoni 和 Cox（2014）指出在其 sCO_2 回路中，氟橡胶密封件存在爆炸减压问题。因此，弹性密封件通常不适用于 sCO_2 应用。

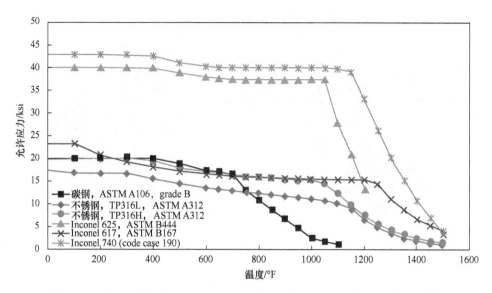

图 7.47　不同管道材料许用应力随温度的变化特性（ASME B31.1 或 B31.3）

聚合物密封件不受上述问题的影响，是 sCO_2 静密封的首选密封件。但是，聚合物密封件（大多数为 PTFE 合金）不具备弹性密封件的弹性，因此它们更难安装和制造。带有金属弹簧的加压 C 形密封件有助于克服这些缺点，但仍然需要良好的表面光洁度以实现密封操作。

需要金属密封件应对透平运行的高温工况，通常也使用加压 C 形密封，但因其没有弹性，必须应用于轴向面。该密封件还需要良好的表面光洁度（0.5mm 或更高），并且所用合金必须是可用于高温操作（700℃+）的镍合金。同时，对密封件进行电镀也有助于提高密封性，图 7.48 给出了上述密封件的示例。

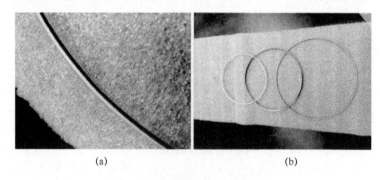

(a)　　　　　　　　　　　　(b)

图 7.48　高温用途的 C 形密封件

7.4.5　启动

在正常运行期间，sCO_2 布雷顿循环中透平可提供足够的功率来运行压缩机。然而，在启动期间，必须要由外部电源提供启动流量或功率以启动并保持压缩机旋转，直到透平产生足够的功率使循环运行能够自我维持。启动功率要求和达到自主运行所需的总时间受机械配置（如单轴或双轴）以及主加热器、回热器和设备中的瞬态热极限影响。

根据系统配置，可能有不同的启动方案。电机驱动压缩机的循环启动相对简单，只要电网或发电机提供足够的电力即可。Sandia 和 IST 试验回路中的 TAC 装置在启动期间以电机模式运行（Wright 等，2010；Kimball 和 Clementoni，2012）。如 Held（2014）所述，可使用与主循环压缩机不同的专用启动压缩机或泵来实现此目的。

为避免额外电机和齿轮箱的成本，以及多次在电功率和轴功率之间的转换而导致效率的降低，大型高效系统倾向于透平驱动压缩机而非电机驱动压缩机。对于单轴系统，主发电机可用于利用电网或启动发电机的电力提供启动功率。在该启动的某些时刻，透平中的工质密度与正常运行时相差很大，透平可能会吸收而非产生功率。对于长时间启动过程，应在较低转速下分析转子动力学和叶片动力学，以防止在临界转速或叶片共振下长时间重复运行而导致的故障。

7.4.6　与负载控制集成

公开文献中提出了各种 sCO_2 循环的非设计和部分负载运行控制方案，包括汽轮机旁通、压缩机再循环、压缩机节流、回路库存控制、转速控制（双轴配置）等。这些非设计工况可能是由于电力、产热的需求改变，进而引起透平或压缩机入口温度变化造成的。涡轮机械设计必须考虑这些情况，以确保在所有工况下可靠、稳定、理想地运行。

Dostal 等（2004）分析了一些再压缩循环的非设计工况控制方案，认为库存控制可能提供最好的部分负载循环效率，但是没有考虑涡轮机性能对非设计工况的影响。Dyreby（2014）在其库存控制方案研究中加入无量纲涡轮机械特性曲线，并得出结论认为该方法可在压缩机进口温度在 32 ℃ 和 55 ℃ 之间变化时实现循环效率的最优化，同时保持涡轮机械运行点在其特性曲线中。

通过使用范围扩展功能，如压缩机的可变导叶或扩压器或透平的可变喷嘴，可最大限度地提高涡轮机械的非设计性能。Allison 等（2016）对 sCO_2 压缩机的上述技术进行了调研回顾。尽管 Metz 等（2015）简要描述了用于 sCO_2 运行的 IGV 和驱动系统，但这些概念并未在 sCO_2 典型循环压力下使用。

7.5　sCO_2 压缩机和泵的设计注意事项

7.5.1　叶轮机械设计

如图 7.49 所示，离心式压缩机叶轮设计可分为开放式（叶片完全可见）或封闭式（叶片尖端连接有盖子或护罩）。封闭式叶轮通过叶尖护罩消除尖端泄漏来提高效率，但护罩质量所增加的离心负载也限制了该叶轮相对于开放叶轮的最大叶尖速度。封闭式叶轮通常在护罩的外径上设置径向环封，使叶轮性能不受转子和定子间轴向热膨胀不匹配的影响，而开式叶轮上的尖端泄漏可能受热膨胀的强烈影响，特别是对于多级设备。鉴于上述原因，封闭式叶轮被认为适用于大多数 sCO_2 循环，因为该循环通常具有相对较低的压比和较高的效率，并且 sCO_2 涡轮机械布置通常包含直接连接到高温透平的压缩机。

图7.49　封闭式离心压缩机叶轮截面（Allison 等，2014）

离心式压缩机叶轮可以是整体铸造或机加工的，也可以是通过焊接或钎焊与护罩连接的封闭叶轮。由于这些制造方法生产的是单个零件，叶轮通常具有极小的阻尼，因此轮盘或叶片的气动激励可能产生较高的动态应力并最终导致疲劳失效。由于叶片支撑结构非常坚固，与开式叶轮相比，封闭式叶轮通常不容易发生上述疲劳失效，但 Kushner 等（2000）和 White 等（2011）在文献中报告了多个故障案例。sCO_2 叶轮中的高流体密度会影响计算出的叶片固有频率（Gill 等，1999），并产生相对较高的气动载荷振幅。因此，叶轮设计应考虑由上下游定子部件，如 IGV、扩散器叶片、侧流和向叶片施加周期激励的支柱等，所产生的动态应力。该方法并非 sCO_2 应用所独有的，Kushner 等（2000）和 Lerche 等（2012）已介绍了多种方法。

7.5.2　空气动力学性能

sCO_2 循环通常在回路中使用多个压缩机或泵。工质通过透平做功后，压缩机将循环压力升高。根据循环和涡轮机械配置，主压缩机可能是单级或多级形式。在某些循环中也使用了再压缩机，通常在比主压缩机稍高的入口温度下运行。根据循环需求，再压缩机也可以是单级或多级。

sCO_2 应用中压缩机级的基本设计与其他工业用级类似，但在研发过程中必须考虑其特有的设计注意事项。首先，由于压缩机功率对循环效率具有一阶影响，因此需要优化设计以实现设计点效率最大化。其次，为减少压缩功并实现循环输出最大化,主压缩机的入口条件通常接近工质临界点。为了在临界点附近运行,应该设计一个级来管理入口温度的微小变化引起的较大物性改变。这些变化由压缩机及防喘振系统来管理。

循环模型可用于给定压缩机的运行要求。通常使用一维模型开展结构尺寸和性能的评估。通过相关模型能够确定许多关键设计参数,如转速、最佳级数、配置和叶轮类型等。sCO_2 级通常运行在高压下,因此一般选择使用封闭叶轮。开式叶轮要求在旋转叶轮和外壳之间维持紧密的工作间隙,使得考虑热负荷和机械负载引起的偏差变得非常困难。封闭叶轮级只需要在较小的入口孔直径位置保持紧密的间隙,即可承受级的一些轴向移动。初始的平均线模型还应考虑轴附件。由于 sCO_2 具有高功率密度,相对于叶轮尺寸,驱动轴通常相当大。在这种情况下,为了适应轴的尺寸,轮毂半径可能需要增加至影响级性能的尺寸。

在设计阶段,使用精确的流体物性模型来获得真实气体的物性变化是非常重要的。在确定主压缩机第一级导流器尺寸时必须格外细致,因为其运行工况距临界点最近。导流器的设计应使叶尖相对速度 W_{1t} 或入口相对马赫数 M_{rel1t} 最小。过大的导流器会使进口叶片角度减小到超出最佳值,从而限制级的效率。如果入口对于给定流量来说太小,喉部速度会增加,静压和温度将被抑制,随着静态特性更接近饱和线,会增加冷凝现象出现的可能性。

已经提出了多种评估叶轮相变风险的方法。Monge 等(2014)和 Monjea 等(2014)提出了无量纲准则,即凝结加速裕度(AMC),用来量化导流器和饱和线间流体物性的裕度,如图 7.50 所示。AMC 定义为流体静态特性位于饱和线上时的喉部马赫数。因此,在喉部马赫数 M_{th} 接近 AMC 的情况下,形成多相流的可能性增加。AMC 可在初步设计阶段基于平均线性能进行估算,并且基于完整的 3D CFD 结果进行计算具有更高的保真度。保守的设计规则是保持喉部马赫数小于 AMC。

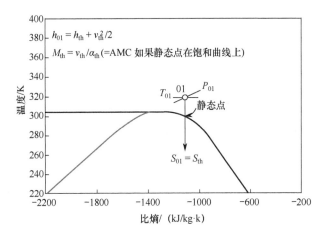

图 7.50 压缩机入口的加速效应(Monge 等,2014)

Lettieri 等（2014）指出在不发生冷凝的情况下，在圆顶下方可能存在运行的可能性。他们的分析表明，sCO₂ 凝结所需的时间通常比离心式压缩机饱和线以下区域中流体的停留时间大得多。为了量化这一论点，他们将冷凝极限定义为流体在冷凝区的停留时间与成核时间之比。在冷凝极限小于 1 的情况下，预计不会出现多相流动。当冷凝极限大于 1 时，停留时间大于成核时间，因此可能会形成液滴。

计算冷凝极限须获得气体物性，并且必须定义饱和线以下流体区域的体积。在设备中，流体可能会在流动路径较小的局部位置（如前缘）或较大的区域（如导流器喉部）进入饱和区域。作为设计工具，可以假设饱和线以下的流体体积与压缩机喉部面积成比例。更高保真的数值模型（如 CFD）可用于进行更详细的性能评估。与 AMC 相比，冷凝极限在预测多相流起点时不太保守。

尽管 sCO₂ 压缩机的实际运行数据很少，但 Noall 和 Pasch（2014）报告的结果表明，在饱和线以下保持稳定状态运行是可能的。他们的实验数据（图 7.51）表明，对于小型研究用压缩机级，在圆顶上方和下方的压缩机入口条件下均实现了稳定运行。在较宽的入口条件范围内，该级的压头与流量特性保持恒定。这些结果进一步证明，对于许多种类的离心机，饱和线以下的停留时间不足以形成冷凝。

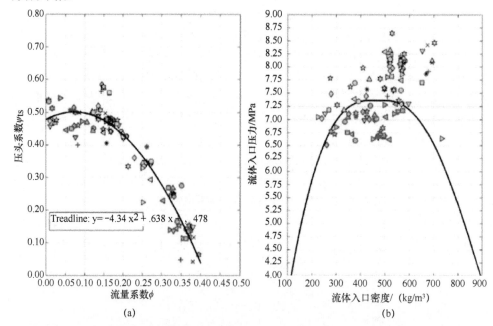

图 7.51　sCO₂ 压缩机在饱和线上、下入口压力下的试验数据（Noall 和 Pasch，2014）

尽管初步反馈表明，在临界点附近运行是可能的，但仍需开展更多工作以验证局部流体状态，并制定适当的设计指导以建立安全的设计空间。因此，在获得更多的实验经验和实际运行数据前，在设计级时保持与饱和线有一定距离仍然是一种很好的做法。

7.5.2.1 20 MWe 案例空气动力学设计研究

图 7.52 所示为计算得出的表 7.9 中主压缩机第一级管道入口处静态特性随不同导流器尺寸的变化。在该案例中，入口工质特性远高于饱和线，但导流器处的静态特性很接近饱和线。其中，导流器的尺寸应使叶轮尖端的相对马赫数最小。喉部的马赫数约为 0.358，临界马赫数 AMC 为 0.482。确定使叶尖相对速度 W_{1t} 最小的入口尺寸，可使导流器面积减小约 10%，同时 AMC 略微减小。入口尺寸必须比最佳值小 30% 才能达到 AMC。增加入口面积会使 AMC 有较大的裕度，但代价是会降低级的效率。非设计工况运行条件也需要加以分析，因为运行特性和冷凝风险在临界点区域会迅速变化。

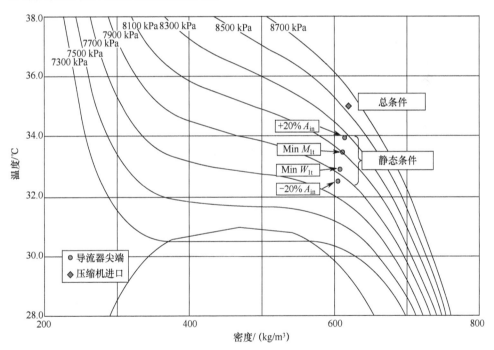

图 7.52 20MWe 案例研究中第一级主压缩机入口的流体特性

7.5.3 喘振控制

与大多数压缩机相同，sCO_2 压缩机也需要喘振控制系统。该系统的设计已经相当规范化，但在使用 sCO_2 时有一些特有的注意事项。首先，主压缩机的进口体积流量可能会由于环境温度波动而变化两倍或更多，并且由于其接近圆顶而具有非理想气体特性。如果使用入口流量计，则必须考虑这些真实的气体效应，以实现准确的体积流量测量。如果使用再压缩机，则需要进行流量控制来确定主压缩机和再压缩机之间的流量分配。理想情况下，这两个压缩机部分应具有独立的防喘振控制阀。主压缩机的循环管路可连接在预冷器的上游，允许气体连续循环而不会出现过热的危险。再压缩机不能采用这样的连接方式，必须小心地避免过热。因此，设置独立的防喘振阀可能是最好的选择。考虑到主压缩机和再压缩机之间的相互作用的稳态及瞬态运行系统流量模拟至关重要。

必须考虑的另一个瞬态工况是紧急停机期间透平速关阀的快速关闭。如果防喘振系统不能快速响应，即使压缩机关闭也会导致压缩机喘振。瞬态工况的模拟对于压缩机的寿命至关重要。

7.6　sCO_2 透平设计注意事项

7.6.1　超速风险

与大多数燃气轮机和蒸汽轮机一样，sCO_2 透平需要设置超速速关阀和保护系统。由于透平转子的紧凑性和低惯性，sCO_2 透平特别容易受突然失去电力负载的影响。在本书撰写时，可用于 sCO_2 的能够快速响应、紧密耦合的透平隔离阀的开发仍然是一项技术空白，但这对于透平的可靠运行至关重要。API 616 燃气轮机指南要求转子设计时具有 120%的转子超速限值，从而可提供足够的超速保护时间来关闭入口流量。通过开展瞬态工况模拟能够验证设计是否成功。

7.6.2　热管理

如前所述，需要在轴上形成一个热梯度来将透平的温度从进气或排气温度降低到干气密封可以承受的温度。该区域称为热管理区域，需要仔细设计以最大限度减小设备中的热应力。图 7.53 所示为转子的预测温度场。在衬套中也会出现类似的梯度。尽管纯轴向温度梯度也会产生热应力，但径向温度梯度产生的热应力更高，应尽量减小。需要对高温排气（来自平衡活塞）和冷却缓冲气体进行精细的传热管理，以产生一个均匀的温度分布来消除径向温度梯度。如共轭传热 CFD 模型等先进的分析工具可用于解决在该领域的透平设计问题。使用 FEA 进行瞬态热分析对于评估冷启动和热停闭工况也是必要的。

图 7.53　热管理区域内轴和定子的温度分布（Kalra 等，2014）

7.6.3 压力壳体的热瞬态效应

每次设备启动和停止时，在运行过程中都会出现热瞬态。飞机上的燃气涡轮发动机设计可用于快速瞬变，以适应起飞和功率变化时的快速功率（和温度）变化。在燃气轮机中，通过滑动式接头和热管理保持热部件相对较薄。燃气轮机使用独立的热边界（燃烧室衬套、流路组件等）和压力边界（外壳）。这种设计方法将壳体中的承压应力与热部件中的热应力分开，因为燃气轮机通常是内部燃烧的（燃烧室），这种设计方法是可能的。

另外，汽轮机将压力边界和热边界结合起来，因为热源（锅炉）位于壳体外部。因此，管道、外壳和流道均与热工质接触，必须密封。由于材料强度在高温下急剧下降，汽轮机外壳的厚度可能是相同压力下的低温设备所需厚度的 2～3 倍。因此，外壳的热惯性非常高，其适应瞬变的能力大大降低，有时需要数小时才能使蒸汽发电厂工作。

螺栓连接通常用于将壳体组件固定在一起。在瞬变过程中，螺栓的温度将滞后于相邻外壳的温度，导致启动期间（温度升高）螺栓过度拉伸和停机期间（或负载降低）夹紧载荷的潜在损失。

sCO_2 透平与蒸汽轮机更为相似，因为大多数 sCO_2 系统为外燃式（加热型）。如上文所述，由于轴需要热管理区使这些透平变得更加复杂。该热管理区的温度梯度在瞬态期间可能会发生变化，进一步影响壳体和轴中的热应力，从低循环疲劳的角度影响部件的寿命。在最坏的情况下，可能导致干气密封过热和失效。

改善 sCO_2 瞬态性能的设计是当前的研究重点。目前正在考虑采用与高压汽轮机相似的双壁式设计。另外，关键外壳部件的电预热是改善启动时间的另一个选择。

7.6.4 透平转子/叶片机械设计

sCO_2 涡轮机械的径向进气透平叶轮和轴流式透平叶片的机械设计与其他涡轮机械应用类似，但有几个关键区别。首先，由于功率密度高，透平叶片甚至径向透平叶轮上的叶片载荷不能像低功率密度应用一样被忽略。叶轮和轴的尺寸相对较小，进一步加剧了这一问题。因此，需要特别考虑径向透平叶轮与轴的连接。例如，简单地将叶轮收缩到轴上，并依靠摩擦来防止叶轮打滑通常不足以平衡叶轮的扭矩，可能需要轴向花键（Curvic 或 Hirth 样式）等特殊元件来实现相关功能。

使用轴向入口的透平叶片附件可能无法处理接头上的叶片弯矩。此外，由于给定功率水平下的叶轮尺寸相对较小，叶片之间可能没有用于实现这些功能的物理空间。

高流体密度的一个积极结果是,与其他应用(如空气压缩)相比,叶轮的尖端速度往往处于低至中等水平。因此,整体式护罩可用于改善叶片动力学、阻尼和空气动力学性能。

7.6.5 透平空气动力学性能

在大多数 sCO_2 循环中,透平进口温度远高于临界温度,气体行为接近理想气体。因此,可以使用现有设计实践和其他应用的工具来实现透平设计。对于表 7.10 中给出的案例,透平的设计目标是在最少的级数内实现效率最大化。假定在轴上的各级以固定速度运行,需要匹配转子的外径以满足该结构布置。根据图 7.4 中给出的设计指南,通过优化比转速来选择级数。通过选择适合于特定速度的流量和负载系数来计算基本几何结构,并最终设计获得符合径流式透平空气动力学经验的结果。

7.7 小结

本章概述了 sCO_2 涡轮机械的设计注意事项,以解决由高压、高温和高密度组合运行环境引入的挑战。由于在临界点附近运行,压缩机受到进一步挑战,这是该应用所特有的。这些条件使得涡轮机械的设计非常紧凑,能够在合理的结构尺寸和级数下以较高设计效率运行。另外,这些条件还带来了多种设计挑战,如高轴承表面速度和载荷、高密度气体对转子动力学和叶片载荷的影响、低泄漏轴端密封、高温压力壳体和紧凑式热管理,以及压缩机的宽工作范围要求和冷凝可能性等。还需要开展大量研究工作来克服这些挑战,从而使 sCO_2 涡轮机械能够取代已经开发和改进了 100 多年的蒸汽轮机。

在过去的 10 年中,已经开发了许多 sCO_2 涡轮机械设计和原型。通过仿真和原型研究的结果表明,采用最先进的技术和设计工具可以成功地克服上述设计挑战。现有的部件技术,包括先进的轴承和阻尼器密封件、干气密封件、高温高强度材料以及新型紧凑型涡轮机械的制造工艺,可用于填补或缩小 sCO_2 涡轮机械的所有关键技术差距。但是,仍需要进行大量的研究和开发工作,验证现有原型概念,并扩大设备功率水平以满足应用需求。该过程可以通过先进的仿真手段实现加速,如共轭传热、瞬态流体–热–结构模拟和先进的转子动力学稳定性评估。结合来自原型样机的实验数据,这些技术和工具有望在未来几年实现 sCO_2 涡轮机械在各个领域的商业化应用。

参考文献

GE Oil & Gas, 2016. Gearbox Technology. Available from: https://www.geoilandgas.com/liquefied-natural-gas/gas-liquefaction/gearbox-technology.

Ahn, Y., Bae, S.J., Kim, M., Cho, S.K., Baik, S., Lee, J.I., Cha, J.E., 2015. Review of supercritical CO_2 power cycle technology and current status of research and development. Nuclear Engineering and Technology 47, 647−661. Elsevier.

Ahn, Y., 2016. Private Communication.

Allison, T.C., Moore, J.J., Rimpel, A.M., Wilkes, J.C., Pelton, R., Wygant, K., 2014. Manufacturing and testing experience with direct metal laser sintering for closed centrifugal compressor impellers. In: Proc. 43rd Turbomachinery Symposium, Houston, TX.

Allison, T., Wilkes, J., Pelton, R., Wygant, K., 2016. Conceptual development of a wide-range compressor impeller for sCO_2 applications. In: The 5th International Symposium − Supercritical CO_2 Power Cycles, San Antonio, TX.

American Petroleum Institute, 2014. Axial and centrifugal compressors and expander-compressors for Petroleum. In: API Standard 617 8th Ed., Chemical and Gas Industry Services, Washington, D.C.

Angelino, G., 1968. Carbon dioxide condensation cycles for power production. Journal of Engineering for Power 90 (3), 287−295. http://dx.doi.org/10.1115/1.3609190.

Balje, O.E., 1981. Turbomachines: A Guide to Design Selection and Theory. John Wiley & Sons, New York.

Beckman, K.O., Patel, V.P., 2000. Review of API versus AGMA gear standards − rating, data sheet completion, and gear selection guidelines. In: Proc. 29th Turbomachinery Symposium, Houston, TX.

Bidaut, Y., Baumann, U., Mohamed, S., 2009. Rotordynamic stability of a 9500 psi reinjection centrifugal compressor equipped with a hole pattern seal − measurement versus prediction taking into account the operational boundary conditions. In: Proc. 38th Turbomachinery Symposium, Houston, TX.

Bidkar, R.A., Mann, A., Singh, R., Sevincer, E., Cich, S., Day, M., Kulhanek, C.D., Thatte, A.M., Peter, A.M., Hofer, D., Moore, J., 2016a. Conceptual designs of 50 MWe and 450 MWe supercritical CO_2 turbomachinery trains for power generation from coal, Part 1: cycle and turbine. In: The 5th International Symposium - Supercritical CO_2 Power Cycles, San Antonio, TX.

Bidkar, R.A., Musgrove, G., Day, M., Kulhanek, C.D., Allison, T., Peter, A.M., Hofer, D., Moore, J., 2016b. Conceptual designs of 50MWe-450MWe supercritical CO_2 turbomachinery trains for power generation from coal. Part 2: compressors. In: The 5th International Symposium − Supercritical CO_2 Power Cycles, San Antonio, TX, 2016.

Bidkar, R.A., Sevincer, E., Wang, J., Thatte, A.M., Mann, A., Musgrove, G., Allison, T., Moore, J., 2016c. Low-leakage shaft end seals for utility-scale supercritical CO_2 turboexpanders. In: Proc. ASME Turbo Expo GT2016−56979, Seoul, South Korea.

Brown, P., Childs, D., 2012. Measurement versus predictions of rotordynamic coefficients of a hole-pattern gas seal with negative preswirl. In: ASME Turbo Expo GT2012-68941, Copenhagen, Denmark.

Camatti, M., Vannini, G., Fulton, J.W., Hopenwasser, F., 2003. Instability of a high pressure compressor equipped with hole pattern seals. In: Proc. 32nd Turbomachinery Symposium, Houston, TX.

Cha, J.E., Ahn, Y., Lee, J.K., Lee, J.I., Hwa, L.C., 2014. Installation of the supercritical CO_2 compressor performance test loop as a first phase of the SCIEL facility. In: 4th International Symposium − Supercritical CO_2 Power Cycles, Pittsburgh, PA.

Cho, J., Choi, M., Baik, Y.J., Lee, G., Ra, H.S., Kim, B., Kim, M., 2016a. Development of the turbomachinery for the supercritical carbon dioxide power cycle. International Journal of Energy Research 40, 487−599. Wiley.

Cho, J., Shin, H., Ra, H.S., Lee, G., Roh, C., Lee, B., Baik, Y.J., 2016b. Development of the supercritical carbon Dioxide power cycle experimental loop in KIER. In: ASME Turbo Expo GT2016-57460, Seoul, South Korea.

Clementoni, E.M., Cox, T.L., 2014. Practical aspects of supercritical carbon dioxide Brayton system testing. In: 4th International Symposium − Supercritical CO_2 Power Cycles, Pittsburgh, PA.

Clementoni, E.M., Cox, T.L., King, M.A., 2015. Off-nominal component performance in a supercritical carbon dioxide Brayton cycle. In: Proc. ASME Turbo Expo GT2015-42501, Montreal, Canada.

Conboy, T., Wright, S., Pasch, J., Fleming, D., Fuller, R., 2012. Performance characteristics of an operating supercritical CO_2 Brayton cycle. In: ASME Turbo Expo GT2012-68415, Copenhagen, Denmark.

Crane, J., 2015. Type 28 Dry-Running, Non-Contacting Gas Seals. Technical Specification. Rev. October 2015.

Dostal, V., Driscoll, M.J., Hejzlar, P., 2004. A supercritical carbon dioxide cycle for next generation nuclear reactors. In: Thesis MIT-ANP-TR-100, Massachusetts Institute of Technology, Boston, MA.

Dyreby, 2014. Modeling the supercritical carbon dioxide brayton cycle with recompression, dissertation. University of Wisconsin-Madison, Madison, WI.

Eldridge, T.M., Soulas, T.A., 2005. Mechanism and impact of damper seal clearance divergence on the rotordynamics of centrifugal compressors. In: Proc. ASME Turbo Expo GT2005-69104, Reno, NV.

Fleming, D.D., Pasch, J.J., Conboy, T.M., Carlson, M.D., Kruizenga, A.M., 2014. Corrosion and erosion behavior in supercritical CO_2 power cycles. In: Sandia Report SAND2014-0602C, Sandia National Laboratories, Albuquerque, NM.

Gill, R.S., Osaki, H., Mouri, Y., 1999. Improvement of centrifugal compressor reliability handling high pressure and high density gas. In: Proc. 29th Turbomachinery Symposium, Houston, TX.

Held, T.J., 2014. Initial test results of a MegaWatt-class supercritical CO_2 heat engine. In: 4th International sCO_2 Power Cycles Symposium, Pittsburgh, PA.

Held, T.J., 2015. Supercritical CO_2 power cycles for gas turbine combined cycle power plants. In: Power-Gen International, Las Vegas, NV.

Held, T.J., 2016. Private Communication.

Hofer, D., 2016. Phased approach to development of a high temperature sCO_2 power cycle pilot test facility. In: The 5th International Symposium − Supercritical CO_2 Power Cycles, San Antonio, TX.

Iwai, Y., Ito, M., Morisawa, Y., Suzuki, S., Cusano, D., Harris, M., 2015. Development approach to the combustor of gas turbine for oxy-fuel, supercritical CO_2 cycle. In: Proc. ASME Turbo Expo GT2015−43160, Montreal, Canada.

Johnson, G.A., McDowell, M.W., O'Connor, G.M., Sonwane, C.G., Subbaraman, G., 2012. Supercritical CO_2 cycle development at Pratt & Whitney Rocketdyne. In: Proc. ASME Turbo Expo GT2012−68204, Copenhagen, Denmark.

Kalra, C., Hofer, D., Sevincer, E., Moore, J., Brun, K., 2014. Development of high efficiency hot gas turbo-expander for optimized CSP supercritical CO_2 power block operation. In: 4th International Symposium − Supercritical CO_2 Power Cycles, Pittsburgh, PA.

Kimball, K.J., Clementoni, E.M., 2012. Supercritical carbon Dioxide Brayton power cycle development overview. In: Proc. ASME Turbo Expo GT2012−68204, Copenhagen, Denmark.

Kleynhans, G.F., Childs, D.W., 1996. The acoustic influence of cell depth on the rotordynamic characteristics of smooth-rotor/honeycomb-stator annular gas seals. In: ASME International Gas Turbine and Aeroengine Congress and Exposition, Birmingham, UK.

Kushner, F., Richard, S.J., Strickland, R.A., 2000. Critical review of compressor impeller vibration parameters for failure prevention. In: Proc. 29th Turbomachinery Symposium, Houston, TX.

Lee, J., Lee, J.I., Ahn, Y., Kim, S.G., 2013. sCO$_2$PE operating experience and validation and verification of KAIST_TMD. In: Proc. ASME Turbo Expo GT2013-94219, San Antonio, TX.

Lerche, A., Moore, J.J., Allison, T.C., 2012. Dynamic stress prediction in centrifugal compressor blades using fluid structure interaction. In: Proc. ASME Turbo Expo GT2012-69933, Copenhagen, Denmark.

Lettieri, C., Yang, D., Spakovszky, Z., 2014. An investigation of condensation effects in supercritical carbon dioxide compressors. In: 4th International Symposium − Supercritical CO$_2$ Power Cycles, Pittsburgh, PA.

McDowell, M., Eastland, A., Huang, M., Swingler, C., 2015a. Advanced turbomachinery for sCO$_2$ power cycles. In: NETL University Turbine Systems Research Workshop, Atlanta, GA.

McDowell, M., Eastland, A., Huang, M., Swingler, C., 2015b. Advanced Turbomachinery for sCO$_2$ Power Cycles. University Turbine Systems Research Workshop, Atlanta, GA.

McLallin, K.L., Haas, J.E., 1980. Experimental performance and analysis of 15.04-centimeter-tip-diameter, radial-inflow turbine with work factor of 1.126 and thick blading. In: NASA Technical Paper 1730/AVRADCOM Technical Report 80-09. National Aeronautics and Space Administration, Cleveland, OH.

Memmott, E.A., 2000. Empirical estimation of a load related cross-coupled stiffness and the lateral stability of centrifugal compressors. In: CMVA, Proceedings of the 18th Machinery Dynamics Seminar, Halifax, Canada.

Metz, K., Wacker, C., Schildhauer, M., Hylla, E., 2015. CO$_2$ research rig for advanced compressors (CORA). In: Proc. ASME Turbo Expo GT2015-42501, Montreal, Canada.

Monjea, B., Sánchez, D., Savill, M., Pilidis, P., Sánchez, T., 2014. A design strategy for supercritical CO$_2$ compressors. In: Proc. ASME Turbo Expo GT2014-25151, Düsseldorf, Germany.

Monge, B., Sánchez, D., Savill, M., Sánchez, T., 2014. Exploring the design space of the sCO$_2$ power cycle compressor. In: 4th International sCO$_2$ Power Cycles Symposium, Pittsburgh, PA.

Moore, J.J., Hill, D.L., 2000. Design of swirl brakes for high pressure centrifugal compressors using CFD techniques. In: Proceedings of the 8th International Symposium of Transport Phenomena and Dynamics of Rotating Machinery (ISROMAC-8), Honolulu, HI.

Moore, J.J., Walker, S.T., Kuzdzal, M.J., 2002. Rotordynamic stability measurement during full-load, full-pressure testing of a 6000 Psi Re-injection centrifugal compressor. In: Proc. of the 31st Turbomachinery Symposium, Houston, TX.

Moore, J.J., Soulas, T.S., 2003. Damper seal comparison in a high-pressure Re-Injection centrifugal compressor during full-load, full-pressure factory testing using direct rotordynamic stability measurement. In: Proceedings of the DETC'03 ASME 2003 Design Engineering Technical Conference, Chicago, IL.

Moore, J.J., Camatti, M., Smalley, A.J., Vannini, G., Vermin, L.L., 2006. Investigation of a rotordynamic instability in a high pressure centrifugal compressor due to damper seal clearance divergence. In: 7th IFToMM-Conference on Rotordynamics, Vienna, Austria.

Moore, J.J., Ransom, D.L., Viana, F., 2007. Rotordynamic force prediction of centrifugal compressor impellers using computational fluid dynamics. In: Proc. ASME Turbo Expo GT2007-28181, Montreal, Canada.

Moore, J., Brun, K., Evans, N., Kalra, C., 2015. Development of 1 MWe supercritical CO_2 test loop. In: Proc. ASME Turbo Expo GT2015-43771, Montreal, Canada.

Musardo, A., Pelella, M., Patel, V., Weatherwax, M., Giovani, G., Cipriani, S., 2012. CO_2 compression at worlds' largest carbon dioxide injection project. In: Proc. 40th Turbomachinery Symposium, Houston, TX.

Nicholas, J., 2003. Tilting pad journal bearings with spray-bar blockers and by-pass cooling for high speed, high load applications. In: Proc. 32nd Turbomachinery Symposium, Houston, TX.

Noall, J.S., Pasch, J.J., 2014. Achievable efficiency and stability of supercritical CO_2 compression systems. In: 4th International sCO_2 Power Cycles Symposium, Pittsburgh, PA.

Park, C.H., 2016. Private Communication.

Pasch, J., Conboy, T., Fleming, D., Rochau, G., 2012. Supercritical CO_2 recompression Brayton cycle: completed assembly description. In: Sandia Report SAND2012-9546, Sandia National Laboratories, Albuquerque, NM.

Pasini, S., Moroni, V., 1967. Indagine sull'impiego dell'anidride carbonica quale fluido di lavoro nei cicli di potenza (Graduation thesis). Politecnico, Milano.

Persichilli, M., Held, T., Hostler, S., Zdankiewicz, E., Klapp, D., 2011. Transforming waste heat to power through development of a CO_2-based power cycle. In: Electric Power Expo, Rosemount, IL.

Sienicki, J.J., Moisseytsev, A., Fuller, R.L., Wright, S.A., Pickard, P.S., 2011. Scale dependencies of supercritical carbon dioxide Brayton cycle technologies and the optimal size for a next-step supercritical CO_2 cycle demonstration. In: Supercritical CO_2 Power Cycle Symposium, Boulder, CO.

Smalley, A.J., Camatti, M., Childs, D.W., Hollingsworth, J.R., Vannini, G., Carter, J.J., 2004. Dynamic characteristics of the diverging taper hole pattern-stator seal. Journal of Turbomachinery 128 (4), 717−724. http://dx.doi.org/10.1115/1.2218891.

Thatte, A., Loghin, A., Martin, E., Dheeradhada, V., Shin, Y., Ananthasayanam, V., 2016. Multi-scale coupled physics models and experiments for performance and life prediction of supercritical CO_2 turbomachinery components. In: The 5th International Symposium - Supercritical CO_2 Power Cycles, San Antonio, TX.

Thimsen, D., 2013. Program on technology innovation: modified Brayton cycle for use in coal-fired power plants. In: Technical Update 1026811, Electric Power Research Institute, Palo Alto, CA.

Turchi, C.S., Ma, A., Neises, T.W., Wagner, M.J., 2013. Thermodynamic study of advanced supercritical carbon dioxide power cycles for concentrating solar power systems. Journal of Solar Energy Engineering 135 (4), 041007. http://dx.doi.org/10.1115/1.4024030.

Utamura, M., Hasuike, H., Ogawa, K., Yamamoto, T., Fukushima, T., Watanabe, T., Himeno, T., 2012. Demonstration of supercritical CO_2 closed regenerative Brayton cycle in a bench scale experiment. In: Proc. ASME Turbo Expo GT2012-68697, Copenhagen, Denmark.

U.S. Department of Energy, 2015. Recuperator Technology Development and Assessment for Supercritical Carbon Dioxide (sCO_2) Based Power Cycles. NETL Funding Opportunity Announcement DE-FOA-0001239, Washington, DC.

U.S. Department of Energy, 2016. EERE Project Profile: General Electric − GE Global Research. Available from: http://energy.gov/eere/sunshot/project-profile-general-electric-ge-global-research.

Wachel, J.C., von Nimitz, W., 1980. Assuring the Reliability of Offshore Gas Compression Systems. European Offshore Petroleum Conference & Exhibition, London.

Wacker, C., Dittmer, R., 2014. Integrally geared compressors for supercritical CO_2. In: 4th International sCO_2 Power Cycles Symposium, Pittsburgh, PA.

White, N., Laney, S., Zorzi, C., 2011. RCFA for recurring impeller failures in a 4.7 Mtpa LNG train propane compressor. In: Proc. 40th Turbomachinery Symposium, Houston, TX.

Wilkes, J., Allison, T., Schmitt, J., Bennett, J., Wygant, K., Pelton, R., Bosen, W., 2016a. Application of an integrally geared compander to an sCO_2 recompression Brayton cycle. In: The 5th International Symposium - Supercritical CO_2 Power Cycles, San Antonio, TX.

Wilkes, J., Wade, J., Rimpel, A., Moore, J., Swanson, E., Grieco, J., Brady, J., 2016b. Impact of bearing clearance on measured stiffness and damping coefficients and thermal performance of a high-stiffness generation-3 foil journal bearing. In: Proc. of ASME Turbo Expo 2016, Paper GT2016-56478, Seoul, South Korea.

Wright, S.A., Radel, R.F., Vernon, M.E., Rochau, G.E., Pickard, P.S., 2010. Operation and Analysis of a Supercritical CO_2 Brayton Cycle. Sandia Report SAND2010-0171. Sandia National Laboratories, Albuquerque, NM.

Wright, S.A., Conboy, T.M., Rochau, G.E., 2011. Break-even power transients for two simple recuperated s-CO_2 Brayton cycle test configurations. In: Supercritical CO_2 Power Cycle Symposium, Boulder, CO.

第 8 章 换热器

G. Musgrove [1], S. Sullivan [2], D. Shiferaw [3], P. Fourspring [4], L. Chordia [5]

[1] 西南研究院,圣安东尼奥,得克萨斯州,美国;[2] 布雷顿能源公司,汉普顿,新罕布什尔州,美国;[3] 吉尔特热力部(英国),普尔,英国;[4] 海军核实验室,尼斯卡尤纳,纽约,美国;[5] 塔尔能源,匹兹堡,宾夕法尼亚州,美国

概述: sCO_2 循环的潜在应用前景来自换热器的技术进步,这对整个系统效率和尺寸规模有很积极的影响。sCO_2 循环中的换热器有三种基本类型:加热器、回热器和冷却器。使用 sCO_2 作为工质的典型闭式布雷顿循环存在较高程度的热量回收。

未来的换热器可通过新的传热概念或制造方法降低成本并提高性能。增材制造是实现传热新概念的一种可能性,也有利于复杂几何形状的实现。与湍流器或翅片等传统强化换热元件类似,更小的尺寸范围内制造微观结构可实现换热效率的提高,这同样适用于 sCO_2 换热器中的微小通道。但是,微观结构布局和制造方法必须具有更好的成本效益,并且表现出比传统表面增强更好的性能。

关键词: 紧凑式换热器;换热器;换热表面;超临界流体换热

8.1 简介

换热器是以 sCO_2 为工质的闭式布雷顿循环中的重要设备。换热器影响整个系统的效率和系统尺寸。换热器设计必须在效率和压降之间进行平衡,以实现系统效率和系统尺寸之间的折中。系统效率和系统尺寸之间的折中将随每个能量转换系统布置方式的不同而变化。例如,图 8.1 所示为典型回热布雷顿循环的系统效率和回热器功率随回热器压降和效率的变化。对于 20% 的系统效率,回热器需要达到 93% 的效率和 2% 的压降($\Delta p/p$)。为了减小回热器的尺寸,回热器的效率可以从 93% 降低到 80%。但是,在换热器两端压降相同的情况下,系统效率将降至 17% 以下。一项研究表明,将回热器的有效性从 90% 减少到 85%,可将回热器的成本降低 50%(Kesseli 等,2003)。

当压缩机入口工况接近工质临界点时,压缩机功率最小,通常布雷顿循环系统的效率最大。因此,sCO_2 的热物性会在单个换热器内发生显著变化,从而使换热器的建模变得复杂。如第 3 章所述,流体性质的巨大变化可能导致出现温度夹点,以及运行期间换热器内不规则的流量分布。夹点是换热器中两侧流体间温差

最小的位置。此外，sCO₂ 运行压力可能会限制换热器的一些制造方法。这些原因加在一起使换热器的设计复杂化，如果不开展仔细设计，应用于 sCO₂ 闭式布雷顿循环的换热器可能会导致系统性能不佳以及不理想的系统重量和体积。

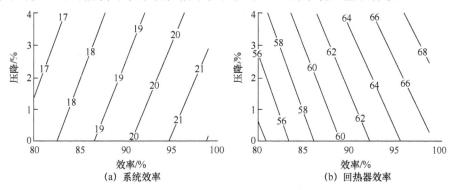

图 8.1 回热器的压降（a）和效率（b）对系统的效率和功率的影响

8.2 sCO₂ 循环中的应用

sCO₂ 循环中的换热器有三种基本类型：加热器、回热器和冷却器。使用 sCO₂ 作为工质的典型闭式布雷顿循环需要高程度的热量回收。工质的热力学性质使之成为可能：临界点附近扁平的等压线可实现较低的平均散热温度，压缩机入口附近的高流体密度导致压缩机耗功降低。闭式 sCO₂ 循环的一些优点包括：①与功率相当的蒸汽循环相比，sCO₂ 的高密度使系统更为紧凑；②超过 53% 的高循环效率；③与干式冷却兼容，最大程度减少电厂用水需求。

8.2.1 加热器

加热器为循环提供热源，取决于热源可以是直接或间接加热。直接加热将循环工质与加热流体混合，并且不需要换热器在流体之间传递热量，例如，燃气轮机中的天然气燃烧。而间接加热可防止循环工质和加热流体混合，并使用换热器（如传统的蒸汽朗肯循环）在流体之间传递热量。

根据热源的温度和压力，间接加热在材料强度和耐久性方面对换热器的设计提出了挑战。例如，高温热源（大于 600℃）可能需要镍合金来减少 sCO₂ 流体的氧化，并在没有过多材料厚度的情况下应用于压力壳体。对于高温应用，直接加热方式可以通过将工艺流体（sCO₂）与加热流体混合来消除加热器，例如，由太阳能接收器直接加热。但是，利用 sCO₂ 的太阳能接收器面临以下许多发展挑战。

（1）实际吸收表面受到极高通量（>1MW/m²）的影响，必须在材料强度和耐久性限制下实现有效的能量传递。

（2）任何辐照表面都需要直接冷却，最好通过传热流体进行冷却；任何未冷却的表面均会承受不可接受的高温。

(3) 温度和压力下的蠕变寿命成为在超过 20MPa 的典型 sCO$_2$ 布雷顿循环压力下运行的系统设计的决定性约束。

(4) 需要设计用于高疲劳寿命 (30 年 10000 次循环), 因为每天至少有一次完整的热循环。

作为直接加热的另一个例子是将 sCO$_2$ 与天然气或合成气混合以直接燃烧。一些学者还对直接煤氧燃烧开展了研究。燃料在 sCO$_2$ 环境中与氧气而不是空气混合, 从而消除氮气。混合物在高温 sCO$_2$-O$_2$ 中自燃, 燃烧气流主要由 H$_2$O 和 CO$_2$ 组成。水凝结后, CO$_2$ 就可以在不用进一步压缩的情况下进行封存。该技术可显著降低碳捕获成本, 并提供超过 50%的循环效率。天然气或煤制合成气允许在压力超过 **25MPa** 时, 将超临界氧燃烧乏气直接用于透平入口。氧燃烧锅炉的概念如图 8.2 所示。

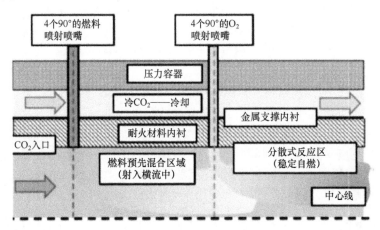

图 8.2　氧燃烧锅炉示意图

8.2.2　回热器

与蒸汽朗肯循环相比, sCO$_2$ 布雷顿循环的压比较小, 且透平出口温度相对较高, 因此必须回收更多热量以提高热效率。布雷顿循环系统的回热器需要适应较高的温度以及冷热流体之间的显著压差。此外, 回热器必须紧凑, 因为满足这些温度和压力条件所需的高镍合金材料成本很高。这是通过使用微通道最小化换热器的整体尺寸来实现的。在这种情况下, 当换热工质温度接近时, 传热效率最大, 而且工质流速最小。

夹点分析是开发高效率循环的实用方法。主要用于分析系统内的能量流, 以确定最大化热回收的最经济方式, 同时实现对外部需求的最小化。如前所述, 夹点是冷热工质之间温度最接近的点。在夹点分析中, 数据由一组作为热负荷与温度的函数的能量流来表示。这些数据组合, 即可提供热、冷工质的流量曲线。随后可通过在夹点上方运行的热流体与在夹点下方的冷流体的设计,以实现回热器最大限度地回收系统的能量。但还需要进行非设计工况分析,以避免超出夹点的情况出现。资本支出与经营支出的比较研究也必须开展,以寻找系统的最佳运营点。

为了实现系统能量的回收,回热器通常分为高温回热器和低温回热器。这种布置方式优化了资本和运行支出,并将热梯度分布在两个换热器上。高温回热器的设计通常基于机械驱动的,因为高温下材料强度低,通常需要高镍合金。低温回热器的机械约束较小,通常具有更大的负荷和夹点。

降低低温回热器的温度,使其远离设计工况,会明显改变换热曲线。如果入口温度降低过多,夹点可能会移动到高温回热器中。

8.2.3 冷却器

冷却器的结构因热阱工质(如空气或水)而异。但是,冷却器内的 sCO_2 接近流体临界点。因此,sCO_2 的等压比热容的大小和斜率变化剧烈。等压比热容可能在换热器内达到峰值,因此使用入口和出口的平均值是不合适的。冷却器的分析需要进行分段离散分析,以获得正确的等压比热容。

8.3 换热器候选结构

8.3.1 管壳式换热器

管壳式换热器是一种常见且应用广泛的换热器,具有多种结构形式。通常,管壳式换热器在压力边界外制造管束,然后插入壳体内。由此产生的传热表面分为管内(管侧)和管外(壳侧),如图 8.3 所示。通常,壳侧折流管壳式换热器比其他换热器更有用。采用折流换热表面,壳体为一侧提供压力边界,管道为另一侧提供压力边界。然而,壳侧压力边界代表了整个换热器重量和所有体积的很大一部分,并取决于壳侧温度和压力。

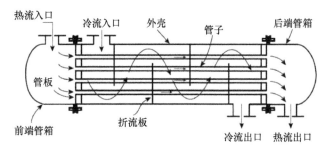

图 8.3 管壳式换热器(Shah,2005)

从本质上讲，折流式传热可以提供比管外平行流（环形流）更好的传热性能，但低于垂直于管束的管外流性能。折流式代表垂直流和平行流的混合，随着壳侧流体通过换热器，挡板以不同的角度反复引导流体流过管束。

为了接近逆流配置的性能，需要使用多个壳程和挡板流配置。给定总传热系数 UA 下的换热器效率 ε 可用于比较各种配置形式的换热器性能。在极端情况下，当两侧流体的热容比接近零时，所有流量配置的性能都是相同的，例如，在冷凝器或锅炉中传热涉及相变。换言之，如果换热器中一种流体的热容远大于另一种流体的热容，则所有配置的换热器性能相同。在另一个极端，当热容比接近 1 时，不同配置的性能变化很大。对于任何热容比值，在同样的流量长度下逆流换热器的性能最高。因此，当换热器两侧的流体热容相似时，逆流换热的效果是最佳的。横流配置允许独立改变流量长度以控制压降。具有多个壳程的挡板流换热器的性能与横流换热器差不多，但是其成本通常较低。

8.3.2 微型管式换热器

微管结构可以设想为一种将传统的管壳式换热器微型化以利用小直径管束来实现较大传热面积的结构。例如，直径可以在 1mm（0.039"）左右。在该布置中，微管束贯穿两个管板，将冷热流体分隔，如图 8.4 所示。一股流体从换热器的末端进入，通过管板进入管束；另一股流体从侧面进入，在管束间流动。与传统的管壳式换热器相比，微管式换热器不依赖壳体内的挡板来引导流体流过管束，而是在管间以环形流方式沿管束长度方向流动。在微管设计中不使用折流板，因为较小的管尺寸和管间距已获得可观的传热系数，而不需要会增加压力损失的壳侧交叉流。

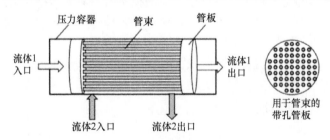

图 8.4 微型管式换热器

微管结构的优点与传统的管壳式换热器相似，而且拥有大量设计与运行经验。此外，该结构使其易于根据不同的运行工况进行扩展，并通过调整管尺寸、管数量和管长度来降低成本。

8.3.3 印制电路板换热器

印制电路板换热器（Printed Circuit Heat Exchanger, PCHE）是一种高效紧凑

型换热器，最初是在 1980 年悉尼大学的一项研究成果。PCHE 由金属平板组成，流动通道由化学蚀刻工艺得出。金属平板通过扩散焊接技术连接，形成换热器。扩散焊接是一种高温固态连接工艺，可促进金属边界上的晶粒生长，不使用中间层、助焊剂或钎焊，具有较好的强度和延展性，如图 8.5 所示。扩散焊接的使用不便于内部通道的检查，也不能拆卸进行清洁或维护。但是该类换热器也有相应的清洗方法，如超高压水射流清洗、化学清洗、反吹和反冲洗。此外，并非所有材料都可以进行扩散焊接，如包括碳钢和铁素体钢在内的低合金钢都不适用于扩散焊接。

图 8.5　印制电路板换热器制造流程

根据传热面积的要求，可将多个金属换热板通过扩散焊接连接在一起，形成更大的换热芯，随后将集管、喷嘴和法兰焊接到换热芯上形成换热器。同时，也可以实现一体式集管用于高压应用以及紧凑应用。

PCHE 制造方法易于扩展，尺寸从 200g 到 100t 不等。其在 sCO_2 研究中用作为回热器和冷却器，应用于中高压和高温场景。由于通过化学蚀刻形成通道的灵活性，PCHE 可以设计为各种流动形式。通道布局可设置为顺流、横流或逆流以及多程形式，实现热负荷与压降的匹配。同时，也可以将多种流体（两种以上）放入一个换热器中，这在空间紧凑时是有益的。

如 HTFS/Aspen 和 HTRI 换热器设计软件可用于设计板式换热器、管壳式换热器、板翅式换热器、燃烧式加热器等其他形式换热器，但尚无商用软件可用于设计 PCHE。目前，内部开发的专有设计工具可用于设计 PCHE，但缺乏非设计工况下性能评估的能力。

8.3.4　板翅式换热器

板翅式换热器历来是空气布雷顿循环回热器的选择，其高效性和紧凑的结构提供了优异的性能，且多变的设计使其适合该应用。由于单个板可能会相对移动，因此在快速瞬态、高温运行或极端温度工况下，板翅组件可能造成较高的疲劳寿命（通过调节热应变可以消除热应力）。

紧凑型板翅式换热器能够在高压和高温下运行，同时仍保持热应变的优势。该特点是以钎焊在壳内的密集折叠翅片的形式来扩展传热表面而实现的。翅片不仅增强了传热,还形成了能够承受高压的拉伸横向网络。

高压流体通过板翅单元的内部封闭区;低压流体沿着板翅单元的外表面流动,通常为逆流或横流形式。对于典型的换热器应用,额外的翅片被钎焊到每个壳体的外表面上,进一步强化换热。

板翅单元的设计具有高度的灵活性,允许定制其规格以满足所需的运行条件。对于需要极高应力结构的应用,可采用翅片压实工艺将最大允许翅片密度从约 55 翅片/英寸提高到 80 翅片/英寸以上。可以通过将板翅单元套入并钎焊在小套块内来实现板翅单元在每一端的单独受力。

换热器板翅单元可单独测试(压力测试、泄漏测试等)以确保其质量合格。这有益于将板翅单元用于组成完整换热器芯前确定并排除问题,避免昂贵且耗时的补救措施。

一旦通过了质量测试,多个板翅单元就会组合在一起形成一个完整的换热器芯。如图 8.6 所示,相邻单元在其封头处焊接在一起,形成一个完整的换热器芯。该结构保留了相邻单元之间的滑动面,允许它们彼此相对移动,以缓解上文所述的热应变。一旦焊接成一个完整的核心,就可以联通成为单流体通道,形成高压入口和出口。图 8.6 所示的换热器单元是一个横流单元,对应于一个回热器或一个典型的 sCO_2 布雷顿循环预冷器。

图 8.6 全横流换热器核心组件

注:焊接在一起的集管单元用半圆形封头盖住,单个流体管通道焊接到半圆形封头上。

在逆流式换热器中,整个换热芯(图 8.7)包裹在金属板中,金属板可以组成流动导向通道引导低压流与换热芯内的高压流逆流换热。也就是说,换热芯被封装在一个低成本的压力壳体中,该压力壳体充当低压流动导管并提供压力容器。

(a) 带有流体连接管的集管式核心

(b) 安装在低压流导向装置内的核心

(c) 完整的热交换器封装在带有法兰流体连接装置的压力容器内

图 8.7 用于 sCO$_2$ 循环的高温高压热交换器芯体

用于 sCO$_2$ 应用的板翅式换热器已越来越多地用于商业用途。设备和单元的测试已根据 sCO$_2$ 系统的热工水力（传热、压降）性能需求得到设计规范（英格索兰公司）论证。现已证明单个板翅单元能够承受超过 100MPa 的流体压力。对在 790℃材料温度和 25MPa 流体压力的设计点工况下运行的 sCO$_2$ 系统进行设备测试，验证了 90000h 蠕变寿命和 100000 次循环疲劳寿命（Knolls Atomic Power Laboratory，KAPL）。与其他依赖于较厚的结构来支持 sCO$_2$ 高压运行的设备相比，凭借板翅式换热器较薄的壳体和内部支撑结构优势使其非常适合应用于太阳能接收器。由于以下因素，板翅式换热器的成本可能较低：

（1）完全无材料损耗的制造工艺；（即无材料浪费）
（2）低成本的结构形式；（如薄钢板和板料）
（3）低成本的自动化设备制造流程。（如冲压、硬钎焊、焊接）

8.3.5 创新设计

未来的换热器可以通过新的传热概念或新的制造方法来降低成本并提高性能。增材制造是实现新概念的一种可能,其有益于通过复杂几何形状实现有效的热传递。基于尺寸需求和设计目标,对于整个换热器或换热器零件,增材制造可能是一种高经济效益的方法。虽然创新型概念尚未被证明适用于大规模传热设备,但使用微结构或多孔介质的设计理念可能会是可行的。多孔介质,如金属泡沫,可用于简化换热器的设计,同时利用泡沫的高表面积提高换热器的效率。然而金属泡沫换热器大多应用于小功率水平,当应用于 sCO_2 循环时需要额外考虑泡沫成本和压降特性。用于增加传热面积的微结构也可能应用于提高换热器的效率。与湍流器或翅片等传统强化换热技术类似,在更小的尺寸范围内制造微观结构同样适用于 sCO_2 换热器中的微通道强化换热。微观结构布局和制造方法必须具有成本效益,并且表现出比传统表面强化换热技术更好的效果。

8.4 运行工况和要求

无论 sCO_2 循环内的换热器类型如何,都需要确定相关输入参数,以确定其材料、尺寸和结构配置等。这些参数包括:①设计温度与压力;②运行工况(包括温度、压力、质量流量);③换热器效率;④允许压降范围内。

运行压力和温度显著影响换热器的机械设计和结构选择,因为材料选择和压力控制是换热器的重要成本影响因素。此外,所需的效率会影响换热器的总体尺寸和流道规模。换热器的运行功率也是设备瞬态热响应的一个重要考虑因素,因为运行或紧急停机的瞬态变化可能导致换热器中出现较高的热应力。

8.4.1 运行温度

sCO_2 布雷顿循环需要高温和高效率地实现能量转换。换热器研发过程中可能需要镍基合金、氧化物弥散强化合金和陶瓷材料来解决与高温相关的温度、寿命和腐蚀问题。由于运行温度较高,这些合金需要在蠕变区域内运行。因此,需要通过计算论证市场上新材料的可行性。另外,设计温度只是材料选择过程的一部分,还必须考虑耐高温腐蚀性。

8.4.2 运行压力

高运行压力和工质压差会导致结构负载增加和密封泄漏。sCO_2 循环可高达 25MPa 的压力,因此需要密切注意高温下的材料容许设计应力。此外,换热器内可能出现高达 9MPa 的大压差,这个压差同样是一个问题。例如,在板翅式换热器中,板翅的根部会出现高弯曲和拉伸应力集中。此外,钎焊材料扩散会降低材料强度，导致连接位置的失效。

8.4.3 瞬态运行

当流体入口和出口温度随时间保持恒定时，换热器在稳态下运行。当其中一股流体的入口温度发生变化时，换热器出现瞬态工况。主要存在三种类型的瞬态：

（1）入口温度或流量阶跃变化至新的稳定状态；

（2）入口温度或流量的变化；

（3）入口温度或流量的脉冲变化，并在恢复到初始状态前持续一段时间。

换热器瞬态问题有很多解决方案，但是，每种方法仅在有限的参数范围内有效。由热应力引起的运行问题决定了换热器在启动和关闭过程或部分负载运行下的耐久性，因此有必要对不同运行工况开展论证以确保设计安全性。在启动、关闭和负载变化期间，与较轻薄部件相比，设备的厚重部件会经历热滞后。另外，论证换热器在承受重复瞬态时是否满足所规定的疲劳寿命也是非常重要的。

8.4.4 紧急关闭工况

如果循环发生故障，换热器将出现瞬态响应，导致温度快速升高，因此需要紧急停机。在设计过程中，应评估冷却流量损失或突然停机的工况，并制定规范以应对此类热瞬态。确认可能的故障导致紧急安全停机的一种方法是执行故障模式和影响分析（FMEA），这是一种逐步识别设计、制造或装配过程中可能的故障的方法。FMEA 过程需要一个具有产品和工艺知识的团队。该团队确定组件、其各自的功能、可能的故障模式以及故障的影响。团队将对严重性和可能性进行评级，然后提出应对建议。

8.5 设计考虑

所有换热器设计必须符合规范和标准，如 ASME、EN 压力容器规范、TEMA、ANSI、ISO 标准，以及其他可能的规范。压力边界的结构设计是规范中的主要安全问题。以下运行工况使设计更具挑战性：

① 大负荷：运行期间极端的运行压力与温度；

② 特殊应用：可靠性至关重要，难于维修或更换。

sCO_2 循环的换热器都要考虑这两个方面。sCO_2 循环运行在极端温度和压差下。设备的紧凑性也使得维修极其困难。材料选择需要考虑运行温度、压力、工质类型、污垢和腐蚀可能性，以及设计寿命。设计过程从以下信息开始：回路工质类型、温度、压力、流速、换热量等。而上述只是启动设计过程的基本要求，所需的更多参数取决于所设计的换热器类型。

8.5.1 寿命和耐久性

sCO_2 应用中的换热器会受到极端运行工况的影响。布雷顿循环的运行压力很高，超过 7MPa，最高可达 30MPa。典型的运行温度范围从接近环境温度到 800℃，氧燃料系统甚至更高。在 sCO_2 太阳能接收器应用中，热交换结构将暴露在非常高的通量下，高达 $1MW/m^2$。此外，换热器还存在腐蚀和氧化问题；太阳能接收器在大气环境中高温运行，氧燃料系统在高温且含有燃烧后的水蒸气条件下运行，同时所有系统都可能受到来自 sCO_2 本身的腐蚀性的影响，目前正开展大量研究分析腐蚀的可能性和程度。

sCO_2 换热器的连续运行寿命要求通常为 10 年、20 年或 30 年。对于某些应用，如推进功率、太阳能接收器或非基本负载发电等也可能存在苛刻的疲劳寿命要求。在这些情况下，疲劳寿命的要求可能为 10000 次循环或更多。考虑到这些因素，为 sCO_2 设计寿命和耐久性满足要求的换热器是一项极具挑战性的任务。因此，换热器的设计必须考虑蠕变寿命、疲劳寿命，以及抗氧化性和耐腐蚀性。

8.5.2 设备维护

紧凑型换热器的流道较小，容易受到颗粒物和污垢的堵塞。常见原因包括过滤器破裂、调试碎屑、不清洁的冷却介质、腐蚀产物和液体携带。然而，多种有效的清洗方法已被证明能够成功地清除堵塞，并将换热器恢复到正常性能运行。

（1）超高压水喷射已被证明可用于清洗各种污垢，甚至严重堵塞的换热器。由于换热器不考虑水压，因此理论上对用于喷射的水压没有限制。但是，必须注意不要对换热芯造成损坏，并且应在换热器进口和出口处也进行喷水清理。

（2）反吹清洗使用高压气体从换热器芯体内排出或至少使碎屑松动。其中，空气的流动方向应与工艺流体的流动方向相反。

（3）反冲清洗使用大量水冲洗换热器芯体以排出碎屑。当污垢没有过于厚重或老化时，这种方法是有用的，因为水将优先流经畅通的流道。冲洗应在工艺流体的反方向进行，并始终使用低氯化物（小于 30ppm）的脱盐水或至少清洁无垢水进行。

（4）蒸汽清洗使用过热蒸汽清除油性和黏性污物。某些化学品可以在蒸汽中运输，但必须确保化学品适合在蒸汽温度下使用。该方法对 PCHE 的结果好坏参半。

（5）去垢是一种在线方法，通过换热器预热并利用蜡或水合物清洗换热器。为达到这一目的，冷流被分流，同时保持热流不变，使换热器的工作温度不断升高。通常，应允许换热器被加热到熔化沉积物所需的最小温度。但是，重复进行该过程可能会损坏换热芯。

（6）超声波是一种利用声波松垮碎屑附着物的方法。虽然它适用于某些类型的热交换器,但认为对 PCHE 换热器芯体无效。

(7)化学清洗能够成功溶解各种污染物,包括腐蚀产物、油、轻质油脂和水垢(碳酸钙)。需要仔细选择和测试化学品,以确保与材料的兼容性和清洁污染物的能力。

8.5.3 成本

换热器的高设计效率和极高的温度要求有益于提高 sCO_2 循环的运行效率。对于高效率要求,由于所需的传热面积增加,换热器的成本可能会显著增加。随着传热面积的增加,换热器的尺寸和换热功率有望增加,但也必须与换热器的压降要求相平衡。此外,更高的温度需要成本更高的新型材料或厚度更大的传统材料,以在高运行温度下承受回路压力。必须仔细研究此类回热器的经济性,以评估能源系统寿期内的效益和运营成本。

8.5.4 换热器设计基础

如第 3 章所述,sCO_2 换热器的热工水力性能可用与其他工质(如空气和水)大致相同的方法进行评估。然而,由于临界点附近流体性质的变化(见第 2 章),通常用于空气和水的简化假设并不总是适用于 sCO_2。例如,冷却器和低温回热器在接近临界点的状态运行,在临界点处热物性会发生较大变化,这会显著影响传热和压力损失的评估。一个简单的例子是临界点附近流体密度的变化会影响流体的雷诺数。远离临界区域,如高温回热器和加热器,流体性质受温度和压力的影响要小得多。在这些区域,可以使用恒定的热力学性质来计算设备热工水力性能。但是仍然存在一些物性变化,且其造成的影响需要详细分析。

8.5.4.1 传热特性

换热器的热性能取决于冷热流体之间传热率。流体之间的高传热率可以通过沿流动路径的最小热传导、大温差和高对流传热来实现。沿流体流动方向的热传导通常不受关注。需要考虑沿流体传导的常见情况如下:具有高导热性的流体(如液态金属)、低流速(如层流区),以及具有短流动长度的紧凑式换热器。

对于热长度较短的紧凑型换热器,沿换热器长度的传导非常重要。传导可发生在流体内部或换热器材料内部。对于热导率高的流体(如液态金属)或对流传热系数低的流体(如层流),也可能会发生流体内的传导。在任何情况下,沿流体的传导都会减少可在流体之间转换的热量,从而降低换热器的热性能。确定流体传导重要性的一种方法是佩克莱(Peclet)数(Pe)。Pe>10 时可认为具有较小的传导效应,而小于 10 的值可认为具有显著的流体传导效应。除了沿流体长度的传导外,沿换热器材料的传导可减少流体之间的对流热传递,并降低换热器的效率。当流体之间的导热距离较短且热效率较高时,导热很重要。逆流布置中的传导可导致热通量从进入的热流体沿换热器材料流向冷流体，如图 8.8 所示，并导致沿换热器长度的冷热流体温差减小。Shah 和 Sekulic（2003）描述了对有效系数 NTU 计算方法的修改，该方法采用了无量纲参数来解释传导效应。

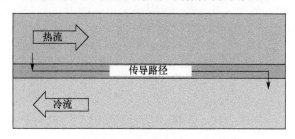

图 8.8　通过换热器材料的热传导路径示意

流体之间较大的温差会直接影响传热速率，从而增加传热。然而，流体之间的温差会沿换热器的长度减小，从而产生最小的传热速率，通常称为夹点，如图 8.9 所示。

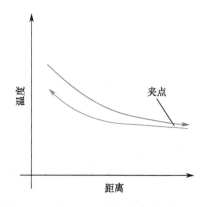

图 8.9　夹点出现在冷热流体温度相近处

由于传统流体的热容通常被认为是恒定的，因此夹点概念通常不是一个严重的问题，因为入口和出口温度的恰当选取能够避免夹点问题的出现。但是，对于 sCO$_2$ 来说，由于流体性质在临界区域附近发生较大变化，夹点问题将变得非常重要。因此，任何一侧流体的物性改变都可以增强或阻碍热传递，从而产生夹点。由于夹点可由流体物性变化导致，因此夹点可能仅在非设计工况下出现。

只要已知流体的热物性，可以通过相似性原理使用给定表面或流体的热工水力公式为不同流体进行计算。一般而言，管内、多管束和 PCHE 中 sCO$_2$ 测量获得的热工水力数据论证了在给定 CO$_2$ 远离临界点压力或拟临界温度工况下使用相似性的可行性。对于 CO$_2$ 临界点或拟临界温度附近的工况，热工水力公式需要考虑 sCO$_2$ 在热边界层上热力学性质的显著变化，否则该工况的流动换热特性可能被低估或高估。尽管已经在实验室功率规模的回路中测量得到了传热和流动阻力的显著恶化或增强现象，但这些现象对换热器的总体影响可以忽略不计。如果换热器的运行工况包含临界点或拟临界温度，则会发生上述现象，并必须考虑该现象对设备的局部影响。

热力学性质的变化对于估算流体之间的对流换热也很重要。当流体的比热容恒定时，换热器分析通常采用近似方法。这适用于空气和水工质的换热器，以允许使用换热器效率和对数平均温差的简单公式。当换热器中的比热容发生变化时，如 sCO_2 工质，上述方法不再适用。该换热器的长度必须按照物性变化进行离散，以便近似方程有效。例如，换热器的设计和分析通常基于流体比热容在换热器长度上保持恒定的假设，这通常是空气和水的情况。

8.5.4.2 计算公式和实验结果

sCO_2 管内流动已有大量热工水力实验数据。接近临界和拟临界状态的流体热工水力特性方面，CO_2 是继水之后研究最多的。临界点和拟临界线可定义为流体等压比热容最大的点。拟临界温度是指在大于临界压力下，流体等压比热容的局部最大值的温度。由于 CO_2 的临界压力相对较低，过去对 sCO_2 的兴趣一直是作为其他超临界流体的替代物。最近对 sCO_2 的兴趣来自将 CO_2 作为制冷循环和布雷顿能量转换循环工质的研究。此外，最近的研究还包括sCO_2通过多管束和PCHE换热器后的实验结果。

流过或穿过表面的流体的热工水力特性计算很大程度上取决于经验公式，因此需要对表面几何形状和流动工质的每一种组合进行大量实验研究。然而，只要已知流体的热物性，可以通过相似性原理使用给定表面或流体的热工水力公式为不同流体进行计算。换而言之，从理论上讲，在大气环境下水或空气在给定表面的热工水力测量特性可用于超临界工况下同一表面上CO_2特性。此外，只要流场保持相似，相似性原理允许将特定几何体的测量结果应用于另一种尺寸的相同几何体。例如，内径为 1in 的圆管的测量特性可应用于内径为 2in 的圆管。

大量公式可用于计算换热器中的对流换热系数。超临界流体工质并不影响公式的选择。与其他工质一样，所选公式应在使用范围以内，并适用于对应的几何形状。在大多数情况下，管内流动常用 D–B 公式计算传热系数。在热力学性质有较大变化的情况下，将物性变化效应考虑到公式可能是最合适的。例如，临界点附近的特性变化可能导致基于 Dittus-Boelter 公式的传热系数发生数量级的变化，如图 8.10 所示。

物性通常沿换热器的长度发生变化，这是温度梯度的存在所导致的。然而，在流道宽度上也可能发生变化，尤其是在临界区域附近运行时。当流体接近临界区域时，物性沿流道宽度变化是由于流道中如图 8.11 所示的温度分布造成的。已提出考虑壁面和主流温度差异的相关公式来解释流体在通道中的变化。这些关联式与 D-B 公式相似，但具有不同的常数和附加项以表征密度和等压比热容的变化。Jackson（2013）对公式的论证表明，Krasnoshchekov 和 Protopopov（1966）开发的公式对超临界水和 CO_2 具有最佳计算效果，如图 8.12 所示。如式（8.1）定义，该关联式不需要等压比热容，同时 Jackson 建议可以简化指数值，因为其对传热系数的影响很小。

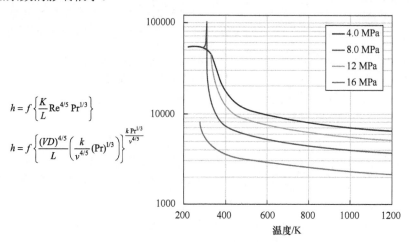

图 8.10 临界点附近的热物性变化会导致计算获得的传热系数发生数量级的变化

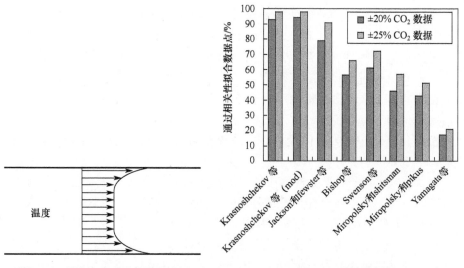

图 8.11 管内宽度方向温度分布　　图 8.12 换热模型对比

$$\mathrm{Nu}_b = 0.023 \mathrm{Re}_b^{0.8} \mathrm{Pr}_b^{0.5} \left(\frac{\rho_w}{\rho_b}\right)^{0.3} \quad (8.1)$$

热工水力特性取决于以下两点：①限制或破坏流动的表面几何形状；②流动

工质的热物性。需要对没有任何工质热工水力测量数据的表面几何形状开展试验研究。此外，与试验尺寸不同的复杂几何形状可能需要额外的热工水力试验测试。例如，波纹翅片几何体中的流动可以代表翅片换热器中复杂流动，且需要对几何体的每个尺寸变化进行试验研究。相反，如圆管等简单的几何体仅具有简单的流场，可允许使用相似性原理将给定几何体测量获得的热工水力特性应用于不同尺寸的相同几何体。

但是，即使已经开展了大量的实验研究，目前也没有就传热模型达成一致意见（Pioro 和 Duffey，2007）。此外，很少有公式能够正确解释与 sCO_2 冷却相关的流动摩擦的增加。为 sCO_2 能量转换系统设计换热器时，需要对换热器的运行工况进行评估，以确定最适用的流动换热模型。

8.5.4.3 流动特性

sCO_2 换热器的流动特性采用传统方法计算，即计算摩擦系数或损失系数并乘以流体的动压力，即

$$\Delta P = 0.5\rho U^2 \left(f\frac{L}{D} + K_{\text{loss}} \right) \tag{8.2}$$

当远离热力学性质显著变化的临界区域运行时，可以使用不考虑热力学性质变化的常规关系式，如计算湍流摩擦系数的 Colebrook 模型，即

$$\frac{1}{\sqrt{f}} = -4.0\log\left(\frac{\varepsilon}{D} + \frac{4.67}{\text{Re}\sqrt{f}}\right) + 2.28 \tag{8.3}$$

然而，在临界区附近，由于温度的分布，壁面附近的流体和主流流体之间的热力学性质存在变化。其中一种方法是使用物性比值法，该方法通过壁面温度和主流温度之比的幂的调整来获得摩擦系数，即

$$\frac{f}{f_{\text{cp}}} = \left(\frac{T_{\text{w}}}{T_{\text{m}}}\right)^{-0.10} \tag{8.4}$$

与临界区域附近的分析类似，压降计算也应沿换热器的长度进行离散以考虑热力学性质的变化。损失系数可以使用传统管道损失参考资料，如 Idelchik（2007）或 Miller（1990），来计算由于管道弯曲以及歧管中的膨胀和收缩引起的流量损失。

8.6 设计验证

经验关系式可用于初步设计，也可用于在学术和工业研究中对常规配置结构进行性能预测。而对于较新的几何形状，应评估实际换热器几何形状的性能，以将任何不确定性降至最低。

8.6.1 热工水力性能

确认换热器的热工水力性能需要开展实验研究。换热器性能测试是常见且定义明确的（Kuang，2006）。sCO_2 换热器内流动换热的试验数据十分有限。海军核实验室在其位于纽约尼斯卡尤纳的 Knolls 开展换热器试验研究。公开了一种使用低翅片管的管壳式换热器和两个采用钎焊和焊接结构的紧凑式回热器的试验数据（Energy Sandia、Energy Sandia、ASME、Fourspring 和 Nehrbauer，2011）。此外，本书其他章介绍的 sCO_2 循环试验设施也可提供换热器的试验数据（Fourspring 和 Nehrbauer，2012）。

具体而言，换热器的热工水力性能测试包括以下内容。

（1）在技术规范规定的设计条件下，开展热导率间接测量、换热器试验段各侧压降的直接测量；

（2）在压降等于技术规范中规定的压降极限的状态下，间接测量换热器试验段的传热率；

（3）在不同于规定设计条件的状态下测量传热率和压降。

换热器每侧的测量值包括以下内容。

（1）入口和出口温度；

（2）通过换热器的入口压力和压差；

（3）质量流量。

一般而言，换热器的测试需要热源和散热器、驱动冷热流体的泵、连接这些部件的管道和仪器，所有这些都必须适应换热器每侧流体的温度和压力。

图 8.13 所示为用于评估 sCO_2 板翅式换热器折叠翅片结构的实验装置示意图。其中，工质通过流量调节件调节，并留有足够入口长度以确保流动充分发展。然后，工质通过压力和温度传感器后进入试验段。在示例中，使用电加热器向高导热率板提供热流以确保热流均匀分布在其表面上。第二组仪器捕捉出口流量。然后根据下式计算与几何结构相关的摩擦系数，即

$$f = \frac{\Delta P}{0.5\rho \overline{V}^2} \tag{8.5}$$

另外一套热电偶沿实验段的流动长度采集局部温度。根据这些数据点，可根据下式计算总传热系数，即

$$UA = \frac{1}{N}\sum_{i}^{N} UA_i = \frac{\Delta T}{q_i} \tag{8.6}$$

进而计算 Nusselt 数并确定 Colburn 模量——用于表征表面的无量纲参数，即

$$j = \frac{Nu}{RePr^{1/3}} \tag{8.7}$$

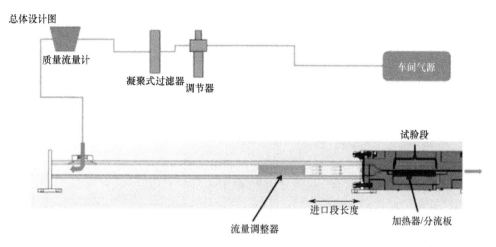

图 8.13　表面特性实验示意图

图 8.14 展示了实际实验台，试验段安装在装有加热板的绝缘外壳中。前面描述的流量调节器如图右侧所示，也可在图中发现多个热电偶。

图 8.14　传热表面性能试验台

如果注意保持适当的相似性参数，则使用空气作为替代工质对表面进行实验是公认的做法。即在运行温度和压力下直接使用 sCO_2 测试换热器性能，必然需要更复杂和昂贵的设置。在建造换热器前，进行上述的局部性能测试具有经济优势，可以在产生设备制造费用前更准确地评估设备的传热和压降。一旦制造完成，即可使用空气或 sCO_2 对组件甚至全换热器进行性能测试。截至 2016 年，只有少数试验台可用于测试 sCO_2 全尺寸换热器，其中包括位于新墨西哥州阿尔伯克基的桑迪亚国家实验室的能源部试验台（Fourspring 和 Nehrbauer，2015；Fourspring 等，2014）。

8.6.2 强度试验

强度测试是评估设备对高压 sCO₂ 工质应对能力的主要手段。只要考虑到在设计压力下运行时材料性能降低，即可在室温下进行初步强度试验，从而减小试验的昂贵成本。例如，如果预期工作压力为 25 MPa，那么通过分析或鉴定试验确定的更高压力下的室温强度试验就能够论证组件的完整性，并且任何连接、焊缝或连接件都具有适当的坚固性。

执行此类评估的常用方法是通过流体加压试验，其中元件、组件或全换热器通过泵送流体加压。除了确保系统的机械强度足够外，还可以进行泄漏试验，以确保任何泄漏率都是可接受的。

8.6.3 蠕变试验

在收集大量从运行至失效的数据前，直接测量蠕变寿命非常具有挑战性。换热器的真实蠕变寿命测量需要在适当的条件下运行大量机组，直到发生故障。以这种方式牺牲多个换热器不仅成本高昂，而且根据应用情况，可能需要 20 年、30 年或更长的时间。

因此，对设备代表性部件进行加速蠕变试验是验证蠕变寿命的首选方法。

以下两种方法通常用于在实验室环境中合理的开展加速蠕变试验。

（1）提高试验段的材料温度，使材料性能降低到其设计值以下；

（2）增加试验段在设计温度下承受的应力。

在后处理材料的性质通常未知的情况下，蠕变试验通常根据第二种情况进行。

可采用这两种方法之一来证明试验段的早期故障。实现失效至关重要，因为整个试验旨在将更极端条件下的蠕变寿命试验收集的数据推算至设计条件；如果没有实际失效，则无法确定这些更具侵略性的蠕变寿命，因此不可能进行推算。

试验段本身的设计至关重要。虽然一个完整的换热器可以完全代表研究对象，但用于破坏性试验的成本很高。工程实践、设计研究和初步组件测试可用于确定最值得关注的区域，这可视为蠕变研究中更具针对性的重点。

也就是说，不仅必须在试验段保留换热器的材料，而且还必须保留最终组装的全套制造和工艺过程。材料性能通常因成型、弯曲和加工而降低。因此，材料强度和抗蠕变性能将低于制造商根据样品试验报告的强度和抗蠕变性能。

为了充分捕捉换热器及其工质间的化学作用，应在预期环境中测试与蠕变失效相关的特征。对于 sCO₂ 换热器，需要提供适当等级的 CO₂（标准、实验室、超纯等）。供应商提供的储罐不能提供大多数 sCO₂ 布雷顿循环中足够的压力，因此测试系统必须包含气体增压器，以达到设计压力。

图 8.15 所示为蠕变试验台。试验段位于加热箱内，加热箱可将试验段材料保

持在设计温度。CO_2 通过气体增压器加压至较高水平,并注入试验段。通过隔离阀,多个样品可以同时加压到不同的水平,在每种情况下施加不同的应力。

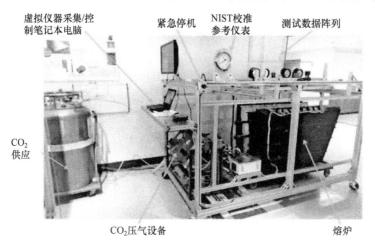

图 8.15 布雷顿能源公司的蠕变试验台

压力传感器监测每个样品;通过数据采集系统捕捉到的压力下降来识别故障。此外,为了模拟换热器中连续的大量工质,需要定期冲洗和更换样品中的 sCO_2,以确保不会因任何成分的消耗而提前终止任何反应。

可在几分钟内施加极端压力(大于 100MPa)以诱发 sCO_2 换热器中的蠕变失效。选择较低的压力可在数小时或数天内导致故障,而更长时间的试验样品可在较低的压力下工作数周甚至数月。如果在其运行压力下无蠕变寿命裕度的设计,将在极限条件下(大多数情况下不切实际)失效。对于实际电力系统,其设计寿命可能为 10 年、20 年或 30 年。

如 8.6.2 节所述,给定压力下不同温度时的失效时间可用于推导作为临界应力函数的蠕变寿命。可使用统计上可靠的数据点收集来确定设计点蠕变寿命。

8.6.4 疲劳试验

换热器的疲劳寿命可通过加速循环试验进行评估。与蠕变试验一样,疲劳寿命可通过加速部件以经济性地确定。可使用相同指南进行代表性部件试验,以确保完全捕捉到由于制造步骤引起的材料特性的所有变化。

疲劳试验的一个重要目标是反映工作曲线,以及蠕变和疲劳间的相互作用。在实际应用中,设备经历的绝大多数循环不会在运行的最初几个小时内发生。然而,正是在初始运行期间,蠕变松弛才会发生。当换热器达到温度和压力时,产生的应力会使换热器材料局部变形,峰值应力因初始蠕变松弛而减小。最终,应力松弛期结束,此后的任何变化都是与截面真实蠕变寿命相关的缓慢变形。

与疲劳试验相关的是，如果在该应力松弛期结束之前进行循环，则每个循环将在疲劳寿命失效区域施加比在该区域经历应力松弛时观察到的更高的应力。在人为高应力下进行循环寿命试验会导致人为低疲劳寿命结果。

为了解决这一问题，在开始疲劳循环之前，在试验段上施加一段设计温度和压力的停留时间。图 8.16 描绘了疲劳试验曲线。初始停留期允许峰值应力通过实际运行中观察到的蠕变松弛而降低。初始停留期后，在温度和压力下开始疲劳循环。

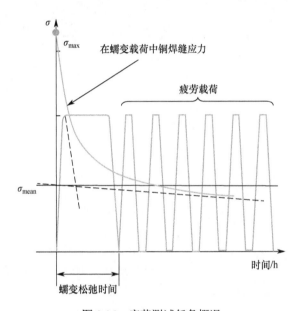

图 8.16 疲劳测试任务概况

与压力升高到设计压力以上、增加应力并在合理的试验时间内导致失效的加速蠕变寿命试验相反，加速疲劳寿命试验通过增加循环频率来实现失效。能量系统可能会经历以小时、天甚至更长时间为单位的循环，而疲劳试验可能合理地在一分钟以内实现一次循环。因此，根据设计规范，循环的整个寿命可在几天、几小时甚至几分钟内完成。

与蠕变试验一样，应使用 CO_2（适当等级）作为工质，以捕获工质和材料结构之间的化学作用。供应商提供的储罐不能提供大多数 sCO_2 布雷顿循环中足够的压力，因此测试系统必须包含气体增压器，以达到设计压力。

图 8.17 所示为疲劳试验台，CO_2 通过气体增压器（未显示）加压。位于保持设计温度的加热箱中的试验段被循环加压并注入工质。数据采集系统监控实验段，并通过低压识别故障。

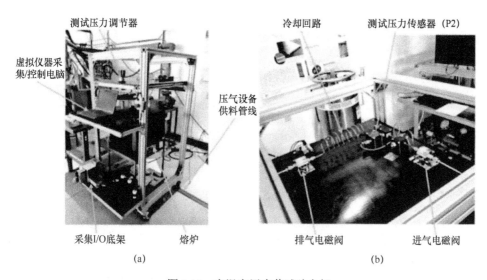

图 8.17 高温高压疲劳试验台架

8.7 小结

与其他循环相同,换热器是 sCO_2 循环中的关键设备,且必须遵守特定的运行工况和设计要求。sCO_2 循环中的换热器用于热量提供、回收和排放。用于 sCO_2 应用的换热器的一些具体挑战是运行压力、材料、耐久性、成本,以及实现循环效率大于 50%时所需的高设备效率。在实现设计和运行要求时,具体的挑战是相互依存的。换热器结构有多种选择,每种结构在设计、制造和运行方面都有各自的优缺点。

sCO_2 换热器的热工水力性能可以用与空气和水等常规流体大致相同的方法进行预测。但是在 CO_2 临界点附近的换热器运行需要额外注意,因为流体的物理性质随着压力或温度的微小变化而发生显著变化。作为运行性能的一部分,换热器中的温度分布至关重要,因为 sCO_2 换热器通常具有较小的夹点温度,这是由于通常需要较高效率所导致的。另外,成本和材料选择对于换热器在整个使用寿命内保持足够的强度和耐久性至关重要,同时需要将资本和运行成本降至最低,也包括对微通道的清洁与维护。

总体而言,本章所介绍方法是可用的,并且已经成功地用于当前 sCO_2 循环的换热器的设计和运行。但是,在典型的 sCO_2 运行环境中,由于缺乏长期的运行经验,换热器仍面临着挑战。随着 sCO_2 循环技术的不断进步,材料性能、耐久性和使用寿命方面的能力提升可能会降低换热器在 sCO_2 循环中的重要性。

参考文献

Fourspring, P.M., Nehrbauer, J.P., 2011. Heat exchanger testing for closed, Brayton cycles using supercritical CO_2 as the working fluid. In: 2011 Supercritical CO_2 Power Cycle Symposium. Boulder, CO, USA.

Fourspring, P.M., Nehrbauer, J.P., 2012. The variation in effectiveness of low-finned tubes within a shell-and-tube heat exchanger for supercritical CO_2 (ICONE20POWER 2012-54116). In: Proceedings of the 20th International Conference on Nuclear Engineering (ICONE20), Proceedings of the ASME 2012 Power Conference (POWER2012). Anaheim, CA, USA.

Fourspring, P.M., Nehrbauer, J.P., 2015. Performance testing of the 100 kW shell-and-tube heat exchanger using low-finned tubes with supercritical carbon dioxide on the shell side and water on the tube side. In: ASME Turbine Technical Conference and Exposition. Montreal, QC, Canada.

Fourspring, P.M., et al., 2014. Testing of compact recuperators for a supercritical CO_2 Brayton power cycle. 4th International Symposium on Supercritical CO_2 Power Cycles. Pittsburgh, PA, USA.

Idelchik, I.E., 2007. Handbook of Hydraulic Resistance. Begell House, Inc., New York.

Jackson, J.D., 2013. Fluid flow and convective heat transfer to fluids at supercritical pressure. Nuclear Engineering and Design 264, 24−40.

Kesseli, J., et al., 2003. Micro, industrial, and advanced gas turbines employing recuperators. In: ASME Turbo Expo 2003, Power for Land, Sea, and Air. ASME, Atlanta, GA, USA.

Krasnoshchekov, E.A., Protopopov, V.S., 1966. Experimental study of heat exchange in carbon dioxide in the supercritical range at high temperature drops. Teplofiz. Vysok. Temp. 4 (3).

Kuang, G., 2006. Heat Transfer and Mechanical Design Analysis of Supercritical Gas Cooling Process of CO_2 in. Michrochannels (Ph.D. thesis). University of Maryland, College Park.

Miller, D.S., 1990. Internal Flow Systems, British Hydromechanics Research Association.

Pioro, I.L., Duffey, R.B., 2007. Heat Transfer and Hydraulic Resistance at Supercritical Pressures in Power Engineering Applications. ASME, New York.

Shah, R.K., 2005. Compact heat exchangers for microturbines. In: 5th International Conference on Enhanced, Compact, and Ultra-Compact Heat Exchangers: Science Engineering and Technology. Hoboken, NJ, USA.

Shah, R.K., Sekulic, D.P., 2003. Fundamentals of Heat Exchanger Design. John Wiley & Sons, New Jersey.

第9章 辅助设备

J. Moore

西南研究院，圣安东尼奥，得克萨斯州，美国

概述：涡轮机械机组和闭式循环需要许多辅助系统，这些系统用以向透平和压缩机的干气密封提供重要的工艺流体、冷却流体、润滑油和清洁的过滤 CO_2。流向透平的干气密封流也起到冷却密封的作用。闭式循环中的 CO_2 必须通过供气系统进行管理，库存控制系统也可用于循环负荷控制。当使用油来润滑轴承时，滑油系统可以在适当的温度、压力和流速下向机械轴承和齿轮箱提供清洁、过滤的润滑油。本章总结了这些系统，指出了 sCO₂ 设备的特点。滑油系统与其他工质的涡轮机械组件没有区别，本章不予讨论。最后，讨论了高温 sCO₂ 试验回路的特有测量技术。

关键词：辅助设备；CO_2 供应；干气密封；填充泵；过滤器；仪表；库存控制；热电偶套管；旁通系统

9.1 CO_2 供应和库存控制系统

供气控制系统的起始点在液态 CO_2 储罐。CO_2 的清洁度要求一直具有较大的争议。综合系统测试回路 IST（Clementoni 和 Cox，2014）指出需要科尔曼仪器级（99.99%纯度）CO_2。虽然这对于小型环路来说是一个很好的选择，但大型环路需要更便宜的 CO_2 源才能更具有经济效益。大多数城市地区只有食品级 CO_2 可用，虽然具有较高的纯度，但其含水量仍高于仪器级 CO_2，但是该含水量通常较低，即使对于碳钢管也不会造成腐蚀问题。

SWRI SunShot 回路上使用的供应控制系统如图 9.1 所示，由一个 5678-L 液态 CO_2 储罐、ACD 提供的往复式低温泵（图 9.2）、压力调节器、电汽化器，以及止回阀和控制阀组成。控制阀调节进入实验回路的 CO_2 流量，实现初始运行期间的流量提供，并通过干气密封（Dry Gas Seals, DGS）补充工质损失。此外，在主回路泵关闭的情况下，通过单向阀向干气密封提供所需的密封气体和冷却。

实验回路的旁通也需要重点考虑。透平停止旋转时旁通系统必须正常运行，通常需要在透平进口侧和出口侧安装高温旁通阀或双旁通阀。需要监测透平前后压差以尽量减少旁通流量。最严重的工况是回路在设计温度和压力下运行时的紧急停机，因此旁通系统的设计必须能适应回路热段的高温。将旁通阀置于回热

器冷侧，可使热工质与冷工质混合。需要注意的是，由于旁通的介入，回热器和透平可能会出现更高的运行温度和压力，尤其是在旁通过程中的透平旁通侧，设计时应考虑到这一现象。有关 SWRI 太阳能试验回路的更多详细信息，请参考 Moore 等（2015）的公开文献。

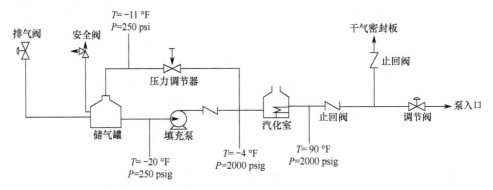

图 9.1　CO_2 供应系统

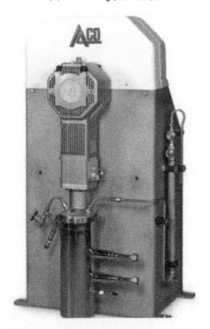

图 9.2　CO_2 供应泵

大多数系统需要在各负载要求和压缩机入口温度条件下运行，因此必须拥有用于非设计工况运行的控制机制。尽管有多种类型的负荷控制方法，Dostal 等（2004）指出库存控制可能是最有效的负荷控制方式，尽管这种较小范围的控制方法受到 sCO₂ 临界压力的限制。图 9.3 所示为库存控制系统，其中在压缩机进/出口处分别向系统添加/抽出流量，并将流量在中压下存储在控制容器中。该方案允许对压缩机的入口流量进行调整以补偿由于临界点附近温度变化引起的入口流量大幅波动。

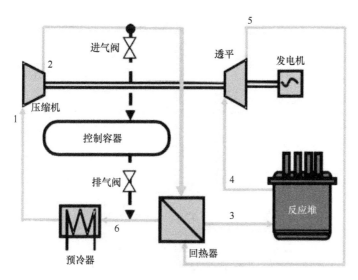

图 9.3　库存控制布置方案

9.2　过滤系统

由于闭环系统中的杂质将在系统中持续循环，因此需要将其过滤出去。传统上使用的是 Y 形滤网，其尺寸不大于 1/32in。典型的 Y 形过滤器如图 9.4 所示，可在不中断主管道连接的情况下实现工质过滤。但是，对于高速涡轮机械而言，Y 形过滤器难以实现过滤的目标，因为小的铁锈和水垢还是可能会通过滤网。Clementoni 和 Cox（2014）指出，IST 及 Sandia 试验回路（Fleming 等，2014）都经历过透平进口导叶和透平叶片前缘因流动中的杂质而受到的严重侵蚀的情况。基于该经验，SWRI SunShot 试验回路设计了滤芯式颗粒过滤器，如图 9.5 所示，其过滤半径为 3μm。

图 9.4　Y 形过滤器

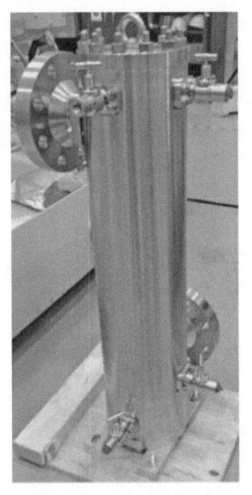

图 9.5 SWRI SunShot 试验回路过滤器

由于 sCO_2 是油和油脂的溶解剂，因此在回路组装前彻底清洁管道和设备非常重要。试验后必须排空、干燥管道和回路部件，并用溶剂进行清洗以清除任何油质残留物。在等待组装时，回路部件和管道应隔离密封以防止污染。即使是用于密封管道螺纹的特氟龙胶带，在接触 sCO_2 的情况下也会出现降解（Clementoni 和 Cox，2014）。

9.3 干气密封供气和排气系统

许多 sCO_2 涡轮机械设计采用膜式端部密封，如 DGS，以最大限度地减少轴泄漏。典型干气密封供气和排气系统如图 9.6 所示。向干气密封系统供应清洁的 CO_2（绿色区域），其中大部分通过迷宫式密封泄漏到循环内部以防止液体或颗粒污染。sCO_2 透平也可利用该流量保护干气密封系统免受高温影响。首先，少量流量通过干气密封系统转子（浅蓝色区域）和定子（紫色区域）之间的运行间隙向内泄漏；然后，被引导到外侧与分离空气混合。分离空气（蓝色区域）是干净且干燥的，提供给迷宫式缓冲密封以防止油从轴承流入干气密封系统。大约 1/2 的分离空气通过轴承泄漏到大气中，而另一半泄漏到密封件内侧，并与泄漏的 CO_2 混合，产生的混合物（红色区域）从密封件排气口被引导到大气中。

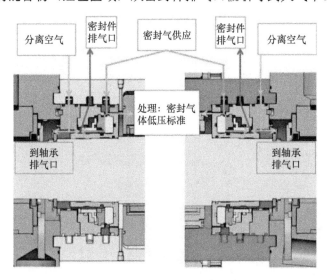

图 9.6 干气密封供气和排气系统示意图

DGS 在非常低的间隙（约 3~10 mm）下运行，以最大限度地减少向大气的泄漏。为确保密封件的可靠运行，必须建立适当的供气系统以提供注入密封件的工质（通常从压缩机/泵排出口获取）。该系统至少包括适当的过滤和压力与流量测量控制装置。过滤器可防止颗粒和液体通过供应管路进入密封。对于大多数 sCO_2 涡轮机械，还需要一个加热器来防止密封排气口中形成干冰。压力/流量调节系统确保足够的缓冲流量以防止污染。对于高温 sCO_2 透平，需要进行质量流量控制以将干气密封系统的温度保持在其限值以下。根据详细的机械设计，如果压力或热要求不同，则可能需要为设备的每一端配备单独的压力/流量调节系统。一个重要的注意事项是干气密封系统供应压力通常略高于压缩机吸入压力，即对于大多 sCO_2 循环而言接近临界点的压力。因此，在为 sCO_2 干气密封供气系统选择阀门、管道和流量计时，必须考虑各种运行工况下气体物性的变化。分离空气供应需要类似的过滤和流量调节系统，以防止轴承润滑油泄漏。图 9.7 所示为干气密封供应系统流程图，其中包括一个加热器，可将压力控制到高于参考压力的规定压差（通常为迷宫工艺式密封的下游）。该系统存在一个孔板流量计，以确保供应流量满足热力要求。工业 CO_2 压缩机的干气密封供气系统如图 9.8 所示。

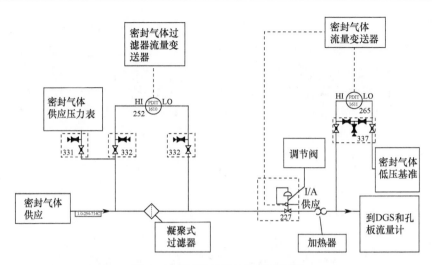

图 9.7 干气密封供气系统流程图

图 9.8 工业 CO_2 压缩机的干气密封供气系统

sCO_2 和分离气体泄漏的混合物通过流量孔被引导到大气中。测量通过节流孔的压差以检测密封故障,该故障将导致通过密封和流出排气口的流量大幅增加。排气管由爆破片和孔板保护,其尺寸必须能够防止在高流量 DGS 故障情况下排气管或机械外壳出现超压。

DGS 还需要备用供气系统,该系统通常由压缩机排放压力供给,以在回路补气、加压和紧急停止工况导致压缩机关闭时提供密封气体。该系统可能是带有备用泵的液罐，由于冷却器供应温度的原因需要配备供气加热器。该系统可能与现有的高压 CO_2 储存系统结合，如用于库存控制。该备用系统必须具有故障保护功能，以在电源故障期间保护密封件。

9.4 仪表

sCO$_2$DGS 的许多仪表要求与其他高压系统相似，但其高温和高流体密度的特性组合存在一些特有的挑战。许多系统使用加压配件来密封压力管和热电偶护套，但制造商未将这些配件的额定温度定为 650 ℃ 以上，同时额定压力也可能低于工艺压力。工艺管道的管螺纹连接也不符合这些温度要求，因此需要法兰连接或直接加工到管壁的金属锥形密封件（需要考虑管壁应力）。

插入式探针（如热电偶）会引起周期性涡流脱落，从而导致探针的动态激励。sCO$_2$ 的高密度导致相对较高的激振力，如果探头的机械强度不足，或者如果涡流脱落频率与探头组件的机械固有频率一致，则可能导致探头故障。因此，需要进行机械分析，以确保涡旋脱落和机械固有频率之间有足够差别，并且非共振探针应力在运行温度下远低于材料的耐久性极限。图 9.9 所示为克服这些问题的热电偶套管示例。

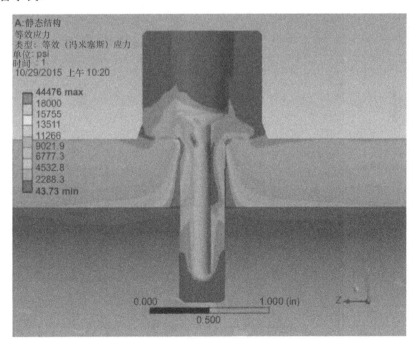

图 9.9　用于高温通道的热电偶套管设计

9.5 小结

与典型的朗肯循环或联合循环相比，sCO_2 循环在概念上较为简单，但是，sCO_2 循环需要辅助设备才能正常运行。供应给 DGS 的 sCO_2 即可以缓冲回路污染物也可以冷却透平。为了减少涡轮机械部件的磨损，需要进行回路过滤。库存管理系统在初始充气加压与运行控制时期提供 sCO_2 流量。回路管道的高温高压对参数测量提出挑战，本章提供了一些解决办法的建议。

参考文献

Clementoni, E.M., Cox, T.L., 2014. Practical aspects of supercritical carbon dioxide Brayton system testing. In: The 4th International Symposium - Supercritical CO_2 Power Cycles. September 9−10, 2014, Pittsburgh, Pennsylvania.

Dostal, V., Driscoll, M.J., Hejzlar, P., 2004. A Supercritical Carbon Dioxide Cycle for Next Generation Nuclear Reactors. Thesis MIT-ANP-TR-100. Massachusetts Institute of Technology, Boston, MA.

Fleming, D., et al., 2014. Corrosion and erosion behavior in supercritical CO_2 power cycles. In: Proceedings of ASME Turbo Expo 2014, Dusseldorf, Germany, June 16−20, 2014.

Moore, J.J., Evans, N., Brun, K., Kalra, C., 2015. Development of 1 MWe supercritical CO_2 test loop. In: Proceedings of the ASME Turbo Expo, GT2015−43771, June 15−19, 2015, Montreal, Quebec, Canada.

第10章 废热回收

M. Poerner，A. Rimpel
西南研究院，圣安东尼奥，得克萨斯州，美国

概述：废热回收（WHR）是研究循环效率时经常讨论的话题。废热回收的局限性及其适用性与废热源的温度和可用热量有关。低温热通常很普遍，但由于现有的动力循环限制而难以利用。sCO_2 循环有利于实现废热回收，因为其具有较低的循环温度，允许接受来自低品质热源的废热。本章将详细地探讨 sCO_2 在废热回收中的使用，包括 sCO_2 废热回收循环的优缺点，如何工程实现，以及对 sCO_2 废热回收系统关键技术需求的讨论。

关键词：效率；热品质；热量；源温度；废热

10.1 简介

sCO_2 循环最初是为通用热源开发的，并未考虑热源的某些关键特性，而人们对 sCO_2 循环重拾兴趣主要是源于核能应用。由于核能应用允许废热直接回收到主热源中，这类应用非常适合于再压缩布雷顿循环和类似循环，在这些循环中的高度热量内部回收使低循环压比成为现实。

另外，废热的特点通常是热源不可回收，即未回收的热量会流失到环境中。鉴于这一特点，废热回收循环的主要指标与热流受限应用中使用的指标有根本不同。后者与严格定义的循环热力学效率（效率是净热功率输出除以热输入）相关。对于废热回收应用，最重要的因素是在任何限制因素下从给定热源获得的功率。因此，循环内的热量回收能力必须与理论效率相平衡以设计出可以产生最大输出的最佳循环。

在这些废热回收循环中，可提取的热量可能会受到许多问题的限制。本章将详细探讨这些限制和其他设计注意事项。此外，本章还评估了 sCO_2 废热回收系统在不同应用中的潜在用途。最后，讨论了 sCO_2 废热回收系统相对于其他废热回收系统的优缺点。

10.2 废热回收概述

在 sCO_2 废热回收系统中使用废热回收之前，必须了解废热回收的基本系统。

本章概述了废热回收系统使用时需要考虑的主要参数，包括热源品质、废热回收系统效率、可用废热量、潜在功率输出和系统温度的考虑等。

图 10.1 所示为用于产生电力的废热回收系统基本示意图。热流从源头流出，流经换热器，在其中为废热回收循环提供热量，然后从换热器流出到热阱。在本章中，sCO₂ 废热回收系统的使用将集中于电力生产。

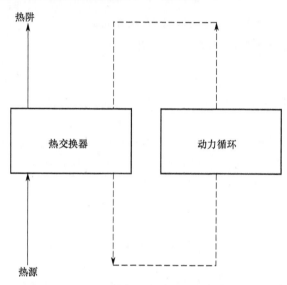

图 10.1　废热回收系统基本原理

10.2.1　热品质和系统效率

根据定义，废热是由于流体的温度高于环境或周围温度而可以利用的未使用的能量。废热可以来自任何热源，如从水龙头流出并流入排水管的热水可以被视为废热，因为水温高于室内环境温度。但是，从热水中提取能量并加以转化是非常困难的。

世界范围内有大量的废热，但只有一部分可以实际利用。这在很大程度上取决于废热源和周围环境的温差。当热源和热阱的温差较大时，热转换效率最高。

可使用卡诺循环效率的定义计算废热循环的最大效率，即

$$\eta = 1 - \frac{T_L}{T_H} \tag{10.1}$$

图 10.2 所示为卡诺效率与热源和热阱温度之间的关系。随着热源温度的升高，卡诺循环的效率增加，而随着热阱温度的升高，卡诺循环的效率降低。在废热回收系统中，最低循环温度通常高于 150℃，该值通常与材料腐蚀面临的挑战有关（Waste Heat Recovery Technology and Opportunities in U.S. Industry，2008）。根据图 10.2 所示的曲线，在 500℃的热源温度和 150℃的热阱温度下，卡诺循环效率

可以达到45%。

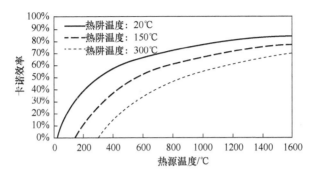

图10.2 卡诺效率与热源和热阱温度之间的关系

10.2.2 热量和势能

可用的废热量也很重要,如系统的热源和热阱之间可能存在较大的温差,但流速可能非常小。这种系统不能提供足够的能量来证明废热回收系统的可行性。热量与热源和热阱之间的温差以及工质质量流量有关。

式（10.2）给出了可从废热源中提取的㶲或最大势能,该式结合了废热源的能量和卡诺循环效率,即

$$\dot{E}_{\max} = \dot{m}(h_H - h_L)\left(1 - \frac{T_L}{T_H}\right) \tag{10.2}$$

需要注意的是,还有其他因素,如流体条件、流体性质、换热器表面积和循环设备效率,都会导致从废热中提取的实际能量低于根据式（10.2）计算得出的值。

10.2.3 废热温度

废热温度的重要性已在废热质量与数量两方面强调。温度在废热回收系统的设计方面也很重要,需要考虑如结构材料、换热器尺寸和系统可靠性。在设计废热回收系统时,较低的废热温度允许使用较便宜的常用材料,如碳钢和不锈钢。当热源温度上升到大约 500℃以上时,必须考虑特殊的金属合金。如果热源温度超过约 900℃,则必须使用非金属材料。使用特殊材料使得废热回收系统的建造成本更高。有关温度和 sCO_2 废热回收系统的具体内容将在后文讨论。

所有废热回收系统的组成部分都有换热器,用于吸收废热并传输到功率输出循环。换热器的尺寸与废热源温度和循环最低温度之间的差直接相关。较高的热源温度可允许使用更紧凑的换热器,这有益于节省系统安装空间和成本。有关换热器表面积和 sCO_2 废热回收系统的具体细节将在下面讨论。

热源和热阱的温度也会影响废热回收系统的可靠性。较高的热源温度会加速

腐蚀、氧化反应和蠕变；较低的循环最低温度可能导致排气流中的水凝结。水会在换热器表面沉积成为腐蚀性污染物，从而导致换热器损坏。

表 10.1 总结了热源和热阱温度的一般趋势。循环最低温度通常尽可能低，限制该温度降低的唯一参数是系统可靠性（与冷凝水蒸气有关）。对于热源温度，则需要提高温度以实现最佳系统性能。但是，实际系统要求热源温度低于某些限值。因此，废热回收系统的设计最终是各种系统要求的折中选择。

表 10.1 废热回收循环温度特性总结

项目		废热流温度	
		热阱	热源
所需特性	品质	↓	↑
	数量	↓	↑
	结构材料	↓	↑
	换热器尺寸	↓	↑
	系统可靠度	↓ & ↑	↓

10.3 废热回收应用

本节将讨论不同的废热回收应用。如前所述，废热必须具有较大的温差和足够的质量流量才能发挥作用。在工业应用中，提供 1 MW 功率的废热回收系统具有应用价值，而提供 1 W 功率的废热回收系统则可能不会被使用。因此，本节将主要考虑可以提供较高功率水平的应用。

废热回收系统通常根据热源温度分为以下三类（Energy Efficiency Guide for Industry in Asia，Thermal Energy Equipment - Waste Heat Recovery，2006；Waste Heat Recovery - Technology and Opportunities in U.S. Industry，2008）。

(1) 高温热源（大于 650℃）；
(2) 中温热源（230～650℃）；
(3) 低温热源（低于 230℃）。

高温热源具有整体效率更高的优势。此外，温度较高的热源可以使用更紧凑的换热器。高温热源的缺点是主换热器上的热应力增加，以及存在腐蚀、氧化和蠕变问题。

中温系统更适用于发电系统，因为其运行温度可以与使用现有材料的换热器相同。由于运行温度低于高温循环，中温系统中的腐蚀、氧化、蠕变和热应力并不那么明显。

低温系统通常适用于在较低温度下的大量废热回收。该热源有大的质量流量，但热源品质较差。一般用于低温发电的废热回收系统效率较低，不适合用于发电。

表 10.2 列出了一些可能适用于 sCO_2 废热回收系统的废热回收应用示例。

表 10.2 sCO$_2$ 废热回收系统的（WHR）应用总结

低/中/高	应用	温度范围/℃
高	玻璃制造	1000~1550
高	钢铁制造	930~1050
高/中	水泥制造	450~730
中	燃气轮机发动机	370~540
中	往复式发动机	315~600
中	往复式发动机（涡轮增压）	230~370

10.3.1 玻璃制造

玻璃制造系统通常使用省煤器来回收一些损失的热量。玻璃制造过程中的天然气加热炉使用回热器和再生器预热燃烧空气。氧燃料型熔炉利用废热预热原料，并利用废热锅炉（蒸汽系统）发电。即使使用现有的废热回收系统，玻璃制造厂的废气温度仍可能超过 1000℃。基于 sCO$_2$ 的废热回收系统可用于替代现有的蒸汽锅炉或废气余热发电系统。

10.3.2 钢铁制造

如表 10.3 所列，钢铁制造业采用了多种不同的工艺，这些工艺为实现废热回收提供了不同的机会。一般来说，钢铁生产中的废热包含在不洁净气体中，这使得废热回收既困难又昂贵，因此在钢铁制造设施中使用 sCO$_2$ 废热回收系统的机会有限。

表 10.3 钢铁制造业可能的废热回收应用总结

方式	废热源	现有 WHR	限制	sCO$_2$ WHR 机会
炼焦炉	焦炉煤气	无 WHR	含尘气体废热回收难度太大	没有机会
	废气	用于预热	对于发电来说温度太低（200℃）	没有机会
	固体粒子流	将惰性气体通过固体来驱动废热锅炉	捕获热量的成本很高	在加热惰性气体中使用 sCO$_2$ 发电系统
高炉	热风炉排气	为燃气预热燃烧空气	废气温度在 250℃ 附近	没有机会
	高炉煤气	从熔炉中用于透平恢复压力（不常用）	含尘气体使用前需清洗	没有机会
氧气顶吹转炉	熔炉废气	开式燃烧：空气和煤气混合燃烧一氧化碳以及利用热量驱动废热锅炉	含尘气体	在开式燃烧中使用 sCO$_2$ 发电系统
电弧炉	废气	废钢预热	含尘废气无法用于发电	没有机会

10.3.3 水泥制造

水泥生产中有很多废热回收应用机会,特别是在生产熟料材料的工艺过程中。对于熟料生产,将黏土、石灰石和沙子的混合物加热至1500℃左右。窑和熟料冷却器产生的热排气流可用于废热回收。

当不使用废热回收系统时,窑废气流的温度约为450℃。目前,通过回收该废气流的热量来实现蒸汽循环预热和发电。目前,也在考虑使用有机朗肯循环和卡琳娜循环发电。

熟料冷却器的排气温度接近200℃,通常用于预热窑或熟料生产过程的其他部分。考虑使用有机朗肯循环和卡琳娜循环来回收熟料冷却器的废热。以上者两种废热流也可考虑作为sCO_2循环的热源。

10.3.4 燃气轮机发动机

燃气轮机排气中有大量可用的废热。燃气轮机的运行效率接近30%,70%的剩余能量大部分作为废热存在于废气流中。热电厂中通常使用大型燃气轮机(500MW),产生的余热用于驱动蒸汽发电循环。许多小型燃气轮机(多数在10MW范围内)不使用废热回收系统,而是以简单循环方式运行(废气直接排放到大气中)。这些燃气轮机为废热回收系统提供了很好的应用机会。

燃气轮机排气温度通常为370~540℃,具有大量热能(对于10MW燃气轮机,约为25MW)。燃气轮机排气通常被认为是清洁的,因为它主要由氮气和CO_2组成,仅存在一定程度的NO_x、SO_x、可挥发性有机化合物和水蒸气。

在许多领域,如天然气管道压缩机站,安装了有机朗肯循环以回收小尺寸燃气轮机的余热。这些系统产生的电力接近5MW(Hedman,2008)。天然气管道站的废热回收并不普遍,因为这些位置通常比较偏远,附近很少或没有高压电线将电力输送到可以使用的地区。此外,这其中有许多是间歇运行的,因此无法向电网连续供电(通常拥有较低的电价)。即使如此,燃气轮机确实为废热回收提供了一个使用sCO_2发电循环的好机会。

10.3.5 往复式发动机

往复式发动机的效率接近30%,浪费的能量集中在排气、润滑油系统和冷却系统之间。其中,大约48%的废热存在于排气流中,27%通过润滑油系统排出,25%通过冷却系统排出。废气流具有最大的废热量和最高的温度(230~600℃)。因此,这也是最有可能进行废热回热的部分。

往复式发动机的功率比燃气轮机低,其废热可产生的电功率约为200~500kW。如果用于现场用电需求,那么产生的电力是有意义的,但将该电力通过电网出售并不一定有意义。有机朗肯系统已设计并考虑用于往复式发动机(6500

Specification Sheet；Clean Cycle II R-Series Technical Specification.)。sCO₂ 系统也有可能与该废热源一起使用。

10.4 废热换热器设计

废热回收系统的关键设备之一是换热器，用于将废热从热源转移到发电系统。该设备的设计必须考虑以下几个方面。

（1）热源温度；
（2）材料要求；
（3）热流清洁度（腐蚀性污染物、烟尘、微粒）；
（4）腐蚀和氧化；
（5）热流压降限制。

废热回收换热器，通常着重考虑蠕变应力断裂强度，因为在高温下的材料屈服强度是有限的，如图 10.3 所示。材料还必须抗热腐蚀、抗氧化、抗硫化和抗腐蚀。换热器通常采用涂层保护以延长使用寿命。在设计过程中的主要考虑因素是通过换热器的压降，该压降会在主排气中产生背压，从而对主工艺设备的性能产生负面影响。

废热排气的温度明显低于典型锅炉，提高该排气温度会降低主系统的效率。由于温度较低，传热表面的结构和尺寸非常重要。其中，特别需要注意两个设计参数：接近点和夹点。在基于蒸汽的热回收系统中，夹点发生在水的饱和温度和离开蒸发器的气体温度最接近处，如图 10.3 所示。因为 CO_2 是单相的，所以不会出现类似夹点。在蒸汽回收系统中，接近温度是指进入蒸发器的饱和温度和给水温度之间的差值，而 sCO₂ 加热器的接近温度是 sCO₂ 出口温度和排气进口温度之间的差值。

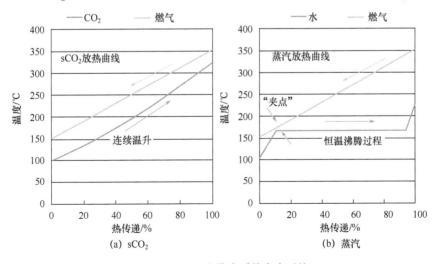

图 10.3 sCO₂ 和蒸汽系统夹点对比

10.5 经济性和竞争性评估

sCO_2 废热回收循环必须与其他循环的经济性进行对比。废热回收应用中用于发电的主要形式是蒸汽朗肯循环、有机朗肯循环和卡琳娜循环。

蒸汽朗肯循环已在发电领域广泛应用了数十年，通常是用于热电联产循环中的废热回收，其中以燃气轮机的排气作为热源（图 10.4）。该循环利用水/蒸汽作为工质，泵取水并将对其加压（图 4.1 中步骤 1-2），然后从热源吸收能量（图 4.1 中步骤 2-3），随后处于蒸汽状态的流体流经汽轮机产生能量（图 4.1 中步骤 3-4）。汽轮机出口的气水混合物冷凝后返回泵中（图 4.1 中步骤 4-1），并重复该循环。图 10.4 所示为带有燃气轮机的蒸汽朗肯循环废热回收系统的循环过程及其对应的压力-焓值（PH）图。因为蒸汽朗肯循环已经使用了几十年，蒸汽朗肯循环废热回收系统具有商业优势。同时，由于蒸汽朗肯循环已经运行了这么长时间，围绕其使用有许多规则和条例，因此在需要无人操作的环境下无法使用蒸汽朗肯循环。

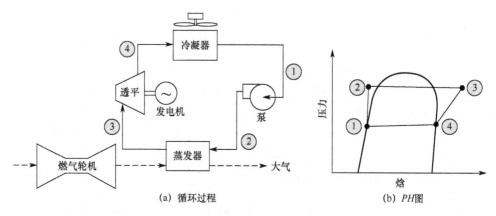

图 10.4 蒸汽朗肯循环废热回收系统

有机朗肯循环使用与蒸汽朗肯循环相同的循环过程，但使用的工质是碳氢化合物，其中最常见的工质是丙烷。图 10.5 所示为典型有机朗肯循环系统及其 PH 图。由于有机朗肯循环使用碳氢化合物作为工质，因此需要中间流体（通常为热油）将能量从热源转移到有机流体中。这一过程使循环中增加了一个换热器和对应的流动回路。当热源温度较低时，有机朗肯循环优于蒸汽朗肯循环，因为其沸点低于水。此外，有机朗肯循环的工质分子质量比水高，设备可以更紧凑（设备尺寸可减少为蒸汽朗肯循环系统的 $\frac{1}{10}$）。有机朗肯循环系统通常用于低温发电应用，如地热发电厂，已在管道压气站的废热回收中实施，并正在考虑用于许多其他废热回收应用。该系统目前没有禁止在无人值守地点使用的规则和条例。

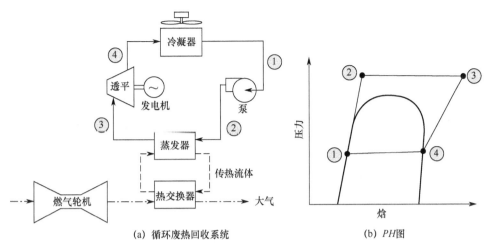

图 10.5　有机朗肯循环废热回收系统及其 PH 图

卡琳娜循环也是朗肯型循环，使用氨和水的混合物作为工质。该循环往往比有机朗肯系统具有更高的效率，但系统要复杂得多。由于其复杂性，主要用于大规模发电，而不常用于较小的废热回收应用。

CO_2 可用作朗肯型或布雷顿型废热回收系统的工质。图 10.6 所示为 sCO_2 布雷顿循环及其 PH 图。朗肯循环可以提供接近有机朗肯或蒸汽朗肯循环的热效率。布雷顿循环或 sCO_2 循环提供了在高于环境温度下运行的优势，也可专门使用空气冷却方式。与有机朗肯循环相比，废热回收系统使用 CO_2 是有利的，因为 sCO_2 循环使用惰性流体，功率密度更大，热源和循环工质之间也不需要中间传热回路。此外，sCO_2 循环的设备将小于有机朗肯系统。与蒸汽朗肯系统相比，sCO_2 系统还具有可在较低热源温度下运行的优点。与蒸汽朗肯循环或有机朗肯循环相比，使用 CO_2 的主要缺点是目前没有正在运行的 sCO_2 废热回收系统，该循环目前缺乏商业运行的经验。

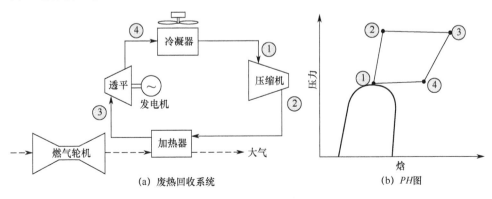

图 10.6　sCO_2 废热回收系统及其 PH 图

表 10.4 总结了上面讨论的可用于废热回收的不同系统的特点(Hedman, 2008; Naik Dhungel, 2012)。

表 10.4 可用于废热回收的不同系统总结

系统	所需源温度	设备尺寸	工质	商业可行性	其他
蒸汽朗肯循环	高	大	水/蒸汽	有多年运行经验,不能无人操作	
有机朗肯循环	低	适中	碳氢化合物(易燃)	在一些地方运行,可以无人操作	需要热传递回路
CO_2 循环	低	小	CO_2(惰性)	无商业运行,没有相关使用规定	

10.6 技术发展需求

废热回收已经存在了几十年,且通常使用有机朗肯循环或蒸汽朗肯循环。废热回收通常适用于可回收大量热量或功率的大型应用场景。最常见的例子是利用燃气轮机的余热驱动蒸汽动力循环来发电。小型应用中的废热回收主要在可以提供"可再生能源"显著优势的场景中使用。如果无法实现这一优势,即使废热回收被认为是"很好的选择",但由于投资回收期较长通常也不会开展废热回收应用。如果法规开始要求使用高效的循环形式,那么这一现状将可能会改变(Hedman, 2008)。

废热回收使用 CO_2 系统将面临与有机朗肯和蒸汽朗肯系统相同的政治/商业化挑战。但是,CO_2 系统确实具有较小设备和惰性工质的优势。这可能会使其在工业中的应用更容易接受。除此之外,CO_2 废热回收系统目前还未投入商业运行,因此在行业接受度方面存在明显劣势。新技术应用需要时间将其发展成为可行的商业产品,也需要时间被工业界接受其可行性与安全性。CO_2 废热回收发展的最大障碍即是克服上述两个因素。

参考文献

Clean Cycle II R-Series Technical Specification, n.d.
Energy Efficiency Guide for Industry in Asia, Thermal Energy Equipment - Waste Heat Recovery, 2006.
Hedman, B., 2008. Waste Energy Recovery Opportunities for Interstate Natural Gas Pipelines.
Naik-Dhungel, N., 2012. Waste Heat to Power Systems.
Specification Sheet, n.d.
Waste Heat Recovery - Technology and Opportunities in U.S. Industry, 2008.

第11章 聚光太阳能发电

C.S. Turchi [1], J. Stekli [2], P.C. Bueno [3]

[1] 国家可再生能源实验室，戈尔登，科罗拉多州，美国；[2] 美国能源部太阳能技术办公室，华盛顿，美国；[3] 西南研究所，圣安东尼奥，得克萨斯州，美国

概述：本章总结了sCO_2布雷顿循环在聚光太阳能（Concentrating solar power，CSP）领域中的应用。回顾了聚光太阳能系统的设计和运行，讨论了循环的技术要求和在太阳能发电应用中的优势。在聚光太阳能应用的温度下，sCO_2布雷顿循环具有比过热或超临界蒸汽循环更高的效率。此外与朗肯循环相比，sCO_2布雷顿循环的形式更简单。因为流体密度更高，sCO_2布雷顿循环系统具有更小的重量和体积、更低的热质量，以及更少的复杂发电模块。更简单的机械结构和紧凑的尺寸也可以降低系统的安装、维护和运行成本。聚光太阳能应用的功率水平在10～150MWe范围内。本章从聚光太阳能应用的角度讨论了sCO_2布雷顿循环的配置形式，并认为该配置具有理想的属性，如能够适应干式冷却和日循环、储热能力。

关键词：CSP；太阳能；储热

11.1 sCO_2应用于聚光太阳能系统的目的

太阳能发电的两种主要形式是光伏(photovoltaic，PV)和太阳能热系统。前者使用固态电池将光直接转化为直流电，后者收集太阳能作为热源，然后通过热电循环将其转化为交流电。为实现大规模发电而设计的太阳能热系统被称为聚光式太阳能发电系统。光伏系统的主要优点是简单、模块化和相对较低的成本。另外，商用电功率水平的聚光式太阳能发电系统提供了更经济的储能选择。在历史上，聚光太阳能发电系统是成本最低的太阳能发电形式，然而最近光伏原材料和制造成本的下降，使光伏系统能够以低于聚光太阳能发电技术的成本提供电能。为了使聚光太阳能发电在能源市场上继续具有竞争力，必须降低其成本以实现比光伏系统更好的经济性。

虽然不如光伏技术成本的大幅降低，但近年来约占聚光太阳能发电系统成本40%的太阳能集热器的成本也在大幅下降（IRENA，2015）。但是，聚光太阳能发电机组系统的性能和成本一直保持不变，这主要是因为目前几乎所有聚光太阳能

发电系统使用的蒸汽朗肯循环已经相当成熟，限制了聚光太阳能发电系统进一步降低成本和提高性能。因此，为实现与其他发电形式的成本一致，改善能量转换系统是聚光太阳能发电技术的关键。

11.1.1 聚光太阳能发电在未来可再生能源中的作用

与光伏发电相比，聚光太阳能发电具有的一个明显优势是可以将热工质保存在容器中供后期使用，即实现低成本存储太阳能。这种方法比电池更具经济性，因为与化学电池系统相比，聚光太阳能存储热能所需的成本较低且相对简单。然而，在可再生能源系统应用较少的情况下，由于电网平衡了发电量和需求量，储存太阳能的能力通常是不必要的。只有可再生能源应用显著增多（风能和太阳能等可再生能源的发电量超过系统总发电量的 15%）时，储能才具有明显必要性。针对美国西部部分电网的模拟表明，在可再生能源应用较高的情况下，增加一个带储能的聚光太阳能电站比增加一个不可调峰的光伏电站提供了更大的电网灵活性和更低的总系统成本（Denholm and Hummen，2012）。向电网提供储备电力最有效的方式是直接存储热流体（通常是熔盐）的聚光太阳能发电厂，其存储效率超过 98%，预计寿命可达 30 年（Pacheco，2002）。由此产生的储能成本约为 70 美元/kwh$_e$，这比当前的电池系统成本低一个数量级，也低于未来电池系统的目标成本（ARPA-e GRIDS）。然而，由于光伏和电池的成本也在下降，聚光太阳能发电的未来取决于能否降低其技术成本，同时继续提供高效、低成本的能源存储。

11.1.2 聚光太阳能发电的特征和 sCO_2 聚光太阳能发电的应用优势

当前的聚光太阳能发电厂利用油、盐或蒸汽作为传热工质（Heat Transfer Flaids，HTF）将太阳能传输到发电模块。这些流体中的每一种都具有限制电厂性能的特性：如用于聚光太阳能发电系统的合成油的温度上限约为 390 ℃，熔盐的温度上限约为 600 ℃，直接蒸汽聚光太阳能发电系统需要复杂的控制，并且热能储存（Thermal Energy Storage，TES）能力有限。

为实现和保持市场竞争力，聚光太阳能发电需要更高的系统效率和更低的系统成本。根据卡诺定律，更高的工作温度通常对应于更高的热电转换效率，并且通常储热成本也更低。但是，更高的温度意味着对太阳能接收器的材料要求更高且价格更昂贵，同时对光学和热损失的要求也更高。sCO_2 已被确定为一种可能的传热流体和能量循环工质，可以在中等温度（大于 800℃）下提高系统效率。sCO_2 具有比蒸汽更高的温度可操作性，并且在较低温度下能够实现比空气或氦气布雷顿循环更高的效率。表 11.1 比较了现有和推荐的换热流体以及与其相匹配的动力循环的性能特征。见表 11.1，sCO_2 的工作温度比空气布雷顿循环低得多，但其转换效率与后者相当。sCO_2 温度适用于现有商业金属合金，并且在当前电力塔的能力范围之内。

表 11.1 当前和未来的传热工质和聚光太阳能电厂的特点

现有和推荐的 CSP 电厂配置	现有系统		未来概念系统		
	集油盘	盐塔	超临界蒸汽塔	空气布雷顿循环	sCO$_2$布雷顿循环
透平功率范围/MW	50~125	10~150	~400	0.3~150	10~150
运行温度/℃	391	565	610	>1000	~700
运行压力/bar	100	140	250	<30	~220
效率（太阳能*动力循环）	0.7*0.38	0.65*0.42	0.65*0.47	0.6*0.4	0.65*0.5
蓄热器选择	油、盐	盐	高温盐	陶瓷	高温盐、颗粒、PCM
主要挑战	低温限制	盐冻结	高压、小型化、超临界蒸汽动力循环	高温材料	发展中的新循环、材料

注：CSP 为聚光太阳能发电；HTF 为传热流体；PCM 为相变材料；sCO$_2$ 为超临界二氧化碳；*表示两个效率项的乘积。

与具有多个给水回热器、多级汽轮机抽汽和蒸汽再热的现代蒸汽朗肯循环相比，sCO$_2$ 布雷顿循环系统的质量和体积更小，热质量更低，电力模块也更简单。主要是因为 sCO$_2$ 的密度较高，并且 sCO$_2$ 在整个循环内不发生相变，因此系统设计更简单。蒸汽循环在液态和气态之间发生转换，因此所需的系统更复杂一些。sCO$_2$ 系统较低的热质量对于需要频繁启停操作和负载调整的系统也是一个优势。在聚光太阳能发电应用方面，sCO$_2$ 动力循环的优势可以概括如下。

（1）在现有聚光太阳能集热器系统兼容的温度范围内，效率高于当前的过热蒸汽循环。

（2）良好的功率可扩展性(10~150MWe)，可为小型模块化和大型聚光太阳能发电系统设计提供选择。

（3）紧凑性（相当于蒸汽轮机大小的 1/10），提高聚光太阳能发电系统应用的灵活性。

（4）与现有蒸汽循环相比，小尺寸和简单性可节省潜在成本。

（5）在同等温度条件下，循环压力低于超超临界蒸汽（尽管循环压力高于当前的过热蒸汽循环）。

（6）使用与现有热能存储方法兼容的工质（sCO$_2$），最大限度地减小换热器夹点。

11.2 聚光太阳能技术介绍

聚光太阳能发电系统与光伏发电系统的不同之处在于，太阳能在通过热电循环转化为电能之前首先被捕获为热。聚光太阳能技术包括抛物线槽、线性菲涅耳系统、电力塔和碟形/发动机系统。大多数聚光式太阳能发电技术的优势是能够结合热能存储来提高系统可靠性和调峰能力，其定义为控制该系统发电或向电网提供其他服务的时间的能力。目前，聚光式太阳能发电系统的装机容量取决于抛物线槽技术，然而由于电力塔设计有可能实现更高的运行温度，从而提高了储能系统和发电模块的效率，因此获得了更大的市场份额。这两种技术将在下一节中简要介绍。

11.2.1 抛物线槽和线性菲涅耳系统

抛物线槽式发电是最成熟的聚光太阳能发电技术，全球运行功率超过4000MW，商业发电厂运营历史可追溯到 20 世纪 80 年代初。槽式发电由大型太阳能收集器阵列组成，其特点是反射镜弯曲成抛物线形状，将太阳光聚焦到线性管道上，如图 11.1 所示。工质通常是合成油，流经接收管时被吸收的阳光加热。加热后的工质用于产生蒸汽，该蒸汽使传统的蒸汽轮机/发电机转动以产生电力。来自汽轮机的乏汽被冷凝成水，并通过给水泵再循环，再次转化为高压蒸汽。湿式、干式或混合式冷却均可用于冷却和冷凝乏汽。抛物线槽式电站由以下几个子系统组成：太阳能集热器场、接收器和相关的传热流体系统、电源模块、蓄热装置（可选）、化石燃料备用装置（可选）和必要的辅助设施，如图 11.2 所示。热能储存是通过将热量从工质交换到熔融盐来实现的，熔融盐比油便宜，即使加热到几百度其蒸发压力也可忽略。

图 11.1 抛物线槽集热器和接收管（NREL）

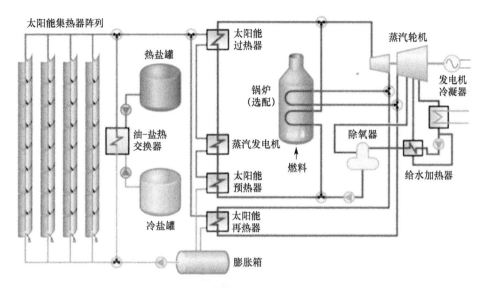

图 11.2 抛物线槽式电站示意图（EPRI）

线性菲涅耳集热器类似于槽式集热器的抛物线形状，具有水平的长排扁平或略微弯曲的反射器，该反射器将太阳光反射到固定的线性接收器上。与抛物线槽系统相比，线性菲涅耳系统的优势是成本更低，但其效率也更低。抛物线槽系统已广泛应用于商业用途，而线性菲涅耳系统缺乏长期的性能和成本数据。目前，在抛物线槽和线性菲涅耳系统中，使用熔融盐作为传热流体和直接储热介质的研究和开发正在进行中，接头处的材料兼容性和太阳能领域的盐冻问题给这项技术的商业化带来了巨大挑战。

11.2.2 电力塔系统

在整个太阳能系统中，抛物线槽或线性菲涅尔装置收集能量，而电力塔系统（图 11.3）将太阳光集中到中央接收器上。电力塔使用平的或近似平的定日镜，把阳光反射到单一的接收器上。一个大型发电厂可以利用数万个定日镜，每个定日镜都可通过计算机控制实现独立移动。

电力塔设计的区别主要在于接收器中使用的传热流体：在直接蒸汽发电塔中，定日镜将太阳光反射到接收器上，接收器即是安装在塔顶的锅炉。从发电机组泵送的给水在接收器中蒸发而产生蒸汽，蒸汽通过传统朗肯循环发电。直接蒸汽发电塔的设计优势在于设计简单、使用传统的锅炉技术、材料和制造工艺成熟、相对较高的热力效率以及相对较低的寄生功耗。短期（30～120min）蒸汽/水储存已在西班牙的 20MWPS20 塔中实现，正被部署在南非 50MW 的 Khi Solar One 塔式光热电站项目中。尽管蒸汽蓄热器可用于短期储存，但其价格昂贵，而且在多小时能量储存方面缺乏经济竞争力。

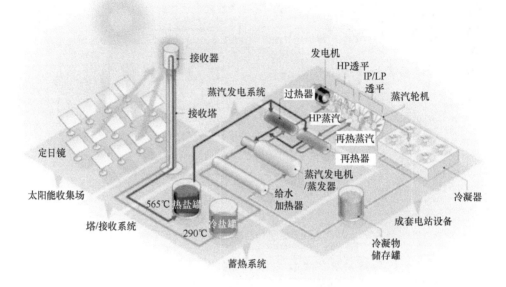

图11.3 熔盐电力塔示意图

第二个发电塔设计为熔盐发电塔,其运行方式是将约290℃的冷盐从储罐泵送到接收器,从定日镜射出的集中阳光将盐加热到约565℃。使用的盐通常是钠和硝酸钾的6∶4混合物,称为"太阳盐"。热盐被收集在储存箱中,当需要发电时,热盐被泵送入蒸汽发生器,以产生高压蒸汽来驱动涡轮/发电机。冷盐返回到冷藏箱以完成循环。由于盐的蒸发压可以忽略不计,因此隔热储罐可运行于大气压下,因此建造成本相对较低。通过将存储系统放置在接收器和蒸汽发生器之间,太阳能收集与发电分离,从而使发电速率与从太阳场收集能量的速率不相关。因此,太阳能收集的中断,如阴云或日落,不会影响涡轮机发电。

熔盐发电塔的主要优点是热能储存系统的低成本和高效率。由于熔盐电力塔系统中冷热温差较大,熔盐电力塔中的热能储存成本不到槽式设备的1/2。这一点很容易通过能量存储系统中存储热量的方程来表示,即

$$Q = mC_p(T_H - T_C)$$

式中:Q 为存储的总能量;m 为存储材料的质量;C_p 为存储材料的热容;T_H 为热流体温度;T_C 为冷流体温度。

熔盐电力塔系统的第二个优点是热盐的直接储存消除了传热流体到热能储存换热器的需要,如图11.4所示。

图 11.4　美国 110 MW 新月沙丘电站：熔盐储存罐、蒸汽动力模块和位于塔底部的混合冷却系统，周围是定日镜（solarreserve.com）

11.2.3　聚光太阳能动力模块

目前的聚光太阳能发电技术依赖于蒸汽朗肯动力循环，这种循环几乎与燃煤和核电站使用的能量转换形式相同。在现代聚光式太阳能发电厂中，根据汽轮机进口温度（turbine inlet temperature，TIT）、回热形式和冷却系统的类型不同，总热电效率约为 36%～42%。聚光式太阳能发电厂通常使用带有单级再热的过热蒸汽循环，其中汽轮机进口温度受太阳场换热流体的热稳定性限制：对于抛物线型槽型发电厂为 390℃，对于两种类型的塔式发电厂均为 565℃。值得注意的是，抛物线槽和电力塔技术目前都因受到传热流体选择的限制无法达到更高的工作温度和效率，而不是光学性能的限制。

尽管水是动力循环冷却的首选介质，但其可用性可能会受到政策或成本的限制。对于通常位于阳光充足、气候干旱的聚光太阳能发电厂来说尤其如此。在这些条件下，聚光太阳能发电厂的设计者可以选择风冷系统，代价是投资成本增加以及每年 1%～3% 的效率损失（Turchi 等，2010）。或者如果有水，也可以使用混合设计，在一年中的大部分时间使用空气冷却，而在一年中最热的时期使用水冷却。混合系统相比风冷系统的成本增加很小，但收回了大部分的损失效率。空气冷凝器（Air-Cooled Condenser，ACC）促使环境空气流过一束包含低压蒸汽的翅片管来冷凝蒸汽。典型的混合系统包括并联运行的气冷式冷凝器和湿式冷却塔，每个冷凝器和湿式冷却塔的尺寸可以根据设计需要进行调整。聚光太阳能发电技术与 sCO_2 布雷顿循环的结合适应利用空气冷却以最大限度地提高聚光太阳能发电行业中新动力循环的效率。

11.2.4 热能储存

聚光太阳能技术的一个非常重要的特点是，即使在没有阳光照射的情况下也能提供电力。这是因为大多数聚光太阳能系统可以容易且廉价地实现热能储存。在最简单的形式中，热能储存是通过将聚光太阳能发电厂的工质储存在大的隔热罐中实现的。这种系统简单有效，但经济性取决于工质的热物理性质和成本。

目前，抛物线槽系统的热能储存工质使用前文讨论的太阳能盐作为储存介质，如图11.2所示。将这种热能储存系统应用于抛物线槽式发电厂需要采用间接配置，即使用不同的传热流体和储存流体，这是因为作为传热流体的油太贵且不能直接储存，同时太阳能电厂中使用的盐存在因高凝固点而导致的凝结问题。该间接配置方案已经在西班牙的几十个电厂和美国的索拉纳电厂中使用。

采用熔盐换热流体直接储存的方式实现了熔盐动力塔双槽蓄热（图11.3）。直接配置取消了间接蓄热所需要的换热器，从而降低了成本，提高了蓄热系统的性能。电力塔蓄热的效率约98%（Pacheco，2002）。目前，西班牙的20 MWe Gemasolar 电力塔和美国的110 MWe Crescent Dunes 电力塔都使用直接蓄热技术。

使用热能储存允许聚光太阳能发电厂延长发电时间或转移能量以符合电力需求，并实现运行灵活性以及增强可调节性。热能储存在几个关键方面不同于电能储存（例如电网规模的蓄电池）。一个不同之处是，从储存系统的能量效率来看，热能储存更高效，并且比大多数电池更适合大规模应用。另一个不同之处是，与电池相比热容能储存系统在与聚光太阳能发电厂集成时具有更低的成本，并且在可储存能量的小时数和储存系统的使用寿命方面更具优势。电池系统成本估计为30美元/KWh$_{th}$，热电转换效率为41%；而聚光太阳能发电系统的存储成本相当于73美元/KW$_{he}$，这几乎比电池成本低一个数量级，也低于R&D对电池未来的目标（ARPA-e GRIDES）。然而，热能储存系统之所以能工作，是因为聚光太阳能发电厂最初产生的热量，然后将热量转化为电能。因此，上面所述的热能储存的优势仅在与聚光太阳能发电厂相结合时才能实现。如果热能储存被用作独立的电网储存系统，这些优势可能不会实现。

11.2.5 全球部署状态

基于CSP Today的数据，全球有超过4800MWe的线性聚光太阳能发电系统和1200MWe的电力塔正在运行或建设中，见表11.2。

表11.2 截至2016年全球运行中的CSP电厂和在建项目（CSP Today）

项目	抛物线槽和线性菲涅耳系统	电力塔
在运电厂数	71	8
运行规模/MW$_e$	4141	582
在建项目	12	7
在建规模/MW$_e$	728	691

11.3 sCO$_2$与聚光太阳能结合的考虑因素

尽管聚光太阳能发电厂与其他热电厂有相似之处,但也存在一些独特的属性,因此聚光太阳能与sCO$_2$发电循环的结合存在相应的机遇与挑战。首先,聚光太阳能发电厂可以针对不同的最高运行温度开展设计,但是在确定聚光太阳能发电厂的运行温度时必须考虑光损耗和热损耗。其次,聚光太阳能发电厂需要将高效热能储存与动力转换模块集成。热能储存的形式可能会对热能储存和涡轮机之间的温差有较大的影响。第三,聚光太阳能发电厂的设计必须适应昼夜和季节性的太阳周期变化,需要电力系统拥有更大范围的运行能力。最后,聚光太阳能发电厂通常位于沙漠地区,以利用这些地区较高的太阳能资源。因此,通常需要在相对较高的环境温度下采用干式冷却运行方式。下面将讨论这些约束因素对sCO$_2$布雷顿循环的影响。

11.3.1 透平入口温度

聚光太阳能发电厂的总效率通常被描述为太阳能收集效率和热电转换效率的乘积。太阳能收集效率由太阳能收集器/接收器系统的光学特性和聚光比决定,而热电转换效率受卡诺定律的限制:

$$\eta_{\text{collection}} \approx \frac{IC\alpha - \varepsilon\sigma T^4}{IC}$$

$$\eta_{\text{conversion}} \propto \left(1 - \frac{T_c}{T_h}\right)$$

式中:I为入射太阳辐射;C为聚光率;α为吸收率;ε为发射率;σ为斯忒藩-玻尔兹曼常数;T为接收器温度;T_c为散热温度;T_h为透平进口温度。

基于典型的光学特性和热特性值可得出如图11.5所示的整体系统效率。由图中可以发现,在800℃左右达到整体系统效率峰值。在超过700℃的温度下工作时,

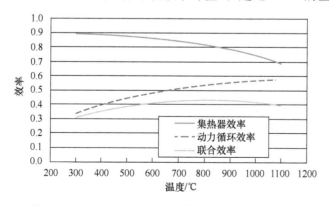

图11.5 聚光太阳能发电系统整体效率随温度的变化

由于光损耗的增加，系统效率收益递减。而在此温度以上的运行可能会导致与高温材料相关的成本增加。因此，700℃是高效聚光太阳能系统的合理目标温度。Padilla 等研究表明 sCO_2/电力塔系统的㶲效率在 700℃左右达到峰值，也可以作为进一步的理论支持(Padilla 等, 2015)。虽然效率是首要的标准，但效率是否能带来经济效益还有待研究，在 700℃以上的温度工作将超出在该温度时所需的材料成本。

11.3.2 传热流体

除了动力循环中的 sCO_2 工质外，聚光太阳能/sCO_2 电厂还需要另外两种热介质，即接收器中使用的传热流体和热能储存系统中使用的储热材料。理想情况下，这三种不同作用的工质可以用不超过两种的介质来完成。例如，熔融盐可同时用于接收器传热流体和热能储存介质，或者 sCO_2 可用于接收器以及动力循环工质。这种设计消除了对换热器的需求以及使用相同热工质的系统中相近的温度和压力损失。

与目前最先进的聚光太阳能发电厂最接近的概念设计是使用一种先进的液体传热流体，并将这种流体直接储存在一个双罐热能储存系统中（图 11.3）。这种流体的选择包括图 11.6 中列出的盐和金属。另一种方法是以类似于液体传热流体的方式使用固体颗粒——颗粒在专门设计的接收器中加热，并储存在冷或热罐中，如在双罐系统（Ho 和 Iverson，2014）。

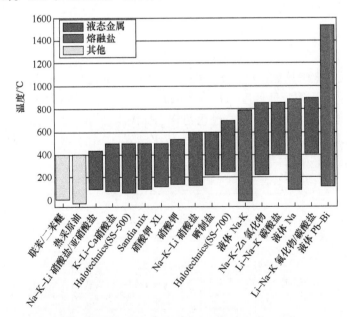

图 11.6　建议用于高温聚光太阳能系统的传热流体（Vignarooban et al, 295）

直接利用 sCO_2 的接收器也在研究之中(Ho 和 Iverson, 2014)。如果开发成功，将允许动力循环和接收器使用相同的流体。这种接收器设计必须适应透平所需的高温和高压。利用固体介质（如氧化铝）作为存储介质的加压填充床系统已经被提议与 sCO_2 接收器结合使用(Bindra 等，2014)。

11.3.3 热量存储与透平 ΔT

将 sCO_2 动力循环集成到聚光太阳能系统中的一种方法是简单地用 sCO_2 动力循环代替聚光太阳能发电厂的蒸汽-朗肯动力循环（如图 11.3）。这种结合可以利用现有的太阳能盐，但是在超过约 565℃ 的温度下运行的 sCO_2 系统还需要使用除硝酸盐之外的其他材料。正在考虑的能够在这种类型的聚光太阳能配置中实现更高工作温度的新材料包括氯化物盐、碳酸盐和熔融金属（Vignarooban 等，2015）。由于 sCO_2 循环具有很高的回热率，并且透平膨胀比有限，因此再压缩循环的温度优化幅度有限。这对显热存储系统（如双罐设计）非常不利。

通过吸收来自 sCO_2 回热器出口的热量并降低返回接收器的温度，可以扩大热源温差，从而更有效地与双罐热能存储系统结合。温差的增大提高了存储能量密度，因此可以降低热能存储的成本。普惠洛克达因公司在其 sCO_2 循环中考虑了这种组合或级联循环（Johnson 和 McDowell，2009）。阿贡国家实验室也模拟了相关设计（Moisseytsev 和 Sienicki，2007）；然而，所有这些组合循环设计增加了功率模块的复杂性和成本。作为替代方案，国家可再生能源实验室（National Renewable Energy Laboratory，NREL）的分析表明，部分冷却循环为与热能储存系统耦合的 sCO_2 系统提供了高能量转换效率和相对简单的系统形式（Neises 和 Turchi，2014）。

在太阳能接收器中使用 sCO_2 作为传热流体开启了其他类型热能储存设计的可能性。一种方法是让太阳能加热的 sCO_2 流过充当温跃层的惰性材料床，如石英岩或氧化铝珠（Kelly，2010）。其中，可采用内部隔热来避免在太阳能接收器和透平入口的高温下提供压力壳体。这种设计的后期变化要求沿着容器长度对入口和出口流量进行分段，以提高工作效率（Bindra 等，2014）。

作为显式储能系统的替代方案，相变储能系统可以在更窄的温度范围内运行。铝和铝合金在 580～660℃ 范围内具可观的熔化热，是这种热能储存系统的候选材料。金属合金的使用也消除了盐相变材料的导热性限制。一些其他的相变材料选择是将盐相变材料浸渍在多孔导热介质如石墨中（Zhao 等，2014），或者将少量相变材料封装在热稳定的外壳中置于填充床结构中（Stekli 等，2013）。在热能存储中使用相变特性可以实现在窄温差条件下的功率循环优化，从而允许与更简单的 sCO_2 循环配置结合。但是，目前没有商用相变材料系统被集成到运行的聚光太阳能发电厂中。

11.3.4 干式冷却

传统的热电厂使用湿式冷却进行蒸汽冷凝，这种冷凝方式对通常在干旱地区建造的聚光太阳能发电厂提出了挑战。干式冷却正越来越成为首选，甚至是必需的，以最大限度地减少水的消耗。Dyreby（2014）和 Dyreby 等（2014）研究了高压缩机入口温度对 sCO$_2$ 循环的影响，这是在炎热的沙漠气候中进行干式冷却所必然会存在的（许多聚光太阳能发电场所的环境温度可能超过 40℃，远远超过 CO$_2$ 的临界温度）。鉴于 10~15℃ 的空气冷却器初始温差，在聚光太阳能配置中的压缩机入口温度可能高达 55℃。Dyreby 的分析发现，在这些较热的低压侧温度下运行 sCO$_2$ 循环需要相应增加低压侧压力，以最大限度地提高热效率。低压侧温度和压力之间的关系表明，库存控制（主动控制低压侧压力）是一种有效的控制机制，特别是如果电厂预计会在相当长的一段时间内远离其设计点运行。有趣的是，当设计为在较高压缩机入口温度下运行时，再压缩循环的效率优势相对于简单回热循环有所降低（图 11.7）。

与蒸汽冷凝不同，冷却 sCO$_2$ 是一个非线性问题，因为 sCO$_2$ 的比热容在接近其临界温度时会发生变化。用于 sCO$_2$ 的空气冷却器可用于商业制冷装置。系统研究已经得出结论，即翅片风扇空气冷却器能够适用于 sCO$_2$ 循环的使用（Gavic，2012）。

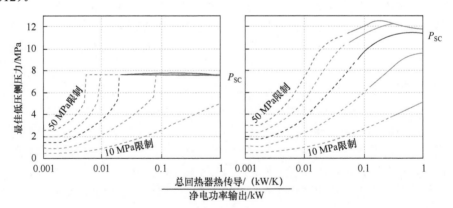

图 11.7　压缩机入口温度为 32℃（左）和 55℃（右）时的最佳压缩机入口压力

注：对于高环境温度，循环需要高压缩机入口压力实现优化。图中不同的线代表不同的系统压力最大限值（Dyreby 等，2014）。

11.3.5 间歇运行和循环控制

Dyreby 等（Dyreby 等，2014；Dyreby，2014）研究了再压缩循环的循环控制和非设计工况运行，并重点分析了由于使用干式冷却而远离临界点的系统运行特性。sCO$_2$ 再压缩循环的设计点性能取决于多种因素，包括压比、压缩机入口工况

与 CO_2 拟临界区的接近程度，以及再压缩功的增加与低温回热器之间的权衡。这些因素的最佳匹配取决于许多变量，最终各种设计点的相对价值将取决于预期的应用成本。结果表明，增加设计高压侧（压缩机出口）压力并不总是对应于更高的循环热效率。相反，存在一个取决于循环运行温度的最佳压缩机出口压力。

Dyreby 的结果表明再压缩循环本质上并不比简单的 sCO_2 循环更有效。对于带有较小回热器的循环，与低温回热器不平衡相关的损失并不能证明再压缩压缩机所需的额外功是合理的。通过充分的回热，可以在较大的压缩机入口温度范围内实现高效率，这突出了 sCO_2 布雷顿循环在需要干式冷却的应用中的潜力。通常，在较高的排热温度下运行需要增加压缩机入口压力以最大限度地提高循环效率。对于设计为在较高排热温度下运行的循环（如在干旱气候中的干式冷却设计），再压缩的好处会减少，简单的回热循环可能更有利。

11.3.6 系统产能

在过去的 20 年里，聚光太阳能发电厂的规模不断扩大，尤其是在电力领域。对于抛物线槽式电站，从 1984 年 SEGS-I 的 13.8 MWe 增长到 1989 年 SEGS-VIII 的 80 MWe，而后来的设计从西班牙的 50 MWe 电站增加到美国的 250 MWe 电站。电力塔系统从 20 MWe（PS20 和 Gemasolar）增加到单塔功率 110 MWe（Crescent Dunes）再到 133 MWe（Ivanpah）。尽管更大的产能带来了经济效益，但也有不利影响。例如，大型电站更难获得许可，融资更具挑战性。人们对小型聚光太阳能发电厂越来越感兴趣，这种发电厂可以通过 sCO_2 动力循环来实现。

sCO_2 动力循环所具有的小涡轮机尺寸和小容量下的良好效率表明，中型聚光太阳能发电厂在经济上是可行的。利用这种紧凑性的一种方法是将 sCO_2 接收器与塔式动力循环直接集成在一起。表 11.3 列出了大型盐塔/ sCO_2 动力模块和小型直接 sCO_2 塔/ sCO_2 动力循环的比较。

表 11.3 sCO_2/CSP 集成比较

	盐接收器配合 sCO_2 动力模块	sCO_2 接收器配合 sCO_2 动力模块
特征	大型的塔和动力模块能够降低盐的处理成本 约 100MWe	小尺寸充分利用了 sCO_2 的致密性，避免了大直径的 sCO_2 管道 约 10MWe
优势	•已有示范的盐接收器和储存设计； •已开发盐/sCO_2 的换热器； •更大(尽管更复杂)的动力模块可能会带来性能和成本上的效益	•硬件结构简单，没有换热器带来的损失； •不受盐温度的限制，可在更高温度和效率下运行； •具有工厂制造接收器和动力模块的潜力； •模块化配置意味着项目时间更短，成本更低； •较低的塔楼减少了审批上的问题

	盐接收器配合 sCO₂ 动力模块	sCO₂ 接收器配合 sCO₂ 动力模块
挑战	• 硝酸盐的稳定性限制了最高温度（需要寻找新的熔融盐）； • 塔楼和盐管需要防冻保护； • 大型 sCO₂ 动力模块的开发进度缓慢	• 需要高压 sCO₂ 接收器； • 如果包含高温（大于 600℃）储存器则需要先进的 TES

注：CSP 为聚光太阳能；sCO₂ 为超临界二氧化碳；TES 为热能储存。

11.3.7 用于聚光太阳能发电的 sCO₂ 循环设计

聚光太阳能应用的 sCO₂ 循环必须符合上面描述的运行属性。

（1）如果使用显式热能储存，则需要增大能量转换系统和热能储存系统的温差（如果使用相变材料或热化学储存则不会出现这样的优化）。

（2）为日常启停提供灵活性，并在非设计运行时提供良好的性能。

（3）使用最高环境温度在 40℃ 附近的干式冷却系统。

（4）最大化循环效率（以实现所需的太阳能场和热能储存规模最小化）。

（5）适用于约 10~150 MWe 的功率水平。

（6）最小化循环成本。

表 11.4 给出了三个常用 sCO₂ 循环的比较，对于选定的设计条件，再压缩循环中两个回热器的尺寸几乎是部分冷却循环的两倍（图 11.8），而前者仅实现了热效率的轻微提高。然而，预冷器的估计质量在部分冷却循环中比再压缩循环大 22% 左右。重要的是要认识到不同换热器的成本影响是不相等的。由于尺寸和材料的原因，最昂贵的装置是高温回热器（high-temperature recuperator, HTR）。因此，就成本而言，部分冷却循环在较小的 HTR 尺寸中的优势甚至更大。

表 11.4 3 个 sCO₂ 循环热效率和换热器尺寸对比

循环类型	压比	效率/%	UA LTR/(MW/K)	UA HTR/(MW/K)	预冷器质量/Mt
简单循环	3.4	44.6	—	3.0	62
再压缩循环	2.5	49.6	3.2	5.3	50
部分冷却循环	4.5	49.5	1.7	2.6	64

注：HTR 为高温回热器；LTR 为低温回热器；TES 为热能存储；该分析中假设透平进口温度为 650℃，单级再热，忽略了设备中的压力损失。

与再压缩循环相比，部分冷却循环在 HTR 尺寸和成本上的优势被较大的预冷器的要求抵消了。然而，后者的运行温度和压力要低得多，而且单位尺寸的成本也不高。最后，部分冷却循环的另一个优势是能够设计更大的透平温差（Neises 和 Turchi, 2014），这对显热系统的热能储存效率很重要。

确定部分冷却循环优势的另一种方法是绘制循环效率与总回热器的换热性能

(*UA*) 的关系图。如图 11.9 所示,部分冷却循环在较低的 *UA* 下表现出显著的效率优势。相比之下,再压缩循环在回热器整体变得相当大之前,没有显示出优于简单循环的优势。

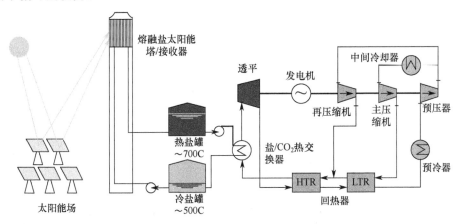

图 11.8 相对于更简单的再压缩循环,部分冷却循环是一种受欢迎的形式,因为它结合了效率、储热温差和降低回热器的 *UA* 等要求

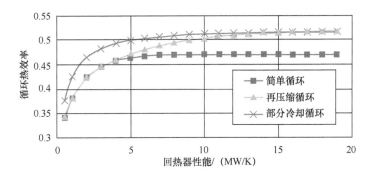

图 11.9 3 种循环配置下热效率随回热器性能的变化(Neises 和 Turchi,2014)

简单循环的 *UA* 最低,而效率损失约 5%。这种不利的效率可能会消除先进和大型系统设计中考虑的简单循环;然而,与再压缩循环相比,简单循环在设备成本和储热温差方面的优势可能会使其对较小的电站具有吸引力(Padilla 等,2015)。还值得注意的是,当回热器换热性能 *UA* 较低时,再压缩循环与简单循环相比没有效率优势。

Cheang 等(2015)的研究认为,部分冷却循环为大型聚光太阳能发电厂提供了更好的 sCO_2 循环选择,其较小的回热器尺寸是相对于稍微简单的再压缩循环的主要优势。与之前的许多分析不同,Cheang 在系统模型中考虑了压力损失,这导致整体热效率较低。Cheang 得出的结论是,即使 sCO_2 技术先进、成本低,也没有学者认为 sCO_2 循环优于现有的过热蒸汽朗肯循环。这种悲观的评估是由于假设的最大透平进口温度约为550℃（受太阳盐的限制），以及假设的80 MWe的透平/发电机需要齿轮箱。其他人提出，在约100MWe的功率下，多级同步透平是可能避免大约2%效率损失以及齿轮箱成本（Wright等，2009）。与下一代传热流体相结合，可能会使sCO$_2$更具优势，如下所述。

11.4　潜在的系统设计和当前研究

11.4.1　太阳盐熔盐发电塔

用sCO$_2$循环取代现有的太阳能盐动力塔设计中的蒸汽朗肯循环在概念上很简单，主要需要对系统自身开展研发和演示工作。聚光太阳能的特定组件包括盐-CO$_2$换热器和用于动力循环的风冷器。虽然这是一个低风险的思路，但与成熟的蒸汽动力循环相比，潜在的优势也有限。据估计，一些系统的效率仅略微提高（Turchi，2014），其他的则更糟（Cheang等，2015）。在这样的温度下，更大的优势可能在于循环的灵活性和成本，但sCO$_2$循环的运行特性和成本仍处于早期估算阶段。循环效率和成本的潜在提高使得在600℃使用太阳盐的sCO$_2$布雷顿循环电厂的成本估计比在565℃使用最先进的蒸汽朗肯电厂降低了8%，但较低的功率模块成本被所需的较大热能存储系统成本部分抵消（Turchi，2014）。如上所述，Cheang等得出结论，在透平进口温度为550℃时，sCO$_2$系统不如当前的过热蒸汽朗肯循环。然而除了较低的温度外，Cheang的研究还假设了一个较小功率水平的系统，该系统需要为透平/发电机配备齿轮箱。

11.4.2　直接储热高温塔

实现循环的潜力需要开发热稳定性比太阳能盐更好的替代传热流体，这样才能实现更高的工作温度和效率，其候选工质包括氯化物盐（Vignarooban等，2015）和碳酸盐（Wu等，2011），见表11.5。氯化物有望降低成本，其冰点与太阳能盐相当。碳酸盐本质上与CO$_2$相容，其热性能优于太阳能盐，但是成本和熔点更高。新盐的腐蚀性是一个主要问题，如果不能控制腐蚀，安全壳储罐的成本可能会成为高温盐系统的主要成本。

表11.5　商业太阳盐与潜在替代品的比较

特性	太阳盐	氯化物盐	氯化物盐	碳酸盐
典型成分（%）	60% NaNO$_3$ 40% KNO$_3$	68.6% ZnCl$_2$ 23.9% KCl 7.5% NaCl	62.5% KCl 37.5% MgCl$_2$	70% Na$_2$CO$_3$ 20% K$_2$CO$_3$ 10% Li$_2$CO$_3$
熔点/℃	~220	204	426	398
比热容/（J/g·K）[a]	1.5	0.8	1.1	1.6

续表

特性	太阳盐	氯化物盐	氯化物盐	碳酸盐
密度 [a]	1.7	2.4	1.7	2.0
最高温度/℃	~585	850	850	≈800
预计成本/$/kg	~1	<1	<1	≈1
预计成本/($/(kW·$h_{th}$))	14	~15	~10	~10
参考来源	SQM	Vignarooban 等（2015）	Williams（2006）	Wu 等（2011）

[a] 通常是在盐熔点附近测量的。

正在研究的另一种直接储热概念是使用流动的颗粒而不是高温液体。与液体相比，固体颗粒具有非常低的成本和优良的热稳定性。虽然磨损和维护问题变得重要，但常规的腐蚀问题并不重要。最初的设计是开放式接收器，可以直接照射下落的粒子（Ho and Iverson，2014），而封闭式接收器则使用光学定制的通道，将太阳辐射深度引入下落的粒子流中（Martinek 和 Ma，2015）。

11.4.3 间接储热高温塔

在系统中引入第三种热流体，为接收器设计、热能存储设计和传热流体提供了一系列新的选择。例如，如果传热流体不需要同时充当储热介质，就可以承受更高的特定成本来获得优越的热物性。熔融金属或气相传热流体可能变得可行。金属通常具有优良的导热性和较低的熔点，但往往比盐贵。液态钠和 NaK 是最好的例子，同时早期也曾探索以铅/铋和锡为基础的混合物（Vignarooban 等，2015）。

11.4.4 采用相变材料的高温塔

从显热热能储存设计过渡到相变材料可以使设计人员利用 sCO_2 循环的优势，使整个透平和储能系统的温度下降相对较小。早期的优选材料是铝（熔点 660℃）。众所周知，熔融铝很难容纳在金属管道中，因为它容易与大多数其他金属形成合金。盐相变材料系统的工作重点是用相变材料和封装相变材料的系统浸渍石墨泡沫或其他导热材料（Laing 等，2013；Singh 等，2015）。

11.4.5 小型模块化塔

由于有机会制造紧凑、简单的循环系统，人们对小容量聚光太阳能发电厂产生了兴趣。在极端情况下，sCO_2 循环可以集成到塔/接收器中，或可以同时使用 sCO_2 作为传热流体和工作流体。每个模块化的塔可以容纳自身的透平和发电机，而多个塔可以组装成一个电力模块。这种模块化设计是太阳能开发商 eSolar 和

Wilson Solarpower 所倡导的。模块化的好处包括更短的管道、更小的压力和热损失。图 11.10 所示为一个使用小型定日镜场的模块化塔的原理图。透平/压气机的尺寸取决于功率值和设计参数,如压比、转速和涡轮机械结构设计。为了将 sCO$_2$ 发电模块安装到接收器中,设计必须考虑功率水平和功率模块的配置。

西南研究院的研究人员提出了一种"压缩扩展器"设计,将压缩机和透平集成在一个设备中。这种结构紧凑、容量相对较小的装置适用于塔式电力系统(Wilkes 等,2016)。模块化的 sCO$_2$ 塔接收器/发电机的优点包括标准化的系统设计、工厂制造、更短的施工周期和更容易获得许可。10MWe 的功率与 eSolar 提出的小型塔式系统兼容。

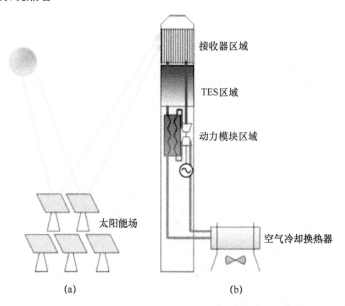

图 11.10　塔式安装的 sCO$_2$ 简单循环发电机组和热能储存系统集成的聚光太阳能发电厂

11.5　小结

聚光太阳能发电在发电系统中的未来取决于其降低成本以保持与太阳能光伏技术竞争的能力,同时保留通过热能储存提供可调节电力的价值。在过去的 10 年中,抛物线槽式太阳能发电技术和电力塔式太阳能发电技术在太阳能集热器领域都取得了显著的成本降低。但是,如果没有动力转换系统的相关改进,聚光太阳能发电仍然受到成熟蒸汽朗肯循环的限制。与过热或超临界蒸汽循环相比,sCO$_2$ 布雷顿循环在与聚光太阳能应用相关的温度下具有更高的循环效率潜力。此外,由于更高的流体密度和更简单的循环设计,与朗肯循环相比,使用 sCO$_2$ 的布雷顿循环系统预计具有更小的质量和体积、更低的热质量和更简单的动力模块。

sCO₂ 工艺的机械结构更简单，体积更紧凑也可以降低系统的安装、维护和运行成本。最后，分析表明，即使在温度远高于 CO_2 临界点的情况下，该系统也能在干式冷却下运行。

简而言之，sCO₂ 布雷顿循环仍然是为在 600～700℃ 或更高温度下运行的下一代聚光太阳能电厂提供灵活、高效电力转换系统所需的先进动力循环的主要候选。

参考文献

Argonne National Laboratory, 2007. Performance Improvement Options for the Supercritical Carbon Dioxide Brayton Cycle. ANL-GenIV-103.

ARPA-e GRIDS Program Overview. arpa-e.energy.gov.

Cheang, V.T., Hedderwick, R.A., McGregor, C., 2015. Benchmarking supercritical carbon dioxide cycles against steam Rankine cycles for concentrated solar power. Solar Energy 113.

Denholm, P., Hummon, M., November 2012. Simulating the Value of Concentrating Solar Power with Thermal Energy Storage in a Production Cost Model. NREL/TP-6A20-56731.

Dyreby, J., 2014. Modeling the Supercritical Carbon Dioxide Brayton Cycle with Recompression (PhD thesis). Mechanical Engineering University of Wisconsin-Madison, Madison, WI.

Dyreby, J., Klein, S., Nellis, G., Reindl, D., October 2014. Design considerations for supercritical carbon dioxide Brayton cycles with recompression. Journal of Engineering for Gas Turbines and Power 136.

Gavic, D., 2012. Investigation of Water, Air, and Hybrid Cooling for Supercritical Carbon Dioxide Brayton Cycles (MS thesis). Mechanical Engineering, University of Wisconsin-Madison, Madison, WI.

Hitesh Bindra, H., Bueno, P., Morris, J.F., 2014. Sliding flow method for exergetically efficient packed bed thermal storage. Applied Thermal Engineering 64.

Ho, C.K., Iverson, B.D., 2014. Review of high-temperature central receiver designs for concentrating solar power. Renewable & Sustainable Energy Reviews 29, 835−846.

IRENA, 2015. Renewable Power Generation Costs in 2014. International Renewable Energy Agency.

Johnson, G., McDowell, M., 2009. Issues associated with coupling supercritical CO_2 power cycles to nuclear, solar and fossil fuel heat sources. In: Presentation in Proceedings of SCCO₂ Power Cycle Symposium 2009, RPI, Troy, NY, April 29−30, 2009.

Kelly, B., June 15, 2010. Advanced Thermal Storage for Central Receivers with Supercritical Coolants. Final Report under Grant DE-FG36-08GO18149. Abengoa Solar Inc, Lakewood, CO.

Laing, D., Bauer, T., Breidenbach, N., Hachmann, B., Johnson, M., 2013. Development of high temperature phase-change-material storages. Applied Energy 109, 497−504.

Martinek, J., Ma, Z., 2015. Granular flow and heat-transfer study in a near-blackbody enclosed particle receiver. Journal of Solar Energy Engineering 137 (5).

Moisseytsev, A., Sienicki, J.J., 2007. Performance improvement options for the supercritical carbon dioxide Brayton cycle. In: ANL-GenIV-103, Argonne National Laboratory, June 6, 2007.

Neises, T., Turchi, C., 2014. A comparison of supercritical carbon dioxide power cycle configurations with an emphasis on CSP applications. Energy Procedia 49.

Pacheco, J.E., January 2002. Final Test and Evaluation Results from the Solar Two Project. SAND2002-0120. Sandia National Laboratories, Albuquerque, NM, USA.

Padilla, R.V., Chean Soo Too, Y., Benito, R., Stein, W., 2015. Exergetic analysis of supercritical CO₂ Brayton cycles integrated with solar central receivers. Applied Energy 148, 348−365.

SAM, 2015. System Advisor Model, version 2015-06-30, National Renewable Energy Laboratory. https://sam.nrel.gov/.

Singh, D., Zhao, W., Yu, W., France, D.M., Kim, T., 2015. Analysis of a graphite foam−NaCl latent heat storage system for supercritical CO₂ power cycles for concentrated solar power. Solar Energy 118.

Stekli, J., Irwin, L., Pitchumani, R., 2013. Technical challenges and opportunities for concentrating solar power with thermal energy storage. Journal of Thermal Science and Engineering Applications 5.

Turchi, C.S., Wagner, M.J., Kutscher, C.F., December 2010. Water Use in Parabolic Trough Power Plants: Summary Results from Worley Parsons' Analyses. NREL/TP-5500-49468. National Renewable Energy Laboratory.

Turchi, C., January 2014. 10 MW Supercritical CO₂ Turbine Test. Final Report under DE-EE0001589. National Renewable Energy Laboratory.

Vignarooban, K., Xu, X., Wang, K., Molina, E.E., Li, P., Gervasio, D., Kannan, A.M., 2015. Vapor pressure and corrosivity of ternary metal-chloride molten-salt based heat transfer fluids for use in concentrating solar power systems. Applied Energy 159.

Wilkes, J., Allison, T., Schmitt, J., Bennett, J., Wygant, K., Pelton, R., Bosen, W., 2016. Application of an integrally geared compander to an sCO₂ recompression Brayton cycle. In: 5th International Symposium - Supercritical CO₂ Power Cycles, March 28−31, 2016, San Antonio, Texas.

Williams, D.F., June 2006. Assessment of Candidate Molten Salt Coolants for the NGNP/NHI Heat-Transfer Loop. ORNL/TM-2006/69. Oak Ridge National Laboratory.

Wright, S.A., Pickard, P.S., Vernon, M.E., Fuller, R., December 2009. Turbomachinery Scaling Considerations for Supercritical CO₂ Brayton Cycles. Level 3 Report. Sandia National Laboratories.

Wu, Y.-T., Ren, N., Wang, T., Ma, C., 2011. Experimental study on optimized composition of mixed carbonate salt for sensible heat storage in solar thermal power plant. Solar Energy 85.

Zhao, W.H., France, D.M., Yu, W.H., Kim, T., Singh, D., 2014. Phase change material with graphite foam for applications in high-temperature latent heat storage systems of concentrated solar power plants. Renewable Energy 69, 134−146.

第 12 章 化石能源

N.T. Weiland [1], R.A. Dennis [2], R. Ames [2], S. Lawson [2], P. Strakey [2]

[1] 国家能源技术实验室,匹兹堡,宾夕法尼亚州,美国; [2] 国家能源技术实验室,摩根敦,西弗吉尼亚州,美国

概述:作为蒸汽朗肯循环的更高效替代品,间接加热 sCO_2 循环在化石燃料发电厂的应用值得深入考虑。在该系统中,来自煤炭或天然气燃烧过程的热通过主换热器传递到 sCO_2 循环中,加热方式类似于蒸汽朗肯发电厂的锅炉。除了其典型的大尺度规模之外,化石燃料发电厂对 sCO_2 循环的应用提出了额外的挑战,尤其在有效利用烟气热能发电所需的温度范围内最为显著。本章讨论了 sCO_2 循环的各种选择以及将它们有效耦合到主换热器的方法,包括回收低温烟气热能,这对于有效利用热资源和最大限度地降低 sCO_2 循环的规模和成本至关重要。本章还比较了迄今为止文献中化石燃料 sCO_2 间接循环的性能和成本,以及化石燃料发电厂特有的 sCO_2 循环挑战。

此外,本章还提出了开式循环、直接燃烧等 sCO_2 循环,与蒸汽-朗肯循环相比,直接燃烧式 sCO_2 循环更类似于燃气轮机。除了 sCO_2 循环的效率优势外,这些循环还允许在固有的高纯度和高压下提取 CO_2,这使得它们对于碳捕获和储存非常有价值。这些循环在高度稀释的 sCO_2 环境中使用高纯氧燃烧,这样工质中还包含水蒸气、不完全燃烧产物和来自燃料和氧化的其他杂质。除了讨论这些挑战之外,本章还讨论了氧气燃烧问题、透平冷却需求以及其他挑战。根据相关文献,比较了 sCO_2 直接循环与间接循环的性能和成本,并对未来的利用前景进行展望。

关键词:煤;直燃式 sCO_2;化石燃料;间接 sCO_2;天然气;开式 sCO_2 循环;氧燃烧;合成气

12.1 简介

在相似的透平入口温度下,使用 sCO_2 作为工质的再压缩布雷顿循环具有比基于蒸汽的朗肯循环更高的热力循环效率,因此在发电应用中具有重要意义。本章讨论了间接加热再压缩布雷顿循环和直接加热半封闭布雷顿循环技术,这两种循环都使用 sCO_2 作为工质。这里讨论的间接燃烧循环适用于燃煤炉(或锅炉),而半封闭直热式循环适用于气态碳氢燃料,如煤基合成气和天然气,它们通过燃料

和纯氧燃烧产生在透平中做功的工质。直接加热循环特别适用于在化石燃料发电厂中捕获 CO_2 用以储存或使用。

投资和开发 sCO$_2$ 循环的一个关键问题是，这些循环是否可以应用在发电厂中，并提供更高的发电效率，从而转化为更低的电力成本。对于化石能源 sCO$_2$ 动力循环应用，通常有两个竞争对手。一个是与间接加热再压缩布雷顿循环（及其变体）相比的燃煤锅炉蒸汽朗肯循环，另一个是与直接加热的 sCO$_2$ 循环相比的具有燃烧前或燃烧后 CO_2 捕集功能的煤基合成气或天然气联合循环。在比较过程中，重要的是要考虑这些循环的技术水平。

自 17 世纪初以来，蒸汽朗肯循环一直是发电行业的支柱。几十年来，事实上几百年来，蒸汽朗肯循环在运行条件和性能方面取得了很大进步，包括美国电力公司（American Electric Power，AEP）的 Philo 6 号机组（Pawliger，2003），每台机组在 31.0MPa 和 621℃条件下运行，电厂效率在 39%～40%范围内（SWEPCO，2016），还有 AEP 特克电厂（Peltier，2013）的蒸汽朗肯循环每台机组在 26.2MPa 和 600℃条件下运行，据报道，特克电厂的效率为 40%（Santoianni，2015）。更先进的超超临界（Advanced Ultra-Supercritical，AUSC）循环蒸汽运行在高达 34.4MPa 和 760℃的条件下，根据 HHV（Higher Heating Value）的预测，电厂效率在 43.7%～44.1%之间（Weiland 和 Shelton，2016）。这表明未来基于蒸汽的朗肯循环将在 34.4MPa 和 760℃的条件下运行，循环效率高达 52.0%。假设锅炉效率可达 89%，目前电厂效率在 40%的范围内，先进的超超临界蒸汽朗肯电厂的目标热力效率可能在 45%左右或略高一些。假设成本相近，间接加热 sCO$_2$ 循环的热力效率需要将效率目标定在 50%～55%，才能与拥有最先进蒸汽循环的发电厂竞争。

虽然直燃式 sCO$_2$ 循环可以应用于煤气化应用，比较主流的是具有燃烧前碳捕获能力的煤基综合气化联合循环（Integrated Gasification Combined Cycle，IGCC），但近期更有发展前景的是具有燃烧后 CO_2 捕获能力的天然气联合循环（Natural Gas-fueled Combined Cycle，NGCC）。研究表明，天然气联合循环电厂的燃烧后 CO_2 捕集将降低约 6%的效率，并且增加 44%以上的电力成本（NETL，2015a）。具体地说，使用最先进的 2013F 级燃气轮机的天然气联合循环电厂，基于较低的加热阀和 57.60 美元/MWh 的电力成本，估计效率为 57.0%。当同样的电厂建有燃烧后捕集时，效率下降到 50.61%，电力成本增加到 83.30 美元/MW·h。这意味着由于 CO_2 捕获，电力成本增加了 45%。同样，对于 H 级涡轮天然气联合循环系统，效率从 59.5%下降到 52.2%（LHV），电力成本增加了 42%，达到 76.2 美元/MW·h。这里不讨论以煤为基础的现有循环，但是可以认为与天然气联合循环竞争的直燃循环可以在气化应用中获得同样的成功。

对现有技术的讨论远未结束，但是可以提出相关性能目标为技术开发做出指引。这些目标包括：①开发热力循环效率超过 50%（HHV）的间接加热 sCO$_2$ 动力循环；②开发基于直接加热 sCO$_2$ 动力循环的化石燃料发电厂，并以低于 75～

85 美元/MW·h 的成本捕获 CO_2 并发电。

本章分为两节来介绍化石燃料应用的两种主要 sCO_2 动力循环：间接 sCO_2 循环和直接 sCO_2 循环。介绍内容将包括每个循环所需的主要设备、研究现状和技术问题。尽管没有公开讨论，但正在推动的技术问题研究以及设备和循环的优化都以超越现有竞争动力循环的性能为目标，以期在市场上成功部署。

12.2 sCO_2 间接循环

本书中考虑的大多数 sCO_2 循环都是间接循环，热源位于闭式 sCO_2 循环外部（如聚光太阳能、核能）。影响 sCO_2 循环应用的主要因素是其尺寸大小和热源温度。聚光太阳能发电和核电应用的独特之处在于，热源处于相对恒定的温度，有利于使用后文讨论的 sCO_2 再压缩布雷顿循环。废热回收应用以及大多数化石能源应用，都涉及将尽可能多的热量从燃烧过程或其他工业过程转移到 sCO_2 循环中的过程。要有效地做到这一点，需要随着流体冷却，在很宽的温度范围内将热量从热流体（如烟气）转移到 sCO_2 循环中。这对这些应用中的主换热器（Primary Heat Exchanger，PHX）和 sCO_2 循环设计具有重要意义。

为了说明这一点，图 12.1（a）展示了典型燃煤热源的温度-传热（T—Q）图。煤粉（pulverized coal，PC）燃烧会产生高温烟气，热量必须从烟气中回收到锅炉排气温度。sCO_2 再压缩循环的吸热温度范围比较窄，使得在该示例的 sCO_2 循环中仅 55%~60% 的烟气热能可被利用，且需要使用底部循环（如该示例所示的蒸汽）来回收剩余的有用能量。氧燃烧、循环流化床（Circulating Fluidized Bed，CFB）燃烧和加压流化床燃烧器（Pressurized Fluidized Bed Combustor，PFBC）技术在与高度回热的 sCO_2 循环集成方面也存在类似的困难。

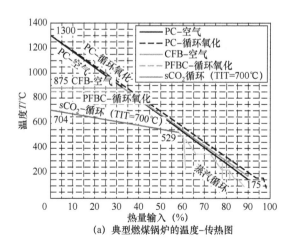

(a) 典型燃煤锅炉的温度-传热图

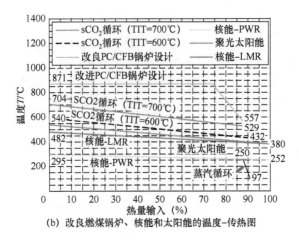

(b) 改良燃煤锅炉、核能和太阳能的温度-传热图

图 12.1 典型燃煤锅炉和改良燃煤锅炉、核能和聚光太阳能的温度-传热图

更好地使用 sCO$_2$ 再压缩循环的一种可能是增加燃烧过程的烟气再循环,如图 12.1(b)中改良后的煤粉/循环流化床锅炉设计曲线所示。该方法延长了吸热温度范围,可以更好地应用于 sCO$_2$ 再压缩循环,实现了大约 80%的吸热量。注意,核能和聚光太阳能热源是更恒温的过程,如图 12.1(b)所示,提高了它们对 sCO$_2$ 再压缩循环的适用性。

12.2.1 化石能源中的 sCO$_2$ 间接循环布置形式

使用 sCO$_2$ 高效发电的热力循环有多种,其中大部分是闭式布雷顿循环的变体。这些循环在很大程度上是基于 Angelino(1968)的早期工作,他研究了这些循环用于燃煤发电的冷凝版本。几个最适合化石能源利用的循环将在后面介绍。

优化循环性能的一种选择是在低于 CO$_2$ 临界点 31.0℃ 和 7.38 MPa 的温度和压力下使用冷却器来冷凝循环中的 CO$_2$。该方法会显著增加冷却器出口 CO$_2$ 的密度,从而降低将其泵送到最大循环压力所需的压缩功。Wright 等(2011)研究了在冷凝模式下运行的 sCO$_2$ 循环的效率和可行性。结果表明,压缩机在 sCO$_2$ 临界点附近运行对离心式压缩机的稳态循环运行没有影响。

12.2.1.1 回热循环

简单回热循环中(图 12.2)有一个单独的回热器(recuperator,R),用于传递来自透平(turbine,T)乏气的热量预热进入主换热器的 sCO$_2$。透平乏气在回热器放热后再进入主冷却器(primary cooler,PC)中冷却,并在压缩机(compressor,C)中升至高压,然后在回热器中预热。由于压力较低的 CO$_2$ 在临界点附近的热容增大,换热器两侧的 sCO$_2$ 流量相等会导致换热器热端温度不平衡,进而导致效率低下。一种补偿方式是采用如下一节所述的再压缩循环,可以改善传热和提高循环效率。或者,高压 sCO$_2$ 气流的一部分可以用来自热源或其他过程的废热加热。

与如图 12.3 所示的再压缩循环类似，该循环方式需要串联一个低温回热器（Tow-Temperature Recuperator，LTR）和一个高温回热器（high-temperature recuperator，HTR）。

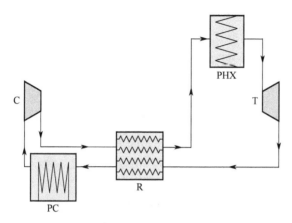

图 12.2 简单回热循环

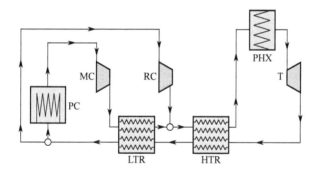

图 12.3 再压缩循环

注：BC—增压压缩机；HTR—高温换热器；LTR—低温换热器；MC—主压缩机；PC—主冷却器；PHX—主换热器；T—涡轮。

12.2.1.2 再压缩循环

改善简单回热循环性能的一种方式是将回热器分为两个部件，通过旁流一部分高压 sCO_2 绕过低温回热器来平衡热负荷和 sCO_2 温度。旁流部分在再压缩机（Recycle Compressor，RC）中被压缩，如图 12.3 所示，并与流出低温回热器高压侧的 sCO_2 汇合，后者已经通过主冷却器和主压缩机（Main Compressor,MC）。通常，旁路流量分数被设计为可以平衡整个低温回热器的热负荷，从而允许在低温回热器的两端温度和高温回热器的冷端温度满足最低接近温度要求。

再压缩循环已被确定为性能最高的 sCO_2 循环之一，并用于太阳能和核能应用中以最大限度地提高效率。但是，由于吸热温度范围比较小，再压缩循环在化石能源系统中的应用变得复杂。在将再压缩循环应用到化石燃料发电厂时，还必须

考虑有效利用 sCO_2 再压缩循环吸热后烟气中剩余的大量热能。一些策略将在 12.2.4 节中讨论。

在冷凝模式下运行再压缩循环不仅降低了主压缩机的功率需求,而且降低了进入低温回热器的高压 CO_2 温度,从而能够从热端进行额外的回热。对于固定的回热器接近温度,也具有降低进入压缩机温度的效果,因此增加的 sCO_2 密度也降低了压缩机的功率。主压缩机的中间冷却也有类似的效果。

12.2.1.3 预压缩循环

如图 12.4 所示,预压缩循环在高温回热器和低温回热器之间设置一个增压压缩机(Boost Compressor,BC)。好处是增加了从低温回热器热端的吸热量,有助于缓解低温回热器的夹点问题。此外,该循环允许更高的压比和透平功率输出,进而导致更低的透平出口温度、热侧高温回热器温度以及较低的主换热器入口温度。扩大了主换热器的吸热温度范围。不足之处在于高温预压循环效率较低,会对整体循环效率产生负面影响(Kulhanek 和 Dostal,2009)。

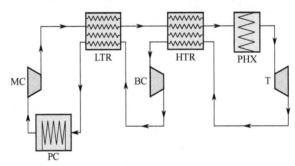

图 12.4 预压缩循环

注:BC—增压压缩机;HTR—高温换热器;LTR—低温换热器;MC—主压缩机;PC—主冷却器;PHX—主换热器;T—涡轮。

12.2.1.4 部分冷却循环

部分冷却循环与再压缩循环相似,一部分 sCO_2 旁流绕过主冷却器和主压缩机,以更好地平衡低温回热器,如图 12.5 所示。相比之下,整个透平使用较高的压比,通过高温回热器和低温回热器回热后,对总流量进行一些冷却,然后在增压压缩机中进行一到两级压缩至主冷却器压力,这通常接近 CO_2 临界压力。与再压缩循环一样,气流在此处分流到主冷却器和压缩机。

这种循环的一个主要优点是,较高的压比提高了透平的输出功率。与预压缩循环相似,这种循环方式也可以增加循环的吸热温度范围,通常在化石燃料应用方面具有优势。其主要缺点是需要额外的设备(与再压缩循环相比,还需要额外的冷却器和压缩机),尽管一些压缩机可能会被组合到一个轴上,但是需要单独的机壳。

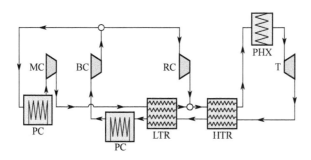

图 12.5 部分冷却循环

在 Kulhanek 对用于核能应用的 550℃透平入口温度下的循环的比较中，当透平入口压力低于 20MPa 时，部分冷却循环优于再压缩循环（Kulhanek 和 Dostal，2009）。在另一项研究中，透平入口温度超过约 600℃时，部分冷却循环的性能优于再压缩循环（Kulhanek 和 Dostal，2011）。部分冷却循环的性能得到改善的原因之一是由于预冷的存在，第一级压缩机和旁路压缩机的功率需求较低，从而提高了整体循环效率。研究进一步得出结论，相对于再压缩循环，部分冷却循环可以更好地处理在部分负荷工况下运行时的压比偏差。尽管到目前为止还没有相关研究，但结合其高效率和增加吸热温度范围的优势，值得认真考虑将部分冷却循环用于化石燃料发电厂的可能。

12.2.1.5 级联循环

该循环利用主压缩机的分流，大约 1/2 的流量流向主换热器和高温透平（High-Temperature Turbine，HT）。高温透平排气热量在高温回热器中回收，以驱动第二个低温透平（Low-Temperature Turbine，LT），如图 12.6 所示。然后，将两台透平的低压乏气汇集，为进入高温回热器和低温透平的 sCO_2 提供额外的回热。

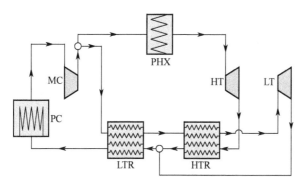

图 12.6 级联循环

注：HT—高温透平；HTR—高温换热器；LT—低温透平；LTR—低温换热器；MC—主压缩机；PC—主冷却器；PHX—主换热器。

与再压缩循环相比，该循环的优点是吸热温度范围大。因此，这种基本循环及其变体因其能够从烟气或其他废热中提取最大量的热量而受到青睐,详细介绍在 12.2.4.2 节开展。

12.2.2 电厂规模和运行要求

在化石能源中应用 sCO_2 循环的主要挑战之一是,与聚光太阳能或废热回收系统的现有技术水平相比,其电厂规模如何。虽然 sCO_2 涡轮机械比同等功率的汽轮机更紧凑,但这样的设备目前还不存在,大型透平的概念设计才刚刚开始(EPRI,2013;Bidkar,2016a,b)。同样尽管正在为一座 10MW 的 sCO_2 示范电厂设计一台 47MW 的回热器,截至 2016 年为止,sCO_2 回热器只建成了 10MW 的水平(Chordia,2015)。先进的燃煤电厂的规模通常在 400~800MW,预计其回热器的热负荷将在 1500~3000MW。

除规模外,还应考虑电厂的运行情况。在过去,燃煤电厂用于陆基发电,因此可以假定大部分时间都是满负荷运行。最近,来自风能和太阳能系统的可再生电力生产引出了对化石燃料发电厂的循环运行要求,以抵消由于可再生能源的可用性变化而产生的对可变电力生产的要求。此外,高效天然气联合循环(NGCC)电厂的增加和天然气价格的降低使得天然气联合循环电厂能够在电力成本基础上与燃煤电厂竞争。在当今的电力市场中,很少有化石燃料电厂能够奢侈地作为基本负载机组运行,因此,电厂将会有一定量的日负荷跟踪(EIA,2016)。因此,sCO_2 循环的部分负荷运行性能也必须考虑,因为它们在这些工况下的性能将显著影响电厂的经济性。此外,化石燃料电力经常被用来补偿可再生能源的输出波动(以分钟为单位),这是由于间歇性的云层或风力造成的。尽管质量流量或滑压控制可以在相对恒定的温度下实现更快速的下降,但 sCO_2 循环高压所需的厚壁限制了功率的快速变化。因此,对于以化石燃料电厂,设计和控制策略也应该被考虑,以提高快速变负荷跟踪的速率。

12.2.3 热源

sCO_2 循环与化石燃料热源的成功结合需要仔细考虑。要被取代的现有技术是蒸汽朗肯循环,具有一个多世纪的发展和完善的优势。尽管大部分开发工作可用于化石燃料 sCO_2 主加热器设计,但有一些重要的差异值得注意。

对于相同的功率水平,sCO_2 所需的质量流量比蒸汽循环高 8~12 倍。这不仅是因为 sCO_2 透平的压比低于蒸汽循环,还因为在加热器/锅炉中运行的温度和压力下蒸汽的比热容比 CO_2 高 2~4 倍。这对于加热器管路的尺寸有重要影响,并导致第二个主要差异,即压降。在蒸汽循环中,将液态水泵送到高压下消耗的能量非常少,因此蒸汽锅炉管道中的高压降相当常见。相比之下,压缩 sCO_2 能耗要高得多,将主加热器中的压降降至最低的管道设计有利于循环和设备性能。最后,锅炉和蒸汽发电厂的设计已经围绕特定的温度进行了优化,该温度不一定与

sCO_2 循环相匹配。所有差异引入的特殊影响，将在以下小节中结合相关的热源进行描述。

12.2.3.1 传统燃煤加热器

sCO_2 燃煤主加热器在许多方面与蒸汽循环加热器不同，尽管许多燃烧过程（煤炭处理、低 NOx 燃烧器、灰尘处理、吹灰等）基本保持不变。一般来说，蒸汽发电厂中的常规燃煤锅炉包含一个带有中心火焰的燃烧部分，锅炉壁上内衬有充满水或蒸汽的管子以保护锅炉外壳和结构。这种"膜"壁中的水或蒸汽的热传递是以辐射方式进行的，在亚临界蒸汽运行的情况下液态水沸腾成为蒸汽。在燃烧段之外，烟气向下游移动，热量主要通过对流换热传递给管束中的蒸汽。在这一部分中，蒸汽在进入汽轮机之前被提升到最高温度。烟气通过管束后冷却到350~370℃，进入最终换热器以预热进入燃烧过程的空气。

2014 年，电力研究所（EPRI）与 Babcock 和 Wilcox 合作开发了 sCO_2 燃煤主加热器（EPRI，2014a）。该研究假设使用 sCO_2 再压缩循环，并且将适用于蒸汽运行的更高温度倒置塔式锅炉设计修改为可用于 sCO_2 循环的形式，如图 12.7 所示。考虑到需要增加 sCO_2 的质量流量且最大限度减小压降所带来的挑战，研究指出压降的降低通常是通过较大的管径来实现的，如果温度高于约 620℃时需要使用高强度镍合金管，这将对锅炉成本产生重大影响。研究并未完全解决 sCO_2 压降与质量流量问题，但后续研究将对此问题进行更详细的调查。

EPRI/B&W 的研究还指出 sCO_2 主加热器设计的其他困难。再压缩循环的应用导致烟气温度约为 566℃，这大大超过了现代烟气空气预热器的能力（入口温度通常约为 370℃）。因此，该研究采用了小型级联式 sCO_2 循环，将烟气温度降低至 370℃左右，如第 12.2.4.2 节所述。此外，再压缩循环中进入主加热器的 sCO_2 升温过高（约 530℃），不能有效冷却锅炉热辐射段的膜壁，需要在膜壁后面使用耐火衬里的加热器壁。这已在较小功率水平的工业锅炉设计中完成，但未考虑用于商业发电的功率规模（EPRI，2014a），在倒塔式锅炉设计中使用 sCO_2 还需其他更改，但作者也指出，在倒置塔式锅炉设计中应用 sCO_2 需要进一步研究论证。

在 Moullec（2013）的研究中对一些挑战进行了说明，并粗略开发了一种用于 sCO_2 再压缩循环的燃煤主加热器设计。虽然研究中采用的方法并不能产生商业上可行的加热器，但这些计算提供了迄今为止对 sCO_2 燃煤加热器最详细的分析。整个电厂设计采用双再热形式，透平入口温度为 620℃，并与基于单乙醇胺的碳捕获和储存工艺进行了热集成。

该研究的计算分别得出主加热器、一次再热器和二次再热器的压降分别为 7.65bar、4.81bar 和 5.88bar，主加热器的总压降为 18.34bar。这些压降的大部分（59%）发生在热辐射段膜壁上，另外 14%发生在主节能器段，其余的压降均匀地分布在其他六个过热管束上。主加热器压降被认为是工艺改进的主要部分，因为如果该压降可以忽略不计，电厂热效率 LHV 可能会高出 1.6%。

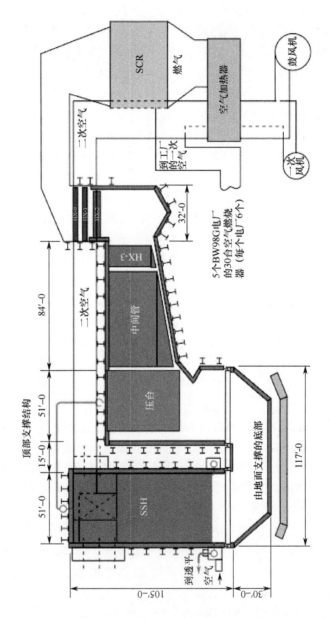

图 12.7 sCO$_2$ 倒塔式锅炉设计（EPRI, 2014a）

Moullec 的研究还指出，由于选择的 sCO_2 再压缩循环的加热温度范围较窄，导致烟气温度较高（540℃）(Moullec, 2013)。这项研究假设通过开发高温空气预热器来处理升高的烟气温度。空气预热器所需的热负荷小于高温烟气中的热负荷，因此采用并联省煤器对来自主压缩机的部分高压 sCO_2 进行加热。在 sCO_2 循环方面，该省煤器与 sCO_2 回热器并联，其热负荷与空气预热器的热负荷相结合，足以将烟气降低到 110℃ 的净化温度（Moullec, 2013）。Mecheri 和 Moullec（2015）后续研究了处理这一高烟气温度问题的替代配置，但最终建议采用最初研究中的方法，即建造高温空气预热器。值得注意的是，Moullec（2013 年）的研究及其后续研究（Mecheri 和 Moullec, 2015 年）都显示，相对于所研究条件下的蒸汽循环，使用 sCO_2 的净电厂热效率提高了 2.4%～4.9%。

12.2.3.2 非常规燃煤加热器

除传统燃煤加热器设计外，还有其他蒸汽锅炉设计也可以很好地与 sCO_2 循环配合使用，特别是在蒸汽锅炉设计中已经使用的几种形式的煤床燃烧。在这些系统中，当空气向上通过煤床时，煤床颗粒被燃烧。不同的设计取决于通过床的空气流速。随着空气流量的增加，流态从固定床转移到流化床、鼓泡流化床（bubbling fluidized bed，BFB）和循环流化床，其中空气/烟气流中夹带着煤颗粒。对于商业用途的电力生产，燃煤循环流化床设计是最普遍的，但鼓泡流化床锅炉已经被设计用于生物质和其他特殊应用。

循环流化床燃烧的主要优点之一是，通过给煤添加石灰石能够从燃烧室内的煤中捕获硫。石灰石首先与氧气反应生成石灰，石灰再与硫反应生成硫酸钙（石膏），硫酸钙可以和煤灰一起除去。床内脱硫消除了对下游硫净化的需要，并且通常具有了经济和效率优势。为了实现硫捕获，循环流化床必须在 800～900℃ 之间运行，这也有助于消除热 NO_x 产生及其相关的减排设备。燃烧温度是通过调整燃料和空气进料率以及底部循环的热量排出速率来控制的。相对恒定的循环流化床燃烧温度可使加热温度范围变小，从而有利于 sCO_2 循环。通过使用烟气再循环，可以扩展加热温度范围的下限以更好地匹配 sCO_2 再压缩循环，如图 12.1（B）所示。要实现这一点，需要进行大量的锅炉设计工作，以适应流化气体中氧含量的变化，以及从蒸汽到超 sCO_2 传热的变化，特别是 sCO_2 流速比蒸汽更大。

任何类型的燃煤锅炉都可以在空气或氧气燃烧模式下运行，无须进行重大修改。氧燃烧通常需要将来自空气分离装置（ASU）的氧气与再循环烟气混合，以提供类似于空气的氧化介质。燃烧产物主要是 CO_2 和水，其中后者可以容易地从烟道气中冷凝，以提供相对纯净的 CO_2，便于碳捕获和储存。这种方法的不利之处在于空气分离装置，在该装置中明显的辅助电力负荷用于氧气从空气中分离。

国家能源技术实验室（NETL）最近的一项研究调查了将 sCO_2 再压缩循环集成到氧煤循环流化床锅炉，包括碳捕获和碳储存（Shelton 等，2016）。该系统利用烟气中的余热，将循环后的烟气预热至循环流化床，并且还为与低温换热器并联的 sCO₂ 循环提供额外的热量，以减少再压缩循环的旁路流量。该研究调查了在 620℃透平入口温度下的几个循环：基本循环，添加压缩机的中间冷却、再热，以及再热和中间冷却联合循环。与循环流化床朗肯循环相比，使用带有再热和中间冷却的 sCO₂ 循环可获得 2%的效率收益。此外，还研究了 760℃透平进口温度的 sCO₂ 再压缩循环情况下的再热和中间冷却，实现了带有碳捕获和储存的 39.3%的净电厂热效率（高热值）。

研发了加压流化床燃烧器以缩小锅炉的尺寸，并引入了通过透平膨胀烟道气来产生额外功率的可能性。普惠洛克达因公司设计了零排放动力蒸汽系统（Zero Emissions Power and Steam，ZEPS），该系统利用氧燃烧加压流化床燃烧室主加热器与 sCO₂ 再压缩循环相结合，如图 12.8 所示（Johnson 等，2012；Vega 等，2014）。加压流化床燃烧室采用鼓泡流化床，在 0.83 MPa 和 871℃下运行，使用氧气与 CO_2 混合。加压流化床燃烧室下部设有床内换热管，在床上进行对流换热（Subbaraman 等，2011）。sCO₂ 再压缩循环与类似的蒸汽朗肯循环相比，装置净效率提高了 2.4%~3.7%（Subbaraman 等，2011）。这项技术的开发已经转移到了洛克达因公司，最近又转移到了天然气技术研究所（Gas Technology Institute，GTI）。GTI 正在研究一种能够利用 sCO₂ 热交换的中等规模加压流化床燃烧器，正在与 CANMET 合作建设和测试该燃烧器。

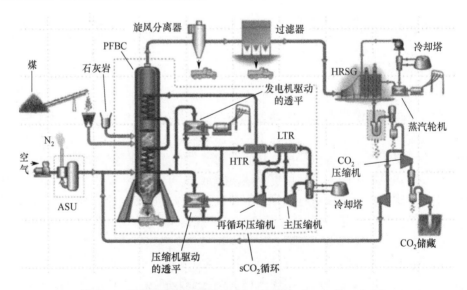

图 12.8　零排放动力和蒸汽（ZEPS）系统（Vega 等，2014）

注：ASU 为空气分离单元；HRSG 为热回收蒸汽发生器；HRSG 为余热锅炉；HTR 为高温回热器；LTR 为低温回热器；PFBC 为加压流化床燃烧器。

在 10MPa 的 sCO₂ 环境中，氧燃烧也可与 sCO₂ 间接循环相耦合（McClung 等，2014）。这一概念有可能产生非常经济高效的燃煤 sCO₂ 系统；然而，它的实施也带来了额外的挑战。特别是必须为 sCO_2 中的煤燃烧、旋风除尘和耐颗粒回热器开发高温高压工艺（McClung 等，2014）。

虽然已经对几个用于 sCO_2 间接循环的燃煤主加热器进行了概念性研究，但大多数采用再压缩循环，这可能更适合聚光太阳能和核能循环。需要进一步的研究来确定与煤燃烧相耦合的最合适的 sCO_2 循环。本研究的主要目标应是有效利用 sCO_2 循环烟气中的低级热能，最小化主换热器的 sCO_2 压降，提高 sCO_2 循环的功率密度以减小其体积。部分冷却循环和冷凝循环可能有助于实现其中的一些目标。

12.2.3.3 天然气加热器

对于商业规模的发电，预计基于天然气能源的 sCO_2 间接循环在效率或电力成本方面无法与天然气联合循环电厂竞争。目前，天然气联合循环电厂的循环效率超过 60%（Yuri 等，2013），这在很大程度上是由于燃气轮机的燃烧温度较高。以天然气为基础的 sCO_2 直接循环在效率上可与第 12.3 节所述的具有碳捕获和存储的天然气联合循环相当。第 12.2.4.2 节和第 10 章介绍了在天然气联合循环电厂中使用 sCO_2 循环的可能性。

撇开这些问题不谈，在 sCO_2 循环中可能会有需要使用天然气主加热器的特殊应用。例如，早期的 sCO_2 示范电站或较小规模的发电厂可能会利用天然气，因为天然气比煤炭更简单（EPRI，2014a）。在这些情况下，如果锅炉制造商考虑到相对于蒸汽增加的质量流量增加和 sCO_2 热容的降低，以及相关温度下 sCO_2 材料的兼容性，那么在石油精炼中使用现成的天然气组合锅炉可能非常合适。

12.2.3.4 再热

提高循环效率的常见方法是在循环中增加一个或两个再热段，这种方法也适用于 sCO_2 间接循环。再热循环的效果是提高了总的加热温度，使循环更加接近理想卡诺循环的恒温加热过程。增加一个再热级会使循环效率提高 1.2%~1.7%，而增加再热级的效果会逐级递减。在 sCO_2 循环中增加再热的主要影响因素在于成本，而实现回热必须增加额外的透平、主加热器和 sCO_2 输送管道。如果温度高于 620℃，则必须使用镍合金加热器管、传输管道和涡轮部件，这些部件通常比在 620℃ 及以下使用的奥氏体钢贵得多。在这些情况下，增加的投资成本可能会抵消通过再热实现的经济效益。在实际应用时应该仔细考虑这些案例的经济性，以权衡再热的收益及其增加的成本。对于 620℃ 及以下的透平进口温度，一、两级再热所增加的成本是合理的，有利于提高系统的经济性（Moullec，2013）。

12.2.4 低品位热量的回收

如前所述，使用 sCO_2 再压缩或其他高效循环的挑战之一是较窄的运行温度范围，使得烟气温度比蒸汽循环要高，sCO_2 再压缩循环的出口烟气温度为 550℃，而蒸汽循环利用节能器吸收烟气中的热量将烟气温度减小到大约 370℃（EPRI，

2014a)。此时可以使用空气预热器回收烟气中剩余的低级热量。下文将详细介绍在 sCO_2 循环中有效利用烟气中余热的各种选择。

12.2.4.1 先进空气预热器

由于材料和机械限制，当前的空气预热器技术仅限于入口温度为 370℃ 的烟气（EPRI，2014a）。空气预热器有回热式和蓄热式。回热式空气预热器采用管壳式或板式换热器结构，其中烟气与进入空气的物理分离使得泄漏非常少。预热器中没有活动部件，但由于需要较大的表面进行气体间的热交换，因此非常大且重（Kitto 和 Stultz，2005）。在电力设施中更常见的是尺寸更为紧凑的蓄热式空气预热器。通过预热器的热烟气加热旋转固体基体，该基体预热通过设备另一半的空气。尽管设计中允许通过旋转基体的密封面以及由于空气和烟气交替流过基体通道时存在 5%～15% 的泄漏，但是该设备中的传热依然非常有效（Kitto 和 Stultz，2005）。

提高进口烟气温度以实现更高温度的空气预热将带来许多设计挑战。对于回热式空气预热，为了有效预热空气，尺寸已经很大的换热器将变得更大，因此必须权衡成本和效率提升所节省的燃料。再生式空气预热器也需要更大的尺寸，这就带来了额外的问题。由于烟气和空气通常从相反一侧进入预热器，所以沿着预热器的轴线存在温度梯度，热膨胀导致旋转固体基体弯曲，从而在静止管网和旋转基体之间的密封件中产生缝隙。提高工作温度可能会增加固体基体变形，从而加剧密封泄漏问题。此外，进口温度的升高将需要更长的流道以实现更有效的传热，会增加预热器的预期压降，并且由于流道内体积增加而导致的空气/烟道流反转会产生额外的流量泄漏。再生式空气预热器通常会出现其他问题，这些问题可能会因高温而变得复杂，包括夹带灰尘颗粒的侵蚀和预热器起火（如果锅炉用燃油启动，有时会发生这种情况）（Kitto 和 Stultz，2005）。

12.2.4.2 sCO_2 底部循环

如图 12.9 所示，2013 年美国发电约为 1000GW，其中的 30% 来自煤炭，19% 来自联合循环燃气轮机发电厂，14% 来自简单循环燃气轮机（EIA，2014）。其中，效率最高的电力来自天然气联合循环发电厂，如图 12.10 所示。联合循环是指燃气轮机"顶部循环"和蒸汽朗肯"底部循环"相结合的循环。底部循环利用燃气轮机顶部循环的废气提供热量。据报道，应用三菱重工燃气轮机的天然气联合循环具有最高效率，其涡汽轮机入口温度超过 1600℃，联合循环效率为 61.5%（Yuri 等，2013）。当排气温度在 500～600℃ 范围内时，燃气轮机可以与蒸汽朗肯循环相结合。然而，最近的研究表明，一些 sCO_2 循环可能比传统的蒸汽朗肯底部循环具有更高的效率和经济性。

Kimzey 在 2012 年进行了一项理论研究，将 12.2.1.5 节中讨论的一系列 sCO_2 底部循环与同西门子 H 级燃气轮机耦合的常规蒸汽朗肯循环进行了比较。研究认为，sCO_2 底部循环可以获得略高的循环效率，但是，所评价的所有 sCO_2 底部循环都不能获得与常规蒸汽底循环相同的功率输出。这项研究的结论是，高循环效率并不一定意味着循环很适合于底部循环应用。Echogen Power Systems 在 2012 年的一次报告中也得出这一结论。从显式热源（如燃气轮机排气）回收热量的结果是，在高温下只有一小部分余热可回收。因此，必须特别注意设计底部循环，以便在整个可用温度范围内尽可能多地利用余热。

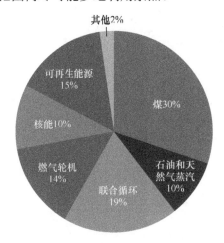

图 12.9 2013 年美国能源发电量（EIA，2014）

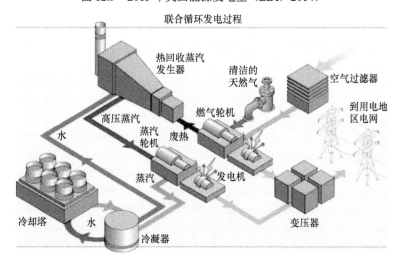

图 12.10 天然气联合循环发电厂

Cho 等在 2015 年进行了相关理论研究，将各种 sCO$_2$ 底部循环与传统的蒸汽朗肯底循环进行比较，研究结果指出，与传统的蒸汽朗肯循环相比，现有的 sCO$_2$ 循环不适合用于余热回收。另一方面，更复杂的级联循环确实比传统的蒸汽底循环更有优势。与西门子 SCC5-2204℃联合循环（热效率 58.5%）相比，图 12.11 中来自 Kimzey 的 "Cascade-3" 在联合循环电厂热效率为 59.1%，输出功率提高了 3%。

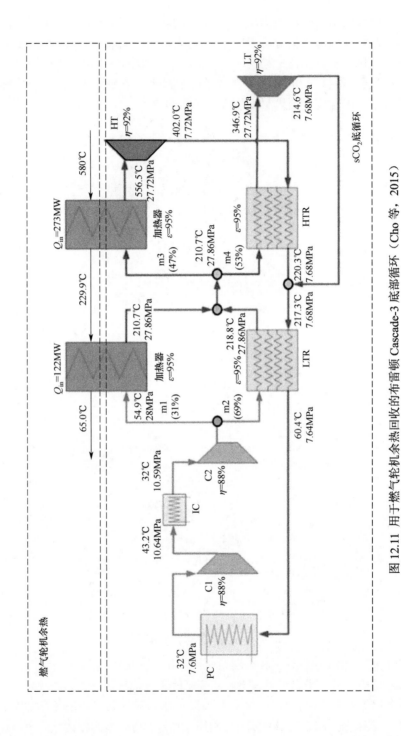

图 12.11 用于燃气轮机余热回收的布雷顿 Cascade-3 底部循环（Cho 等，2015）

上述的研究指出,将 sCO_2 循环应用于天然气联合循环中的底部循环时,仍有大量工作亟待开展。尽管与 sCO_2 级联循环的潜在额外成本相比,效率收益似乎很小,但还没有开展优化研究来确定使电力成本最小化的 sCO_2 最佳底部循环形式。事实上,sCO_2 循环的高功率密度可能有助于降低底循环的成本,相对于基于蒸汽的传统天然气联合循环系统,该循环可以降低电力成本。上述研究还是采用了针对蒸汽朗肯底部循环而非 sCO_2 级联底部循环进行优化的燃气轮机顶循环。例如,设计排气温度稍高(较低的顶部循环压比)的顶部循环将降低功率输出,但可能有利于底部循环的效率和功率输出。为了更好地预测 sCO_2 作为大规模天然气联合循环中底部循环的适用性,需要进行相关的优化研究。

Cho 等(2015)研究的(12.2.1.5 节中讨论的)级联循环也被用于燃煤锅炉的余热回收。EPRI(2014a)的报告(12.2.3.1 节讨论的)描述了 B&W 进行的一项理论研究,该研究对 sCO_2 燃煤加热器进行了初步设计,并与类似功率水平的 AUSC 蒸汽循环进行了比较。将 750MW 的 sCO_2 闭式再压缩布雷顿循环(RCBC)与燃煤锅炉集成,并增设了第二个 sCO_2 级联循环以利用部分较低品质的热量,最终将烟气温度降至常规空气预热器允许的极限温度。sCO_2 循环的总输出功率和效率分别为 823MW 和 41.6%,而蒸汽循环的输出功率和效率分别为 750MW 和 43.2%。虽然 sCO_2 循环效率略低于蒸汽循环,但作者指出 sCO_2 循环并没有进行优化。现有少数几项研究结果给出了效率提升的希望,但还需要进行进一步优化研究以完善 sCO_2 底部循环与燃煤锅炉的结合,从而满足大规模发电应用。

12.2.4.3 热电联产

回收低品位热量的另一个选择是热电联产(Combined Heat and Power,CHP)。热电联产将电力与热量的生产结合在一起。热电联产电厂通常在安装过程中根据客户的需求调节产热量。热电厂和发电厂的结合为提高效率提供可能。热电联合系统的例子是用于提供区域供暖以及工业用户,回收的热量在工业现场内部使用。sCO_2 循环与热电联合系统的应用还没有得到广泛的研究,但是已经评估了几种可能的配置形式(Moroz 等,2014a,b)。主要有两种热电联产的形式。第一种是采用 sCO_2 作为底部循环的蒸汽朗肯循环热电联产。蒸汽朗肯循环用于发电,产生的蒸汽被分离:一部分加热 sCO_2 底部循环以产生额外的电力;另一部分为消费者提供热水。汽轮机的发电量保持不变,根据热负荷的不同,蒸汽要么输送到热水器以增加产热量,要么输送到底部循环以增加热电联产的发电量。

第二种形式是使用 sCO_2 作为工质的热电联产电厂。燃烧燃料加热 sCO_2 工质,将其分成高温和低温 sCO_2 循环发电。在这两个循环中,膨胀和热回收之后的 sCO_2 在热水器中进一步冷却,加热水供用户使用。由于高温循环在这种配置中占了大部分电力产额,因此考虑了一个额外的简化配置,即用热水器代替低温 sCO_2 循环。单个 sCO_2 循环产生全部电力,高温 sCO_2 循环中的热水器以及 sCO_2 加热器之后的新热水器提供热水。学者计算了不同系统形式的性能并与传统蒸汽热电联产进行了比较，认为级联式 sCO_2 热电联产的电效率最好，且各形式的电效率均优于蒸汽系统。

12.2.4.4　蒸汽朗肯底部循环

在与 sCO_2 循环进行热交换后，回收低品质热量的另一种选择是蒸汽底部循环，这是由普惠洛克达因公司提出的，如图 12.8 所示。其中，加压流化床燃烧室的排气被净化后用于生产低压汽轮机所用的蒸汽（Subbaraman 等，2011；Johnson 等，2012）。该运行系统与 sCO_2 透平输出功率相比增加不足 2%（Johnson 等，2012），因此增加的效益可能不值得增加的资本支出。

EPRI 在 2013 年的研究也提出了一套独特的蒸汽底部循环，即 sCO_2 透平之后的回热被蒸汽底部发电循环取代。由于 sCO_2 在进入主加热器之前没有通过回热进行预热，所以向 sCO_2 循环供热可以在整个主热源温度范围内进行。该研究提出了这个循环的两种变种形式，一种适用于新建的发电厂，另一种用于改造现有的蒸汽发电厂。新建立的循环比类似的只有蒸汽循环的系统表现略好，但差于没有蒸汽底部循环而只有 sCO_2 循环的情况。这是由于 sCO_2-蒸汽换热器的温度不匹配，以及 sCO_2 循环上缺少冷却器，这大大增加了 sCO_2 的压缩功。改进型结构表明，与类似的先进超临界顶部循环相比，改进型布置的效率有所改善，但与新建循环一样，仍面临着相同的压缩机进口温度的问题（EPRI，2013）。随着循环的改进，该系统可能适用于以更低的成本为现有的亚临界蒸汽发电厂提供动力。

12.2.5　设备挑战

本节讨论间接加热 sCO_2 发电循环必须解决的设备挑战，以使大功率规模的化石能源发电变得可行。本节分为压缩机、换热器和透平三部分。虽然该部分可能涉及所有热源应用的共同挑战，但本节的重点将放在使用化石热源的领域。

12.2.5.1　透平

在透平中的 sCO_2 流体行为比在压缩机中更容易预测，因为透平中的流体很好地进入了超临界状态。与主压缩机的运行条件相比，可预测的工质特性使 sCO_2 透平更易于设计。虽然气动设计对透平而言不是大障碍，但 sCO_2 透平的设计仍存在一系列挑战。

即使流场可以很好地预测到超临界区域，但 sCO_2 透平的功率密度也将是朗肯循环中汽轮机的 10 倍，导致单位叶片体积的作用力和波动载荷更大（Ahn 等，2015）。对于大功率规模的化石能源应用，透平入口温度可能需要超过 700℃ 才能实现比现有蒸汽朗肯循环更高的效率（Moullec，2013）。

从本质上讲，sCO_2 具有高密度和低黏度的特性。这些特性使得透平的密封设计成为一项挑战。10MWe 透平的干气密封已经研发上市，但化石能源应用需要 500MWe 透平。在撰写本文时，这些大型机器的干气密封尚不存在。如图 12.12

所示，虽然朗肯循环的蒸汽泄漏后可被冷凝成液体形式由泵加至高压，但 sCO_2 必须以气体形式从接近大气压的工况压缩至闭式循环的较低压力水平，提出了较大的压缩功率需求。对于大功率水平的 sCO_2 循环，开发干气密封以减少泄漏可以提高循环效率（Bidkar 等，2016c）。

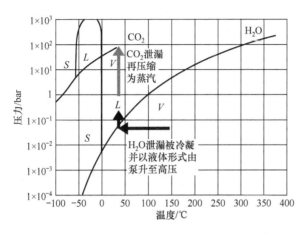

图 12.12　透平回收和密封泄漏的热力学差异（Bidkar 等，2016c）

轴承也对 sCO_2 透平的设计提出了挑战。随着轴转速和运行温度的增加，为保持传统的润滑油轴承与工作流体分离，密封设计变得愈加复杂。气体箔轴承已在 sCO_2 实验中使用，并公开了一些研究成果（Sienicki 等，2011；Fuller，2007）。Iverson 等（2013）指出轴承设计是需要在 sCO_2 循环工业应用前解决的一个重大挑战。Preuss（2016）提供了指导方针来帮助确定 sCO_2 流体静压轴向滑动轴承和推力轴承的尺寸。Chapman（2016）讨论了一种在透平腔内使用新型气体箔轴承，该轴承使用 sCO_2 作为润滑剂。虽然这些概念已经在概念层面上得到了证明，但要将这些概念和设计指南推广到工程应用还需要大量的研究工作。

与透平进口温度升高相关的另一个挑战是透平节流控制阀和透平截止阀。出于小功率水平循环演示目的，节流控制阀可以放置在回热器的上游，处于循环中的低温位置。然而对于大功率循环，对透平进行更精确的控制将需要将节流控制阀放置在透平进口上游，即循环中温度最高处。如果透平没有连接到压缩机或其他负载，则在此位置还需要透平截止阀，以便在失去负载的情况下提供透平超速保护，保护设备免受该故障的影响。数百万美元的研发工作旨在提高透平进口温度达到 700℃ 时的节流控制和截止阀能力，且先进超临界汽轮机材料联盟已经在实现这一目标方面取得了重大进展（Purgert 等，2015）。

在小型 sCO_2 试验回路中观察到叶轮机械的腐蚀（Clementoni 和 Cox，2014；Fleming 等，2014）。Fleming 等（2014）认为腐蚀（图 12.13）是由测试回路中材料产生的小颗粒引起的。虽然颗粒物的确切来源尚未确定，但其影响清楚地表明，腐蚀对大功率规模的化石能源 sCO₂ 透平的安全、可靠和长时间运行构成了威胁。众所周知，对于空气燃气轮机来说，腐蚀（以及热涂层的沉积和由此产生的剥落）是一大挑战（Hamed 和 Tabakoff，2006；Richards 等，1992；Wenglarz 和 Wright，2003），但可以使用进气微粒过滤器来减轻腐蚀的负面影响。另一方面，对于间接加热的闭式 sCO₂ 循环，腐蚀是一个更难解决的挑战，因为循环效率对过滤器可能出现的压力损失非常敏感。要充分解决 sCO₂ 间接循环的腐蚀问题，需要材料开发和透平机械设计方面的共同努力。

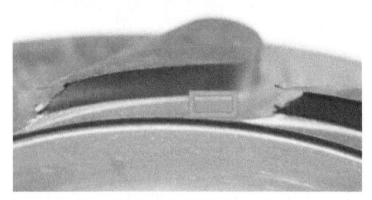

图 12.13　桑迪亚国家实验室涡轮喷嘴被侵蚀切割（Fleming 等，2014）

12.2.5.2　换热器

根据动力循环配置的不同，系统中可能有几种类型的换热器：主换热器、回热器以及冷却器。主换热器在 12.2.3 节中介绍。下面的讨论集中在回热器上，许多相同的挑战可以通过考虑在换热器的冷端使用替代流体而扩展到 sCO₂ 冷却器。为了对换热器的挑战进行一般性讨论，下文假设使用简单回热布雷顿循环或再压缩闭式布雷顿循环。

透平入口温度为 700℃ 的 550MWe 再压缩闭式布雷顿循环将需要大约 4000MW 的回热量（Johnson 等，2012）。这些换热器巨大的体积以及由此带来的材料需求使得回热器的成本成为 sCO₂ 间接循环在化石能源领域应用的一个重大挑战。尽管回热循环的最佳压比相对较低，但 CO₂ 临界点的高压意味着回热器流道之间会出现 15～20MPa 的压差。这种高压差同样成为一个挑战。当透平进口温度超过 700℃（化石能源应用可能需要这样的温度）时，透平出口温度将接近 600℃。图 12.14 指出随着金属温度的升高，材料的容许应力呈指数下降。回热器设计是一个权衡容许应力和材料体积要求的挑战。换热器可以设计采用价格较低的不锈钢，但是需要更多的材料来降低应力。增加换热器单位面积的材料体积会增加热阻，最终导致换热器效率降低（Hesselgreaves，2001）。降低回热器效率将对循环效率产生不利影响（Dostal 等，2005）。另一方面，同样的换热器可以设计使用高强度的镍合金，所需材料更少，而且由于流动路径之间的热阻较低，因此可实现更高的效率,但镍合金比不锈钢贵得多。

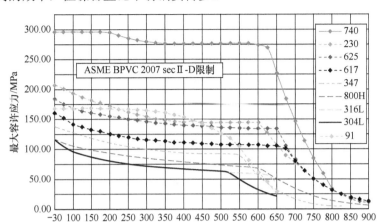

图 12.14 几种换热器候选合金的容许应力与设计温度的关系(Carlson 等,2014)
注:BPVC 为炉压力容器代码。

在权衡回热器效率与尺寸和循环效率时,也存在类似的优化问题。一般来说,回热器的热负荷随着高、低压流体之间温差的增大而增加。另一方面,随着温差的增大,回热器效率降低,从而降低了循环的效率。也就是说,随着温差的增加回热热负荷所需的材料更少。确定回热器的尺寸时,还需要考虑模块化。性能、可制造性(即运费、钎焊炉大小)和可维护性等几个因素将影响模块成本,因为单个千兆瓦规模的回热器不太可能具有高经济性。归根结底,发电厂生产的电力成本是反映一切的参数,该参数考虑了循环效率和电厂成本,其中就包括回热器的成本。由于回热器在 sCO_2 间接循环中扮演着重要的角色,因此必须对效率、工作温度、容许应力、模块化和材料要求进行优化,以实现电厂的最低电力成本。随着 sCO_2 循环作为市场参与者出现,材料的可获得性将增加,因此成本将会降低。目前,材料的成本使低成本的回热器设计成为 sCO_2 间接循环的主要挑战。有关 sCO_2 循环回热器的更多详细信息,见第 8 章。

在前面的讨论中没有提到的是,材料暴露在温度超过 600℃ 和压力超过 25MPa 的 sCO_2 中所面临的挑战。材料暴露试验已经进行了约 1000h 的短期试验(Mahaffey 等,2014;Pint 和 Keiser,2014;Saari 等,2014),但与材料长时间暴露在 sCO_2 中有关的不确定性仍然存在(见第 4 章)。如前所述,大功率规模的化石能源发电厂需要安全、可靠,并能够高效运行。这意味着换热器必须在维护停机期间有效运行数千小时。在 sCO_2 循环被化石能源部门采用之前,需要对换热器进行长时间的测试。

12.2.5.3 压缩机/泵

sCO_2 循环可预测、可靠和高效运行的最大技术障碍之一是主压缩机的设计。

高质量流量的要求导致对轴功率的要求提高。虽然大功率燃气轮机的压比比压缩机低得多，但 sCO_2 压缩机将被要求在比透平机械制造商熟悉的高得多的设计压力下运行。近年来在用于提高石油采收率（EOR）和碳捕获储存应用的 CO_2 压缩机方面做了大量工作，从而在所需的 sCO_2 出口条件下提供了几种可用的商用压缩机产品。它们的效率往往较低，特别是那些为提高石油采收率而设计的设备，而压缩机效率的提高能够提高 sCO_2 循环的效率。

此外，商用 CO_2 压缩机的入口条件通常接近大气压，而 sCO_2 循环的入口条件将更接近 CO_2 的临界点，这就产生了可能存在的局部多相流的不确定性。旋转部件上的冷凝可能会降低设备性能，甚至损坏叶轮。更糟糕的是，临界点附近的声速很低，使流动处于跨音速状态。跨声速流动与潜在的局部相变相结合，使得流体行为以及压缩机的运行变得不可预测。现有的压气机内这类流体行为的数值预测工具不能捕捉到重要的气体动力学效应（Munroe 等，2009；Lettieri 等，2014），这就要求压气机设计者必须保守，即牺牲宝贵的设备效率。虽然前面的讨论中提到的所有挑战可能是所有 sCO_2 循环应用（核能、聚光太阳能发电、余热回收、化石发电）的共同挑战，但对于化石发电厂所需的大型主压缩机来说，这些挑战更为关键。为了与化石能源行业数十年来使用的成熟蒸汽朗肯循环相抗衡，sCO_2 间接循环必须设计成效率和可靠性最优的循环。这就需要改进这些大型涡轮机械的预测工具和设计方法。

sCO_2 的高压压缩可以产生显著的压缩热。由于提高低温高密度气体的压力所需的能量较少，因此在压缩机设计时有必要采用上游和级间冷却。压缩级的数量和级间冷却将影响压缩过程所需的总功率（Moore 等，2007）。此外，中间冷却设计（内部和外部）必须考虑额外的压降、潜在的泄漏和与压缩机结构相关的管道系统要求。中间冷却方法可以包括典型的压缩级间的气体换热器或等温压缩，这需要在每一级压缩之间用环境空气冷却气体（需要整体齿轮传动或内部冷却的多级离心式压缩机）。等温过程可实现比传统过程更多的冷却，但仍然受到环境空气温度的限制。在进口 CO_2 上游或内部的亚临界环境冷却（水冷却）可以进一步提高压缩机的效率并满足功率要求（Moore 等，2007）。

已有多项研究对大功率 sCO_2 电厂压缩机选型进行了分析。这些研究认为 sCO_2 布雷顿循环的主压缩机很可能在大多数功率水平下（至少在第一级）都是径流式，以确保在临界点附近运行更稳健。再压缩机（RC）将在 100 MWe 以上时变为轴流式（Sienicki 等，2011）。离心式压缩机可以在进口压力和温度接近临界点的情况下，保持足够的总体效率和运行性能，且不会有明显的损失（EPRI，2013）。

12.2.6 电厂整体性能和成本

如第 3 章所述，sCO_2 循环的效率预计会高于类似的蒸汽循环。但是，单靠循环效率并不能说明全部情况。如前所述，在透平进口温度相当的情况下，再压缩循环比蒸汽循环效率更高，但这在一定程度上是由于循环的平均温度较高，因为在进入主换热器之前，回热器中会发生大量的 sCO$_2$ 预热。从火力发电厂的角度来看，如果要使用 sCO$_2$ 再压缩循环必须按照 12.2.4 节所讨论的，有效利用所有燃烧热因素，从而有效地回收低品质热能，这在很大程度上影响了电厂的整体性能。EPRI 的研究说明了这一点，2013 年的一项研究列出了再压缩和再热再压缩 sCO$_2$ 循环，其净电厂热效率和循环热效率分别为 52.1% 和 53.1%，超过了先进的超超临界蒸汽循环 48.8% 的热效率。在后来的一项研究中（EPRI，2014a），考虑了概念性的主加热器设计，以及用于低级热回收的 sCO$_2$ 底部循环，获得的电厂热效率为 41.6%，而同类蒸汽电厂的热效率为 43.2%。虽然作者指出，没有试图优化 sCO$_2$ 循环设计来提高效率，但这些研究突出了最大限度地利用化石燃料热能时与电厂整体设计相关的挑战。在这方面，蒸汽发电厂设计中使用的总体"锅炉效率"也是衡量 sCO$_2$ 发电厂性能的有用指标，即用转移到 sCO$_2$（或蒸汽）循环中的热量除以燃料的热输入。

如 12.2.3.1 节所述，Mollec（2013）的研究采用了有两级再热的 sCO$_2$ 再压缩循环；透平进口温度为 620℃，从燃煤过程中获取能量。无碳捕获装置的热效率为 44.8%，相比之下蒸汽装置的热效率为 40.5%。当与 MEA CO$_2$ 捕获过程结合时，sCO$_2$ 系统的热效率为 36.9%，而蒸汽系统的热效率为 32.5%。sCO$_2$ 再压缩系统设计中包含 sCO$_2$ 省煤器和 500℃ 空气预热器来回收低品质燃烧热能。

燃氧煤燃烧 sCO$_2$ 系统的研究已经用于碳捕获和储存，而且也被证明可比以蒸汽为基础的系统产生更高的效率（Shelton 等，2016）。在常压氧燃循环流化床主加热器和透平进口温度为 620℃ 的情况下，基本、再热、中冷和中冷与再热相结合的再压缩循环产生的电厂热效率分别为 32.9%、34.4%、34.0% 和 35.2%，而类似的朗肯循环的热效率为 33.2%。额外的 sCO$_2$ 循环改进也可能进一步提高这些设计的效率（Shelton 等，2016）。12.2.3 节介绍的零排放发电厂包括一个专为 sCO$_2$ 运行、碳捕获和储存而设计的氧燃增压流化床燃烧系统，其热效率为 37.3%，比以蒸汽为基础的零排放电下提高了 4%（Vega 等，2014）。McClung 等（2014，2015）研究了由氧合燃烧回路单独提供能源的 sCO$_2$ 间接循环，据报道该循环的电厂热效率为 37.5%，碳捕获率为 99%，且预计这一循环的电力成本为 121 美元/MWe。

总的来说，化石燃料 sCO$_2$ 电厂的成本是不确定的，因为到目前为止除了压缩机外，没有 sCO$_2$ 设备被应用于化石燃料电厂。Moullec（2013）提供了电厂成本和统一电力成本（LCOE）的比较，sCO$_2$ 透平成本是从高压汽轮机成本换算而来的，使用透平体积作为比例因子。这一分析表明，与具有碳捕获和储存的蒸汽电厂相比，具有碳捕获和储存的 sCO$_2$ 电厂的成本降低了 15%，这在很大程度上得益于透平尺寸的缩小。另外，效益带来的燃料使用量的减少使 sCO$_2$ 电厂的统一电力成本降低了 16.6%（Moullec，2013）。

到目前为止，NETL 持续进行的 sCO_2 电厂成本分析显示，相对于蒸汽电厂，sCO_2 的大质量流量是影响成本的重要因素。这在高温（大于 620℃）sCO_2 循环的成本计算中起着重要作用，在这些循环中主换热器管材、透平与主换热器之间的 sCO_2 传输管路需要大量高成本的镍合金。考虑到 sCO_2 质量流量在循环成本中的重要作用，在初始设计阶段，循环的比功率（循环净功率输出除以 sCO_2 总质量流量）可以代表 sCO_2 循环成本。比功率通常与净循环效率趋势相当，但在某些情况下（如有压缩机中间冷却）两者可能不同。

12.3　sCO_2 直接循环

随着低温制氧技术的最新技术接近 160 kWh/t（Tranier 等，2011），采用氧气燃烧的 sCO_2 直接循环作为潜在的低成本、化石燃料循环，并且具有固有的碳捕获能力，最近受到了广泛关注。该循环与本书中讨论的 sCO_2 间接循环不同，通过燃烧对循环中的 sCO_2 进行内部加热允许更高的透平入口温度，从而提高热效率。与传统的化石燃料发电技术相比，sCO_2 直接循环更类似于燃气轮机，而大多数 sCO_2 间接循环类似于蒸汽朗肯循环。

sCO_2 直接循环的一个特征是工质不是纯 CO_2，而是含有内燃过程产生的稀释剂的混合物。燃烧产物通常是 CO_2 和水，还有一些额外的稀释剂可能来自燃料或氧化剂气流。CO_2 循环率和质量分数都非常高（90%～95%），但是必须去除稀释剂和过量 CO_2 以避免在循环中不断积聚。

12.3.1　循环布置形式

在开式或直燃式 sCO_2 系统中，天然气或合成气燃料在燃烧室中与氧气一起燃烧，循环使用的 CO_2 作为稀释剂来控制透平进口温度。与燃气轮机循环类似，燃烧室和透平部件使用了不同流体和对流冷却方法。这些系统的最高烧制温度通常受到高温回热器冶金条件的限制，目前现代镍基合金的最高烧制温度约为 760℃。在较低的压比下（Pr=3～10），透平进口温度和压力分别为 1150℃和 30MPa 左右。与传统发电技术相比，这种高功率密度循环减少了占地面积，由此产生的投资成本降低在一定程度上被承受高压的需要所抵消，但直燃式 sCO_2 发电厂的高效率可以与传统联合循环电厂相媲美，甚至更好。

图 12.15 所示为具有氧燃料燃烧和碳存储功能简单直燃式布雷顿循环（Strakey 等，2014）。循环中没有再压缩回路，因为离开低温回热器的所有流体都被冷却到接近环境温度以从系统中去除水。这种方法的好处是压缩机输出的几乎是纯净的 CO_2，并可以回收到燃烧室进行温度控制，其余则进行净化和储存。从这个意义上说，该循环允许碳捕获，而不需要额外成本。简单循环方法的缺点是在再压

缩循环中使用的分流不能用来克服回热器中的夹点问题。解决这个问题的一种方法是将空气分离装置的余热整合到回热器中（Allam 等，2013，2014a）。

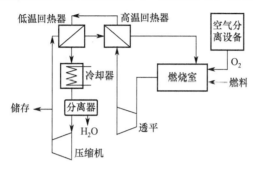

图 12.15　直燃式简单 sCO_2 布雷顿循环（Strakey 等，2014）

12.3.1.1　天然气循环

天然气是一种很具吸引力的燃料。天然气是一种清洁燃烧的燃料，而不是煤衍生的合成气。基于天然气的电厂热效率预计也很高（超过58%）（Allam 等，2013）。在 Allam 等（2013）进行的系统分析中，假定透平进口压力为 30MPa，压比为 10，进口温度为 1150℃，出口温度约为 750℃。在循环的低压侧工质被冷却到接近环境温度，压力大约为 3MPa。在水分离后，工质在多级中间冷却压缩机中被压缩至 30MPa。正如在研究中指出的，通过将来自空气分离装置的余热引入回热器 30MPa 的工质中，可以克服回热器夹点问题。夹点是由于 sCO_2 的比热容与压力有关，在 225℃ 左右，当压力从 3MPa 增加到 30MPa 时，比热容从 $1.06kJ/(kg·K)$ 增加到 $1.47kJ/(kg·K)$。如前所述，这种循环配置用于天然气发电的主要好处之一是允许在管道准备压力（约 15MPa）下进行 CO_2 存储，且无须任何额外的压缩功耗，如图 12.15 所示。在传统的布雷顿、燃气轮机联合循环电厂中，CO_2 分离和压缩通常会造成高达 6% 的热损失，同时还会增加大量的投资成本（NETL，2015a）。

12.3.1.2　燃煤循环

煤也被认为是直燃循环的燃料，然而由于其固有的灰分含量，在 sCO_2 循环中直接燃烧煤炭在技术上是很困难的，因为需要在高温和高压下完全去除杂质颗粒。通常情况下，煤炭首先被气化并清除其灰分，生成的合成气在 sCO_2 燃烧器内燃烧。煤还含有硫、氮和氯等其他杂质，在进入 sCO_2 循环之前，也可以使用常规技术从合成气中清除这些杂质。不过，如果这些杂质能够在 sCO_2 循环内进行净化，则会进一步实现效率提升，这在 12.3.2.1 节中有更详细的讨论（Lu，2014）。

净电公司开发了一种燃煤版本的 sCO_2 直接循环，在 sCO_2 循环燃烧室中燃烧合成气之前，煤炭首先被气化和净化（Allam 等，2013）。在基准系统中，气流床、干式进料、结渣气化炉与水骤冷一起使用，可达 47.8% 的净电厂热效率（Lu，2014）。

不同的煤种、气化炉类型和热回收工艺产生的电厂热效率从 43.3%到 49.7%不等（Lu，2014）。

EPRI 提出了一种基于煤气化的合成气 sCO_2 直接循环发电厂（EPRI，2014b；Hume，2016）。该研究完成了干式气化炉设计（包括由合成气冷却器的热输出提供动力的蒸汽底部循环），并研究了氧气纯度和煤载气对循环涡轮机械中 CO_2 纯度的影响。研究得出的结论是，需要高氧气纯度（99.5%）和 CO_2 煤原料气才能生产出用于封存具有足够纯度（98.1%）的 CO_2（EPRI，2014b）。

NETL 也进行了一项类似的研究，在将合成气引入 sCO_2 燃烧器之前，也使用了气化炉和气体净化系统（Weiland 等，2016）。合成气冷却器用于为煤干燥、空气分离装置和除硫过程提供蒸汽，但不像 EPRI（2014b）研究中那样用于为蒸汽底部循环提供动力。通过在引入 sCO_2 燃烧器之前预热压缩的合成气，并在合成气冷却器中收集额外的热量为氧燃烧器提供再循环 sCO_2 的额外预热。NETL 还进行了多项参数敏感性研究，在撰写本书时研究结果正用于改进系统模型（Weiland 等，2016）。

12.3.1.3 冷凝选择

虽然大多数 CO_2 循环运行在超临界状态下，但也有一些循环形式是在压缩前对 CO_2 进行冷凝的。当压力为 6 MPa 时，CO_2 的凝固点为 20℃。冷凝的好处是 CO_2 密度越高，需要的压缩功就越小。在蒸汽循环中，冷凝器温度对循环效率没有明显影响，但在 sCO_2 循环中则相反，因为降低压缩机入口温度可以显著降低压缩功，从而提高循环效率。总体而言，只要不增加制冷系统，任何降低 sCO_2 循环低温的努力都将通过提高循环效率来获得更高的回报（IEAGHG，2015）。

此外，冷凝循环有可能降低对回热的要求。这是因为较低的 CO_2 温度要求压缩机入口的饱和压力较低，从而提高了透平压比并降低了透平出口/回热器入口温度。冷凝循环的缺点是在温度低于约 100℃时，回热器低压侧和高压侧之间的比热容差异显著增加，这加剧了夹点问题，并引入了较大的不可逆性（Kim 等，2012）。

冷凝循环的另一个问题是 sCO_2 冷却器需要温度非常低的冷却水（10.15℃），造成换热设备的运行温差非常低。冷却塔是另一种选择，机械通风冷却塔比自然通风冷却塔更受欢迎，因为它们的运行温差更低（机械通风时为 4℃，自然通风时为 7℃），而且尺寸较小。机械通风冷却塔实现了较低的 sCO_2 温度和较高的压缩机入口密度，因此压缩功率的降低足以抵消机械通风冷却塔的风扇功率需求（IEAGHG，2015）。通常在间接循环中采用的预压缩或再压缩方法并不真正适用于直燃式循环，因为其限制了冷凝在直燃式循环中的适用性。

12.3.1.4 热集成选择

在天然气燃烧的 sCO_2 直接循环中，sCO_2 循环与空气分离装置和 CO_2 净化装置（CO_2 Purification Unit，CPU）的热集成是可能的，特别是与它们的压缩机的热集成。净电公司的循环需要与空气分离压缩机进行热集成，以帮助平衡回热器两侧的热负荷。为了增加可用于集成的热量，空气分离主压缩机不进行中间冷却。虽然这增加了空气分离装置的功率需求，但其影响被优化的 sCO_2 循环回热所抵消，从而提高了整体效率（Allam 等，2013）。

在燃煤系统中，气化机组还有额外的热集成机会。特别是，从气化炉排出的合成气中可以回收相当多的热量，这些热量必须在除灰和合成气净化之前进行冷却。在典型的气化系统中，这些热量在合成气冷却器中回收，并在其他位置提升蒸汽品质以提供动力和热负荷。尽管出于安全原因不建议预热含氧气体，但是可用于预热合成气或燃烧前额外的 CO_2（Weiland 等，2016）。硫回收装置和合成气压缩机也提供了与 sCO_2 循环整合的热能来源，尽管这是一个在当前研究中尚未探索的主题。

12.3.2 工质

直燃式循环的一个特有挑战是工质不再像间接循环那样是纯 CO_2。根据循环使用天然气还是合成气作为燃料，通过透平的工质成分会有所不同，见表 12.1。此外，工质杂质含量是燃烧室所需温升的函数，因此其决定了燃料和氧化剂的要求。这反过来又是透平压比和回热器热端温差的函数，这两个参数都决定了 CO_2 进入燃烧室的温度。

表 12.1 涡轮进口流体成分（体积分数）

成分	天然气/% （IEAGHG，2015）	煤/合成气/% （EPRI，2014b）
CO_2	91.80	95.61
H_2O	6.36	2.68
O_2	0.20	0.57
N_2	1.11	0.66
Ar	0.53	0.47

Hume（2016）的一项系统研究表明，工作流体中除 CO_2 外的任何杂质都可能对循环性能产生有害影响。对于在 CO_2 临界点附近运行的压缩机，随着工作流体纯度从 100%下降到 95.6%（杂质由 O_2、N_2、H_2O 和 Ar 组成），压缩机耗功增加了约 6%。CO_2 纯度进一步降至 90.9%，会导致压缩机耗功比纯 CO_2 情况下增加约 34%。压缩机功率的增加是由于气体杂质引起的流体密度降低的结果。

12.3.2.1 sCO_2 杂质的来源

杂质可以通过燃料、氧化剂或其他内部过程进入 sCO_2 循环。氧化剂杂质是氮或氩，其数量取决于从空气中分离氧气的能力。此外，使用比燃烧所需更多的氧气会导致燃烧器下游出现氧杂质。来自天然气的燃料杂质包括体积份额为0.9%～1.6%的氮气，这取决于位置的不同，并应在系统研究中加以考虑（NETL，2012a；IEAGHG，2015）。在以合成气为燃料的燃烧器中，杂质是煤气化过程和合成气净化处理的函数。煤中的氮以及其他未从合成气中完全清除的含硫、氯和氮的物质，可能会被输送到合成气中。合成气本身主要由CO和H_2组成，它们在燃烧室中转化为CO_2和水。一般来说，水通常是在回热器之后的sCO$_2$循环中冷凝的，但水在sCO$_2$中的浓度会影响其冷凝温度，从而潜在地影响回热器的热平衡。这可以通过减少水含量来缓解，因此可以优化合成气中较低的H_2/CO比。然而，即使在冷凝除水系统之后，系统中也总会有一定程度的水蒸气存在。

水含量是依赖于过程的杂质，因为它是从内燃过程中产生的。这些水还可以与CO_2或其他气体杂质结合，生成碳酸、硫酸和其他酸。其他过程杂质可能来自气化炉中的输煤流体、合成气淬火水和不完全燃烧产物（EPRI，2014b）。此外，由于燃烧过程发生在接近化学计量比的条件下，可以预期会形成大量的CO。Camou（2014）测量了一个10MPa氧气燃烧室出口的CO浓度，大约为150ppm。当透平和回热器中的燃烧气体冷却时，燃烧室中形成的大部分CO可能会转变为CO_2，但这在很大程度上取决于膨胀和冷却的速度。对于非常快速的膨胀，CO浓度可能基本上是"冻结的"，不能达到化学平衡。由于这些因素与系统有关，目前还不清楚在循环的低温端能产生多少CO。

12.3.2.2 水和污染物的去除

除了这些污染物对循环效率或硬件寿命和可靠性可能带来的直接问题之外，还需要将污染物降低到可接受的水平，然后才能将废气释放到大气中。合成气的氧燃烧将产生许多污染物，这些污染物存在于煤氧燃烧过程的产品中，包括来自空气分离装置的氧气、氮气和氩气，以及诸如SO_3、SO_2、HCl和NO_x之类的酸性气体（Murciano等，2011）。对于利用煤气化合成气的sCO$_2$直接循环，已经考虑了预燃和燃烧后脱硫技术（Lu等，2016）。McClung等(2014)得出结论，使用石灰石浆液进行脱硫并回收石膏副产品是首选的烟气脱硫方法。另一方面，从理论上讲，燃烧后过滤技术可能对直接循环的效率有所提升（Lu等，2016）。燃烧后脱硫方案需要考虑的一个重要因素是，合成气燃烧产物中硫的热腐蚀会对透平和回热器材料产生不利影响（Lai，2007）。在燃烧过程中会形成SO_x和NO_x等酸性气体，并可能在低温回热器或除水系统中冷凝出来。这些腐蚀效应会严重缩短透平和回热器所需的镍合金部件的使用寿命。回热器的制造和维护成本可能成为实现大规模商业应用的限制因素（Strakey等，2014）。汞也是一个令人担忧的问题，但预计会与硝酸一起去除（Allam等，2013）。

燃烧废气中的水蒸气通过透平和回热器留在工质中，但必须在CO_2压缩之前除去。在低压侧工作压力为3 MPa的直燃式循环中，水的凝固点约为17℃。当工质通过回热器冷却时会开始冷凝。离开换热器后，用冷却水冷凝剩余的水蒸气，然后在水分离器中除去液态水（Allam 等，2014a）。如果液态水存在于 CO_2 中，从回热器到水分离器的材料必须耐碳酸腐蚀。因此，必须使用耐腐蚀不锈钢（Allam 等，2014a）。

12.3.2.3 碳捕获与存储

直燃式 sCO_2 循环的主要优点之一是易于捕获相对纯净且压力较高的 CO_2。CO_2 的地下储存需要将 CO_2 泵入高压以输送到地下，并驱使 CO_2 扩散到基岩中或溶解到盐水地层中。对于大多数系统，储存压力通常为 2200 psig（15.08 MPa）（NETL，2013）。

此外，用于提高原油采收率的现有 CO_2 管道都有 CO_2 纯度规格，以保护管道硬件。这些规格列在 NETL 的能源系统研究质量指南和表 12.2 中。满足这些规格通常需要使用 CO_2 净化装置，该装置利用低温蒸馏塔从 CO_2 中排除杂质（Jin 等，2015）。

表 12.2 CO_2 纯度规格（NETL，2013）

杂质	单位	碳钢管，咸水水层储存	提高石油采收率	排气问题
H_2O	ppmv	500	500	无
N_2	Vol%	4	1	无
O_2	Vol%	0.001	0.001	无
Ar	Vol%	4	1	无
CH_4	Vol%	4	1	有
H_2	Vol%	4	1	有
CO	ppmv	35	35	有
H_2S	Vol%	0.01	0.01	有
SO_2	ppmv	100	100	有
NO_X	ppmv	100	100	有

国际能源署温室气体研究所 2015 年的一项研究开展了带有蒸馏塔净化单元的 sCO_2 系统的性能（99.8%纯度的 90%CO_2 捕获率）与不使用净化单元的情况（98%纯度的 100%CO_2 捕获率）和利用附加膜提高净化单元捕获率的情况（99.8%纯度的 98%CO_2 捕获率）的比较。研究发现，在没有净化装置的情况下 CO_2 储存纯度低，较低的辅助功耗导致电厂的净热效率比基本情况增加约 0.2%。对于利用附加膜提高净化单元捕获率的系统，较高的压缩功率要求使设备效率相对于基本情况降低了 0.4%。该结论强调了将直接燃烧 sCO_2 循环相互比较或与其他技术进行比较时，需要考虑 CO_2 捕集速率和 CO_2 纯度。

12.3.3 设备挑战

本章第 12.2.5 节讨论了与化石能源应用中间接加热的 sCO_2 循环相关的设备挑

战。同样在化石能源应用中，与直接加热的 sCO₂ 循环相关的还有许多额外的挑战。本节讨论直接循环所独有的设备挑战。

12.3.3.1 氧气燃烧器

在压力为 30MPa 的情况下，直燃式 sCO₂ 燃烧器比任何类型的常规燃气轮机燃烧器更像火箭发动机。在非常高的压力和能量释放密度下，喷油器设计、壁面传热和燃烧动力学等问题可能会在燃烧室设计中扮演具有挑战性的角色。在这种情况下，燃烧室设计是一个经验很少的领域（Strakey 等，2014）。

此外，由于这些压力远远超出了当前的设计经验，计算流体动力学建模不仅有用，而且在设计过程中可能是必要的。要预测燃烧动力学或整体混合性能，可以使用计算流体力学建模以分析控制反应的化学动力学机制。通常天然气燃烧使用 GRI-Mech，但该机制仅在压力低于约 3MPa 时进行开发和验证，这比典型的直燃式系统的 30MPa 低一个数量级。简单的全局反应机理通常是从 GRI-Mech 等更详细的机理推导出来的，因此仅对低于 3MPa 的燃烧有效。在较高的压力下，三体复合反应耗尽了燃烧自由基池，如 O、H 和 OH（如图 12.16 中的平衡计算所示，是一个化学计量的温度约为 2000K 的 CH₄/O₂/CO₂ 混合物）。还要注意的是，由于自由基浓度的降低和随后产气（CO_2 和 H_2O）的增加，温度会随着压力升高。

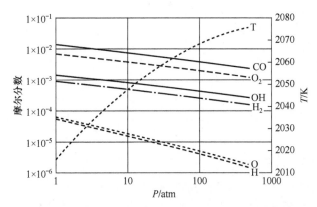

图 12.16　化学计量甲烷-氧混合物与 CO_2 稀释剂的平衡计算（Strakey 等，2014）

将低压动力学机制外推到 sCO₂ 循环的高压，在反应速率和产热方面引入了很大的不确定性。计算流体力学和其他建模预测的可信度需要使用高压下的激波管、燃烧弹和火焰速度测量来验证。对于燃煤合成气的煤基系统，甚至需要更多的数据来预测含有潜在污染物的高压合成气化学特性。

对于氧燃烧，氮氧化物并不是燃气轮机中的真正问题，因此优选的方法是扩散火焰燃烧，其中燃料和氧化剂在燃烧室中混合并燃烧。在燃气轮机领域，扩散火焰燃烧器比预混燃烧器具有更强的燃烧动力学阻力。然而，火箭发动机燃烧室都是以扩散为基础的，由于其压力很大，能量释放密度很大，往往与燃烧室的共振声学模式耦合,因此燃烧动力学问题由来已久。燃烧动力学问题(Strakey,2016)通常是通过使用亥姆霍兹谐振器、挡板和喷射器设计修改进行全尺寸硬件测试的。由于燃烧室切向声学模式,一些最具破坏性的耦合发生在 1~5kHz 范围内。最近,使用可压缩大涡模拟进行计算流体动力学(CFD)建模来预测燃烧动力学显示出一定前景,但这在计算上成本昂贵且远未成熟。

到目前为止,只有一个已知的高压含氧燃料燃烧平台投入使用。Parametric Solutions Inc 公司为东芝/净电公司(Allam 等,2013)开发并测试了一个 5MW、30MPa 的燃烧室。PSI 公司燃烧室的设计主要是演示目的,且公开了部分数据(Iwai 等,2015;Camou,2014)。Strakey 等(2014)给出了相关文献综述。

12.3.3.2 透平

本章 12.2.5 节讨论了 sCO_2 透平存在的许多设计挑战,其中包括密封、轴承、节流调节阀耐久性和透平机械部件的腐蚀等。对于直接循环来说,这些挑战仍然存在,且由于直接循环会有更高的运行温度,这些挑战还远远没有得到解决。基于 Allam 循环的天然气燃料电厂需要透平进口温度为 1150℃,压力为 30MPa,才能达到与天然气联合循环电厂相当的效率(Allam 等,2013)。虽然在这样的温度和压力下可以预测 sCO_2 的物性并使气动设计不那么困难,但结构设计仍然是一个挑战,因为这样一种高密度的流体会产生巨大的叶片载荷。由于透平进口温度超过 1150℃,透平不仅需要内部冷却,还可能需要气膜冷却。吸气式燃气轮机(Han 等,2000)发展成熟的冷却技术适用于 sCO_2 直接循环透平。洛克达因公司(EPRI,2015)已经对 sCO_2 透平叶片冷却策略进行了初步评估,叶片冷却流的影响已总结在一份关于天然气 Allam 循环的报告中(IEAGHG,2015)。

高的 sCO_2 直接循环温度也排除了间接循环中在透平上游使用节流阀的可能,因此需要透平节流阀控制的替代策略。与燃气轮机相似,其更容易通过燃料和氧化剂流量来实现控制,这可以提供透平入口温度的快速调节;尽管冷的高压 sCO_2 的使用也可以用于温度调节,但这会损害循环效率。此外,透平轴还驱动一台循环压缩机,以便在电力负荷丧失时提供制动效果。

间接循环中不存在的另一个复杂情况是透平机械的热气通道中存在杂质。氧气燃烧器的下游主要成分是 CO_2 和 H_2O,但根据燃料的不同,其他杂质如 SO_3、SO_2、HCl 以及环境颗粒将存在于热气通道中,并造成侵蚀、腐蚀和沉积等问题。公开文献中有几项研究报道了空气透平中的侵蚀、腐蚀和沉积的影响(Hamed 和 Tabakoff,2006;Richards 等,1992;Wenglarz 和 Wright,2003),但对直接循环系统中透平在高压下的这些影响知之甚少。已经开展了一些研究以更好地了解 sCO_2 环境中腐蚀对不锈钢和镍合金的影响(Mahaffey 等,2014;Pint 和 Keiser,2014;Saari 等,2014),但对水、硫和其他杂质在温度超过 1150℃时的 sCO_2 腐蚀影响知之甚少,特别是对于大功率透平在维护停机期间运行的长时间暴露。

12.3.3.3 回热器

sCO$_2$直接循环的回热热负荷大约是电力输出的两倍（Allam 等，2014a）。虽然这种回热热负荷不像间接加热的 sCO$_2$ 循环那样重要，但回热器成本仍将是电厂设计中的一个重要因素。直接循环中的回热器仍然存在 12.2.5 节中讨论的所有回热器挑战，直接循环回热器将被要求在比间接循环中的高温回热器更高的温度下运行。事实上，作为循环中最高运行温度的部件，回热器的高温和压力承受能力是阻止循环更高效运行的限制因素。当直接循环透平进口温度超过 1150℃时，透平排气（回热器进口）温度将接近 800℃（Allam 等，2014a）。更具挑战性的是，直接循环透平将在比间接循环透平更高的压比下运行，这使得直接循环透平比间接循环透平承受更高的压差。与 sCO$_2$ 间接循环相比，接近 27MPa 的压差将导致回热器的应力更高，而且为了适应循环低压侧更大的体积流量，回热器尺寸或压降将增加。

要实现 sCO$_2$ 直接循环的全部潜力，可能需要陶瓷换热器来完成最高温度的回热任务。Lewinsohn 等（2016）开发了一种用于 sCO$_2$ 的陶瓷换热器，重点放在设计验证、可靠性分析和制造成本分析（接近 200 美元/kWt）。与金属换热器相比，紧凑型陶瓷换热器还不成熟，成本也很高，人们对 sCO$_2$ 运行条件下的乏气对陶瓷的影响也知之甚少，但正在进行的相关研发有望解决这些挑战。

sCO$_2$ 直接循环中没有主换热器，因此直接循环中不存在与该部件的设计相关的挑战。但是，碳氢燃料燃烧产生的热气路径中的杂质可能会导致回热器结垢。这意味着与直接循环中的主换热器结垢相关的挑战将转移到回热器。这些颗粒污垢效应在 12.2.5 节中讨论。

12.3.3.4 压缩机

12.2.5.3 节讨论的 sCO$_2$ 压缩机的设计挑战（多相流、冷凝、空气动力损失等）同样适用于直接循环应用中的设备。

在燃烧过程中进入 sCO$_2$ 工质的稀释剂（主要由合成气中的氮气和氩气以及 95%的纯氧气组成）可能会在整个循环中存在。研究表明，与 12.3.2 节中讨论的纯 sCO$_2$ 相比，压缩含有杂质的 sCO$_2$ 所需的功率会增加（EPRI，2014b）。需要进行优化工作以确保 sCO$_2$ 工质的纯度，以满足高功率需求并降低循环效率损失。

此外如 12.3.3.2 章节所述，煤制合成气的燃烧会产生 SO$_2$ 和 NO/NO$_2$ 杂质。由于这些杂质将在循环后期暴露于冷凝的液态水和过量的氧气中，因此在换热器中可能会产生酸（硫酸和硝酸）。这些杂质对暴露的涡轮机械（包括直接循环的压缩机）带来了腐蚀挑战，这取决于循环中的净化和分离过程。虽然循环细节可能有所不同，但耐腐蚀涡轮机械的仔细设计是必须考虑的。

12.3.4 循环性能、成本和前景

最近对 sCO$_2$ 直接循环的兴趣主要来自其高效率，包括碳捕获和储存。表 12.3

为文献中 sCO_2 直接循环系统分析的结果总结。

表 12.3 中的结果显示，天然气 sCO_2 直接循环通常比燃煤循环性能更好，这是因为使用煤炭需要额外的气化。表 12.3 中对 IEAGHG（2015）的分析结果比 Allam 等人（2013）报告的效率低约 3%；NetPower 认为这些差异源于与 IEAGHG 研究相关的热集成、冷却和整体流程的优化。McClung 等（2015）也报告了类似条件下 IEAGHG 研究的效率。此外，尽管透平出口温度远远超过现有高温气冷堆，但其在直燃式冷凝再压缩循环中实现了更高的热效率。

表 12.3 部分研究得出的直燃式 sCO_2 装置性能

来源	燃料	透平进口		回热器进口	电厂热效率/%
		℃	bar	℃	HHV
McClunng 等（2015）	甲烷	1200	200	850	46.5
IEAGHG（2015）	天然气	1150	300	740	49.9
Allam 等（2013）	甲烷	1150	300	775	53.1
Allam 等（2013）	Illinois#6 煤	1150	300	775	48.9
EPRI（2014b）	PRB 煤	1123	300	760	39.6
Weiland 等（2016）	Illinois#6 煤	1149	300	760	38.1

对于燃煤系统，Allam 等（2013）报告的 48.9% 的高热效率在 Lu（2014）的报告中的热效率范围内（43.3%~49.7%），该范围涵盖了煤种、气化炉类型和热回收过程的几种变化，但没有透平进口和其他运行工况的报告。效率高于表 12.3 中其他燃煤研究报告的部分原因是使用了 sCO_2 循环内部的 SO_x 和 NO_x 脱除过程，如 12.3.2.1 节所述。这可能会将电厂的热效率提高约 3%（Lu 等，2016），但需要从材料兼容性的角度考虑 sCO_2 工质中酸的影响。效率的进一步提高反映了气化炉和 sCO_2 循环之间的显著的热集成，消除了传统合成气净化所需的蒸汽生成以及气化炉高压运行（8.5MPa）（Allam 等，2014b）。

至于电厂和电力成本，可获得的信息很少，鉴于许多必要的部件从未建造过，因此已公布的信息具有很高的不确定性。此外，在比较不同研究之间的电力成本时应谨慎，因为这些指标包括运营和财务假设（例如，容量因素、通货膨胀率、融资结构等）。其覆盖范围远远超出了应考虑的核心技术。

对于天然气燃烧的情况，IEAGHG（2015）估计电价为 105.3 美元/MWh，而净电公司报告的电价为 92.9 美元/MWh。在燃煤的情况下，EPRI 的研究估计电力的水平成本为 133 美元/MWh，但 sCO_2 成本存在较大的不确定性（EPRI，2014b）。

天然气 sCO_2 直接循环系统的主要竞争技术是具有碳捕获和储存的天然气联合循环电厂。NETL 的研究列出了使用最先进的 F 级透平的天然气联合循环电厂的热效率为 45.7%，电力成本为 83.3 美元/MWh，但不包括碳运输和储存成本（87.3 美元/MWh）（NETL，2015a）。因此考虑到燃料价格和其他经济因素的差异，sCO_2 直接循环系统在热效率和成本方面是具有竞争力的。

同样，具有碳捕获和储存功能的一体化气化联合循环系统是传统的燃煤技术，其对燃煤 sCO_2 直接循环构成直接竞争。NETL 研究获得了具有碳捕获和储存功能的 GE 辐射气化炉的热效率为 32.6%，电力成本为 135.4 美元/MWh（含碳捕获和储存成本为 144.7 美元/MWh）（NETL，2015b）。因此，直接燃煤 sCO_2 系统与一体化气化联合循环系统相比具有很强的竞争力；然而，其他竞争可能来自具有碳捕获和储存功能的 sCO_2 间接循环系统，其空气燃烧装置的热效率为 36.9%（Moullec，2013），氧气燃烧装置的热效率为 35.2%～39.8%（Shelton 等，2016；Subbaraman 等，2011），具体取决于透平进口温度和循环配置。

12.4　小结

本章讨论了 sCO_2 间接循环在化石燃料中的应用，包括相关循环配置、与各种主加热器的集成以及回收燃烧烟气中低品质热技术的讨论。在适当考虑这些问题的情况下，高效、经济的燃煤 sCO_2 间接循环是可以实现的，但还必须考虑电厂的运行负荷分布，以及在循环从示范电站扩大到商业化应用时必须解决的与尺寸相关的设备困难。

不幸的是，美国燃煤 sCO_2 间接循环发电厂的短期前景不妙，这在很大程度上是因为美国环保署的碳污染标准规则导致的，该规则将新燃煤发电厂的碳排放量限制在每兆瓦发电量 1400 磅 CO_2 （EPA，2015）。此外，最近的天然气价格使天然气联合循环发电厂变得与燃煤电厂一样具有竞争力。再加上天然气联合循环电厂的投资成本较低，近年来很少有人提出或正在建设燃煤发电厂。然而，在先进超临界条件下运行的空气燃烧 sCO_2 循环可能达到这一排放极限。截至撰写本书时，还没有对这种情况进行分析。如果可能，这将提高美国对燃煤 sCO_2 循环发展的兴趣。应用于化石燃烧的 sCO_2 循环可能在国际上会有好的前景。然而，国际上对 sCO_2 循环的研究和开发兴趣直到最近才有所增加。在撰写本书时，正在规划和设计的 10MW sCO_2 示范电厂如果成功，可能会在国内和国际上引发新一轮的兴趣。

直燃式 sCO_2 发电厂的示范通过开发和建设位于得克萨斯州拉波特的净电公司/8Rivers 25MWe 发电厂进行。这些循环具有在相对较高的纯度和压力下捕获 CO_2 的固有能力，在循环内进行天然气燃烧，通过煤的气化和产生的合成气的燃烧实现煤炭利用。如前文所述，这些循环中的具体挑战与以 sCO_2 为主的工质中的杂质、循环中较高的温度要求燃烧室和透平冷却以及与火箭发动机燃烧压力相当的特定氧燃烧挑战有关。

未来对 sCO_2 直接循环的兴趣将与化石燃料发电过程捕获和储存 CO_2 联系在一起。考虑到温室气体减排可能是未来几十年发电研究的主要方向，在可预见的未来直燃式 sCO_2 发电循环的继续发展前景似乎很强劲。

参考文献

Ahn, Y., Bae, S.J., Kim, M., Cho, S.K., Baik, S., Lee, J.I., Cha, J.E., 2015. Review of supercritical CO2 power cycle technology and current status of research and development. Nuclear Engineering and Technology 47 (6), 647−661.

Allam, R.J., Palmer, M.R., Brown Jr., G.W., Fetvedt, J., Freed, D., Nomoto, H., Itoh, M., Okita, N., Jones Jr., C., 2013. High efficiency and low cost of electricity generation from fossil fuels while eliminating atmospheric emissions, including carbon dioxide. Energy Procedia 37, 1135−1149.

Allam, R.J., Fetvedt, J.E., Forrest, B.A., Freed, D.A., 2014a. The oxy-fuel, supercritical CO2 Allam cycle: new cycle developments to produce even lower-cost electricity from fossil fuels without atmospheric emissions. ASME. GT2014-26952.

Allam, R.J., Fetvedt, J.E., Palmer, M.R., July 15, 2014b. Partial Oxidation Reaction with Closed Cycle Quench. U.S. Patent No. US 8776532 B2.

Angelino, G., July 1968. Carbon dioxide condensation cycles for power production. Journal of Engineering for Power 90, 287−295.

Bidkar, R.A., Mann, A., Singh, R., Sevincer, E., Cich, S., Day, M.M., Kulhanek, C.D., Thatte, A.M., Peter, A.M., Hofer, D., Moore, J., March 28−31, 2016a. Conceptual designs of 50MWe and 450MWe supercritical CO2 turbomachinery trains for power generation from coal. Part 1: cycle and turbine. In: The 5th International Symposium − Supercritical CO2 Power Cycles. Texas, San Antonio.

Bidkar, R.A., Musgrove, G., Day, M., Kulhanek, C.D., Allison, T., Peter, A.M., Hofer, D., Moore, J., March 28−31, 2016b. Conceptual designs of 50MWe and 450MWe supercritical CO2 turbomachinery trains for power generation from coal. Part 2: compressors. In: The 5th International Symposium - Supercritical CO2 Power Cycles. Texas, San Antonio.

Bidkar, R.A., Sevincer, E., Wang, J., Thatte, A.M., Mann, A., Peter, A.M., Musgrove, G., Allison, T., Moore, J., 2016c. Low-leakage shaft end seals for utility-scale supercritical CO2 turboexpanders. ASME. GT2016-56979.

Camou, A., May 2014. Design and Development of a Mid-Infrared Carbon Monoxide Sensor for a High-Pressure Combustor Rig (M.Sc. thesis). Texas A&M University.

Carlson, M., Conboy, T., Fleming, D., Pasch, J., 2014. Scaling considerations for sCO2 cycle heat exchangers. ASME. GE2014-27233.

Chapman, P.A., March 28−31, 2016. Advanced gas foil bearing design for supercritical CO2 power cycles. In: The 5th International Symposium − Supercritical CO2 Power Cycles. Texas, San Antonio.

Cho, S.K., Kim, M., Baik, S., Ahn, Y., Lee, J.I., 2015. Investigation of the bottoming cycle for high efficiency combined cycle gas turbine system with supercritical carbon dioxide power cycle. ASME. GT2015-43077.

Chordia, L., November 3, 2015. Thar energy, manufacturer of heat exchangers for sCO2 power cycles. In: 2015 University Turbine Systems Research Workshop. Georgia, Atlanta.

Clementoni, E.M., Cox, T.L., September 9−10, 2014. Practical aspects of supercritical carbon dioxide Brayton system testing. In: The 4th International Symposium − Supercritical CO2

Power Cycles. Pittsburgh, PA.

Dostal, V., Hejzlar, P., Driscoll, M.J., 2005. High-performance supercritical carbon dioxide cycle for next-generation nuclear reactors. Nuclear Technology 154, 265−282.

Echogen Power Systems, June 12, 2012. EPS IGTI Gas Turbo Expo. "CO_2 Power Cycle Developments and Commercialization".

EIA (Energy Information Administration), April 4, 2016. Average utilization for natural gas combined-cycle plants exceeded coal plants in 2015. Today in Energy. http://www.eia.gov/todayinenergy/detail.cfm?id=25652.

Energy Information Administration (EIA) Annual Energy Outlook, 2014. EIA Annual Energy Outlook 2014. Reference Case Scenario.

Environmental Protection Agency (EPA), October 23, 2015. Standards of performance for greenhouse gas emissions from new, modified, and reconstructed stationary sources: electric utility generating units. Federal Register 80 (205), 64510−64660.

EPRI, 2013. Modified Brayton Cycle for Use in Coal-Fired Power Plants. EPRI, Palo Alto, CA, p. 1026811.

EPRI, 2014a. Closed Brayton Power Cycles Using Supercritical Carbon Dioxide as the Working Fluid: Technology Resume and Prospects for Bulk Power Generation. EPRI, Palo Alto, CA, p. 3002004596.

EPRI, 2014b. Performance and Economic Evaluation of Supercritical CO_2 Power Cycle Coal Gasification Plant. EPRI, Palo Alto, CA, p. 3002003734.

EPRI, 2015. Regen-SCOT: Rocket Engine-Derived High Efficiency Turbomachinery for Electric Power Generation. EPRI, Palo Alto, CA, p. 3002006513.

Fleming, D., Kruizenga, A., Pasch, J., Conboy, T., Carlson, M., 2014. Corrosion and erosion behavior in supercritical CO_2 power cycles. ASME. GT2014-25136.

Follett, W., Fitzsimmons, M., October 23, 2015. Enabling Technologies for Oxy-fired Pressurized Fluidized Bed Combustor Development: Kickoff Briefing. Gas Technology Institute. Award FE0025160. (Available at: http://www.netl.doe.gov/research/coal/energy-systems/advanced-combustion/project-information/proj?k=FE0025160.

Fuller, R., 2007. Turbo-machinery considerations using super-critical carbon dioxide working fluid for a closed Brayton cycle. In: sCO$_2$ Power Symposium.

GRI-MECH 3.0, http://www.me.berkeley.edu/gri_mech/.

Hamed, A., Tabakoff, W., 2006. Erosion and deposition in turbomachinery. Journal of Propulsion and Power 22 (2), 350−360.

Han, J.C., Dutta, S., Ekkad, S.V., 2000. Gas Turbine Heat Transfer and Cooling Technology. Taylor & Francis, New York City (Print).

Hesselgreaves, J.E., 2001. Compact Heat Exchangers: Selection, Design, and Operation. Elsevier Science, Ltd., Kidlington (Print).

Hume, S., March 28−31, 2016. Performance evaluation of a supercritical CO_2 power cycle coal gasification plant. In: The 5th International Symposium − Supercritical CO_2 Power Cycles. San Antonio, TX.

International Energy Agency Greenhouse Gas (IEAGHG), August 2015. Oxy-combustion Turbine Power Plants (2015/05). United Kingdom, Cheltenham.

Iverson, B.D., Conboy, T.M., Pasch, J.J., Kruizenga, A.M., 2013. Supercritical CO_2 Brayton cycles for solar-thermal energy. Applied Energy 111, 957−970.

Iwai, Y., Itoh, M., Morisawa, Y., Suzuki, S., Cusano, D., Harris, M., June 15−19, 2015. Development approach to the combustor of gas turbine for oxyfuel, supercritical CO_2 cycle. GT2015-43160. In: ASME Turbo Expo 2015. Canada, Montreal.

Jin, B., Zhao, H., Zheng, C., 2015. Optimization and control for CO_2 compression and purification unit in oxy-combustion power plants. Energy 83, 416−430.

Johnson, G.A., McDowell, M.W., O'Connor, G.M., Sonwane, C.G., Subbaraman, G., June

11–15, 2012. Supercritical CO_2 cycle development at Pratt & Whitney Rocketdyne. GT2012-70105. In: Proceedings of the ASME Turbo Expo 2012. Denmark, Copenhagen.

Kim, Y.M., Kim, C.G., Favrat, D., 2012. Transcritical or supercritical CO_2 cycles using both low- and high-temperature heat sources. Energy 43, 402–415.

Kimzey, G., 2012. Development of a Brayton Bottoming Cycle Using Supercritical Carbon Dioxide as the Working Fluid. EPRI Project.

Kitto, J.B., Stultz, S.C. (Eds.), 2005. Steam: Its Generation and Use, forty-first ed. The Babcock & Wilcox Company, Barberton, Ohio, USA.

Kulhanek, M., Dostal, V., 2009. Supercritical carbon dioxide cycles – thermodynamic analysis and comparison. Prague, Czech. In: Student's Conference 2009 at Faculty of Mechanical Engineering of Czech Technical University. http://stc.fs.cvut.cz/history/2009/sbornik/Papers/pdf/KulhanekMartin-319574.pdf.

Kulhanek, M., Dostal, V., May 24–25, 2011. Thermodynamic analysis and comparison of supercritical carbon dioxide cycles. In: Supercritical CO_2 Power Cycle Symposium. Colorado, Boulder.

Lai, G.Y., 2007. High temperature corrosion and materials applications. Materials Park: ASM International (Print).

Lettieri, C., Yang, D., Spakovszky, Z., September 9–10, 2014. An investigation of condensation effects in supercritical carbon dioxide compressors. In: The 4th International Symposium on Supercritical CO2 Power Cycles, Pittsburgh, PA.

Lewinsohn, C., Fellows, J., Sullivan, N., Kee, R.J., Braun, R., March 28–31, 2016. Ceramic, microchannel heat exchangers for supercritical carbon dioxide power cycles. In: The 5th International Symposium - Supercritical CO_2 Power Cycles. Texas, San Antonio.

Lu, X., October 26–29, 2014. Flexible integration of the sCO2 Allam cycle with coal gasification for low-cost, emission-free electricity generation. In: Gasification Technologies Conference. Washington, DC.

Lu, X., Forrest, B., Martin, S.T., McGroddy, M., Fetvedt, J., Freed, D., 2016. Integration and optimization of coal gasification systems with near-zero emissions supercritical carbon dioxide power cycle. ASME. GE2016-58066.

Mahaffey, J., Kalra, A., Anderson, M., Sridharan, K., September 9–10, 2014. Materials corrosion in high temperature supercritical carbon dioxide. In: The 4th International Symposium – Supercritical CO_2 Power Cycles. Pittsburgh, PA.

McClung, A., Brun, K., Chordia, L., September 9–10, 2014. Technical and economic evaluation of supercritical oxy-combustions for power generation. In: The 4th International Symposium – Supercritical CO_2 Power Cycles. Pittsburgh, PA.

McClung, A., Brun, K., Delimont, J., June 15–19, 2015. Comparison of supercritical carbon dioxide cycles for oxy-combustion. GT2015-42523. In: ASME Turbo Expo 2015. Canada, Montreal.

Mecheri, M., Le Moullec, Y., May 20, 2015. Supercritical CO_2 Brayton cycles for coal-fired power plants. In: 7th International Conference On Clean Coal Technologies (CCT2015). Poland, Krakow.

Moore, J.J., Nored, M.G., Gernentz, R.S., Brun, K., September 28, 2007. Novel Concepts for the Compression of Large Volumes of Carbon Dioxide. Final Report, DOE Award DE-FC26–05NT42650.

Moroz, L., Burlaka, M., Rudenko, O., September 9–10, 2014a. In: Study of a supercritical CO2 power cycle application in a cogeneration plant, Supercritical CO2 Power Cycle Symposium, Pittsburgh, PA.

Moroz, L., Frolov, B., Burlaka, M., December 9–11, 2014b. A New Concept to Designing a Combined Cycle Cogeneration Power Plant. PowerGen 2014, Orlando, FL.

Moullec, Y.L., 2013. Conceptual study of a high efficiency coal-fired power plant with CO_2 capture using a supercritical CO_2 Brayton cycle. Energy 49, 32–46.

Munroe, et al., April 29–30, 2009. Fluent CFD steady state predictions of a single stage centrifugal compressor with supercritical CO_2 working fluid. In: Proceedings of the Supercritical CO_2 Power Cycle Symposium, RPI, Troy, NY.

Murciano, L.T., White, V., Petrocelli, F., Chadwich, D., 2011. Sour compression process for the removal of SOx and NOx from oxyfuel-derived CO_2. Energy Procedia 4, 908–916.

National Energy Technology Laboratory (NETL), January 2012a. Quality Guidelines for Energy System Studies, Specification for Selected Feedstocks (DOE/NETL-341/011812). Pittsburgh, Pennsylvania.

National Energy Technology Laboratory (NETL), June 2012b. Post Combustion Carbon Capture Approaches for Natural Gas Combined Cycle Power Plants (DOE/NETL-341/061812). Morgantown, WV.

National Energy Technology Laboratory (NETL), August 2013. Quality Guidelines for Energy System Studies, CO_2 Impurity Design Parameters (DOE/NETL-341/011212). Pittsburgh, Pennsylvania.

National Energy Technology Laboratory (NETL), July 2015a. Cost and Performance Baseline for Fossil Energy Plants Volume 1a: Bituminous Coal (PC) and Natural Gas to Electricity, Revision 3, DOE/NETL-2015/1723.

National Energy Technology Laboratory (NETL), July 2015b. Cost and Performance Baseline for Fossil Energy Plants Volume 1b: Bituminous Coal (IGCC) to Electricity, Revision 2b – Year Dollar Update, DOE/NETL-2015/1727.

Pawliger, R.I., August 7, 2003. Philo 6 steam – electric generating unit. ASME International.

Peltier, R., August 1, 2013. AEP's John W. Turk, Jr. Power plant earns POWER's highest honor. Power Magazine. Available at: http://www.powermag.com/aeps-john-w-turk-jr-power-plant-earns-powers-highest-honor/.

Pint, B.A., Keiser, J.R., September 9–10, 2014. The effect of temperature on the sCO_2 compatibility of conventional structural alloys. In: The 4th International Symposium – Supercritical CO_2 Power Cycles. Pittsburgh, PA.

Preuss, J.L., March 28–31, 2016. Application of hydrosatic bearings in supercritical CO_2 turbomachinery. In: The 5th International Symposium – Supercritical CO_2 Power Cycles. San Antonio, TX.

Purgert, R., Shingledecker, J., Saha, D., Thangirala, M., Booras, G., Powers, J., Riley, C., Hendrix, H., 2015. Materials for Advanced Ultrasupercritical Steam Turbines. United States. http://dx.doi.org/10.2172/1243058. http://www.osti.gov/scitech/servlets/purl/1243058.

Richards, G.A., Logan, R.G., Meyer, C.T., Anderson, R.J., 1992. Ash deposition at coal-fired gas turbine conditions: surface and combustion temperature effects. Journal of Energy for Gas Turbines and Power 114, 132–138.

Saari, H., Parks, C., Petrusenko, R., Maybee, B., Zangeneh, K., September 9–10, 2014. Corrosion testing of high temperature materials in supercritical carbon dioxide. In: The 4th International Symposium – Supercritical CO_2 Power Cycles. Pittsburgh, PA.

Santoianni, D., March 16, 2015. Setting the Benchmark: The World's Most Efficient Coal-fired Power Plants. Cornerstone. http://cornerstonemag.net/setting-the-benchmark-the-worlds-most-efficient-coal-fired-power-plants/.

Shelton, W.W., Weiland, N., White, C., Plunkett, J., Gray, D., March 28–31, 2016. Oxy-coal-fired circulating fluid bed combustion with a commercial utility-size supercritical CO_2 power cycle. In: The 5th International Symposium – Supercritical CO_2 Power Cycles. Texas, San Antonio.

Sienicki, J.J., Moisseytsev, A., Fuller, R.L., Wright, S.A., Pickard, P.S., 2011. Scale dependencies of supercritical carbon dioxide Brayton cycle technologies and the optimal size for a next-step supercritical CO_2 cycle demonstration. In: Supercritical CO_2 Power Cycle Symposium, Boulder, CO.

Strakey, P.A., Dogan, O.N., Holcomb, G.R., Richards, G.A., September 9−10, 2014. Technology needs for fossil fuel supercritical CO_2 power systems. In: The 4th International Symposium − Supercritical CO_2 Power Cycles. Pittsburgh, PA.

Strakey, P.A., March 28−31, 2016. Research efforts at NETL for supercritical CO_2 power cycles. Panel Session Presentation. In: The 5th International Symposium − Supercritical CO_2 Power Cycles. San Antonio, TX. http://www.swri.org/4org/d18/sco2/papers2016/PanelSessions/PanelIV/PeteStrakey.pdf.

Subbaraman, G., Mays, J.A., Jazayeri, B., Sprouse, K.M., Eastland, A.H., Ravishankar, S., Sonwane, C.G., September 12−16, 2011. Zepstm plant model: a high efficiency power cycle with pressurized fluidized bed combustion process. In: 2nd Oxyfuel Combustion Conference, Queensland, Australia.

SWEPCO, 2016. https://www.swepco.com/global/utilities/lib/docs/info/projects/TurkPlant/supercriticalfactsheet.pdf.

Tranier, J.-P., Dubettier, R., Darde, A., Perrin, N., 2011. Air separation, flue gas compression and purification units for oxy-coal combustion systems. Energy Procedia 4, 966−971.

Vega, J., Sonwane, C., Eastland, T., September 9−10, 2014. Supercritical CO_2 turbomachinery configuration and controls for a zero emission coal fired power plant: system off design & control of system transients. In: The 4th International Symposium − Supercritical CO_2 Power Cycles. Pittsburgh, PA.

Weiland, N., Shelton, W.W., White, C., Gray, D., March 28−31, 2016. Performance baseline for direct-fired sCO2 cycles. In: The 5th International Symposium − Supercritical CO_2 Power Cycles. Texas, San Antonio.

Weiland, N., Shelton, W.W., April 18th, 2016. Systems Analyses of Direct Power Extraction (DPE) and Advanced Ultra-supercritical (AUSC) Power Plants. Crosscutting Research & Rare Earth Elements Portfolios Review, Pittsburgh, PA.

Wenglarz, R.A., Wright, I.G., October 22−24, 2003. Alternate fuels for land-based turbines. In: Proceedings of the Workshop on Materials and Practices to Improve Resistance to Fuel Derived Environmental Damage in Land-and Sea-based Turbines. Co. School of Mines, Golden, CO, pp. 4-45−4-64.

Wright, S.A., Radel, R.F., Conboy, T.M., Rochau, G.E., January 2011. Modeling and Experimental Results for Condensing Supercritical CO_2 Power Cycles. Sandia Report SAND2010−8840.

Yuri, M., Masada, J., Tsukagoshi, K., Ito, E., Hada, S., 2013. Development of 1600°C-Class High Efficiency Gas Turbine for Power Generation Applying J-type Technology, Mitsubishi Heavy Industries Technical Review.

第 13 章 核能

J.J. Sienicki, A. Moisseytsev

阿贡国家实验室，阿贡，伊利诺伊州，美国

概述：sCO_2 循环的首要应用是核电站（Nuclear Power Plant，NPP）。核反应堆作为热源在有限的高温范围内传递热量。因此，钠冷快堆（Sodiam-Cooledfast Reactor，SFR）等先进核反应堆和 sCO_2 循环匹配可以获得更高效率，预计将会降低核电站每单位输出电力成本或电力的平准化成本。十多年来的发展相继证实了 sCO_2 循环在核应用中的优势。

关键词：控制策略；高温气冷堆；铅冷快堆；负荷跟踪；钠冷快堆；瞬态分析

13.1 sCO_2 循环在核电应用的优势

在核电领域使用 sCO_2 布雷顿循环有很多优势。对于陆基核电厂（NPP），通常希望将 sCO_2 布雷顿循环应用于先进核反应堆类型以提供超越目前正在运行的轻水反应堆（LWR）核电厂的性能。当前的轻水堆核电站的堆芯出口温度太低（287~327℃），无法通过切换到 sCO_2 布雷顿循环而实现比朗肯循环更高的效率（基于不同的设计效率为 33%~36%）。然而，先进核反应堆概念和设计通常将堆芯出口温度提高到远高于当前轻水堆堆芯出口温度的水平，从而使 sCO_2 布雷顿循环的效率达到甚至超过蒸汽朗肯循环或气体布雷顿循环。先进核电站的目标通常是降低单位发电量的核电投资成本或电力平准化成本。sCO_2 布雷顿循环被认为是一种使单位输出电力的投资成本低于蒸汽朗肯循环或气体布雷顿循环的方法，可能会使核电站对投资者和运营商更具吸引力。

sCO_2 布雷顿循环在钠冷快堆（SFR）设计中的应用展现并证实了多种优势（Sienicki 等，2015）。俄罗斯、印度、中国、法国、日本和韩国都在开发钠冷快堆。这些国家已经认识到继续使用轻水堆的资源限制，目前正在或已经计划在未来过渡到以钠冷快堆和闭式燃料循环为基础的快堆模式。与轻水堆相比，使用钠冷快堆和闭式燃料循环可使铀资源的能量利用率提高 50 倍。美国能源部核能办公室正在进行钠冷快堆的研究和开发。钠冷快堆使用的低压液态钠金属冷却剂具有很高的沸点（881.55℃），因此它是一种不会在管道破裂后闪蒸的低压冷却剂。钠具有较低的凝结温度（97.85℃），因此在冷却剂熔融条件下进行换料和维护操作也是可行的。钠具有很高的导热系数,普朗特数很低(0.005),是一种可以从高功率密度快堆堆芯带出热量的优秀液态金属传热流体。钠只有一个缺点,那就是与空气的可燃性以及与水/蒸汽的化学反应性。但这并不是安全问题。目前,已经成功开发了设计方法,以应对一个或多个蒸汽发生器传热管故障后钠与水可能发生的反应,以及假设钠释放到充满空气的隔间后可能发生的燃烧。这些设计方法会增加核电站的投资成本。

钠冷快堆的堆芯出口温度通常在510~550℃范围内。在较高的温度下,过热蒸汽朗肯循环提供大约43%的总循环效率(发电机输出电力除以输入到循环的热量);由于钠泵和其他用户的电力需求,核电站的净效率低于这个值。用sCO_2布雷顿循环取代过热蒸汽朗肯循环后得到了大约43%或稍高的总效率。图13.1比较了随透平进口温度的升高,与钠冷快堆耦合的sCO_2布雷顿、氦气布雷顿、过热蒸汽和超临界水循环的循环效率变化。在计算效率时,忽略了由于材料强度损失和其他现象对钠冷快堆温度的限制。对于耦合到其他反应堆类型的循环,曲线可能是不同的。随着透平进口温度的升高,sCO_2布雷顿循环效率的提高速度大于过热蒸汽循环和超临界水循环。

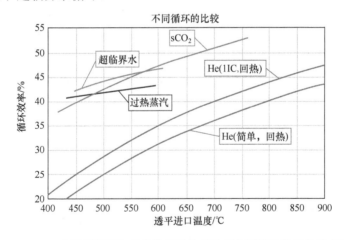

图13.1　sCO_2布雷顿循环与其他能量转换系统耦合到钠冷快堆的效率比较

sCO_2循环与钠冷快堆系统非常匹配。当sCO_2在透平中从大约20 MPa的入口压力膨胀到大约7.8 MPa的出口压力时,sCO_2温度降低了大约113℃。反应堆堆芯内的钠冷却剂温度上升了约150℃。通过sCO_2循环有效的回热,可以在接近(略低于)堆芯入口温度的温度下将sCO_2输送到钠-CO_2换热器,有助于提高循环效率。

预计用于钠冷快堆的sCO_2布雷顿循环的成本将低于过热蒸汽循环。首先,sCO_2涡轮机械的成本相对较低,预计将显著低于过热蒸汽循环中单独的高压、较大的中压和更大的低压汽轮机设备。然而,sCO_2布雷顿循环要求高温回热器和低温回热器有较大的换热面积，与回热器、钠-CO_2换热器和冷却器相关的成本可能会抵消 sCO_2 涡轮机械所节约的成本。使用 sCO_2 布雷顿循环消除了检测和处理钠-水反应的需要。在钠-水蒸气发生器传热管出现大破口泄漏之前，有必要使用仪器来检测钠-水蒸气发生器管中的小破口泄漏，也有必要使用相关系统来应对蒸汽发生器传热管可能的双端剪切断裂事故。这些系统增加了投资成本。但是钠确实会与 CO_2 发生反应。使用 sCO_2 布雷顿循环和紧凑的钠-CO_2 换热器需要了解和处理钠-CO_2 相互作用的潜在影响。目前，钠-CO_2 相互作用的试验研究正在进行中（Miyahara 等，2009； Ishikawa 等，2005；Eoh 等，2010，2011a,b；Gerardi 等，2016，2015）。与钠水反应相比，钠-CO_2 的反应是相对温和的，因此检测和处理钠-CO_2 反应的系统成本将低于检测和处理钠水反应的系统成本。但是钠和 CO_2 相互作用形成的固体反应产物不易溶于钠。因此，有必要新增相关系统来清除钠-CO_2 作用产生的固体反应产物。

小型涡轮机和紧凑的换热器使 sCO_2 布雷顿循环的占地面积相对于过热蒸汽循环能量转换系统更小。这也有助于通过减小涡轮发电机的尺寸和建造成本来降低核电厂的成本。

利用 2010 年和 2011 年可获得的成本信息，对钠冷快堆 sCO_2 布雷顿循环和过热蒸汽循环能量转换系统投资成本的初步估计认为两者成本相当。随后，人们一直在努力降低适用于 sCO_2 循环的紧凑型扩散焊接换热器的成本。如果换热器的成本能够显著降低，那么 sCO_2 布雷顿循环能量转换系统的成本将大大低于过热蒸汽循环，从而显著降低钠冷快堆核电站单位输出电力的投资成本。潜在的成本降低优势是钠冷快堆 sCO_2 发电技术的主要驱动力。降低能量转换系统成本是开发适用于 sCO_2 循环的成本较低的紧凑型换热器的主要驱动力。

先进的核反应堆设计采用了可替代的主冷却剂，以允许更高的堆芯出口温度，最高可达 700℃。例如铅冷快堆（lead-cooled fast reactor，LFR）的概念设计使用铅（Pb）或铅铋合金（LBE，44.5wt% Pb～55.5wt% Bi）液态金属冷却剂。两者的沸点都很高，因此都属于低压冷却剂。两者都与 CO_2 极少发生或根本不发生化学反应。要将反应堆堆芯出口温度提高到 550℃以上，需要开发一种保护燃料包壳和反应堆结构材料免受铅或铅铋合金侵蚀的方法。在反应堆获得许可之前，需要将结构材料及其保护方法编成规范与美国机械工程师协会设计规范一起使用。通过提高透平进口温度，可以利用 sCO_2 循环提升能量转换系统效率，如图 13.1 所示。对于固定的反应堆热功率输出来说，提高透平进口温度可以降低核电站单位输出电力的投资成本。从图 13.1 可以看出，sCO_2 布雷顿循环效率随温度的增加比过热蒸汽循环或气体布雷顿循环快。这使得 sCO_2 循环在提高堆芯出口温度的先进核反应堆概念和设计的应用中更有吸引力。一种方法是选择通过堆芯的温升与透平中的 sCO_2 温降相当的冷却剂。也就是说，尝试实现热源和能量转换系统相匹配，类似于钠冷快堆。

另一个核能应用是用于船舶推进，其核热源是水冷反应堆，其中的水处于高压状态。对于水冷堆的堆芯出口温度，sCO_2 循环的效率较低。然而，效率并不是推进的主要考虑因素，正是 sCO_2 布雷顿循环的紧凑性使其具有吸引力。相对较小的涡轮机械尺寸，再加上紧凑型换热器技术的使用，使得能量转换系统的质量和体积相对于蒸汽循环有所减小。质量和体积的降低是其在船舶推进应用的主要优势。

当透平用于驱动连接到同轴的压缩机或者压缩机由位于同轴的单独的透平驱动而不是由电动机驱动时，在没有电力供应的情况下，压缩机可以继续在循环中工作。这一功能使循环能够在没有电力供应的情况下继续从反应堆中带走热量，并将热量排放到散热器中。

sCO_2 布雷顿循环的一个通用优势是可以在广泛的电网负荷范围内进行控制，以实现负荷跟踪。这对于部署在小型或偏远电网上的小型模块化反应堆（Small Modular Reator，SMR）尤其有利。在小型或偏远电网中，小型模块化反应堆可能是最大的电力生产者，因此跟踪负荷需求可能是一个基本功能属性。

13.2　sCO_2 循环的弊端

前面已经提到 sCO_2 循环有两个可能被视为缺点的特性。一是对于轻水堆核电站，堆芯出口温度过低，无法实现比传统朗肯循环更高的效率；二是 CO_2 与钠冷却剂会发生化学作用，因此有必要了解和处理钠-CO_2 作用的影响。钠-CO_2 作用的影响存在不确定性，目前已经考虑在钠冷快堆中使用氮气布雷顿循环（Cachon 等，2012）。虽然氮气布雷顿循环的效率比 sCO_2 布雷顿循环低，而且潜在成本更高，但氮不会与钠发生化学相互作用，因此不需要应对化学作用的影响。

CO_2 在辐射场中分解后会产生不良后果（Harteck 和 Dondes，1955，1957），比如形成能腐蚀管道和设备的化学物质，或形成与 CO 类似的长链碳氧分子，该分子可能破坏旋转机械。通常在钠冷快堆的钠和能量转换系统工质间设置一个钠中间回路。当中间回路钠穿过反应堆容器时，必须保护中间回路内的钠冷却剂免受反应堆堆芯中子的影响，在堆芯和中间换热器之间设置合适的中子屏蔽以防止中间钠的中子诱发活化。必须将活化限制在足以减少钠-CO_2 换热器内部由中间钠向 CO_2 辐射的程度，从而避免分解问题。为了确保对 CO_2 的影响保持在最低水平，需要将中间钠对 CO_2 的辐射降低到与本底辐射相当的水平。

由于 CO_2 暴露在主冷却剂的辐射或堆芯的直接辐射中会诱导分解，CO_2 不能在反应堆容器内使用。一些反应堆设计者试图取消中间回路以减少核电站的投资和运营成本，但这种方法不适用于 CO_2 工质。

对于一些使用朗肯循环的反应堆，在紧急情况下带走堆芯余热的一种方法是向蒸汽发生器提供给水并利用水的沸腾带走热量。但这种余热导出方式在 sCO_2

系统中是无法实现的。先进反应堆设计如钠冷快堆和铅冷快堆，都有单独的专用应急余热排出系统来实现这一目的，因此 sCO_2 的这一特性并不是这些设计应用时的真正缺点。

CO_2 在空气中是一种低浓度的有毒物质，高浓度时会导致窒息。特别是，职业安全与健康管理局允许的 8h 工作日内的接触极限是 0.5%体积浓度。15min 短期暴露的极限是 3%，在 5%的体积浓度中暴露 30min 会中毒，而浓度超过这个值（7%~10%）会导致意识不清，因此 4%的浓度被认为会立即对生命和健康有危险，而 5min 内 CO_2 的致死浓度为 9%。30%的体积浓度会导致窒息。相同温度下，CO_2 的密度比空气高。因此，CO_2 是一种很重的气体，它会在较低的位置聚集，然后扩散到地面。有必要保护工作人员免受意外 CO_2 泄漏的影响，如 sCO_2 布雷顿循环管道双端剪切断裂。这种管道断裂是设计基准事故的诱因，因此必须确保扩散的 CO_2 不会进入核电站控制室，使核电站操作员失去自主能力。但是，CO_2 对健康的危害并没有妨碍小型 sCO_2 回路试验、sCO_2-金属合金腐蚀试验或钠-CO_2 相互作用试验的开展。

13.3　sCO_2 循环发展史

sCO_2 循环的第一个应用是核电站。核反应堆作为热源在有限的高温范围内传递热量。对于特定的反应堆类型，如钠冷快堆，可以实现反应堆和 sCO_2 循环之间的耦合，使得向循环传递热量的温度范围大致匹配 sCO_2 在透平中经历的温度下降，从而产生高循环效率。如化石能源系统的其他应用早期没有被发现，因为它们不具有这种热传输特性。但人们随后认识到，对于非核热源，热输送的这一特征可以通过不同的循环配置来实现，如通过使用 sCO_2 级联循环或者将 sCO_2 的低压侧降低到合适的亚临界值。下面重点介绍一些值得注意的核应用领域的历史成就。

G. Sulzer 于 1948 年申请了部分冷却冷凝 CO_2 循环的专利，并于 1950 年获瑞士专利授权。sCO_2 再压缩布雷顿循环最初是由 Ernest G. Feher（1967，1968）在麦克唐奈·道格拉斯公司的天体动力实验室提出的。因此，再压缩循环有时被称为"费厄循环"。Feher 和他的团队设计、组装并短暂运行了一个 150kW 的能量转换系统。该设计被应用于美国陆军的一个堆芯出口温度为 760℃的小型氦冷反应堆（Feher 等，1969）。CO_2 具有良好的临界性能、热稳定性和低腐蚀性能，因此被选为工作流体。此外，CO_2 还具有储量丰富，低成本，热物性被熟练掌握的特点。随后，Feher 和他的团队开发了一个 44kW 的涡轮泵，并由位于加利福尼亚州西亨廷顿海滩的麦道宇航公司开展测试（Feher 等，1971）。由于资金限制，只进行了少量试验。此后，公开文献检索没有发现 Feher 开展进一步的 sCO_2 布雷顿循环的研究工作。

1968 年，西门子-国际原子公司-比利时核能公司-荷兰原子能公司财团提议将 sCO_2 循环用于钠冷快堆（Van Dievoet，1968）。作为这项工作的一部分，对钠与 CO_2 的化学作用进行了小规模实验。Watzel（1971）和 Pfost 与 Seitz（1971）研究了 sCO_2 循环在钠冷快堆中的应用，包括透平和换热器的研究。1967 年至 1970 年间，意大利米兰理工大学的 G.Angelino 研究了真实气体特性对布雷顿循环性能的影响（Angelino，1967，1968，1969），他提出了一个以 CO_2 为工质的部分冷凝循环。1970 年，R.Strub 和 A.Freider 研究了用于氦冷快堆的 sCO_2 再压缩循环，他们证实了 sCO_2 循环相比于氦布雷顿循环的几个优点，其中包括 CO_2 成本低得多，且涡轮机械更紧凑、效率更高。

1976 年，通用电气进行了能量转换系统替代研究，将先进的能量转换系统在化石燃料发电厂的应用进行了比较（Corman，1976）。这项研究的结论是 sCO_2 循环不太适合应用于火力发电厂，因为电站损失很大。

1977 年，麻省理工学院的 O. Combs 发表了一篇关于 sCO_2 循环在舰船应用的论文，并推荐了一种简单紧凑的布雷顿循环配置。

1997 年至 1999 年期间，捷克技术大学的 V. Petr 对 sCO_2 布雷顿循环进行了研究，发现该循环主要适用于核应用，且最有希望的是出口温度在 450~600℃ 范围内的先进反应堆（Petr 和 Kolovratnik，1997；Petr 等，1999）。从 2000 年开始，麻省理工学院的 Vaclav Dostal 开展了 sCO_2 布雷顿循环应用于铅冷却快堆和高温气冷堆的研究（Dostal 等，2001；Wang 等，2003）。麻省理工学院早期的工作记录在 Dostal 的博士论文中，他重新发现了更高循环效率和更小涡轮机械部件对再压缩循环的好处。他还确定了由英国麦吉特公司势力部制造的紧凑式扩散焊接换热器的应用（Heatric Division of Meggitt（UK）Ltd.，2016；Pierres 等，2011；Southall 和 Dewson，2010）。Dostal 还完成了在高温气冷堆中使用 sCO_2 布雷顿循环代替氦气布雷顿循环的成本节约计算。

根据麻省理工学院 Michael Driscoll 和 Vaclav Dostal 教授的研究成果，阿贡国家实验室（ANL）采用 sCO_2 布雷顿循环作为正在开发的铅冷快堆的能量转换系统（Moisseytsev 等，2003，2004； Moisseytsev 和 Sienicki，2004）。它的应用随后扩展到阿贡国家实验室开发的先进钠冷快堆概念（Chang，Y.等，2005，2006；Sienicki 等，2007）。阿贡国家实验室的工作是由美国能源部核能办公室资助的，开发了用于分析 sCO_2 布雷顿循环设备和整体循环稳态和变工况性能的计算程序。阿贡国家实验室电厂动力学程序（PDC）的开发也已启动，以实现针对 sCO_2 循环系统的瞬态分析能力（Moisseytsev 和 Sienicki,2006）。在阿贡国家实验室搭建了一个小型 sCO_2 换热器测试设备，包括两个独立的 sCO_2 循环，一个是焦耳热源，另一个是 CO_2-水换热器，两个回路通过换热器实现热耦合（Lomperski 等，2006）。在典型 sCO_2 低温回热器运行工况下，对 17.5 kW 热负荷的印刷电路板换热器（PCHE）进行了性能测试（Moisseytsev 等，2010）。在原型冷却器条件下，还对该换热器

进行了 CO_2-水换热性能测试。利用试验数据对 sCO_2 换热器的紧凑式扩散焊换热器模型进行了验证。为了可靠地设计紧凑式钠-CO_2 换热器，还开展了一些基本现象的实验，包括钠堵塞、钠冻结和融化以及钠-CO_2 化学反应（Sienicki 等，2011a,b；Gerardi 等，2016，2015）。其提出了一种 sCO_2 布雷顿循环能量转换系统的自动控制策略，并将 sCO_2 布雷顿循环推广到使用级联循环或亚临界低压循环的高温气冷反应堆（Moisseytsev 和 Sienicki，2010）。优化 sCO_2 布雷顿循环能量转换系统的设计，以最小化核电厂单位输出电力的成本，并创建了一种通过优化换热器和涡轮机械部件的设计来进行优化的方法（Moisseytsev and Sienicki，2011a,b）。

巴伯-尼科尔斯公司设计、组装并运行了一个小型 sCO_2 压缩机测试回路（Wright 等，2009a,b）。桑迪亚国家实验室（SNL）根据巴伯-尼科尔斯公司的闭式气体布雷顿循环回路的经验，开始对使用 sCO_2 的小型透平机械的性能进行试验研究（Wright 等，2009a,b）。紧随其后的是一个 0.78 MWt 小规模 sCO_2 再压缩闭式布雷顿循环（RCBC），该循环在几年时间内由 BNI 和 SNL 分多个运行阶段组装而成（Wright 等，2011；Conboy 等，2012，2013）。再压缩闭式布雷顿循环不同于在同轴上只有一台透平和两台压缩机的配置，其包含两套透平-交流发电机-压缩机（Turbo-Alternator-Compressor，TAC）机组。sCO_2 循环的研究在麻省理工学院持续了一段时间，但最后被终止。

用于船舶推进应用的 sCO_2 布雷顿循环的研究始于现在的海军核动力实验室（Ashcroft 等，2009）。一个 1MWt 的 sCO_2 回路，即综合系统测试（Integrated Systerm Test, IST）回路，已经组装完毕并正在运行（Rahner 和 Hexemer，2011；Clementoni 和 Cox，2014a,b）。使用 TRACE 程序实现了系统级性能分析，并且使用来自 IST 的数据进行验证（Rahner 和 Hexemer，2011；Rahner，2014）。先进的紧凑型换热器技术也已经过研究和测试。

2010 年，阿贡国家实验室对 1000 MWt 钠冷快堆的 sCO_2 布雷顿循环能量转换系统的投资成本进行了粗略估计，并与过热蒸汽循环能量转换系统进行比较，结论是两者的成本相当。尽管 sCO_2 循环的小型透平机械可以节约成本，但研究发现这部分节约的成本被紧凑型扩散焊接换热器的高昂成本所抵消，紧凑型扩散焊接换热器需要提供回热器和冷却器所需的高换热面积。2010 年，来自阿贡国家实验室、桑迪亚国家实验室和巴伯-尼科尔斯公司的团队，共同确定 sCO_2 布雷顿循环从小功率规模系统转变为商业规模（100MW）的关键技术，并确定在桑迪亚国家实验室的 sCO_2 再压缩闭式循环之后的示范应用的规模，并最终建议为 10MWe（Sienicki 等，2011a,b）。

2011 年，阿贡国家实验室与普惠洛克达因公司签约，为 1000MWe 钠冷快堆 sCO_2 布雷顿循环进行详细成本估算。洛克达因公司随后与 CH2M Hill 签订了合同，以协助其进行成本估算。洛克达因公司研究了单个能量转换系统与多个较小功率的能量转换系统，并得出结论：单个 1000MWe 的 sCO_2 布雷顿循环能量转换系统是可行且有益的。1000MWe 的设计采用了 321 不锈钢，包括一个单独的透平用于驱动与主透平和发电机分离的第二个轴上的压缩机，该设计没有采用紧凑式扩散焊接钠-CO_2 换热器，消除了钠通道较小的问题。未对单个部件的设计进行优化，以提高每单位输出电功率的成本。阿贡国家实验室对过热蒸汽循环能量转换系统的成本进行了详细的估算。虽然 sCO_2 布雷顿循环能量转换系统的成本估算尚未公开，但预计 sCO_2 布雷顿循环能量转换系统的成本将大大低于过热蒸汽循环。

其他国家包括日本、法国、韩国和捷克已经或正在进行用于核能的 sCO_2 布雷顿循环的研究和开发。其中，韩国的研究是目前最为积极的，包括在钠冷快堆的潜在应用、小型 sCO_2 压缩机测试回路的实验、小型 1 MW 级 sCO_2 再压缩布雷顿循环回路搭建、CO_2-钠相互作用实验以及紧凑型扩散焊接换热器的开发等。

第一次 sCO_2 研讨会是麻省理工学院和东京理工学院于 2005 年 11 月在麻省理工学院举行的，当时的应用背景几乎完全是核能领域。随后的研讨会分别于 2007 年、2009 年、2011 年、2014 年和 2016 年举行（Supercritical CO_2 Power Cycle Symposium, 2016）。随着时间的推移，核能以外的其他应用开始出现，并在公开文献中有所增加。

13.4 在特定反应堆中的应用

13.4.1 钠冷快堆：sCO_2 布雷顿循环与反应堆非常匹配

钠冷快堆与 sCO_2 布雷顿循环可以很好地匹配。堆芯内的钠冷却剂温升约为 150℃，与透平内部从约 20 MPa 的高压膨胀至约 7.8 MPa 的低压的 sCO_2 约为 113℃ 的温降大致相当。图 13.2 所示为钠冷快堆与 sCO_2 布雷顿循环结合时的原理图和参数优化结果（Sienicki 等，2014，2015）。反应堆设计是 100MW 级钠冷快堆。该循环提供了 42.3% 的总效率，相对于中间钠-CO_2 换热器（250MW）的热能输入，发电机的电力输出为 104.8MWe。钠-CO_2 换热器内的钠工质温降为 155℃，换热器内 CO_2 温升为 150℃，而汽轮机内的 CO_2 温降为 113℃。在 sCO_2 布雷顿循环与钠冷快堆的运行温度下，奥氏体不锈钢（如 316、321）和 Inconel 合金可用于能量转换系统材料（Furukawa 等，2011a,b; Tan 等，2011; Cao 等，2012; Firouzdor 等，2013; Mahaffey 等，2015; Rouillard 等，2011）。316 和 321 型不锈钢与钠良好的相容性，使其成为钠-CO_2 换热器的优良材料。此外，它们可以实现扩散焊接，使紧凑型扩散焊接钠-CO_2 换热器的制造成为可能。

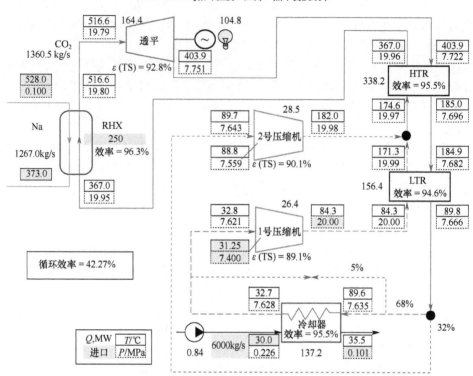

图 13.2 AFR100 钠冷快堆的 sCO_2 布雷顿循环参数优化配置（HTR 表示高温回热器，LTR 表示低温回热器）

13.4.2 铅冷快堆：sCO_2 布雷顿循环与反应堆条件非常匹配

铅冷快堆电站的设计可以使堆芯温升约 150℃，这使铅冷快堆和 sCO_2 布雷顿循环能够很好地匹配。如果奥氏体不锈钢或 Inconel 合金能够防止铅或铅铋合金的腐蚀，那么这些合金就可以用于 $Pb-CO_2$ 或 $LBE-CO_2$ 换热器。

13.4.3 高温气冷堆：需要级联循环或膨胀至亚临界压力（部分冷却循环）

高温气冷堆采用加压氦作为主冷却剂，其堆芯冷却剂温升通常约为 450℃。例如，对于特定设计，从堆芯入口温度 322℃ 到出口温度 750℃ 之间的堆芯温升为 428℃。大幅温升是高温气冷反应堆设计的一个特点，这样能够实现较低的氦流量，从而降低所需的堆芯速度和压降。该堆芯温升几乎是与 sCO_2 布雷顿循环相匹配的理想温升 150℃ 的三倍。Moisseytsev 和 Sienicki（2010）开展了如何将 sCO_2 布雷顿循环用于高温气冷反应堆的研究。因为高温气冷堆芯出口温度很高，假设氦的入口和出口温度分别为 400℃ 和 850℃。如果采用传统的 sCO_2 再压缩布雷顿循环，则计算出的循环效率相对较低，为 **44.9%**，如图 13.3 所示。

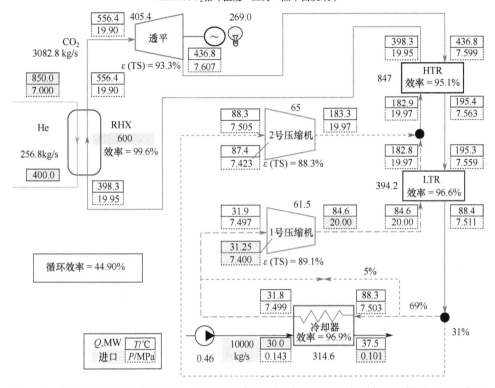

图 13.3 应用于高温气冷堆的传统 sCO$_2$ 再压缩布雷顿循环（HTR 表示高温回热器，LTR 表示低温回热器）

进入 He-CO$_2$ 换热器的氦的温度为 850℃，而透平入口处的 sCO$_2$ 温度仅被加热到 556℃。这可以看作是吸收热量的 sCO$_2$ 不能高于氦 400℃换热器出口温度边界的结果。与图 13.1 所示的效率相比，该结果比匹配于钠冷快堆的透平入口温度为 850℃的 sCO$_2$ 循环效率低。也就是说该循环与反应堆不匹配。

除了效率降低之外，不匹配的另一个特征是在换热器热端的氦和 CO$_2$ 之间存在 294℃的巨大温差。这样的温差将会产生较大的应力，需要换热器的合理设计来应对。

麻省理工学院的 Vaclav Dostal 以及洛克达因公司的 Greg Johnson 和 Mike McDowell 通过使用 sCO$_2$ 级联布雷顿循环克服了该不匹配问题（Johnson，2008；Johnson 和 McDowell，2011；Johnson 等，2012）。在该方案中，单个 sCO$_2$ 再压缩布雷顿循环被三个 sCO$_2$ 再压缩布雷顿循环所取代，如图 13.4 所示。450℃的氦气温降分为三个 150℃的温降部分，这三个 150℃的温度下降分别发生在串联布置的三个单独的 He-CO$_2$ 换热器中。每一个独立的 sCO$_2$ 再压缩布雷顿循环都与其各自的 He-CO$_2$ 换热器很好地匹配。最高温度循环中的 CO$_2$ 被加热到 830℃，接近

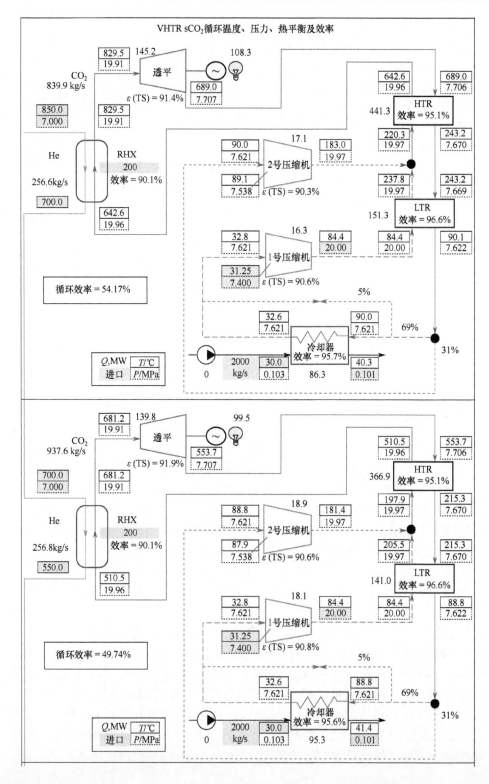

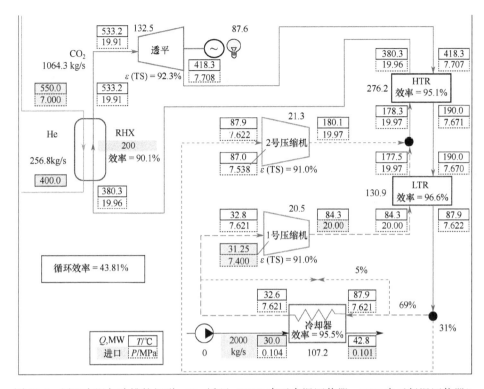

图 13.4 用于高温气冷堆的级联 sCO₂ 循环（HTR 表示高温回热器，LTR 表示低温回热器）

最高氦气温度，为该循环提供了 54.2%的循环效率。另外两个循环的循环效率分别为 49.7%和 43.8%。由于每个循环都获得相同的热输入速率，因此三个循环的整体效率平均值为 49.2%。级联循环方法降低了每个换热器内部的氦气到 CO_2 的温差。

虽然级联循环配置提高了能量转换效率，但它带来了复杂性以及更大的投资和运营成本，需要三套较小尺寸的涡轮机械和换热器。需要同时控制三个循环，并且各个循环设计过程中必须适应其他循环故障时的运行。例如，如果最高温度循环不可用，那么高温氦将进入中间循环的 He-CO_2 换热器。

高温气冷堆与 sCO₂ 布雷顿循环条件的不匹配是由于透平压降造成的。降低失配的一种方法是降低循环的低端压力，从而增加通过透平的压降和温降。图 13.5 所示为低端压力降至 1.0 MPa 亚临界值时的循环工况。虽然压力处于亚临界状态，但低温仍然是超临界的。在低温回热器和冷却器之间增加两个额外的预冷器和压缩机以将冷却器进口压力提高到超临界值，循环效率达到了 49.5%。这个循环的温焓图如图 13.6 所示。这样的循环也被称为部分冷却循环。额外的冷却器和压缩机以及所需的更大的透平将增加能量转换系统的投资成本。

Incone 合金在高温下可与氦和 sCO₂ 兼容，可用于 sCO₂ 管道的设计。

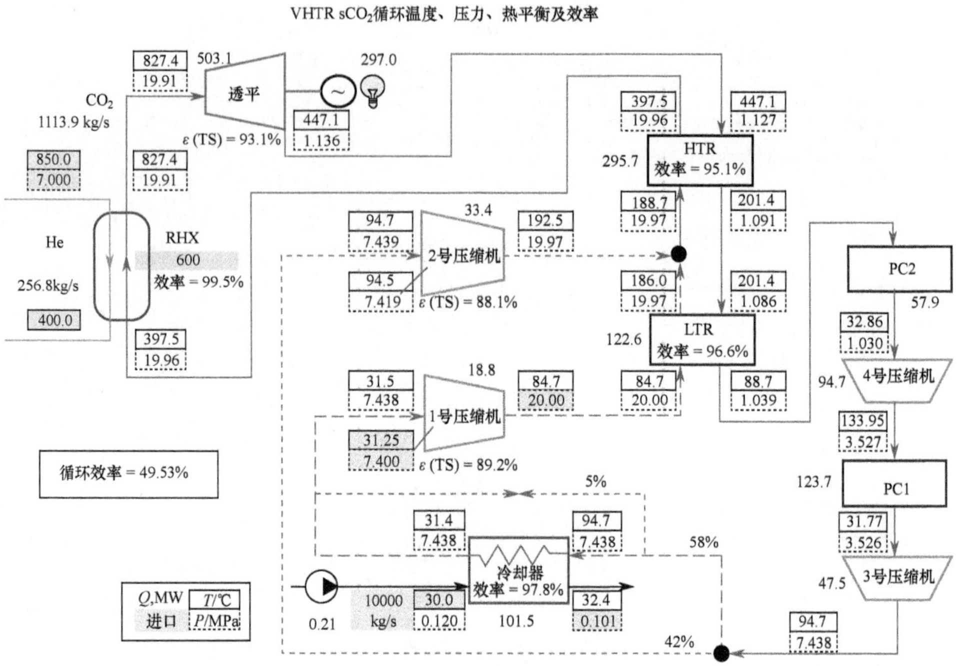

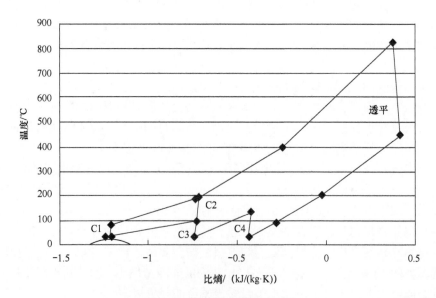

图 13.5 适用于高温气冷堆的低端压力为 1.0 MPa 的 sCO₂ 再压缩布雷顿循环（HTR 表示高温回热器，LTR 表示低温回热器）

图 13.6 部分冷却循环 T-s 图

13.5 用于钠冷快堆的 sCO$_2$ 循环实例

针对 AFR-100 百兆瓦级（250MW）钠冷快中子小型模块化反应堆，完成了一种 sCO$_2$ 布雷顿循环及其辅助系统的概念设计（Sienicki 等，2015）。AFR-100 集成了美国能源部已经研究或正在开发的各种创新快堆技术，以实现投资成本的降低、增加非能动安全性与改善堆芯性能。其中一个创新是采用 sCO$_2$ 布雷顿循环能量转换系统，并保留过热蒸汽循环作为备用。能量转换系统概念设计的一个显著特点是对 sCO$_2$ 布雷顿循环设备和循环工况进行了优化，以使电厂单位电力成本最小化。例如，通过增加换热器的尺寸和效率，可以提高循环效率和电厂净效率。但是能量转换系统的成本也随之上升。每个换热器都有一个最佳尺寸，可以使电厂投资成本最小。应用 Moisseytsev 和 Sienicki（2011a，b）的能量转换装置优化方法获得的最终的循环参数如图 13.2 所示。当堆芯出口温度为 550℃，透平进口温度为 517℃时，计算得到的循环效率为 42.3%，比传统过热蒸汽循环效率高出 1%以上。已开发了一个略高于临界压力的堆芯余热排出系统，该系统包括一个加压泵送 sCO$_2$ 回路，用于正常停堆时的堆芯冷却。

换热器的优化结果见表 13.1。该换热器是采用 316 型不锈钢制造的紧凑型扩散焊接换热器。每个换热器由许多单独的扩散焊接模块组成，假设其尺寸最大为 1.50m×0.6m×0.6 m。通过将单独的模块并排扩散焊接在一起，然后将连接管焊接其上能够实现更少量的换热器模块，并显著减少连接到焊块的管道数量。图 13.7 所示为钠–CO$_2$ 换热器。透平和压缩机的优化结果见表 13.2。

表 13.1 sCO$_2$ 布雷顿循环换热器优化结果

换热器	钠–CO$_2$ 换热器	CO$_2$–CO$_2$ 高温回热器	CO$_2$–CO$_2$ 低温回热器	CO$_2$–水冷却器
热负荷/MW	250	338.2	156.4	137.2
扩散黏结芯体数量	96	48	48	72
每个芯体的热负荷/MW	2.60	7.05	3.26	1.91
芯体的长/宽/高/m	1.50/0.6/0.6	0.6/1.50/0.6	0.6/1.50/0.6	0.868/0.6/0.6
热/冷侧传热通道长度/m	1.500/1.732	0.439/0.439	0.439/0.537	0.748/0.715
热侧通道	长4mm、宽6mm的方形	1.3mm 半圆形	1.3mm 半圆形	2mm 半圆形
冷侧通道	2mm 半圆形	1.3mm 半圆形	1.3mm 半圆形	2mm 半圆形
热侧进/出口温度/℃	528.0/373.0	403.9/185.0	184.9/89.8	89.6/32.66
冷侧进/出口温度/℃	516.6/367.0	367.0/174.6	171.3/84.3	35.3/30.0
热侧进/出口压力/MPa	0.100/0.100	7.722/7.696	7.682/7.666	7.635/7.628
冷侧进/出口压力/MPa	19.802/19.946	19.962/19.791	19.987/19.995	0.101/0.226

续表

换热器	钠-CO_2 换热器	CO_2-CO_2 高温回热器	CO_2-CO_2 低温回热器	CO_2-水冷却器
热/冷侧流量/(kg/s)	13.2/14.2	28.3/28.3	28.3/19.3	12.2/83.3
芯体质量/t	1.701	2.653	2.653	1.586
效率/%	96.3	95.5	94.6	95.5

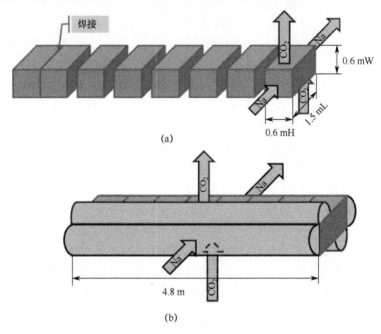

图 13.7 钠-CO_2 换热器示意图

表 13.2 sCO_2 布雷顿循环涡轮机械优化结果

涡轮机	透平	主压缩机	再压缩机
类型	轴向	离心式	离心式
功率/MW	164.4	26.41	28.53
转速/(r/min)	3600	3600	3600
级数	6	1	2
无套管轴长/m	2.67	0.37	0.86
无套管直径/m	0.89	1.90	2.03
最大/最小轮毂半径/cm	35.3/28.2	10.0/10.0	10.8/8.4
最大/最小叶尖半径/cm	44.6/42.5		
最大/最小叶轮半径/cm		56.9/56.9	63.2/58.7
最大/最小叶片高/cm	16.4/7.2	8.7/1.4	11.1/1.2
最大/最小叶弦/cm	10.9/7.4		

续表

涡轮机	透平	主压缩机	再压缩机
最大/最小叶长/cm		50.6/23.3	57.8/25.0
进/出口压力/MPa	19.79/7.751	7.621/20.00	7.643/19.98
进/出口温度/℃	516.6/403.9	32.79/84.3	89.66/182.0
流量/(kg/s)	1360.5	952.2	435.4
最大马赫数	0.38	0.47	0.50
全静效率/%	92.8	89.1	90.1

图 13.8 所示为 sCO$_2$ 布雷顿循环和辅助系统开发的流程图。该流程图包括两个正常停堆余热排出系统,这两个系统利用了 CO$_2$ 补充系统。两个中间钠回路各有一个余热排出系统。在反应堆停堆且 sCO$_2$ 布雷顿循环因维护或维修需要而不可用时,该系统可排出 5%的反应堆功率（12.5MW）。正常停堆余热排出系统与 AFR-100 应急余热排出系统是分开的,该系统由三个 NaK 衰变热排出回路组成,每个回路包含一个浸入反应堆容器冷钠池中的钠-NaK 反应堆辅助冷却系统换热器。正常停堆余热排出回路的工质为 sCO$_2$,其压力由稳压器保持在 8.0 MPa,流量由 sCO$_2$ 泵保持。热量通过与钠-CO$_2$ 换热器隔离的小型紧凑扩散焊接钠-CO$_2$

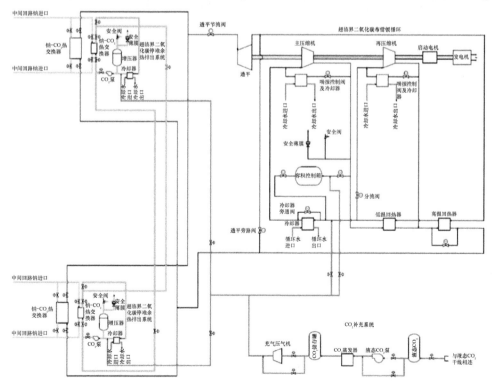

图 13.8 sCO$_2$ 布雷顿循环、sCO$_2$ 正常停堆余热排出系统、sCO$_2$ 补充系统流程图

换热器从中间钠回路中移出,并通过小型紧凑扩散焊接CO_2-水换热器排出到循环水中。运行原理与参数见图13.9和表13.3。根据N_s-D_s图,sCO_2泵抵消压降并提供所需的流量,泵的叶轮直径为0.261m,转速为3016r/min,效率为80%。

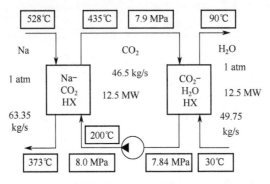

图13.9 正常停堆余热排出系统运行参数

表13.3 sCO_2正常停堆余热排出系统换热器参数

换热器	钠-CO_2	CO_2-水冷却器
热负荷/MW	12.5	12.5
扩散黏结芯体数量	1	1
每个芯体的热负荷/MW	12.5	12.5
芯体的长/宽/高/m	0.4/1.14/0.6	0.35/0.537/0.6
热侧通道	长4mm、宽6mm的方形	2mm半圆形
冷侧通道	2mm半圆形	2mm半圆形
热侧进/出口温度/℃	528.0/373.0	435.3/200.0
冷侧进/出口温度/℃	435.3/200.0	90.0/30.0
热/冷侧流量/(kg/s)	63.4/46.5	46.5/49.8
热/冷侧压降/kPa	0.04/98.6	58.4/11.5

图13.8中的管道布置设计为任何一条管道的破裂都不能使sCO_2布雷顿循环和两个正常停堆余热排出回路全部失效。交叉连接使正常停堆余热排出系统也能从另一个中间钠回路中排出热量。液态CO_2由卡车运送,并储存在透平发电机舱室的液态CO_2冷藏储存罐内。根据需要,液体CO_2被加热并通过CO_2上充压缩机输送到sCO_2布雷顿循环和正常停堆余热排出回路。当sCO_2布雷顿循环或正常停堆余热排出系统需要减压和清空CO_2以进行维护或维修时,CO_2可以被释放到大气中,无须捕获和储存以供再利用。

核电厂的概貌如图13.10所示,废热通过模块化冷却塔排入大气热阱。图13.11所示为反应堆厂房的剖面图,展示了位于操作楼层下方反应堆厂房地下未密封隔间内的钠-CO_2换热器模块。密封的安全壳包括圆柱壁内部的上部空间和操作层上方的穹顶。图中还展示了三个 NaK-空气换热器和烟囱中的两个,它们是三个 NaK 紧急衰变热排出系统回路的一部分。图 13.12 所示为位于压力容器前面的钠-CO_2 换热器模块以及钠和 CO_2 的管道和其他部件的布置图。每个中间钠回路有四个钠-CO_2 换热器模块,每个模块由 12 个紧凑式扩散焊接模块并排焊接在一起。每套四个钠-CO_2 换热器所需的空间比蒸汽发生器所需的空间要小,特别是在垂直方向上。

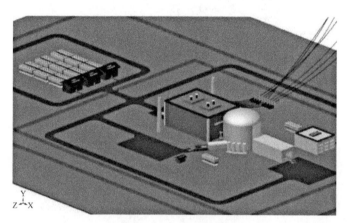

图 13.10　AFR-100 核电站(近景为反应堆厂房和涡轮发电机厂房,远景为冷却塔模块)

图 13.11　反应堆厂房(钠-CO_2 换热器模块位于安全壳操作楼层下方的非密封舱内,在最下层非密封隔间的容器是中间回路钠工质储存容器)

图 13.13～图 13.15 从不同角度展示了 sCO_2 布雷顿循环能量转换系统。由于设备尺寸较小,因此可以将它们安装在透平发电机厂房内的一个水平面上(图 13.13)。图 13.13 左侧的大型立罐是液态 CO_2 储罐。液态 CO_2 由卡车输送,为循环补充工质,并根据需要为泄漏提供补给。在图 13.14 和图 13.15 中,较高高度的管道是从钠-CO_2 换热器到透平入口的高温 CO_2 管道,其下方较低高度的管道是返回的低温 CO_2 管道。入口管连接到透平,透平装在较大直径的圆柱形外壳内。主压缩机和再压缩压缩机装在同轴小直径外壳内,该轴也连接到圆柱形启动电机

和发电机。涡轮机械均安装在钢筋混凝土垫块上。

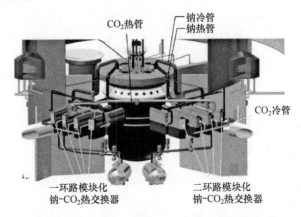

图 13.12 钠-CO_2 换热器模块及相关管道（每个中间钠回路有四个换热器模块）

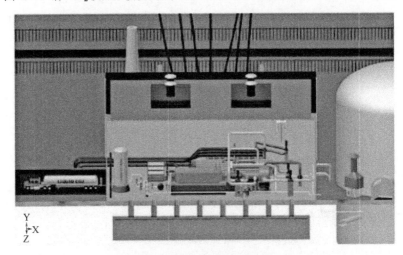

图 13.13 采用 sCO_2 布雷顿循环能量转换系统的涡轮发电机厂房

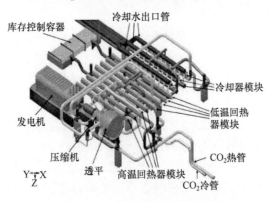

图 13.14 sCO_2 布雷顿循环能量转换系统

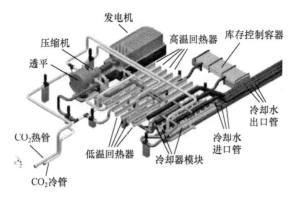

图 13.15 sCO₂ 布雷顿循环能量转换系统

与涡轮机械相邻的是作为高温回热器的四个换热模块。每个高温回热器模块由 12 个模块并排扩散焊接而成。随后的四个换热器模块是低温回热器，最后三个换热器模块是冷却器。每个冷却器模块与大口径的进出口循环水管道相连。循环水管道连接到冷却塔。图 13.14 和图 13.15 背景中的卧式容器是图 13.8 所示的库存控制系统。每个库存控制容器都是厚壁管道，其上方焊接有带喷嘴的半球形封头。

透平发电机厂房的内部尺寸为 53m（173ft）长、39m（127ft）宽、16m（53ft）高。反应堆厂房圆柱形安全壳的内径为 31m（100ft）。sCO₂ 布雷顿循环的主要部件，即从库存控制容器到透平，都安装在 32m（106ft）长、33m（109ft）宽的面积内。

在 AFR-100 设计中，防止 sCO₂ 意外释放对健康造成危害的方法是在透平发电机附近提供地下收集空间，释放的 sCO₂ 流入该空间。如图 13.16 所示，设计方案提供了两个地下收集空间，透平发电机厂房两侧各有一个。每个收集空间长 49m（160ft），宽 31m（101ft），高 4.8m（15.7ft）。总收集体积大于工质在膨胀至大气压力后能量转换系统内所有 CO_2 所需的体积。透平发电机厂房地板上的垂直管道将透平发电机厂房与收集空间连接。每个收集空间配有一个带鼓风机的垂直烟囱。如果收集空间内的压力超过大气压力，CO_2 将通过烟囱释放到大气中，增加与环境空气混合和稀释的机会。在空间内部收集后，用鼓风机通过烟囱缓慢排出 CO_2，并以足够低的速率将其与环境空气混合，以限制空气中 CO_2 的浓度。通风管道（图 13.16）还将装有钠-CO_2 换热器的反应堆厂房隔间与地下收集空间连接起来，以应对反应堆厂房内部的 CO_2 泄漏。

对于核反应堆能量转换系统中的紧凑式扩散焊接换热器，需要通过钠通道尺寸的最小化来实现紧凑性和经济性。但是，该目标必须与实际情况相平衡，这些实际情况限制了换热器通道的设计下限。CO_2 最高温度出现在钠-CO_2 换热器热端的 CO_2 通道内。不锈钢在暴露于 CO_2 时会发生氧化，并导致不锈钢表面形成氧化层。随着时间的推移，该氧化层生长到 CO_2 通道中，会减少 CO_2 流动面积以及通道水力直径。钠-CO_2 换热器寿期内的氧化层生长决定了 CO_2 通道的设计尺寸，因为需要在换热器寿命结束时仍然存在合适大小的 CO_2 通道。可以利用奥氏体钢上氧化层生长的现有关联式来估计所需的 CO_2 通道尺寸。

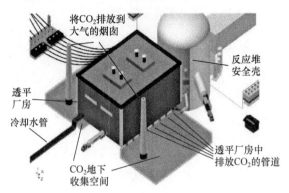

图 13.16　用于收集泄漏 CO_2 的地下收集空间

在钠工质侧也有许多问题限制了最小钠通道尺寸的最小化。第一，需要在检测到钠泄漏后，能够在 15~20min 内排空每个中间钠回路，以限制可能通过破口泄漏并在空气中燃烧的钠。排钠要求也是垂直或倾斜角度较大的钠通道的钠-CO_2 换热器设计指标之一。第二，要求降低因某种原因使钠不能从换热器中排出，从而冻结或重熔而导致机械故障的可能性。第三，确保钠通道足够大，以避免钠通道因中间钠被溶解氧污染后氧化钠（Na_2O）沉积物的沉淀而意外堵塞。利用氧在液态钠中溶解度随温度降低的优势，钠通常通过冷捕集保持净化到百万分之几的溶解氧浓度（在接近钠冻结温度时溶解度降低到百万分之几）。如果假设空气进入中间钠回路是由于中间钠膨胀容器上的氩气保护系统故障以及冷分隔系统故障或不可用，那么氧气可能会污染钠。当钠流过钠-CO_2 换热器时，钠温度降低，因此如果溶解氧浓度足够高，固体含氧化钠沉积物可能沉积在换热器冷端的钠通道壁上。因此钠通道的尺寸必须足够大，以便能够及时检测到钠通道的阻塞，从而关闭中间钠回路并排出中间回路钠。氧化钠在显著超过钠常压沸腾温度的温度下保持固态，因此不可能熔化氧化钠沉积物。第四，钠-CO_2 换热器和连接管必须能够应对钠-CO_2 的相互反应，以防止 CO_2 泄漏到钠中。当钠和 CO_2 发生化学反应时，就会形成固体反应产物。固体反应产物的积累可能会阻塞钠通道，在这种情况下对于较小的钠通道尺寸，阻塞的影响更为显著。

此外，钠-CO_2 换热器必须能抵抗热冲击的影响。例如，假设向换热器输送热钠的管路发生双端剪切断裂，会导致 CO_2 对换热器不锈钢的突然冷却。同样，假设向换热器输送 CO_2 的管道双端剪切破裂，则会导致换热器不锈钢温度因钠加热而突然升高。

类似的关于氧化层形成和热冲击的考虑也适用于高、低温回热器以及冷却器。

核电站设计必须包含捕获氚的方法，否则氚将迁移到 sCO₂ 布雷顿循环和正常停堆余热排出回路中，氚可能被金属合金吸收并最终对人体造成辐射危害。氚在反应堆堆芯中形成,在耦合蒸汽循环能量转换系统的钠冷却快堆中,氚通常是从中间钠中通过冷捕集的。冷捕集是有效的,因为对于具有蒸汽循环能量转换系统的钠冷快堆,氢气从蒸汽发生器的蒸汽侧通过蒸汽发生器管壁扩散到中间钠中的速度很快。氢气通过蒸汽发生器管壁的扩散导致其浓度显著提高,当冷阱内的钠温度降低时,氢气与氚一起被冷阱捕获。然而,对于具有 sCO$_2$ 布雷顿循环的钠冷却快堆,中间钠将热量释放给 CO$_2$。中间钠中溶解的氢和氚的量非常低,以至于氢和氚的浓度在低温阱温度下不会超过溶解度极限。

在 AFR-100 设计中,热量通过经济高效的模块化冷却塔排到大气中。热量通过循环水从 CO$_2$-水冷却器输送到冷却塔。虽然有必要弥补蒸发损失,但与水散热器直接散热相比,冷却塔的使用显著减少了用水量。对于某些厂址来说,如果未来的核电站没有强制性要求,直接向大气散热是更有益的。sCO$_2$ 布雷顿循环可以直接将热量释放到空气中,这就是所谓的干气冷却。图 13.17 所示为干气冷却的循环工况优化结果示意,在假定环境空气温度为 30℃ 的 CO$_2$-空气强制通风换

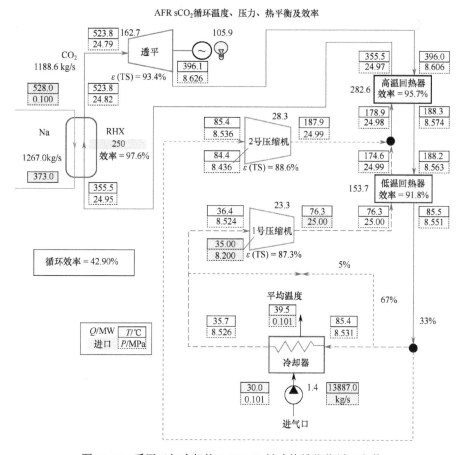

图 13.17 采用干气冷却的 AFR-100 钠冷快堆优化循环参数

热器中，热量被排放到大气中。计算得到的循环效率为 41.9%。通过将循环高、低端压力分别提高到 25.0MPa 和 8.524MPa，抵消了 30℃高温热阱带来的影响。采用成本效益高的 CO_2-空气换热器设计，能量转换系统的投资成本预计不会显著大于参考设计。

13.6　sCO_2 循环瞬态分析

核电厂的安全评估需要计算正常运行工况、预期运行事件、设计基准事故和设计扩展工况，并证明计算工况符合相关的验收标准。最后一类事故以前被称为超设计基准事故。特定反应堆部件的设计需要考虑所有工况，包括正常运行工况、预期运行事件、设计基准事故和设计扩展工况。正常运行工况包括初始加热、初始启动、换料启动、负荷跟踪和停堆。预期运行事件包括负载丧失、场外电丧失和地震。设计基准事故包括 CO_2 管道破裂、空气进入中间热传输系统钠回路以及电站停电。

通常是通过系统级动态分析计算机代码对反应堆、能量转换系统和任何其他相关系统进行建模计算。因此，sCO_2 布雷顿循环需要开展系统级的瞬态分析。对非正常工况瞬态分析的需要将 sCO_2 循环的核应用与非核应用区分开来。

2002 年开发的 PDC（Moisseytsev 和 Sienicki，2006）是专门应用于 sCO_2 循环的一维可压缩流动系统分析程序。程序中的模型是专门针对 sCO_2 循环开发的。由于 sCO_2 的行为及其布雷顿循环的独特特征，这种针对性程序的开发是必不可少的。sCO_2 循环效率的提高是利用接近临界点处 sCO_2 性质的显著变化来实现的，利用临界点的特性可以显著减少主压缩机的功耗。为了达到最高的循环效率，主压缩机入口温度应在设计工况和瞬态工况保持非常接近临界点（通常在 1℃ 以内），但需要一直高于临界点温度（30.98℃）以防主压缩机内部出现两相流动。此外，再压缩循环配置（其中部分流量绕过冷却器和低温回热器被直接压缩）是实现高循环效率的必要配置。在该循环配置中（图 13.2 或图 13.17），两台压缩机需要在不同条件下并行运行，即主压缩机在临界点附近运行，而再压缩机在超临界区运行。因此，sCO_2 循环的瞬态和控制分析不仅需要精确计算临界点附近的工况，还需要准确计算超临界工况对其他部件的影响，如压缩机和换热器的非设计工况性能。

在 PDC 程序的涡轮机械设计和性能分析中没有使用理想气体假设。而是在瞬态计算中为 CO_2 生成详细的四维涡轮机械图，用来精确表征边界条件、流速和轴速度任何组合下每个压缩机和透平性能。同样，换热器的设计和性能计算不包括源于恒定物性的假设简化，如对数平均温差法。PDC 依赖于能量、质量和动量的基本守恒定律，以及高度精确的 CO_2 物性完成计算。特别地，由 Span 与 Wagner（1996）最初所提的多达 42 个多项式以及 Vesovic 等（1990）和 Fenghour 等（1998）

所提的对 CO_2 热力学性质的计算公式在稳态和动态计算中都没有任何简化。

对于循环控制分析，PDC 中的阀门模型根据临界（阻塞）流量限制计算 CO_2 通过阀门时流体状态。阀门操作方式由用户选择，可以通过 PID 控制器自动控制，也可以通过用户输入定义手动操作。

为了计算能量转换系统和反应堆集成后的瞬态运行与控制策略特性，需要将 PDC 集成到 SAS4A/SASSYS-1 液态金属反应堆分析程序中（Cahalan 等，1994；Fanning，2012）。SAS4A/SASSYS-1 是全球最先进的用于钠冷快堆或铅冷快堆建模的系统级分析程序，其中包含详细的反应堆堆芯反应性反馈模型（取决于反应堆冷却剂和堆内构件温度）以及主回路、中间回路和衰变热排出回路的综合热工水力模型。在钠冷快堆的耦合计算中，SAS4A/SASSYS-1 程序计算反应堆侧主冷却剂和中间冷却剂的特性，并给出液体金属-CO_2 换热器入口的中间钠工质特性及其每个时间步长的流量。PDC 使用此输入来计算液态金属到 CO_2 换热器的瞬态响应，主要包括液态金属和 CO_2 侧特性，以及时间步长内循环中的其余位置运行参数。液态金属侧的换热器出口温度被反馈回 SAS4A/SASSYS-1 代码，用于下一个时间步长的计算。SAS4A/SASSYS-1 和 PDC 耦合程序是目前全球最先进的系统级瞬态分析程序，可用于具有 sCO_2 布雷顿循环的钠冷快堆或铅冷快堆的系统级瞬态分析。

验证对于任何程序的开发都很重要，尤其对于核电厂许可批准中使用的程序来说更至关重要。由于 sCO_2 循环仍处于发展的早期阶段，实验数据有限。在 PDC 开发初期，几乎没有 sCO_2 循环设备或系统的实验数据可用。因此，PDC 在其早期开发阶段的验证大多局限于类似程序的对比（Vilim 和 Moisseytsev，2008）。随后使用单个设备的实验数据对 PDC 模型进行了有限的验证。使用从阿贡国家实验室的 sCO_2 换热器测试回路获得的实验数据（Lomperski 等，2006；Moisseytsev 等，2010），对 PDC 中的换热器模型进行了验证，该实验装置研究了英国麦吉特公司热力部制造的小型印刷电路板换热器在 CO_2-水冷却器和 CO_2-CO_2 低温回热器的应用性能。PDC 的压缩机模型使用 BNI 和桑迪亚国家实验室建造和运行的小型 sCO_2 压缩机试验回路的数据进行验证（Moisseytsev 和 Sienicki，2011a,b）。在这两种情况下，PDC 模型预测结果和实验数据在很宽的实验范围内获得了很好的一致性。

最近，来自桑迪亚国家实验室的小型 sCO_2 再压缩闭式布雷顿循环回路和海军核实验室的 sCO_2 综合系统试验回路的数据已提供给阿贡国家实验室（Moisseytsev 和 Sienicki，2012，2013，2015a,b，2016）。桑迪亚国家实验室的小型 sCO_2 再压缩闭式布雷顿循环回路是 BNI 以分阶段方式搭建的，最终实现完整的 sCO_2 再压缩布雷顿循环及其所有的主要部件的搭建，包括两个压缩机、两个透平、两个回热器、一个水冷却器和由电加热器模拟的热源换热器。该回路目前可以模拟一个集成的 sCO_2 循环，该循环具有两个透平-交流发电机-压缩机机组（不同于前文描述的单个透平和两个压缩机在同一轴上的再压缩循环），其输入热量为0.78MW。PDC 还分析了早期的一种具有单个透平–交流发电机–压缩机机组和单个回热器的循环配置，并确定了回路建模中的几个挑战。透平蜗壳中存在明显的热损失，在实验中无法准确测量。此外，一些设备内部详细参数信息也难以获得。因此，在 PDC 建模中必须做出一些假设，以解决实验设置中的不确定性。尽管存在不确定性和假设，但在稳态和瞬态工况下，计算值和测量数据之间获得了相当好的一致性。PDC 的验证工作正在进行中，并将进一步改进 PDC 中桑迪亚国家实验室回路的建模。

相对于来自桑迪亚国家实验室再压缩闭式布雷顿循环回路的数据，来自海军核实验室综合系统试验回路的数据（Ashcroft 等，2009；Clementoni 和 Cox，2014a,b）为程序验证提供了几个优势，包括不同的闭式布雷顿循环配置、完全隔热的管道和设备、更长时间的稳态数据、更明确的边界条件、更简单的热添加和热排放换热器设计以及更多的测量传感器。集成系统试验也在比再压缩闭式布雷顿循环更远离 CO_2 临界点的状态下运行，这降低了临界点附近物性变化导致的影响，最终使得其他影响可以更明显地表现出来。

PDC 对综合系统试验的稳/瞬态特性开展了模拟验证（Moisseytsev 和 Sienicki，2016），其中包括长期稳态运行前后透平轴转速的几个阶跃变化。图 13.18 比较了PDC 计算的稳态结果和测试数据，而图 13.19 展示了瞬态结果的比较。综合系统测试模拟的稳态和瞬态 PDC 结果都证明 PDC 程序为设备与系统的模拟提供了良好手段。

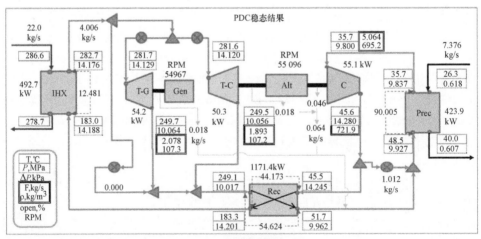

(a) PDC稳态结果

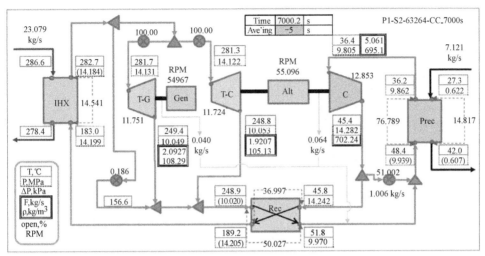

(b) 综合系统测试数据

图 13.18 PDC 稳态结果与综合系统测试数据的比较

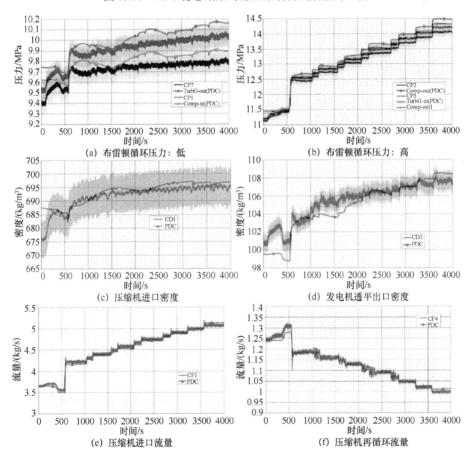

(a) 布雷顿循环压力：低

(b) 布雷顿循环压力：高

(c) 压缩机进口密度

(d) 发电机透平出口密度

(e) 压缩机进口流量

(f) 压缩机再循环流量

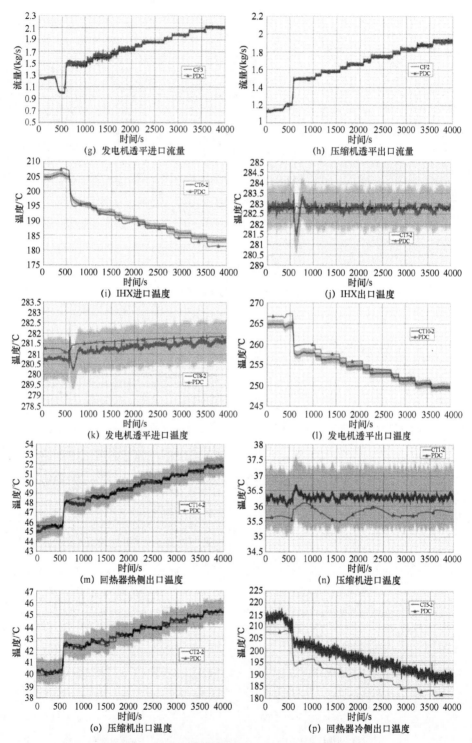

图 13.19 综合系统测试数据与 PDC 瞬态结果的比较

13.7 控制策略开发

对于钠冷快堆等核能应用，需要利用控制系统确保 sCO_2 能量转换系统在设计工况到零负载范围内实现反应堆热量的导出。sCO_2 循环在核能应用的控制策略目前正在研发中，目前已基于 PID 控制器对不同的控制策略进行了研究与初步优化。

初步控制策略并不是简单的控制（Moisseytsev 和 Sienicki，2015），而是需要结合如图 13.20 和图 13.21 所示的大量控制机制。如图 13.20 右侧所示，通过透平旁路控制、库存控制和透平节流控制的组合，可以调整发电机功率输出以匹配电网需求，实现负荷跟踪。如图 13.21 所示，这些控制机构用于不同的负载水平，以最大化部分负荷运行时的循环效率。库存控制是 sCO_2 循环的优选控制方案，这种控制策略可以在低负荷功率水平下提供最高的循环效率。但是库存控制的范围受到可从循环中去除并储存在固定体积的库存控制储存容器罐中工质量的限制。这种控制动作的速度也是有限的，因为快速的 CO_2 存量变化将导致压力扰动，这会对压缩机运行产生负面影响。因此，库存控制可用于长期慢速功率调整。发电机输出功率的快速变化是通过透平旁路控制实现的。透平节流控制用于辅助发电机低负荷时的库存控制。

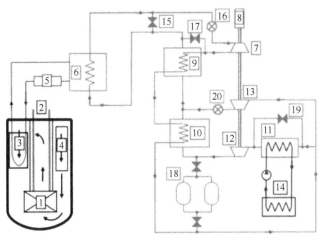

图 13.20　sCO_2 布雷顿循环和钠冷快堆控制机制

1—反应堆堆芯；2—控制棒；3—中间热交换器；4—主 Na 泵；5—中间 Na 泵；6—Na-CO_2 热交换器；7—CO_2 透平；8—发电机；9，10—高温回热器及低温回热器；11—冷却器；12，13—压缩机；14—冷却回路；15—Na-CO_2 热交换器旁路阀；16—透平节流阀；17—透平旁路阀；18—库存控制；19—冷却器旁路阀；20—压缩机节流阀。

图 13.21 包括冷却器旁路控制和冷却水流量控制，这些控制机制可以在负载瞬态变化期间保持压缩机入口温度接近设计参数。更重要的是，冷却器旁路和冷却水流量控制的组合在整个瞬态过程中保持压缩机入口温度高于临界值。这是当

循环中库存减少导致入口压力降至临界值以下时避免压缩机内出现两相流的重要保障。图 13.21 还包括压缩机喘振控制,当检测到接近喘振状态时,通过在每个压缩机周围循环 CO_2 来保护压缩机避免喘振。压缩机喘振控制不用于控制发电机功率,如有必要,仅是为了保护压缩机。这种控制与负荷跟踪不相关,但可能需要在运行事件或事故期间的某些情况下避免压缩机喘振。

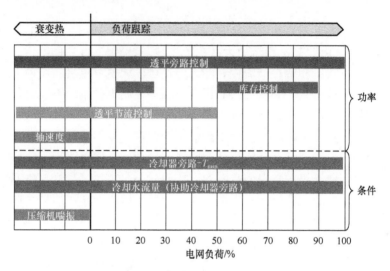

图 13.21 sCO_2 布雷顿循环控制机制的使用与电网负荷对应关系

为了在负荷跟踪期间保持钠冷快堆侧的恒定温度,需要额外的换热器旁路控制来保持钠-CO_2 换热器入口处的 CO_2 温度。但是,回热器旁路控制会显著降低部分负载运行下的循环效率。通过改变反应堆控制棒位置和钠泵速度,使反应堆热侧温度随电网负荷逐渐降低,是防止钠温度升高的更好选择。

当发电机与电网断开时,可能需要继续利用 sCO_2 布雷顿循环能量转换系统将热量从反应堆传递到热阱。已经证实,如果连接透平和两个压缩机的轴的转速随时间推移而减慢,即可实现上述目标,因为反应堆衰变热同样随时间的推移而减小。在与大型电网断开之前,假设轴转速与电网保持同步。

13.8 钠冷却快堆核电厂瞬态示例

sCO_2 布雷顿循环控制策略可以通过 1000MWt 钠冷快堆的理想化瞬态运行来论证,其中包括电网负载的持续降低、与电网的断开以及余热排出降至约 1%额定功率水平。表 13.4 将瞬变划分为不同的阶段。总瞬态模拟时间设置为 5200s 以使余热排出降至反应堆额定功率的 1%。

表 13.4 配备 sCO_2 布雷顿循环的 1000MWt 钠冷快堆的理想化瞬态运行

时间/s	阶段	电网连接电网同步	sCO_2 布雷顿循环外部输入	反应堆控制动作
0~1200	电网负荷减少	是 同步	电网负荷以每分钟 5%的速度由 100%减至 0	反应堆堆芯出口温度降至 405℃
1200~2200	系统稳定	是 同步	无	无
2200	脱离电网	否 不同步	通过设置电网需求-100%来模拟	无
2200~2400	系统稳定	否 不同步	无	无
2400~3120	轴转速减小	否 不同步	目标轴转速以每分钟 7.5%的速度由名义 100%降至 10%	反应堆堆芯出口温度降至 360℃
3120~5200	系统稳定	否 不同步	无	无

利用 PDC 程序计算的结果如图 13.22 所示。结果表明，系统的响应在各个阶段（包括负荷跟踪和衰变排出模式）都是稳定的。这是通过优化各控制机构的 PID 控制系数来实现的。循环设备参数在计算过程中保持不变。断开电网后，透平提供足够的功率来驱动同轴压缩机，其优势是不用额外电机驱动压缩机就可以从反应堆中排出剩余热能至热阱。

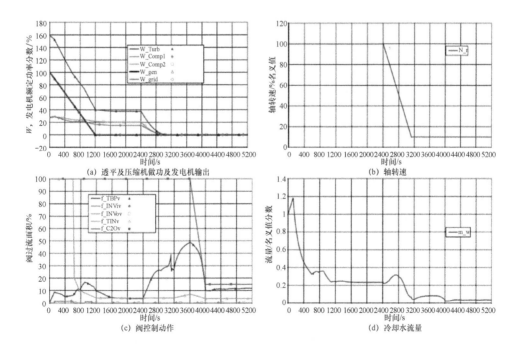

(a) 透平及压缩机做功及发电机输出
(b) 轴转速
(c) 阀控制动作
(d) 冷却水流量

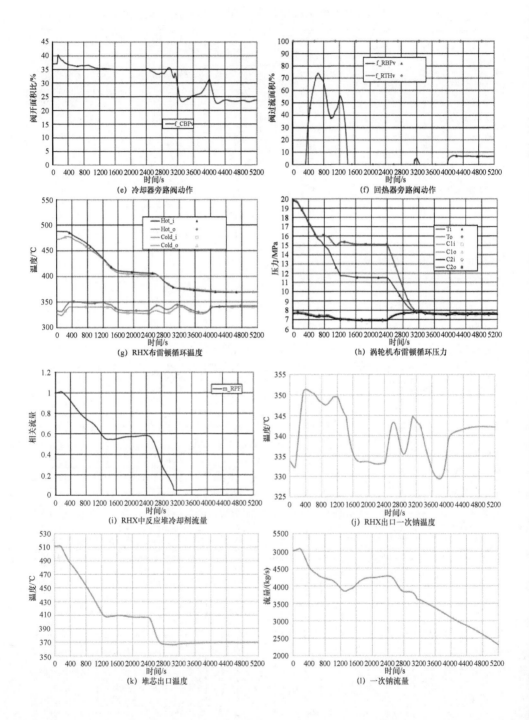

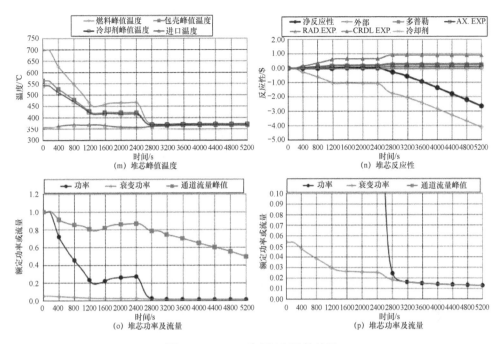

图 13.22 PDC 瞬变运行计算结果

计算假设 CO_2 管道破裂是引发热阱丧失和工质泄漏的设计基准事故，使用 PDC 程序模拟了 1000MWt 钠冷快堆的 CO_2 管道破裂事故。程序模拟中包括的两个重要现象是破裂时的 CO_2 临界流以及由可压缩流模型引起的压力传播。钠-CO_2 换热器和透平之间有四个大直径的 CO_2 管道。假设其中一个管道发生双端剪切断裂，循环在大约 1s 内减压并失去 CO_2。这个时间太短，以至于控制机构无法响应，并且主压缩机入口的 CO_2 迅速下降到临界点以下，导致压缩机在不到 1s 内失速或阻塞。计算得出通过换热器的 CO_2 流速显著增加，但是钠出口温度因排热增强而仅降低大约 10℃。一旦压缩机达到其工作范围的极限，CO_2 循环即停止。对于单端破裂，假设其等效直径等于管道直径的 1/10，CO_2 的缓慢损失类似于库存控制动作，将会导致循环流量减少。换热器的钠出口温度短时间内下降不到 1℃，然后以库存控制类似的行为一样上升。

对于中等尺寸的破口，下游管道破裂导致换热器中 CO_2 流量的增加与循环减压和库存损失导致的流量降低之间存在流量平衡。图 13.23 所示为单端断裂的瞬变计算过程，假设破口等效直径等于管道直径的一半。瞬态降压过程仅 22s 就结束。由于系统降压和压缩机入口条件降低至临界点以下，压缩机在 20s 前产生失速和阻塞。通过钠-CO_2 换热器的 CO_2 流速最初上升到额定流速的两倍，其排热能量也大约提升了两倍。然而，这种过度冷却仅持续 4s 流速就降低至额定值以下。换热器出口的钠温度最初下降 8℃，然后开始上升。

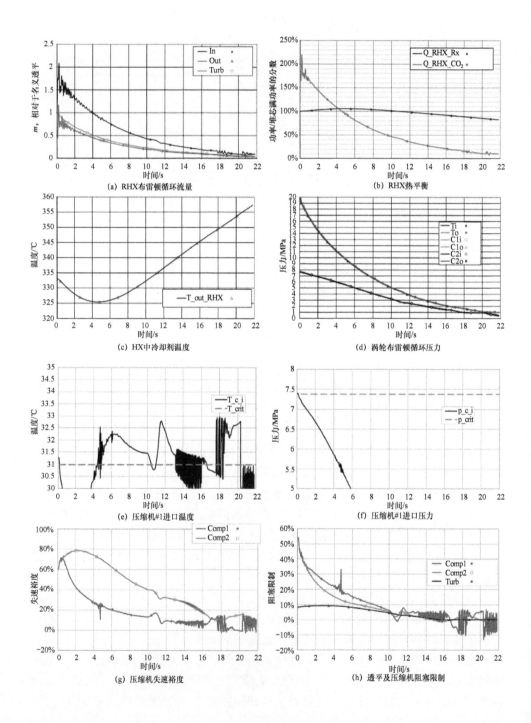

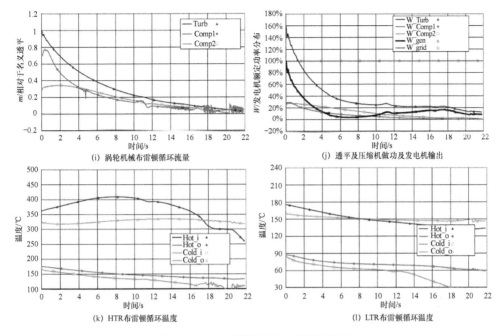

图 13.23 PDC 设计基准事故计算结果

13.9 小结

sCO_2 循环的最早设想是用于核电站,作为热源的核反应堆为 sCO_2 循环传递热量。因此,先进的核反应堆,如钠冷快堆和 sCO_2 布雷顿循环,可以很好地匹配,从而使 sCO_2 循环能够提供高效率。sCO_2 再压缩布雷顿循环与钠冷快堆匹配良好,钠冷快堆的主回路钠堆芯温升约为 150℃,与 sCO_2 透平中工质从高压向低压膨胀时约 113℃ 的温降相当。最近十多年的发展继续证实了 sCO_2 循环在特定核能应用的优势,特别是在钠冷快堆和舰船推进领域。

对于钠冷快堆,sCO_2 布雷顿循环比传统的过热蒸汽朗肯循环具有更高的效率。它消除了钠-水反应的可能性,但需要考虑和应对钠-CO_2 相互作用的影响。sCO_2 布雷顿循环具有较小的设备体积,减小了透平发电机厂房的尺寸和反应堆厂房内部的空间要求。sCO_2 布雷顿循环的使用将降低核电厂单位输出电力的投资成本。具有自动控制策略和反应堆主动控制的 sCO_2 布雷顿循环能够使负荷跟随电网需求下降到零,并且可以继续从反应堆中去除余热,直到初始衰变热水平。

虽然 sCO_2 循环的最初应用被设想用于核电,但是未来利用 sCO_2 循环的核反应堆的建造和运行还需要十年或更长时间。因此,预计将首先实现在化石能源领域的应用。

参考文献

Ahn, Y., et al., 2013. The Design Study of Supercritical Carbon Dioxide Integral Experiment Loop. s.n., San Antonio, Texas, p. 94122.

Alpy, N., et al., 2007. Status of sCO$_2$ Power Cycle Studies at CEA. s.n., Cambridge, MA.

Alpy, N., et al., 2011. Gas Cycle Testing Opportunity With Astrid, the French SFR Prototype. s.n., Boulder, CO.

Alpy, N., et al., 2009. CEA Views as Regards Supercritical CO$_2$ Cycle Development Priorities & Related R&D Approach. s.n., Troy, NY.

Angelino, G., 1967. Perspectives for the liquid phase compression gas turbine. Journal of Engineering for Power 89 (2), 229—237.

Angelino, G., 1968. Carbon dioxide condensation cycles for power production. In: ASME Paper No. 68-GT-23.

Angelino, G., 1969. Real gas effects in carbon dioxide cycles. In: ASME Paper No. 69-GT-103.

Aritomi, M., Ishizuka, T., Muto, Y., Tsuzuki, N., 2010. Performance Test Results of the Supercritical CO$_2$ Compressor for a New Gas Turbine Generating System. s.n., p. 29371. Xi'an, China.

Aritomi, M., Ishizuka, T., Muto, Y., Tsuzuki, N., 2011. Performance test results of a supercritical CO$_2$ compressor used in a new gas turbine generating system. Journal of Power and Enengy Systems 5 (1), 45—59.

Ashcroft, J., Kimball, K., Corcoran, M., 2009. Overview of Naval Reactors Program Development of the Supercritical Carbon Dioxide Brayton System. s.n., Troy, NY.

Bouhieda, S., Rouillard, F., Barnier, V., Wolski, K., 2013. Selective oxidation of chromium by O$_2$ impurities in CO$_2$ during initial stages of oxidation. Oxidation of Metals 80, 493—503.

Bouhieda, S., Rouillard, F., Wolski, K., 2011. Influence of CO$_2$ purity on the oxidation of a 12Cr ferritic-martensitic steel at 550°C and importance of the initial stage. Materials at High Temperature 29, 151—158.

Cachon, L., et al., 2012. Innovative Power Conversion System for the French SFR Prototype. s.n., Chicago, Illinois.

Cahalan, J.E., Tentner, A.M., Morris, E.E., 1994. Advanced LMR safety analysis capabilities in the SASSYS-1 and SAS4A computer codes. In: Proceedings of the International Topical Meeting on Advanced Reactor Safety, Pittsburgh, p. 1038.

Cao, G., et al., 2012. Corrosion of austenitic alloys in high temperature supercritical carbon dioxide. Corrosion Science 60, 246—255.

Cha, J.E., Kim, S.-O., Kim, T.-W., Suh, K.Y., 2008. Preliminary Design of Turbomachinery for the Supercritical Carbon Dioxide Brayton Cycle Coupled to KALIMER-600. s.n., Anaheim, CA, p. 8169.

Cha, J.E., et al., 2009. Development of a supercritical CO$_2$ Brayton energy conversion system coupled with a sodium-cooled fast reactor. Nuclear Engineering and Technology 41 (8), 1025—1044.

Chang, Y.I., et al., 2005. Small Modular Fast Reactor Design Description. Argonne National Laboratory, Argonne, Illinois.

Chang, Y.I., et al., 2006. Advanced Burner Test Reactor Preconceptual Design Report. s.l.: Argonne National Laboratory.

Clementoni, E.M., Cox, T.L., 2014a. Practical Aspects of Supercritical Carbon Dioxide Brayton System Testing. s.n., Pittsburgh, PA.

Clementoni, E.M., Cox, T.L., 2014b. Steady-state Power Operation of a Supercritical Carbon Dioxide Brayton Cycle. s.n., Pittsburgh, PA.

Combs, O.V., 1977. An Investigation of the Supercritical CO$_2$ Cycle (Feher Cycle) for Shipboard Application. s.l.: MIT.

Conboy, T., Pasch, J., Fleming, D., 2013. Control of Supercritical CO_2 Recompression Brayton Cycle Demonstration Loop. s.n., San Antonio, Texas, pp. GT2013−94512.

Conboy, T., et al., 2012. Performance Characteristics of an Operating Supercritical CO_2 Brayton Cycle. s.n., Copenhagen, Denmark, pp. GT2012−68415.

Corman, J.C., 1976. Closed turbine cycles. In: Energy Conversion Alternatives Study (ECAS), General Electric Phase I Final Report. s.l. general electric.

Dostal, V., 2004. A Supercritical Carbon Dioxide Cycle for Next Generation Nuclear Reactors. s.l.: Massachusetts Institute of Technology.

Dostal, V., Hejzlar, P., Driscoll, M.J., Todreas, N.E., 2001. A supercritical CO_2 Brayton Cycle for Advanced Reactor Applications. Transactions of the American Nuclear Society, Reno, NV.

Dostal, V., Kulhanek, M., 2009. Research on the Supercritical Carbon Dioxide Cycles in the Czech Republic. s.n., Troy, NY.

Eoh, J.-H., Jeong, J.-Y., Han, J.-W., Kim, S.-O., 2008. Numerical simulation of a potential CO_2 ingress accident in a SFR employing an advanced energy conversion system. Annals of Nuclear Energy 35, 2172−2185.

Eoh, J.-H., No, H.C., Lee, Y., Kim, S.-O., 2011a. Experiments for a Potential Sodium-CO_2 Interaction in a Supercritical CO_2 Power Conversion System of an SFR. s.n., Chiba, Japan.

Eoh, J.-H., No, H.C., Lee, Y., Kim, S.-O., 2013. Potential sodium-CO_2 interaction of a supercritical CO_2 power conversion option coupled with an SFR: basic nature and design issues. Nuclear Engineering and Design 259, 88−101.

Eoh, J.-H., et al., 2010. Wastage and self-plugging by a potential CO_2 ingress in a supercritical CO_2 power conversion system of an SFR. Journal of Nuclear Science and Technology 47 (11), 1023−1036.

Eoh, J.-H., No, H.C., Yoo, Y.-H., Kim, S.-O., 2011b. Sodium-CO_2 interaction in a supercritical CO_2 power conversion system coupled with a sodium fast reactor. Nuclear Technology 173, 99−114.

Fanning, T.H., 2012. The SAS4A/SASSYS-1 Safety Analysis Code System, ANL/NE-12/4. Argonne National Laboratory, Argonne, IL.

Feher, E.G., 1967. The supercritical thermodynamic power cycle. In: Intersociety Energy Conversion Engineering Conference, p. 4348.

Feher, E.G., et al., 1969. System Analysis and Design Concept of a 150 kW_e Supercritical Thermodynamic Cycle Power Conversion Module. s.l.: s.n.

Feher, E.G., 1968. Investigation of Supercritical (Feher) Cycle. s.l.: Astropower Laboratory, A Division of McDonnell Douglas Corporation.

Feher, E.G., Harvey, R.A., Milligan, H.H., 1971. 150-kWe Supercritical Cycle Turbopump Design Layout and Performance Demonstration Final Technical Report. s.l.: McDonnell Douglas Astronautics Company-West.

Fenghour, A., Wakeham, W.A., Vesovic, V., 1998. The viscosity of carbon dioxide. Journal of Physical and Chemical Reference Data 27 (1), 31−44.

Firouzdor, V., et al., 2013. Corrosion of a stainless steel and nickel-based alloys in high temperature supercritical carbon dioxide environment. Corrosion Science 69, 281−291.

Floyd, J., et al., 2011. On-Design Referenced Charts for the Supercritical CO_2 Brayton Cycle Coupled to an SFR. s.n., Nice, France, p. 11054.

Floyd, J., et al., 2013. A numerical investigation of the sCO_2 recompression cycle off-design behavior, coupled to a sodium-cooled fast reactor, for seasonal variation in the heat sink temperature. Engineering & Design 260, 78−92.

Furukawa, T., Inagaki, Y., Aritomi, M., 2009. Corrosion Behavior of FBR Structural Materials in High Temperature Supercritical CO_2. s.n., Brusseles, Belgim, pp. ICONE17−75121.

Furukawa, T., Inagaki, Y., Aritomi, M., 2010. Corrosion behavior of FBR structural material in high temperature supercritical carbon dioxide. Journal of Power and Energy Systems 4 (1), 252−261.

Furukawa, T., Inagaki, Y., Aritomi, M., 2011a. Compatibility of FBR structural materials with supercritical carbon dioxide. Progress in Nuclear Energy 53, 1050−1055.

Furukawa, T., Kato, S., Inagaki, Y., Aritomi, M., 2011b. High Temperature Oxidation of FBR Structural Materials in Carbon Dioxide and in Air. s.n., Chiba, Japan, pp. ICONE19−43141.

Furukawa, T., Rouillard, F., 2015. Oxidation and carburizing of FBR structural materials in carbon dioxide. Progress in Nuclear Energy 82, 136−141.

Gerardi, C., Bremer, N., Lisowski, D., Lomperski, S., 2016. Distributed temperature sensor testing in liquid sodium. Nuclear Engineering and Design.

Gerardi, C., et al., 2015. Chemical Interaction Experiments Between Supercritical Carbon Dioxide and Liquid Sodium. s.n., Nice, France.

Hajek, O., Frybort, P., 2014. Experimental Loop S-CO_2 SUSEN. s.n., Pittsburgh, PA.

Harteck, P., Dondes, S., 1955. Decomposition of carbon dioxide by ionizing radiation. Part I. Journal of Chemical Physics 23 (5).

Harteck, P., Dondes, S., 1957. Decomposition of carbon dioxide by ionizing radiation. Part II. Journal of Chemical Physics 26 (6).

Heatric Division of Meggitt (UK) Ltd., 2016. (Online). Available at: http://www.heatric.com/.

Ishikawa, H., Miyahara, S., Yoshizawa, Y., 2005. Experimental Study of Sodium - Carbon Dioxide Reaction. s.n., Seoul, Korea, p. 5688.

Ishizuka, T., Kato, Y., Muto, Y., 2005. Thermal-Hydraulic Characteristics of a Printed Circuit Heat Exchanger in a Supercritical CO_2 Loop. s.n., Avignon, France.

Ishizuka, T., Muto, Y., Aritomi, M., 2008. Design and Test Plan of the Supercritical CO_2 Compressor Test Loop. s.n., Orlando, Florida, p. 48335.

Ishizuka, T., et al., 2009. Design and Analysis of the Axial Bypass Compressor Blade of the Supercritical CO_2 Gas Turbine. s.n., Brussels, Belgium.

Ishizuka, T., Muto, Y., Aritomi, M., Tsuzuki, N., 2010. Design and analysis of an axial bypass compressor blade in a supercritical CO_2 gas turbine. Journal of Power and Energy Systems 4 (1), 150−163.

Ishizuka, T., Nikitin, K., Tsuzuki, N., Kato, Y., 2007. A Micro-Channel Heat Exchanger With Steam Condensing and CO_2 Boiling Heat Transfer for a Waste Heat Recovery System. s.n., Potsdam, Germany.

Jeong, W.S., Jeong, Y.H., Lee, J.I., 2011. Performance of Supercritical CO_2 Brayton Cycle With Additive Gases for SFR Application. s.n., Boulder, CO.

Johnson, G.A., 2008. Power Conversion System (PCS) Evaluation for the Next Generation Nuclear Plant (NGNP). s.n., Anaheim, California, p. 8253.

Johnson, G.A., McDowell, M.W., 2011. Supercritical CO_2 Cycle Development at Pratt & Whitney Rocketdyne. s.n., Boulder, Colorado.

Johnson, G.A., et al., 2012. Supercritical CO_2 Cycle Development at Pratt and Whitney Rocketdyne. s.l., s.n., pp. 1015−1024.

Kato, Y., et al., 2007. Supercritical CO_2 Gas Turbine Fast Reactors. s.n., Nice, France, p. 7072.

Kato, Y., Muto, Y., Ishizuka, T., Mito, M., 2005. Design of Recuperator for the Supercritical CO_2 Gas Turbine Fast Reactor. s.n., Seoul, Korea.

Kato, Y., Nitawaki, T., Muto, Y., 2004. Medium temperature carbon dioxide gas turbine reactor. Nuclear Engineering and Design 230, 195−207.

Lee, T.-H., et al., 2008. Preliminary Design of PCHE in S-CO_2 Brayton Cycle Coupled to KALIMER-600. s.n., Gyeong-ju, Korea.

Lomperski, S., Cho, D., Song, H., Tokuhiro, A., 2006. Testing of a compact heat exchanger for use as the cooler in a supercritical CO_2 Brayton cycle. In: Proceedings of 2006 International

Congress on Advances in Nuclear Power Plants (ICAPP 06), p. 6075.

Mahaffey, J., et al., 2015. Corrosion of Nickel-Base Alloys in Supercritical Carbon-Dioxide Environment. s.l., s.n.

Miyahara, S., Ishikawa, H., Yoshizawa, Y., 2009. Reaction Behavior of Carbon Dioxide with Liquid Sodium Pool. s.n., Brussels, Belgium.

Miyahara, S., Ishikawa, H., Yoshizawa, Y., 2011. Experimental investigation of reaction behavior between carbon dioxide and liquid sodium. Nuclear Engineering and Design 241, 1319−1328.

Moisseytsev, A., Sienicki, J.J., 2004. Supercritical CO_2 Brayton Cycle Control Strategy for Autonomous Liquid Metal-cooled Reactors. s.n., Miami Beach, FL.

Moisseytsev, A., Sienicki, J.J., 2005. Control of Supercritical CO_2 Brayton Cycle for LFR Autonomous Load Following. Transactions of the American Nuclear Society, Washington, DC, p. 342.

Moisseytsev, A., Sienicki, J.J., 2006. Development of a Plant Dynamics Computer Code for Analysis of a Supercritical Carbon Dioxide, ANL-06/27 Brayton Cycle Energy Converter Coupled to a Natural Circulation Lead-Cooled Fast Reactor. Argonne National Laboratory, Argonne, IL.

Moisseytsev, A., Sienicki, J.J., 2008. Controllability of the Supercritical Carbon Dioxide Brayton Cycle Near the Critical Point. s.n., Anaheim, CA, p. 8203.

Moisseytsev, A., Sienicki, J.J., 2010. Extension of the Supercritical Carbon Dioxide Brayton Cycle for Application to the Very High Temperature Reactor. American Nuclear Society, San Diego, CA. Paper 10070.

Moisseytsev, A., Sienicki, J.J., 2011a. Cost-Based Optimization of Supercritical Carbon Dioxide Brayton Cycle Equipment. Transactions of the American Nuclear Society, Washington, DC.

Moisseytsev, A., Sienicki, J.J., 2011b. Validation of the ANL Plant Dynamics Code Compressor Model with SNL/BNI Compressor Test Data. s.n., Boulder, CO.

Moisseytsev, A., Sienicki, J.J., 2012. Modeling of the SNL S-CO_2 Loop With ANL Plant Dynamics Code. American Society of Mechanical Engineers, Anaheim, CA.

Moisseytsev, A., Sienicki, J.J., 2013. Validation of the ANL Plant Dynamics Code With the SNL S-CO2 Loop Transient Data. American Society of Mechanical Engineers, San Antonio, TX, pp. GT2013−94893.

Moisseytsev, A., Sienicki, J.J., 2015a. Lessons Learned and Improvements in ANL Plant Dynamics Code Simulation of Experimental S-CO_2 Loops. Proceedings of ASME Power & Energy 2015, San Diego, CA.

Moisseytsev, A., Sienicki, J.J., 2015b. Supercritical Carbon Dioxide Brayton Cycle Control for a Nuclear Power Plant: Load Following and Decay Heat Removal. American Nuclear Society, Charlotte, NC. Paper 11711.

Moisseytsev, A., Sienicki, J.J., 2016. Simulation of S-CO_2 Integrated System Test with ANL Plant Dynamics Code. s.n., San Antonio, TX.

Moisseytsev, A., Sienicki, J.J., Cho, D.H., Thomas, M.R., 2010. Comparison of Heat Exchanger Modeling with Data from CO_2-to-CO_2 Printed Circuit Heat Exchanger Performance Tests. American Nuclear Society, San Diego, CA, p. 10123.

Moisseytsev, A., Sienicki, J.J., Wade, D.C., 2003. Cycle Analysis of Supercritical Carbon Dioxide Gas Turbine Brayton Cycle Power Conversion System for Liquid Metal-cooled Fast Reactors. American Society of Mechanical Engineers, Tokyo, Japan, pp. ICONE11−36023.

Moisseytsev, A., Sienicki, J.J., Wade, D.C., 2004. Lead-To-CO_2 Heat Exchangers for Coupling of the STAR-LM LFR to a Supercritical Carbon Dioxide Brayton Cycle Power Converter. American Society of Mechanical Engineers, Arlington, VA, pp. ICONE-12−49303.

Muto, Y., et al., 2009a. Application of Supercritical CO2 Gas Turbine for the Fossil Fired Thermal Plant. s.n., Kobe, Japan.

Muto, Y., Ishizuka, T., Aritomi, M., 2009b. Design, Fabrication and Test Plan of Small Centrifugal Compressor Test Model for a Supercritical CO_2 Compressor in the Fast Reactor Power Plant. s.n., Tokyo, Japan.

Muto, Y., Ishizuka, T., Aritomi, M., 2008. Design of Small Centrifugal Compressor Test Model for a Supercritical CO_2 Compressor in the Fast Reactor Power Plant. s.n., Anaheim, CA.

Muto, Y., Ishizuka, T., Aritomi, M., 2010. Conceptual Design of a Commercial Supercritical CO_2 Gas Turbine for the Fast Reactor Power Plant. s.n., San Diego, CA.

Muto, Y., Kato, Y., 2006. Design of Turbo Machinery for the Supercritical CO_2 Gas Turbine Fast Reactors. s.n., Reno, NV.

Muto, Y., Kato, Y., 2008. Optimal cycle scheme of direct cycle supercritical CO_2 gas turbine for nuclear power generation systems. Journal of Power and Energy Systems 2 (3), 1060−1073.

Muto, Y., Kato, Y., 2013. Cycle thermal efficiency of supercritical CO_2 gas turbine dependent on recuperator performance. Journal of Power and Energy Systems 7 (3), 1−14.

Muto, Y., Mito, M., Kato, Y., Tsuzuki, N., 2007. Efficiency Improvement of the Indirect Supercritical CO_2 Turbine System for Fast Reactors by Applying Micro-channel Intermediate Heat Exchanger. s.n., Nice, France, p. 7071.

Ngo, T.L., et al., 2007a. Empirical Correlations for Heat Transfer and Pressure Drop in a New Microchannel Hot Water Supplier. s.n., Chambery, France.

Ngo, T.L., Kato, Y., Nikitin, K., Ishizuka, T., 2007b. Heat transfer and pressure drop correlations of microchannel heat exchangers with S-shaped and zigzag fins for carbon dioxide cycles. Experimental Thermal and Fluid Science 32, 560−570.

Nikitin, K., Kato, Y., Ishizuka, T., 2007. Experimental Thermal-Hydraulic Comparison of Microchannel Heat Exchangers With Zigzag Channels and S-shaped Fins for Gas Turbine Reactors. s.n., Nagoya, Japan.

Nikitin, K., Kato, Y., Ishizuka, T., Ngo, L., 2006. Steam Condenser With Cooling Through Liquid CO_2 Boiling for a New Heat Recovery System. s.n., Spoleto.

Petr, V., Kolovratnik, M., 1997. A Study on Application of a Closed Cycle CO_2 Gas Turbine in Power Engineering. s.l.: Czech Technical University in Prague.

Petr, V., Kolovratnik, M., Hanzal, V., 1999. On the Use of CO_2 Gas Turbine in Power Engineering. s.l.: Czech Technical University in Prague.

Pfost, H., Seitz, K., 1971. Eigenschaften einer Anlage mit CO_2−Gasturbinenprozess bei uberkritischem Basisdruck. Brennstoff-Warme-Kraft 9 (9), 400−405.

Pham, H.S., et al., 2014. Energy Analysis of the Supercritical CO_2 Power Conversion Cycle Coupled to a Small Modular Reactor. s.n., Marseille, France.

Pham, H.S., et al., 2015. Mapping of the supercritical CO_2 cycle performance for a 250-850°C heat source and energy-based optimization to a small modular and to a sodium fast reactors. Energy 87, 412−424.

Pierres, R.L., Southall, D., Osborne, S., 2011. Impact of Mechanical Design Issues on Printed Circuit Heat Exchangers. s.n., Boulder, CO.

Rahner, K.D., 2014. S-CO_2 Brayton Loop Transient Modeling. s.n., Pittsburgh, PA.

Rahner, K.D., Hexemer, M.J., 2011. Application of Supercritical CO_2 Brayton Cycle Integrated System Test (IST) TRACE Model to Initial Turbomachinery and Brayton Loop Testing. s.n., Boulder, CO.

Rouillard, F., Charton, F., Moine, G., 2011. Corrosion behavior of different metallic materials in supercritical carbon dioxide at 550°C and 250 bar. Corrosion 67, 1−6.

Rouillard, F., Furukawa, T., 2016. Corrosion of 9-12Cr ferritic-martensitic steels in high-temperature CO_2. Corrosion Science 105, 120−132.

Rouillard, F., Martinelli, L., 2012. Corrosion of 9Cr steel in CO_2 at intermediate temperature III:

modelling and simulation of void-induced duplex oxide growth. Oxidation of Metals 77, 71—83.
Rouillard, F., Moine, G., Martinelli, L., Ruiz, J., 2012a. Corrosion of 9Cr Steel in CO_2 at intermediate temperature I: mechanism of void-induced duplex oxide formation. Oxidation of Metals 77, 27—55.
Rouillard, F., Moine, G., Tabarant, M., Ruiz, J., 2012b. Corrosion of 9Cr Steel in CO_2 at intermediate temperature II: mechanism of carburization. Oxidation of Metals 77, 57—70.
Sienicki, J.J., et al., 2007. Supercritical Carbon Dioxide Brayton Cycle Energy Conversion for Sodium-cooled Fast Reactors/Advanced Burner Reactors. s.n., Boise, Idaho.
Sienicki, J.J., et al., 2011a. Scale Dependencies of Supercritical Carbon Dioxide Brayton Cycle Technologies and the Optimal Size for the Next-step Supercritical CO_2 Cycle Demonstration. s.n., Boulder, CO.
Sienicki, J.J., et al., 2011b. Investigation of fundamental phenomena relevant to coupling the supercritical carbon dioxide Brayton cycle to sodium-cooled fast reactors. In: 2011 Supercritical CO_2 Power Cycle Symposium.
Sienicki, J.J., Moisseytsev, A., Krajtl, L., 2014. Utilization of the Supercritical CO_2 Brayton Cycle with Sodium-cooled Fast Reactors. s.n., Pittsburgh, PA.
Sienicki, J.J., Moisseytsev, A., Krajtl, L., 2015. A Supercritical CO_2 Brayton Cycle Power Converter for a Sodium-cooled Fast Reactor Small Modular Reactor. American Society of Mechanical Engineers, San Diego, CA.
Southall, D., Dewson, S.J., 2010. Innovative Compact Heat Exchangers. American Nuclear Society, San Diego, CA, p. 10300.
Span, R., Wagner, W., 1996. A new equation of state for carbon dioxide covering the fluid region from the triple-point temperature to 1100K at pressures up to 800 MPa. Journal of Physical and Chemical Reference Data 25 (6), 1509—1596.
Strub, R.A., Frieder, A.J., 1970. High pressure indirect CO_2 closed-cycle design gas turbines. Nuclear Gas Turbines 51—61.
Sulzer, G., 1948. Verfahren zur Erzeugung von Arbeit aus Warme. Switzerland, Patent No. 269599.
Supercritical CO2 Power Cycle Symposium, 2016. s.l., s.n.
Suzuki, N., Kato, Y., Ishizuka, T., 2005. High Performance Printed Circuit Heat Exchanger. s.n., Grenoble, France.
Takagi, K., et al., 2010. Research on flow characteristics of supercritical CO_2 axial compressor blades by CFD analysis. Journal of Power and Energy Systems 4 (1), 138—149.
Tan, L., Anderson, M., Taylor, D., Allen, T., 2011. Corrosion of austenitic and ferritic-martensitic steels exposed to supercritical carbon dioxide. Corrosion Science 53 (10), 3273—3280.
Tsuzuki, N., Kato, Y., Ishizuka, T., 2007. High performance printed circuit heat exchangers. Applied Thermal Engineering 27, 1702—1707.
Tsuzuki, N., Kato, Y., Nikitin, K., Ishizuka, T., 2009. Advanced microchannel heat exchanger with S-shaped fins. Journal of Nuclear Science and Technology 46 (5), 403—412.
Van Dievoet, J.P., 1968. The sodium-CO_2 fast breeder reactor concept. In: Proceedings of the International Conference on Sodium Technology and Large Fast Reactor Design.
Vesovic, V., et al., 1990. The Transport Properties of Carbon Diaoxide. Journal of Physical and Chemical Reference Data 19 (3), 754—809.
Vilim, R.B., Moisseytsev, A., 2008. Comparative analysis of supercritical CO_2 power conversion system control schemes. In: 2008 International Congress on Advances in Nuclear Power Plants (ICAPP 2008), p. 8372.
Wang, Y., Dostal, V., Hejzlar, P., 2003. Turbine Design for Supercritical CO_2 Brayton Cycle. s.n., New Orleans.

Watzel, G.V.P., 1971. Sind CO_2-Gasturbinenprozesse fur einen Schnellen Natriumgekuhlten Brutreaktor Wirtschaftlich? Brennstoff-Warme-Kraft 9 (9), 395−400.

Wright, S.A., Conboy, T.M., Rochau, G.E., 2011. Break-even Power Transients for Two Simple Recuperated S-CO_2 Brayton Cycle Test Configurations. s.n., Boulder, CO.

Wright, S.A., Pickard, P.S., Fuller, R., 2009a. Supercritical CO_2 Heated but Unrecuperated Brayton Loop Operation and Test Results. s.n., Troy, NY.

Wright, S.A., et al., 2009b. Supercritical CO_2 Compression Loop Operation and Test Results. s.n., Troy, NY.

Yoon, H.J., Ahn, Y., Lee, J.I., Addad, Y., 2011. Preliminary Results of Optimal Pressure Ratio for Supercritical CO_2 Brayton Cycle Coupled with Small Modular Water Cooled Reactor. s.n., Boulder, CO.

第14章 试验装置

E.M. Clementoni [1], T. Held [2], J. Pasch [3], J. Moore [4]

[1] 海军核实验室，西米夫林，宾夕法尼亚州，美国；[2] Echogen 动力系统（DE）公司，阿克伦，俄亥俄州，美国；[3] 桑迪亚国家实验室，阿尔伯克基，新墨西哥州，美国；[4] 西南研究所，圣安东尼奥，得克萨斯州，美国

概述：针对 sCO_2 循环已经开展了多个试验验证，其中试验数据的主要来源是桑迪亚国家实验室再压缩回路、海军核实验室综合系统试验和 Echogen EPS100。另外，用于试验兆瓦级的 sCO_2 涡轮的 SWRI SunShot 装置也在建设中。本章将详细介绍这些试验装置以及支持 sCO_2 循环技术发展的相关试验结果。世界各地的其他试验装置也将在本章中进行总结。

关键词：Echogen；EPS100；综合系统试验；海军核实验室；再压缩；桑迪亚国家实验室；SunShot；试验

14.1 简介

sCO_2 循环的可操作性和可控性验证是该技术发展的关键。截至 2016 年，世界范围内已经开展了多个 sCO_2 循环试验来提供相关运行数据，以证明该循环的可行性。这些装置中获得的成功运行案例和经验教训为 sCO_2 循环技术的发展提供了支持。

小型试验装置的运行数据主要来源于桑迪亚国家实验室（SNL）再压缩回路和海军核实验室综合系统试验。Echogen 电力系统公司的 EPS100 系统是兆瓦级示范系统运行数据的主要来源。西南研究院（SWRI）正在研发 SunShot 装置以用于验证兆瓦级的 sCO_2 涡轮。世界各地还有其他小型系统用于 sCO_2 循环的初步验证和试验平台。

14.2 桑迪亚国家实验室再压缩回路

14.2.1 系统描述

再压缩循环被认为是在如核反应堆和太阳能热能等领域中对闭式循环热源的补充，因为再压缩循环可以从透平排气中实现热回收。根据运行条件和换热器的性能，60%～70%工质的加热来自循环内热量的回收，其余 30%～40%的热量由外

部热源提供。额外回热的一个重要结果是 sCO₂ 可以在高温状态下进入热源换热器，因此只需从外界加热流体中吸收较小一部分的热量。对于开式热源来说，利用废气中的热量会导致燃料利用效率的降低。但是，对于闭式热源循环，特别是核反应堆来说，效果是非常有益的。显著利用回热的好处以及其他方面的好处（如减少压缩机做功）使得当透平入口温度接近 700℃时能量转换效率接近 50%。

为了利用高循环效率优势，美国能源部核能办公室先进反应堆项目建立了 sCO₂ 再压缩闭式布雷顿循环（RCBC）试验装置，主要用于研究该动力循环的关键技术问题，并获得系统性能计算模型。为此开发了布雷顿循环涡轮机械程序与控制算法以证明循环性能和可控性，加深对相关物理现象的理解，提供可靠的计算平台。设备和系统设计研究由 SNL 和 Barber-Nichols 公司共同完成，完成了 sCO₂ 压缩机和布雷顿循环试验回路的技术指标和设备设计。基于现有条件进行了运行状态点设计，包括转子转速 75000r/min，透平入口温度 538℃，压比 1.8，最大交流发电机输出功率为每台 125kWe。所有涡轮机械都是径流式设计。主压缩机的入口设计参数为压力 7.6MPa，温度 32.2℃，等熵效率为 66.5%，质量流量为 3.67kg/s，出口压力为 13.8MPa。再压缩机的入口设计参数为压力 7.79MPa，温度 59.4℃，等熵效率为 70.1%，质量流量为 2.27kg/s，出口压力为 13.7MPa。稍高的主压缩机出口压力是为了应对在与再压缩机出口连接前通过低温回热器的压降。两个透平在设计上非常相似，再压缩透平的流通面积稍大，因为再压缩机通过了 53.5%的流量，且需要更多的功耗。两个透平设计都以大约 85%的等熵效率运行。

核反应堆的热源用电加热器模拟，可向能量转换系统提供 780kW 的热量。这种加热系统对热输入的变化有很好的响应。高低温回热器均为印刷电路换热器，设计功率为 2.2MW 和 0.6MW（简单循环的回热器设计负荷为 1.6MW，但采用再压缩配置只需 0.6MW）。散热是由设计负荷为 0.5MW 的水冷式 PCHE 完成的。由于叶轮机械的尺寸小和转速高，需要使用迷宫式密封，同时通过的流体将作为气体箔和轴承的润滑剂。除了低温回热器低压排气到两个压缩机进口和两个压缩机到下一个主要设备的排气之间的管道是 2in，其余所有管道都是 3in（管号均为 160）。

Sandia 与 BNI 合作设计并搭建了上述装置。同时，海军核实验室正在与 BNI 合作开发其试验装置。SNL 和海军核实验室在这段时间内的广泛合作降低了两个项目的风险，两个试验平台之间的高度共通性为各自项目的持续合作提供条件。项目设计的循环布置、TAC 截面和试验设备如图 14.1～图 14.3 所示。

自最初的系统设计和性能测试以来，通过广泛的试验获得大量的设备运行数据和后续的模型基准。对整个管道和设备的动量损失和泄漏的 CO₂ 与转子之间的摩擦损失这两个关键工作因素的理解也得到了显著提高。回热器的实际性能也被用于这些主要设备的基准预测。涡轮机械运行性能接近预测结果。SNL RCBC 设计点的工作流程如图 14.4 所示。其中，部分状态点和部件性能与原设计略有不同。这些差异主要是原始预测和实际压力损失差异所导致的。

第 14 章 试验装置

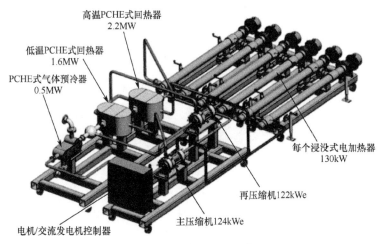

图 14.1 Sandia 再压缩闭式布雷顿循环（印刷电路板式换热器，PCHE）

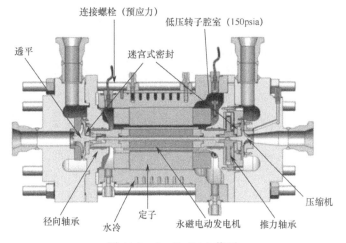

图 14.2 Sandia TAC 截面

图 14.3 Sandia 再压缩布雷顿循环实验平台

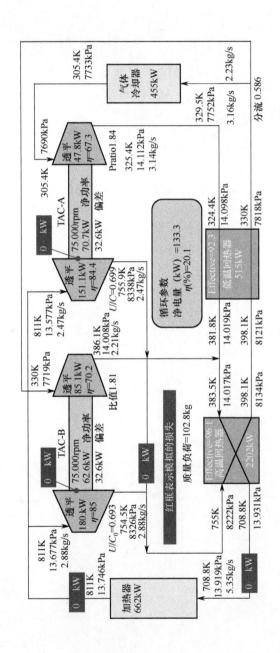

图 14.4 Sandia 再压缩闭式布雷顿循环设计工况

14.2.2　关键试验结果和结论

透平的流体速度必须大于透平叶片的速度，以产生驱动力。根据流体和透平转速的组合，可以应用速度三角形来预测有效的涡轮功率。只有透平叶片切向速度与流体切向速度之比小于 1 时，透平才能发电。TAC 运行经验表明，速度比大于 1 时会出现流体在透平中的搅动，从而阻碍流体在闭式回路的正常流动。在冷态启动时会影响流体的循环和升温，使系统启动操作复杂化，需要采用透平旁通解决该问题。旁通回路允许流体的循环与加热。一旦计算出的速度比低于 1，则关闭旁路管道，流体直接通过透平。当然也有其他的解决方案，比如在启动前预热流体。

再压缩循环的特点是两个压缩机在不同的热力学条件和不同的流量下并联运行。SNL RCBC 的经验证明了这一操作的难度，特别是对运行在临界点附近的主压缩机。在这种结构中运行的基本要求是两股分离的气流在分离点和结合点的压力相等。热力学条件和压缩机性能会妨碍在结合点产生相等的压缩机出口压力的解决方案。在这些条件下，压缩机容易发生喘振和失速，并最终导致压缩机损坏。对主压缩机和再压缩机进行的大量试验表明，当一台压缩机的功率超过另一台时，流动状态会发生振荡。将主压缩机替换为再压缩机进行了类似的测试，结果表明，两个压缩机都采用再压缩机设计，稳定性得到了显著改善，但仍有必要谨慎地保持两个压缩机同时处于安全运行条件下。这些测试结果表明，这两种压缩机的设计应考虑其在广泛的热力学和转子动力学条件下的稳定运行性能。

在靠近临界点处运行闭式布雷顿循环（CBC）的主要好处是与远离临界点的气体相比压缩机功耗的降低。这一优点在以空气为工质的原始闭式布雷顿循环中无法实现，因为与 CO_2 31℃的临界温度相比，空气的临界温度为-141℃。然而，这一好处是以与温度相关的热力学性质（特别是密度）的变化增加为代价的。这种对温度微小变化的灵敏性增加，导致压缩机流体性质的快速变化以及操作的复杂化，特别是对于并行的压缩机来说。在 SNL 的测试已经表明了为了保持压缩机的稳定性必须控制散热的温度。SNL 为了应对多变的环境条件进行了大量的工作，尤其是考虑在夏季和冬季环境温度的变化。在 SNL RCBC 中使用蒸发冷却器进行排热时，甚至可以在系统运行数据中看到冷却器被云层遮挡的影响。

在这个研究项目中，最大的未知数是涡轮机械设计对新工质的适用性，这几乎没有相关的研究基础。压缩机并不是问题，天然气和石油行业通常会进行 CO_2 的压缩，尽管并不经常在临界点附近。但是，由于相关运行数据的缺乏，透平是一个更大的问题。因此，研究的主要目标是证明涡轮机械设计对这种循环和流体的新组合的适用性。在单独的压缩机测试期间，结果始终显示预测和实际性能之间是一致的。透平性能测量结果的比较也显示了良好的一致性。在撰写本文时，现有数据不足以确定涡轮机械在实验室级别（TRL4）中部件验证以上的技术准备水平（Technology Readiness Level，TRL）。因此，尽管 SNL 系统获得了成功，但仍需要做更多的工作来建立设计具备商业规模系统的信心。

在运行过程中已知的最大挑战之一与材料有关。即使在相对轻度的使用条件下，在整个项目中反复发生关键的透平和进口喷嘴腐蚀。只有在最极端的条件下，才观察到组件退化。流体温度和压力处于最大值。由于透平和进口喷嘴的固有设计，流速也达到了最大值，大约是声速的一半。迄今为止，在流体中捕捉或观察材料磨损的工作都没有成功。正在开发相关分析程序以解决这一问题。事实证明，早期的空气闭式布雷顿循环的叶轮机械是非常耐腐蚀且长寿命的，新的 sCO_2 闭式布雷顿循环也必须达到这种程度的运行可靠性。

SNL RCBC 运行得到的数据表明，系统的性能符合预期。RCBC 在一系列相关的热力学条件下能运行稳定。主压缩机在不同两相进口条件下运行，并保持稳定。此外，这种两相运行条件不会对压缩机产生不利影响。在 CO_2 中加入少量流体添加剂，以评估对流体和压缩机性能的影响。从这些测试中，可以观察到工质的临界点可以通过这种方式进行显著的操纵，从而开启了以化学方式定制工质以匹配应用环境的可能性。标准的功率瞬变过程，如冷启动、热重启和降功率，通常都能毫无困难地完成。更强烈的瞬态，例如，热输入（模拟太阳加热瞬态）和热排放的大范围变化，循环也已经完成了可接受的、安全的、可控的响应。

SNL RCBC 系统和设备的各种测试结果支撑了 RCBC 是一种可行的功率转换系统的结论。数据显示，在技术成熟方面具有最大不确定性的部件确实按照设计运行，这使人们相信标准涡轮机械设计技术适用于这种循环和工质的新组合。该系统在多种速度和热力学条件下稳定可靠运行。虽然技术挑战仍有待研究和解决，但种种迹象表明各问题均将得到克服。

14.3　海军核实验室综合系统试验

14.3.1　系统描述

海军核实验室正在评估 sCO_2 循环在船用推进的应用。早期的研发工作包括开发 sCO_2 布雷顿循环的分析模型计算系统的稳态和瞬态性能，并评估船舶推进循环系统的控制性能。综合系统试验（Integrated System Test，IST）的设计和建造是为了证明在大范围的运行条件和功率水平下 sCO_2 布雷顿循环的可控性，并提供可用于验证分析模型的运行数据。

IST 是一个简单的回热式闭式 sCO_2 布雷顿系统，配有一个变速涡轮压缩机和一个恒速涡轮发电机。由于只有一个压缩机，简单循环比再压缩循环或其他循环配置更容易控制。此外，与再压缩或其他循环相比，简单循环具有更少的设备和更小的总体占用空间，因此更适合空间比较重要的海洋应用。

IST 的全功率输出为 100 kWe。该级别被认为是能提供有意义的系统运行和控制信息的最小的功率水平，可以支持未来更大规模的系统。但这种低功率的系统中使用的技术，如气体箔片推力轴承和迷宫轴密封，不适用于更大规模的系统。

如图 14.5 所示，选择 IST 的设计运行条件来支持低成本的测试装置，以满足证明 sCO_2 布雷顿循环可控性的预期目标。最大运行温度和压力选择为 299℃和 16.7MPa，保证 CO_2 回路管道允许使用商业压水堆典型温度下使用的 316 不锈钢。压缩机入口参数选择为 36℃和 9.24MPa，可以在瞬态工况下提供了一个稳定的压缩机入口密度。在接近临界点运行可以有更高的系统效率，但在瞬态运行过程中，偏离正常运行点时 CO_2 特性会发生更大的变化。

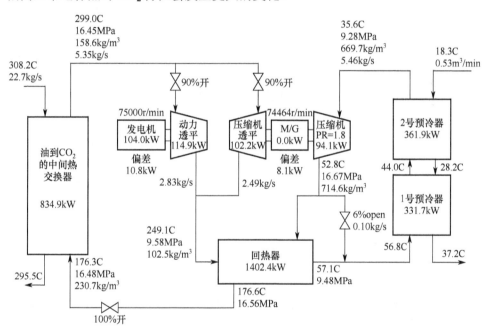

图 14.5　综合系统测试回路热平衡设计

IST 的涡轮机械由 BNI 设计制造。涡轮压缩机和涡轮发电机都采用直径为 5.3cm 的单级径向透平。压缩机为直径 3.8cm 的单级径向压缩机，设计压比为 1.8。透平设计效率为 80%，压缩机设计效率为 61%。两个轴的设计速度是 75000r/min。由于机械的小尺寸和高轴转速，IST 涡轮机械采用气体箔推力轴承和迷宫轴密封。这两台设备上的发电机都位于压力边界内，轴封位于透平和压缩机叶轮的内侧，允许电机腔被抽真空到较低的压力，以减少转子和轴承的风阻损失。

IST 的热源是 1MW 电加热有机传热流体系统，通过管壳式中间换热器（Intermediate Heat Exchanger，IHE）向 CO_2 提供热量。废热通过两个管壳式预冷器从主回路排出，预冷器将废热输送到由制冷机冷却的冷水回路。紧凑的回热器提高了循环效率。涡轮机械、电机和发电机腔内的压力由两个往复式压缩机控制，使其低于主回路的压力，这两个压缩机将密封泄漏损失重新注入主回路，同时也用 CO_2 冷却轴承和定子。IST 组件布置和回路的物理布局分别如图 14.6 和图 14.7 所示。

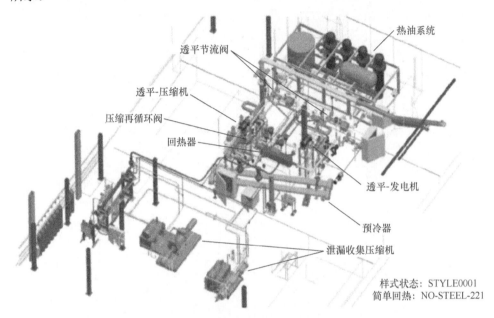

图 14.6 IST 试验系统设备组件布置

图 14.7 IST 系统物理布置

海军核实验室利用系统分析模型研究提出了该系统的控制策略,为整个系统的稳态和瞬态运行提供控制。对于正常的 IST 运行,汽轮发电机的转速保持不变。通过改变涡轮压缩机的转速来改变系统的功率水平。此外,压缩机再循环控制阀的位置随系统功率水平的变化而变化,从而在运行条件范围内提供喘振裕度。在低功率水平,压缩机再循环控制阀打开更大,允许更多的压缩机流量绕过透平和再循环回压缩机。随着功率水平的增加,压缩机再循环控制阀关闭,将更多的压缩机流量送至透平,同时也增加了压缩机的压比。在全功率设计条件下,压缩机再循环阀几乎或完全关闭。根据分析模型预测,使用压缩机再循环阀控制系统功率水平能够比使用透平节流阀提供更稳定的瞬态运行并且更好的避免压缩机喘振。

海军核实验室利用分析模型开发了三种不同的控制策略。这些控制策略利用不同的方法来维持汽轮压缩机和汽轮发电机轴的转速。第一种控制策略是直接轴速控制,其中两轴的速度直接由涡轮机械发电机控制器控制,当回路流体热力学条件改变时,施加所需的电机功率或制动负载以保持目标轴速。第二种控制策略是基于热工水力主导的控制,其中汽轮发电机的速度仍然由汽轮发电机控制器保持,但汽轮压缩机的速度通过 PI 控制器通过调节压缩机再循环阀来保持在所需的设定值。第三种控制策略是负载跟随控制,通过调节压缩机再循环阀,涡轮压缩机的速度被调节到所需功率的设定值,而汽轮发电机的转速是通过调节汽轮节流阀来控制的,以适应发电机负载的变化。

除了调节系统功率水平和涡轮机械轴速所需的控制外,主循环控制系统还有几个额外的 PI 控制器来维持重要的回路运行条件。透平入口温度通过调节加热器功率,将中间换热器 CO_2 出口温度保持在所需的设定值。通过控制预冷器的冷却水流量,压缩机进口温度保持在一个设定值。进入预冷器的冷却水温度也被自动控制到一个固定值,通过使用预冷却器的热流来加热进入预冷器的一部分流体。

系统启动包括加热系统使整个环路的条件高于临界点、调整 CO_2 质量流量以获得所需的条件并支持稳定启动和在整个系统功率水平范围内的恒定质量运行。涡轮压缩机和涡轮发电机是通过驱动轴在怠速转速 37500r/min 下启动的。加热器功率自动增加,以所需的速率将系统加热到正常工作温度。随着温度的升高,涡轮发电机开始产生足够的能量,使涡轮发电机从驱动转变为发电。冷却水温度和流量的调整满足正常运行所需的压缩机进口条件。一旦达到正常的工作温度,汽轮发电机转速提高到正常的稳态运行转速,并调整汽轮压缩机转速,以改变整个系统的功率水平。

14.3.2 关键试验结果和结论

IST 的运行成功地证明了 sCO_2 布雷顿循环从启动、加热、发电到关闭过程的可控性（Clementoni 等，2014）。该系统使用标准化程序反复启动、运行和关闭，以证明其可重复性。

IST 涡轮机械的小尺寸导致一些因素限制了可实现的最大系统功率水平。发电机腔风阻损失比最初预计的要高，因此将涡轮发电机的最大运行速度限制在 60000r/min 以保持温度在限值内。发电机产生的交流电压与转速成正比，此外，给定轴转速的输出电压低于预期。较低的发电机输出电压需要比预期更多的交流电流来达到给定的功率水平。发电机控制器通过调节交流电流来保持大约 40kWe 的功率水平，从而将 IST 限制在设计功率的 40%。由于这些限制，正常的运行条件已经改变：例如，透平进口温度降低，使压缩机再循环阀接近全关闭时，系统运行功率达到最大。

尽管 IST 存在运行上的局限性，但通过使用轴速和热工水力控制策略，已经证明了系统的可行性和可控性。海军核实验室根据该系统评估了许多偏离标准工况的运行结果。虽然无法实现系统的设计条件，但从实现的最大功率工作点到设计点的部件性能推断表明，系统将有望满足或超过设计系统输出（Clementoni 等，2016a）。该系统采用基于热工水力主导的控制策略，在稳定运行条件下可达到全范围的功率调节（Clementoni 等，2016b）。初始瞬态运行表明，发电机输出功率与负荷设定值具有良好的一致性，可以使用基于热工水力主导的控制策略来控制全功率范围内的瞬态功率。尽管由于 PI 控制常数反应过度，控制阀位置出现了较大的振荡，但在这些工况运行期间，整个回路的性能非常稳定（Clementoni 等，2016c）。通过瞬态功率运行结果表明，系统性能的趋势与瞬态分析模型的预测很好地保持一致，瞬态偏移是由于控制器速度信号的更新率引起的风阻损失和涡轮机械轴速度稳定性的差异引起的。

IST 没有发现任何与 sCO_2 布雷顿循环有关的固有问题。发现的问题都是与回路的小尺度和相关的高涡轮机械轴转速有关。高轴速提出需要使用气体箔推力轴承、迷宫轴密封、高开关速度交直流电源转换设备，以及其他设计和技术要求，但是这些设计不会在更大规模的商用系统中使用。

14.4　Echogen EPS100

14.4.1　系统描述

Echogen 电力系统公司研究了回热和燃气轮机联合循环的 sCO_2 循环。EPS100 的第一个设备是一台 7~8MW 级热回收发动机，其目标是产生出口温度为 500~550℃，质量流速为 65~70kg/s 的气相产物。最小排放设计温度为 85℃，这是不考虑酸性气体冷凝问题时典型的天然气热源的温度。EPS100 于 2014 年在美国纽约奥利安的德莱赛工厂完成了工厂验证测试（Held，2014），并计划于 2017 年在用户现场安装。

EPS100 利用多级回热从主热源吸收热量。出于初始测试目的，EPS100 配置为经过改造的简单回热循环，如图 14.8 中的流程图所示。CO_2 在主蒸汽-CO_2 换热器的下游被分成两大主要部分。大约 2/3 的流量直接流向发电透平，而其余的流量直接流向驱动透平，后者为主 CO_2 泵提供轴动力。该系统的测试配置如图 14.9 所示。

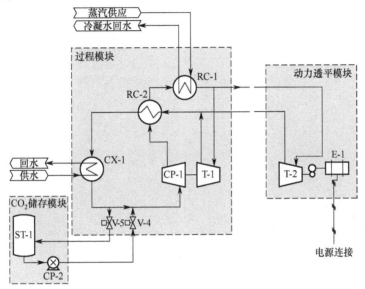

图 14.8 EPS100 测试安装工艺流程图

该项目测试是在美国纽约奥利安的 Dresser-Rand 压缩机测试装置上完成的，采用电厂高压过热蒸汽作为热源。因此，CO_2 的最高温度被限制在略高于蒸汽饱和温度的值，大约 260～275℃。虽然该设备允许发电透平在其设计工况附近运行，但发电透平设计入口温度为 400～485℃，这导致其功率输出受到限制。

EPS100 使用两个独立的透平：一个直接连接到流体泵；而另一个通过行星齿轮箱连接到同步发电机进行发电。当然，发电透平以恒定的转速运行（大约 30000r/min），而透平泵的转速可以在一个大的范围内独立变化（24000～36000r/min）以保持流体回路所需的流量在给定的热源和冷却剂条件的最佳范围内。

透平泵由一个密封单元组成，由一个单级径向透平与一个单级离心泵直接耦合。轴颈和推力轴承是专门设计以避免使用二次侧流体润滑。透平泵在全功率条件下的额定轴功率为 2.7MW。

发电透平也是单级径向设计。但是由于变速箱和发电机位于主 CO_2 回路的外部，需要一个旋转轴密封来保持回路的密闭。为了保持尽可能低的泄漏率，在发电透平叶轮附近安装了商用干气密封。这种密封也允许使用商业倾斜垫式轴颈和推力轴承的发电透平轴。

图 14.9 EPS100 试验装置

回热器和冷凝器都是 PCHE 设计，通过多个化学蚀刻板扩散连接到一个单一的核心与集合管和喷嘴焊接（Le Pierres 等，2011）。在测试装置中，其中一个回热器被设计为蒸汽-CO_2 换热器，并用作系统的主要热源。

EPS100 的运行和控制由专有的控制系统和软件完成。控制系统硬件由工业可编程逻辑控制器模块和中央处理器组装而成，仪表主要包括工业级压力传感器、电阻温度探测器和其他所需的测量元件。使用孔板在不同位置测量 CO_2 流量，流量使用 ASME PTC 19.5 程序计算。轴的偏移和转速由工业涡流探头测量。

该系统的主要控制机构是位于回路关键位置的阀门。其中最重要的是泵旁通阀和透平节流阀。此外，泵压力利用一个单独的 CO_2 储罐实现存量控制，在必要时从主工艺回路供应和提取流体，以保持泵进口压力在所需值。

EPS100 使用标准的"食品级"CO_2 作为工作流体，CO_2 最低含量为 99.5%。为了进行分析，假设 CO_2 的所有性质都是纯流体的性质，使用 REFPROP 9.1（Lemmon et al.，2010）完成热力学性质计算。

14.4.2 关键测试结果和结论

EPS100 测试项目于 2014 年完成，随后将其从测试装置中拆除，为客户现场安装做准备。所有稳态和瞬态性能的测试目标已经完成，包括涡轮泵以最大轴功率、转速和排放压力同时运行,发电透平以全速运行,在允许的有限热源温度下输出功率达到 3.1MWe。透平泵运行时间约为 340h,发电透平运行时间约为 150h。

两个透平的测量效率是根据 NASA TP-1730(McLallin 和 Haas,1980)推导的特性曲线绘制的,如图 14.10 所示。由于当前试验装置中可达到的透平入口温度有限,发电透平点显著偏离设计条件。在全功率条件下,发电透平效率预计将达到或略高于驱动透平。

如图 14.11 所示,泵的实测效率略高于预测值。为了避免泵进口测量装置的阻力产生流动扰动,泵进口流量是通过测量透平和辅助流量的总和来测量的。图 14.12 所示为一个典型的测试过程中透平泵的整体功平衡。附加载荷是通过流体流过轴承腔的焓增来测量的,与透平功和泵功的差值密切相关。

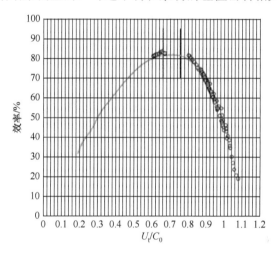

图 14.10 透平性能与 NASA TP-1730 曲线对比(TP-1730 曲线约在 U_t/C_0=0.9 处结束)

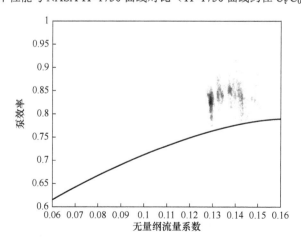

图 14.11 泵效率与流量系数测量值

注:此图是约 25000 个数据点的密度云图,灰度表示在给定的坐标中的数据点的密度。

透平效率测量的不确定度范围为 0.3%～0.8%，泵效率测量的不确定度约为 2%。由于设备的热损失，效率的不确定性小于 0.1%。

换热器的性能可以根据其与制造商在运行点所描述的性能的比较来评估。实际上，运行条件变化很大，很少与额定值直接匹配。为了实现缩比，建立了换热器性能（UA）和压降的简化模型以关联性能数据，并为非设计工况的循环建模提供预测工具。

数学模型的形式是两组平行的、小直径的半圆管逆流排列，并由一片 316L 不锈钢薄片隔开。采用简单的 Dittuse-Boelter 对流换热关系式计算单相流动中的流体传热系数（Incropera 和 DeWitt，2007）。对于两相（冷凝）工况，使用 Shah 模型计算（Shah，2009），然后通过一个简单的热阻模型计算总体传热系数。采用 20 个节点的离散模型计算了在不同运行条件下，由于 CO_2 热容快速变化而引起的整体传热性能变化特性。压降采用简单的莫迪摩擦公式计算在一个管内的压降，并根据半圆形管的几何形状进行修正。

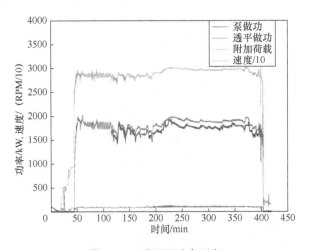

图 14.12　透平泵功率平衡

在模型开发过程中，为匹配换热器性能（UA）和压降的设计要求，换热管的数量、直径和长度都是不同的。当模型与设计点匹配后，其几何形状保持固定，而运行条件是变化的。然后将模型预测的换热器性能（UA）与实测值进行比较（图 14.13）。在大范围的运行条件下，模型和数据之间的符合非常好。

尽管 EPS100 不是严格意义上的"试验装置"，但它代表了迄今为止最大的 sCO_2 循环。试验过程中收集的运行经验和数据证实了单个部件和整个系统的预期性能。数百小时的总测试时间提供了对系统长期性能的初步观察结果；一旦在商业现场安装，EPS100 将进行闭式 sCO_2 循环的首次长期耐久测试。

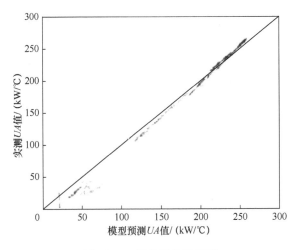

图 14.13　回热器性能云图

14.5　SWRI SunShot 循环试验回路

SWRI 正在设计可以承受所有布雷顿循环试验压力（8～28MPa）和温度（45～700℃）的 SunShot 试验回路。由于 SunShot 测试回路的主要目的是证明正在开发的回热器和透平的机械和气动性能，而不是验证特定的系统性能，因此如图 14.14 所示，选择了一个简单的回热循环，包含一个主回热器、一个提供高温外部加热器和一个提供高压 CO_2 的单独的泵。简单循环回路的成本更低，实现的风险也更小。透平进口条件与再压缩循环相同，回路的流量相当于 1MWe 机组的规模。然而，单回热器系统的进口条件不同于双回热器系统。该循环利用了 SWRI 现有的 CO_2 循环回路的一部分，包括现有的壳管式换热器。

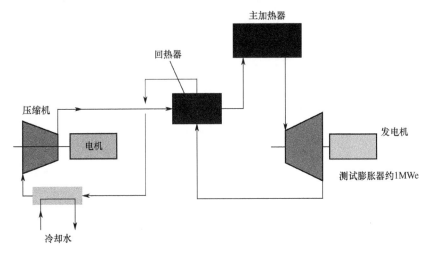

图 14.14　简单 sCO_2 试验回路

SWRI 为循环中所有主要设备规定了运行条件，并总结在表 14.1 中。其中，每个设备进出口压力和温度决定了所需的制造材料，并决定了该位置的 CO_2 密度。根据流体的密度和质量流量，可以规定连接管道的尺寸，以控制最大流速。该系统是为西南研究中心的建造和测试而设计的，最大限制流速为 30m/s。这一限制是基于以前的经验，特别是对于昂贵的镍合金和不锈钢材料，在保持合理的压降和最小的管道尺寸之间进行折中选择。

表 14.1　回路运行条件

设备	出口温度 /℃[℉]	出口压力/(bar[psi])	流量/(kg/s[lb/s])
泵	29.22 [84.60]	255.0 [3698]	9.910 [21.85]
管道（1）		254.3 [3688]	
回热器	470.0 [878.0]	252.3 [3659]	8.410 [18.54]
管道（2）		251.9 [3654]	
加热器	715.0 [1319]	250.9 [3639]	
管道（3）		250.6 [3634]	
膨胀器	685.7 [1266]	86 [1247]	
管道（4）	567.3 [1053]		9.910 [21.85]
回热器	79.58 [175.2]	84 [1218]	
管道（5）			
冷却器	10.00 [50.00]	83 [1204]	

定制设计的空气测功机（Dynamometer Dyno）代替发电机在测试过程中吸收透平产生的功率。空气测功机直接安装在透平轴上（取代了通常驱动压缩机的联轴器），其设计目的是模拟联轴器的转子动力学行为。与发电机不同，气动装置不能突然卸载，从而无须快速动作的透平阀来防止系统超速。空气测功机基于单级离心式压缩机，通过吸入和排出节流来吸入环境空气，以最大限度地降低调节。

14.6　其他试验装置

世界范围内已经搭建了许多其他小型试验装置来验证不同的 sCO_2 循环配置。最早公开的有关 sCO_2 循环运行数据来自日本。Utamura 等（2012）建立并运行了一个小型 sCO_2 测试回路，可进行额定功率为 10 kW 的闭式回热布雷顿循环研究。

SCIEL 是由韩国原子能研究院、韩国科学技术院（KAIST）、浦项科技大学研究小组共同设计的 sCO_2 布雷顿循环整体实验回路（SCO_2 Brayton Cycle Integral Experiment Loop，SCIEL），已搭建完成并进行了前期实验。测试装置是一个两级压缩和膨胀的回热循环。该装置将用于模拟稳态和瞬态运行，并为部分负载运行和功率损失等工况建立控制逻辑（Cha 等，2014）。韩国的其他设施包括韩国科学技术院（KAIST）的超临界二氧化碳试验装置（Bae 等，2015）和韩国能源研究所的三个 sCO_2 循环实验回路（Cho 等，2016）。

14.7 小结

国家实验室和大学开展的千瓦级以 Echogen 开展的兆瓦级的试验证明了 sCO_2 循环的可操作性和可控性。SunShot 项目、超临界电力转换项目和其他商业开发工作为正在进行的兆瓦级 sCO_2 验证工作提供经验。在不断增加的功率水平上的持续成功,将为 sCO_2 循环取代商业发电中的现有循环提供经验基础。

参考文献

Bae, S.J., Anh, Y., Lim, H.S., Cha, J.E., Lee, J.I., 2015. Comparison of gas system analysis code GAMMA+ to s-CO$_2$ compressor test data. In: Turbo Expo 2015, Montreal, Canada.

Cha, J.E., Ahn, Y., Lee, J.K., Lee, J.I., Choi, H.L., 2014. Installation of the supercritical CO$_2$ compressor performance test loop as a first phase of the SCIEL facility. In: 4th International Supercritical CO$_2$ Power Cycles Symposium, Pittsburgh, PA.

Cho, J., Shin, H., Ra, H., Lee, G., Roh, C., Lee, B., Baik, Y., 2016. Development of the supercritical carbon dioxide power cycle experimental loop in KIER. In: ASME Turbo Expo 2016, Seoul, South Korea.

Clementoni, E.M., Cox, T.L., Sprague, C.P., 2014. Startup and operation of a supercritical carbon dioxide Brayton cycle. ASME Journal of Engineering for Gas Turbines and Power 136 (7), 071701.

Clementoni, E.M., Cox, T.L., King, M.A., 2016a. Off-nominal component performance in a supercritical carbon dioxide Brayton cycle. ASME Journal of Engineering for Gas Turbines and Power 138 (1), 011703.

Clementoni, E.M., Cox, T.L., King, M.A., 2016b. Steady-state power operation of a supercritical carbon dioxide Brayton cycle with thermal-hydraulic control. In: ASME Turbo Expo 2016, Seoul, South Korea.

Clementoni, E.M., Cox, T.L., King, M.A., 2016c. Initial transient power operation of a supercritical carbon dioxide Brayton cycle with thermal-hydraulic control. In: 5th International Supercritical CO$_2$ Power Cycles Symposium, San Antonio, TX.

Held, T.J., 2014. Initial test results of a megawatt-class supercritical CO$_2$ heat engine. In: 4th International Supercritical CO$_2$ Power Cycles Symposium, Pittsburgh, PA.

Hexemer, M.J., 2011. Supercritical CO$_2$ Brayton cycle integrated system test (IST) trace model and control system design. In: Supercritical CO$_2$ Power Cycle Symposium, Boulder, CO.

Incropera, F.P., DeWitt, D.P., 2007. Fundamentals of Heat and Mass Transfer. John Wiley & Sons.

Lemmon, E.W., Huber, M.L., McLinden, M.O., 2010. NIST Standard Reference Database 23. NIST Reference Fluid Thermodynamic and Transport Properties — REFPROP, 9.1.

Le Pierres, R., Southall, D., Osborne, S., 2011. Impact of mechanical design issues on printed circuit heat exchangers. In: Supercritical CO$_2$ Power Cycle Symposium, Boulder, CO.

McLallin, K.L., Haas, J.E., 1980. Experimental Performance and Analysis of 15.04-Centimeter-Tip-Diameter, Radial-Inflow Turbine with Work Factor of 1.126 and Thick Blading. NASA Technical Paper, (TP-1730).

Shah, M.M., 2009. An improved and extended general correlation for heat transfer during condensation in plain tubes. HVAC&R Research 15 (5), 889—913.

Utamura, M., Hasuike, H., Ogawa, K., Yamamoto, T., Fukushima, T., Watanabe, T., Himeno, T., 2012. Demonstration of supercritical CO$_2$ closed regenerative Brayton cycle in a bench scale experiment. In: ASME Turbo Expo 2012, Copenhagen, Denmark.

第15章 研究与发展：要点、工作和未来趋势

D. Thimsen [1], R.A. Dennis [2], K. Brun [3], B.A. Pint [4]

[1] 电力研究所，圣保罗，明尼苏达州，美国；[2] 国家能源技术实验室，摩根敦，西弗吉尼亚州，美国；[3] 西南研究院，圣安东尼奥，得克萨斯州，美国；[4] 橡树岭国家实验室，橡树岭，田纳西州，美国

概述：截至2016年，与sCO_2电厂相关的研究已经解决了多个关键问题，使sCO_2循环成为可行的选择。但是，在循环优化、瞬态建模、涡轮机械、高温材料、腐蚀防护、换热器、加热器、工质品质和装置一体化等领域仍需要大量的研究。此外，必须有实际规模的sCO_2电厂的运行经验才能确定其能够控制和优化电厂的运行。

关键词：循环优化；研发；技术差距

15.1 简介：研发目标

sCO_2布雷顿循环的成功应用取决于其相对于现有的热电转换技术（蒸汽循环和吸气式燃烧联合循环）的显著优势。而电厂业主只有在与传统技术相比具有显著的成本效益、更高的可靠性或其他关键优势时，才会选择sCO_2布雷顿循环技术。sCO_2循环技术的优势如下：

(1) 更高的效率（更低的燃料运营成本）；
(2) 更低的成本；
(3) 更小的占地面积和更小的重量；
(4) 快速瞬态运行特性。

sCO_2布雷顿循环是热力发电机，主要由涡轮机械（压缩机、透平）和换热器组成；与用于蒸汽朗肯和燃烧涡轮动力循环的设备是相同的。sCO_2布雷顿循环的研发将在很大程度上是渐进的，需要将现有技术的经验基础应用于sCO_2布雷顿循环所应用的新工作环境中。因此，sCO_2布雷顿循环的研发需求与完全不同的发电技术（如燃料电池和磁流体动力发电机）的研发需求有着根本的差别（而且要求更低）。

sCO_2布雷顿循环的研发需求如下：

(1) 循环整体架构设计；
(2) 特定循环设备的开发；
(3) 开发适合高温电厂的材料。

15.2 整体动力循环设计

sCO_2 布雷顿循环需要寻找备用热源，即在相对较高且恒定的温度下向循环传递热量，其中包括核反应堆和聚光太阳能接收器。可以实现高循环效率的再压缩闭式布雷顿循环是这些热源的最佳选择。但是，在实践中有两个影响因素可以考虑采用替代循环布置。

（1）所需的再压缩机体积大，购买、操作和维护成本高。通过以下方式可以减小或者消除再压缩机的流量：对于通过再压缩机的温度相对较低流体的显热能够找到有价值的用途；可以利用补充的低温热源将高压、低温流加热到再压缩机出口温度。在每种情况下，再压缩的需求都将降低，可以大大节省资金/维护成本，并提高电力循环效率。

（2）集中式太阳能发电厂通常需要热存储以允许在低日照期间发电。再压缩闭式布雷顿循环（RCBC）只能利用蓄热器的一个相对较窄的温度范围，按比例需要更大（更昂贵）的存储以满足电厂持续生产时间的要求。与 RCBC 相比，sCO_2 循环装置可以更深入地利用存储温度，从而降低存储体积要求/成本。

设计 sCO_2 布雷顿循环来利用燃烧产物、废热和存储的显热热源更具挑战性。在这种情况下，净电厂效率（循环效率和热回收效率的乘积）是优化的参数，而不仅是循环效率。整个电厂设计中必须找到热能资源中的中温和低温显热有价值的用途，将热量传导到与动力循环换热器相同温度范围的工质内。

虽然对备选的 sCO_2 循环进行了大量的热力学建模，但几乎可以肯定的是适合最佳循环设计的热源还未确定。热力学设计必须考虑诸如部件成本、耐久性、可操作性以及效率/产能之类的实际问题。整个循环结构尚未确定，且仅对正常运行过程（正常启动、停闭、突然失去负载等）进行了有限的瞬态分析。

具体来说，研究需求如下：

（1）针对特定的热源和调节需求，sCO_2 布雷顿循环的设计根据电厂净效率/成本进行优化；

（2）开展典型的运行工况瞬态分析；

（3）用运行电厂的测试数据来验证设备和子系统的稳态和瞬态模型。

15.3 工质品质

与蒸汽循环相比，sCO_2 闭式布雷顿循环中没有低于大气压的部分。因此，影响 sCO_2 工质品质的因素只有以下几种：净化后残留的空气或其他气体、与 sCO_2 接触的部件的腐蚀/化学反应、新安装部件的残留污染物以及润滑油泄漏。必须全面了解这些潜在污染物对整个循环性能的影响（可能是适度的）和加速腐蚀的影响。实践经验将指导关于制定允许的污染物范围的研究。

在半封闭直接氧/燃料燃烧的 sCO_2 布雷顿循环中的工质净化将是一个挑战，循环中存在完全燃烧所需的过量 O_2、不完全燃烧产生的 CO、燃料和氧化剂中的微量氮和氩以及燃烧过程中产生的水。如果使用煤合成气作为燃料，工作流体中存在的其他污染物可能包括 SO_2/SO_3、NO/NO_2 和卤化物，这些物质与许多金属具有化学活性。

加强对工质成分的管理以逐步增加总功率或减少压缩功对热力学特性有利。同时，也可能通过添加抑制腐蚀的化合物来缓解慢性腐蚀机制。

具体的研究需求如下：

（1）量化可能污染物的有害影响（热力学和化学）；

（2）用于提高热力学循环性能的工质添加剂；

（3）用于抑制与工质接触部件的有害腐蚀的工质添加剂；

（4）潜在污染物及清理需求；

（5）防腐蚀；

（6）H_2O、O_2、CO、SO_x、NO_x 等的管理。

15.4 压缩机

尽管 sCO_2 压缩机的运行更接近临界点（入口温度的微小变化导致了大的密度和体积流量梯度），sCO_2 布雷顿循环压缩机的工作压力和温度与普通 CO_2 压缩机的要求没有显著差异。对于闭式 sCO_2 循环中运行的压缩机，端部密封泄漏也会带来更严重的损失。

具体的研究需求如下：

（1）sCO_2 压缩机设计可在降低负载和/或变化的预冷器温度下维持稳定和高效运行；

（2）为减少或消除泄漏而进行的研究，包括用于公用事业规模的大型干气密封、湿密封集成和/或浸没式轴承技术；

（3）降低压缩机成本、提高效率，或以其他方式改善压缩机运行特性。

15.5 透平

在 sCO_2 间接循环中，高温透平在类似于超超临界汽轮机的条件下运行，但产生单位功率的工质密度和质量流量更高。这使得紧凑型涡轮机械在转子动力学、紧凑型热管理、高温压力密封和低泄漏端密封等方面面临着独特的挑战（见第 7 章）。

具体的研究需求如下：

（1）通过衬管、涂层或其他方式提高轴和压力套管的瞬态响应能力；

（2）减少热管理轴向长度要求的工程研究；

（3）确保热密封及轴的性能和长期可靠性；

（4）开发高温端部密封，消除热管理区域；

（5）材料在透平进口条件下的流动腐蚀试验并证明其长期可靠性；

（6）直接氧/燃料透平叶片和外壳冷却技术的发展；

（7）研发紧密耦合的透平截止阀，防止低惯性透平转子超速。

15.6 换热器

经济有效的换热技术是大规模部署 sCO_2 布雷顿循环的关键。包括一次加热器（与热源的接口）、用于直接氧/燃料燃烧的高压燃烧器、所有回热器，在较小范围内还包括压缩机进口冷却器和中间冷却器。

设计/开发每一类换热器都有特殊的挑战，但它们都面临以下两个挑战。

（1）成本/性能：换热器的性能在一定程度上可以通过增加换热面积来提高，但这也增加了成本。所有类型的换热器都需要在可接受的成本下实现高性能。

（2）压降：在 sCO_2 布雷顿循环中压降的成本比蒸汽动力循环中要高得多。sCO_2 布雷顿循环压缩机功率（作为总发电量的一部分）大约是锅炉给水泵功率的 3~4 倍。此外，sCO_2 布雷顿循环设计一般要求整个工质流经回热器的两侧（在蒸汽循环中，只有较低温度的给水需要通过给水加热器）。布雷顿循环每单位总发电量的工质流量是蒸汽循环中水/蒸汽的 5~10 倍，流动压降也相应增大。

15.6.1 主加热器

为了将热量吸收到 sCO_2 布雷顿循环中，每种热源对主加热器的设计都有特殊的约束条件。核能应用很可能将热源传递工质选择为熔融盐、液态金属或其他流体。聚光太阳能应用可能会以熔盐中的显热形式提供热量（特别是如果热存储是电厂设计的一部分），或者可能直接加热太阳能接收器中的 sCO_2。废热应用将通过对流将热量传递给工质。在燃料燃烧应用中，火焰的辐射传热或较低温度下的对流传热都有可能。

每一种应用都将对各自的主加热器的设计提出特殊的挑战，但都将面临成本的挑战。主加热器的设计也可能面临水力方面设计的挑战，特别是对于高热流（辐射传热）的设计。

应当特别注意，燃料燃烧的 sCO_2 加热器（与锅炉类似）的设计将面临巨大挑战。由于火焰和工质之间的高温差，炉内辐射传热特别有效。但是，这需要非常小心地控制流经管道（炉壁）的流体。单个管道中的流量过少将导致管道过热随后融毁破裂。在锅炉设计中，通常采用高压降管组来保证流量的均匀分布。对于以煤为燃料的 sCO_2 加热器设计来说，这并不可行。此外，由于广泛的回热，在燃烧器中 sCO_2 的温升（和相关的焓升）通常较小，需要许多平行的流道，这也增加了流量分配的挑战。

15.6.2 回热器

sCO_2 布雷顿循环回热器的总热负荷至少是主加热器的 3 倍。这些回热器的成本将占整个电厂成本的很大一部分。另一方面，为了达到较高的循环效率，需要高性能的回收器。这类换热器的成本/性能的挑战最大。

15.6.3　直燃式氧/燃油燃烧器

半闭式 sCO_2 布雷顿循环的直接燃烧氧/燃料燃烧器的工作压力比通常用于吸气式燃烧涡轮的压力高一个数量级。在燃烧化学、燃烧动力学或运行要求方面，在需求压力下运行燃烧器的经验很少。

15.6.4　压缩机入口/中间冷却器

在 sCO_2 布雷顿循环中，传统的压缩机中间冷却器技术可能足够使用。供应商将继续研究以改善性能和降低成本/占用空间。

15.6.5　换热器研究需求总结

换热器研究需求如下：
（1）完成水力设计的燃烧加热器设计具有可接受的低压降，但仍保持足够的安全裕度，避免管道过热；
（2）研发低成本、紧凑的回热器和换热器；
（3）瞬态运行时材料和界面应力的高要求；
（4）直燃式燃烧室设计与分析。

15.7　电站设计平衡

标准化工业管理可能适用于大部分的 sCO_2 布雷顿循环电厂。由于透平进口温度超过 600℃ 所需的高镍合金成本很高，因此需要对整个系统和管道进行设计优化以最小化管道长度。直接氧/燃料燃烧的半闭式 sCO_2 布雷顿循环必须排放与燃烧过程中等量的 CO_2 混合流体。CO_2 混合流体中包含 O_2、CO_2、N_2 和 Ar，如果是燃烧煤合成气还会含有 SO_2/SO_3、NO/NO_2 和卤化物。这些气体将被排放到大气、注入地层、出售用于提高石油采收率或其他工业用途。在所有情况下，都需要满足所有微量成分的最大污染物规范。

具体的研究需求如下：
（1）在循环内与排放流体的后处理中控制污染物；
（2）闭式循环中减少泄漏并采用 sCO_2 库存控制。

15.8　材料

总体而言，与其他布雷顿和朗肯循环相似，sCO_2 系统的材料需求侧重于环境耐久性。热力学计算表明，在这些高温和高压 sCO_2 条件下，可能会发生内部渗碳（第 3 章）。一个关键问题是给定不同合金（如低合金钢、奥氏体钢、镍基合金）的材料极限（温度和时间）。气冷堆的历史经验是，在长期使用后会出现材料加速退化的问题（例如，在长时间稳态运行后，材料氧化速率增加、内部渗碳和/或承重丧失等），该问题会因材料长期暴露在 $2\sim4MPa$ CO_2 下发生，首先是温度低于 400℃ 的碳钢，之后是温度低于 600℃ 的 9% 铬钢。因此，在较高的温度和压力下可以选用镍基合金，但仍可能会受到类似问题的影响。另一个问题是关于 sCO_2 环境对机械性能的影响，如蠕变和疲劳损伤。对于较低温度的部件，需要规定常规和先进奥氏体合金的最高使用温度。通过涂层改善相容性的可能性尚未被探索，因为相关材料的研究仍然相当有限。

对于开式循环/直燃系统，相容性问题变得更加复杂，因为在这些系统中 O_2 和 H_2O 的含量要高得多。目前的经验是最大限度减少 CO_2 的杂质含量到指定限制以下来防止腐蚀问题。需要进行实验工作以指导性能模型的开发，并从机理上理解杂质效应随温度的变化。在清楚了解腐蚀行为的基础上，为 sCO_2 布雷顿循环电厂制定相应的规范。目前没有实验室设施可以在 sCO_2 压力下监测 O_2 和 H_2O 含量，并完成杂质对腐蚀速率的影响研究。

迄今为止，大多数实验室 sCO_2 相容性研究都是在低速高压容器中进行的。需要更好地了解更高的速度对相容性的影响，这也有助于能够更好地了解在运行回路中观察到的一些腐蚀问题。

当现有材料的降解机制和材料限制得到更好的理解时，就有可能设计用于 sCO_2 环境的新材料（或涂层）。新材料的研究可以实现更高的性能或更低的成本。同样，一旦系统设计确定了首选的架构和配置，就有可能考虑 sCO_2 系统的制造优化和维修策略。

具体的研究需求如下：

（1）开发适用于 sCO_2 电厂环境的高温材料和涂料；

（2）建立预测材料长期暴露在 sCO_2 电厂的变化模型。

15.9 小结

尽管过去 10 年里，在使用 sCO_2 循环技术可行性方面取得了重大进展，但仍需要进一步的研究和开发以克服在循环优化、瞬态建模、涡轮机械、高温材料、腐蚀保护、换热器、加热器、工艺气体品质和电厂一体化等领域的技术问题。目前正在进行的由政府和工业界资助的项目将解决其中几个问题，但是在一个或多个公用事业规模的电厂运行超过至少一个维护周期（12000h）以表明各种研究需求已经得到充分解决之前，将 sCO_2 布雷顿循环技术大规模应用于商业发电是不现实的。

Fundamentals and Applications of Supercritical Carbon Dioxide (sCO$_2$) Based Power Cycles, 1st edition
Klaus Brun, Peter Friedman, Richard Dennis
ISBN: 978-0-08-100804-1
Copyright © 2017 Elsevier Ltd. All rights reserved.
Authorized Chinese translation published by National Defense Industry Press.

《超临界二氧化碳动力循环的基本原理及应用》（第 1 版）（夏庚磊 张元东 李韧 译）
ISBN: 978-7-118-12664-8
 Copyright © Elsevier Ltd. and National Defense Industry Press. All rights reserved.
No part of this publication may be reproduced or transmitted in any form or by any means, electronic or mechanical, including photocopying, recording, or any information storage and retrieval system, without permission in writing from Elsevier (Singapore) Pte Ltd. Details on how to seek permission, further information about the Elsevier's permissions policies and arrangements with organizations such as the Copyright Clearance Center and the Copyright Licensing Agency, can be found at our website: www.elsevier.com/permissions.
This book and the individual contributions contained in it are protected under copyright by Elsevier Ltd. and National Defense Industry Press. (other than as may be noted herein).

This edition of Fundamentals and Applications of Supercritical Carbon Dioxide (sCO$_2$) Based Power Cycles is published by National Defense Industry Press under arrangement with ELSEVIER LTD.
This edition is authorized for sale in China only, excluding Hong Kong, Macau and Taiwan. Unauthorized export of this edition is a violation of the Copyright Act. Violation of this Law is subject to Civil and Criminal Penalties.

本版由 ELSEVIER LTD.授权国防工业出版社在中国大陆地区（不包括香港、澳门以及台湾地区）出版发行。
本版仅限在中国大陆地区（不包括香港、澳门以及台湾地区）出版及标价销售。未经许可之出口，视为违反著作权法，将受民事及刑事法律之制裁。
本书封底贴有 Elsevier 防伪标签，无标签者不得销售。

注意

本书涉及领域的知识和实践标准在不断变化。新的研究和经验拓展我们的理解，因此须对研究方法、专业实践或医疗方法作出调整。从业者和研究人员必须始终依靠自身经验和知识来评估和使用本书中提到的所有信息、方法、化合物或本书中描述的实验。在使用这些信息或方法时，他们应注意自身和他人的安全，包括注意他们负有专业责任的当事人的安全。在法律允许的最大范围内，爱思唯尔、译文的原文作者、原文编辑及原文内容提供者均不对因产品责任、疏忽或其他人身或财产伤害及/或损失承担责任，亦不对由于使用或操作文中提到的方法、产品、说明或思想而导致的人身或财产伤害及/或损失承担责任。